高层建筑结构设计

陈忠范　范圣刚　谢　军　编著

东南大学出版社
·南京·

内 容 简 介

本书是一本为数不多的把混凝土高层建筑和钢结构高层建筑结合在一起的教材。论述了荷载与地震作用、基础、框架结构、剪力墙结构、框-剪结构、钢结构防腐与抗火设计等,对其他高层结构体系也作了介绍,并附有思考题。书中对地震作用、剪力墙结构和框-剪结构作了些独到的解读,使框架结构、剪力墙结构、框-剪结构实现了大统一,让读者站在最高点,俯视各种结构体系,领悟高层建筑结构的真谛。本书以最新的标准、规范为依据,结合作者们对这门课程的教学经验、研究成果和工程设计实践,特别加入了作者在汶川地震实地考察获得的相关图片资料和体会,使内容更加立体化、生动化。全书语言朴实、易懂,理论分析透彻,公式推导详尽,是一本具有鲜明特色的研究生教材,由于结合了较多的概念设计和工程实际内容,本书也可作为注册结构工程师考试用参考书和有关技术人员的参考书。

图书在版编目(CIP)数据

高层建筑结构设计/陈忠范,范圣刚,谢军编著.
—南京:东南大学出版社,2016.9(2021.7 重印)
ISBN 978-7-5641-6649-6

Ⅰ.①高… Ⅱ.①陈… ②范… ③谢… Ⅲ.①高层
建筑-结构设计 Ⅳ.①TU973

中国版本图书馆 CIP 数据核字(2016)第 179296 号

高层建筑结构设计

出版发行	东南大学出版社
社　　址	南京市四牌楼 2 号　邮编　210096
出 版 人	江建中
网　　址	http://www.seupress.com
电子邮箱	press@seupress.com
经　　销	全国各地新华书店
印　　刷	江苏凤凰数码印务有限公司
版　　次	2016 年 9 月第 1 版　2021 年 7 月第 2 次印刷
开　　本	787 mm×1 092 mm　1/16
印　　张	23
字　　数	590 千
书　　号	ISBN 978-7-5641-6649-6
定　　价	78.00 元

本社图书若有印装质量问题,请直接与营销部联系。电话(传真):025-83791830

前　　言

作者 1982 年进设计院从事结构设计,参加了南京当时最高的住宅——锁金村小区高层住宅 16 层框架-剪力墙结构设计,深感自己理论的欠缺,1985 年回校读硕士,1992 年博士毕业,期间苦苦探索框架-剪力墙结构的奥秘。留校后开始研究生"高层建筑结构"课程教学至今。多年的教学发现,土木工程专业的本科生虽然学过一些高层建筑结构设计的内容,但都不够系统,更不够深入,同时作为研究生课程又没有一本专门的研究生教材,给研究生听课、复习、考试带来了很大的不便,严重影响了教学的效果。一直想自己编写,苦于想不出特色和亮点。

作者十年前发现框-剪结构刚度特征值与剪力墙结构墙肢整体性系数的统一启动了这本教材的编写,希望能以现行标准、规范为依据,结合作者十五年来对这门课的教学经验、研究成果和工程设计实践,用朴实、易懂的话语把读者引领到这些结构体系的上方,更清楚地认识这些体系。

作为国家首批一级注册结构工程师,长期以来的设计经历为本书提供了良好的素材;作为江苏省一级注册结构工程师继续教育"高层建筑"课主讲教师的经历为本书带来了新的设计理念;在汶川地震实地考察获得的相关图片资料和体会,使本书的内容更加立体化、生动化。

本书第一版《高层建筑结构》的编写,解决了混凝土"高层建筑结构"研究生教材的有无问题,在范圣刚老师的高层钢结构内容与我的高层混凝土结构一起讲课以来,想合编一本"高层建筑结构设计"教材的想法越来越强烈,终于在《中国地震动参数区划图(GB 18306—2015)》开始实施的时候,把最新的内容加入后,写完了。但因作者水平有限,错误难免,自觉仍有许多不满之处,敬请批评指正。编写过程中吸取了很多相关书籍的精华,在此向这些书的作者深表感谢。

陈忠范

2016 年 6 月于南京

目 录

1　绪　　论

登高远眺,接近苍穹自古就带给人无限遐想,高层建筑的不断发展正在实现人们九天揽月的愿望。随着时代的发展,高层建筑的高度在一定程度上反映了一个国家的综合国力和科技水平,世界著名建筑更是建筑史上的纪念碑。在人口密集,资源有限的城市,高层建筑,甚至超高层建筑越来越受到人们的青睐。

近年来,我国的高层建筑功能不断增加,结构体系不断创新,高度一再刷新,充分显示了我国的建筑结构设计和施工水平。

1.1　高层建筑的定义

结构要同时承受垂直荷载和水平荷载,还要抵抗地震作用。在低层结构中,水平荷载产生的内力和位移很小,通常可以忽略;在多层结构中,水平荷载的效应(内力和位移)逐渐增大;随着房屋高度的进一步增加,水平荷载和地震作用将成为结构设计的控制因素。因此高层建筑的原则定义是:水平荷载和地震作用为结构设计控制因素的结构。经大量的计算,可以得到各类结构水平荷载和地震作用为结构设计控制因素的平均的层数或高度。因此高层建筑的具体定义是:层数或高度超过规定值的房屋建筑称为高层建筑。该规定值与一个国家的经济状况、科研水平、建筑技术等多种因素有关,因此,对高层建筑的定义,至今没有统一的划分标准,不同的国家在不同的时期有不同的规定。美国规定高度 22～25 m 以上或 7 层以上的建筑为高层建筑;法国规定高度 50 m 以上的居住建筑、28 m 以上的其他建筑为高层建筑;英国规定高度 24.3 m 以上的建筑为高层建筑;日本则把 8 层以上或高度超过 31 m 的建筑称为高层建筑,并把 30 层以上的旅馆、办公楼和 20 层以上的住宅规定为超高层建筑。

世界高层建筑委员会 1972 年建议将高层建筑划分为以下四类:

第 Ⅰ 类:高度不超过 50 m(9～16 层);

第 Ⅱ 类:高度不超过 75 m(17～25 层);

第 Ⅲ 类:高度不超过 100 m(26～40 层);

第 Ⅳ 类:高度超过 100 m(40 层以上)。

我国《民用建筑设计通则》(GB 50352—2005)将住宅建筑依层数划分为:

1～3 层为低层住宅;

4～6 层为多层住宅;

7～9 层为中高层住宅;

10 层及 10 层以上为高层住宅。

除住宅建筑之外的民用建筑高度不大于 24 m 者为单层和多层建筑,大于 24 m 者为高层建筑(不包括建筑高度大于 24 m 的单层公共建筑);建筑高度大于 100 m 的民用建筑为超高层建筑。

我国在不同的领域对高层建筑也有不同的定义,在《高层建筑混凝土结构技术规程》(JGJ 3—2010)中规定:10 层及 10 层以上或房屋高度大于 28 m 的住宅建筑,以及房屋高度大于 24 m 的其他高层民用建筑混凝土结构为高层建筑。

1.2　高层建筑的发展

在古代的建筑史中,建筑物的材料多用土木石等一些原始的材料,砌筑方式比较简单,建筑高度也比较低。人们没有高层建筑的概念,却同样有向高空发展的愿望,早在公元前 280 年,建于埃及亚历山大港的高度超过 100 m 的灯塔是西方上古时期七大建筑奇迹之一,据载,在古罗马时代的欧洲,已经建成了 10 层的砖墙承重的楼房。

我国的高层建筑也有悠久的历史,汉武帝时代,长安城内就有不少较高的楼阁。公元 523 年,在今河南登封县建成了 40 m 高的嵩岳寺塔。至今保存最古最大的木塔——山西省应县佛宫寺内的释迦塔(图 1.1),建于公元 1056 年,高 67 m,在元、明时代历经几次地震而未倒塌,充分显示了我们祖先的智慧与才能。

图 1.1　释迦塔

19 世纪中期以前,欧洲和美国的建筑层数一般不超过 6 层,这与人类攀登高度的限制有关。1854 年,美国人伊莱沙·格雷夫斯·奥的斯第一次向世人展示了他的发明——历史上第一部安全升降梯,使建造高层建筑成为可能。

1883 年,芝加哥人寿保险公司大楼(图 1.2)在美国芝加哥拔地而起,高 55 m,是世界上最早的高层建筑,19 世纪工业革命之后,电梯和钢铁得到广泛应用,高层建筑的发展也进入了黄金时期。1930 年,克莱斯勒大厦突破 300 m,一年后竣工的纽约帝国大厦(102 层,381 m)(图 1.3)夺得了世界之最,并傲视全球 40 年之久。

图 1.2　芝加哥人寿保险公司大楼

图 1.3　帝国大厦

第二次世界大战之后,经济的繁荣和人口的增多使高层建筑得到了空前发展,计算机的应用、新型材料的研发更推动了这一过程,美国高层建筑的高度大幅度上升,世界纪录不断刷新。

1968年,建成芝加哥汉考克大厦(图1.4),100层,344 m高。

1974年,建成芝加哥西尔斯大厦(图1.5),110层,442 m高。

1998年,建成吉隆坡石油大厦(图1.6),88层,452 m高。

图1.4 汉考克大厦　　　　图1.5 西尔斯大厦　　　　图1.6 石油大厦

台北101大楼(又称台北国际金融中心)(图1.7)于2003年10月封顶,101层,508 m高,打破了马来西亚石油大厦保持7年的纪录,成为当时世界上最高的建筑。

哈利法塔(Burj Khalifa Tower)(图1.8)原名迪拜塔(Burj Dubai),位于阿拉伯联合酋长国迪拜,162层,828 m。迪拜哈利法塔是目前世界上最高的建筑,由国际知名的建筑设计公司美国SOM设计所设计,形象像准备发射升空的一架巨型航天飞机。工程总承包单位为韩国三星,我国江苏南通六建集团公司承包土

图1.7 台北101大楼　　　　图1.8 哈利法塔

建施工。自 2004 年 9 月至 2010 年 1 月,总工期为 1 325 d,总造价为 15 亿美元。混凝土结构高度为 601 m,基础底面埋深为 30 m,桩尖深度为 70 m,总建筑面积为 526 700 m²,塔楼建筑面积为 344 000 m²,可容纳居住和工作人数为 12 000 人,有效租售楼层为 162 层。哈利法塔是一座综合性建筑,37 层以下是阿玛尼高级酒店;45～108 层是高级公寓,共 700 套,78 层是世界最高楼层的游泳池,108～162 层为写字楼,124 层为世界最高的观光层,透过幕墙的玻璃可看到 80 km 外的伊朗;158 层是世界最高的清真寺;162 层以上为传播、电信、设备用楼层,一直到 206 层;顶部 227 m 是钢结构。内设 57 部世界最高、最快的"智能型"电梯,时速 64 km,一分钟可达 124 层室外观景台。为保持世界最高建筑的地位,钢结构顶部设置了直径为 1 200 mm 的可活动的中心钢桅杆,可由底部不断加长,用油压设备不断顶升,其预留高度为 200 m。为此哈利法塔始终不宣布建筑高度。到 2009 年底,确认 5 年内世界各国都不可能建成更高的建筑,才最后确定 828 m 的最终高度。

20 世纪中叶以来,随着亚洲地区经济的迅速发展,亚洲地区开始出现高层建筑的兴建热潮,我国的高层建筑虽然只有 50 余年的历史,但发展很快,60 年代,广州已经有很多高层建筑落成,其中最高的是 27 层的广州宾馆,高 88 m。而 70 年代最高建筑的代表作是广州白云宾馆,33 层,高 100 m。步入 80 年代,我国高层建筑发展进入全盛时期,全国 30 多个大中城市都兴建了一批高层建筑,据记载,1980—1984 年间所建的高层建筑相当于以前 30 多年中兴建的总和。

进入 90 年代以来,我国的高层建筑更是迅猛发展,1996 年,深圳地王大厦(图 1.9)建成,高 384 m,81 层。1998 年建成上海金茂大厦,高 421 m,是目前世界第十四高楼(图 1.10)。2015 年建成上海中心大厦,高达 632 m,124 层,是目前世界第二高楼(图 1.11)。上海中心大厦可容许建筑面积大约 38 万 m²,地下层面积约 14.3 万 m²。采用了"巨型框架-核心筒-伸臂桁架"抗侧力结构体系。巨型框架结构由 8 根巨型柱、4 根角柱以及 8 道位于设备层的两层高箱形空间环带桁架组成,巨型柱和角柱均采用型钢混凝土柱。核心筒为钢筋混凝土结构,截面平面形式根据建筑功能布置由低区的方形逐渐过渡到高区的十字形,在地下室以及 1～2 区核心筒翼墙和腹墙中设置钢板,形成了钢板组合剪力墙结构。

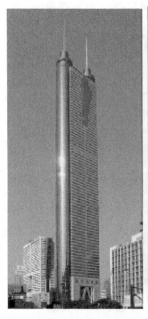

图 1.9　地王大厦　　　　　图 1.10　金茂大厦　　　　　图 1.11　上海塔

表 1.1 世界最高的 11 幢高层建筑

序号	名称	地点	建成日期	高度	层数	结构	用途
1	哈利法塔	迪拜	2010 年	828 m	162	下 C 上 S	办公、住宅、酒店
2	上海中心大厦	上海	2015 年	632 m	128	M	酒店、办公
3	麦加皇家时钟塔楼	麦加	2012 年	601 m	120	M	综合
4	深圳平安国际金融中心	深圳	2016 年	592 m	118	M	商业、写字楼、酒店
5	世界贸易中心一号楼	纽约	2014 年	541 m	94	M	办公
6	台北 101 大楼	台北	2004 年	508 m	101	M	综合
7	上海环球金融中心	上海	2008 年	492 m	101	M	酒店、办公
8	香港国际商务中心	香港	2010 年	484 m	108	M	酒店、办公
9	吉隆坡石油大厦	吉隆坡	1998 年	452 m	88	M	办公、商业
10	紫峰大厦	南京	2010 年	450 m	89	M	酒店、办公
11	西尔斯大厦	芝加哥	1974 年	442 m	110	S	办公

注:结构中 M 为钢混结构,S 为钢结构,C 为钢筋混凝土结构。
　　表中名次排列,仅供参考。

目前已经建成的世界最高的 11 幢高层建筑见表 1.1。目前在建的世界最高建筑是位于沙特阿拉伯吉达市的帝王塔(Kingdom Tower)(图 1.12),高 1 007 m,地上 251 层,地下 3 层,主要用途为酒店和办公。由芝加哥建筑事务所设计,精工国际钢结构有限公司施工,2014 年 4 月 27 日开工,5 年建成,总投资超过 12 亿美元。帝王塔为钢结构建筑,H 型钢柱,最厚钢板达 180 mm,桩基础,桩长约 100 m。

高层建筑有如此强大的生命力,主要是由于它能有效地利用空间,在人口高度集中,交通拥挤、地价昂贵的城市,高层建筑在有限的用地面积内增加建筑面积,缓解用地紧张,据有关资料介绍,10 层建筑比 5 层建筑节约用地 20%～30%,15 层建筑比 5 层建筑节约用地 30%～45%。一些公司或大企业为了展现自己的实力或取得广告效应,争相建造高楼,实质上,建筑高度的竞争反映了国家的政治地位和经济实力。进入 21 世纪,高效的计算方法、先进的施工技术、高强轻质的建筑材料和人们对建筑高度的欲望,加快了建筑高度排行榜的更新。

根据目前世界科技发展水平,今后高层建筑结构将有如下发展趋势:

(1)结构形式新型化:新型结构形式增多,从常规结构向复杂结构发展,特别是组合结构。香港中银大厦采用 5 根型钢混凝土巨型柱及 8 片平面支撑组成的巨型支撑结构体系,上海金茂大厦主楼采用钢筋混凝土核心筒与钢结构外框架结合的组合结构体系。

(2)材料品种多样化:新型材料的研发利用,使混凝土强度和性能不断得到改善,高强轻质混凝土的利用可以减轻结构自重,提高结构抗震能力。

(3)消能减震应用广泛化:消能减震技术将得到更广泛的应用,建筑高度的增加对结构抗震提出了更高的要求。传统的抗震设计利用建筑物自身储存和消耗地震能量来满足抗震设防标准,结构难免会受到损伤,甚至倒塌,为防止这种现象,必然要加大构件截面尺寸,增加建筑材料,消能减震技术与之相比具有安全、经济、使用范围广等优点,对高层建筑有更加重要的意义。

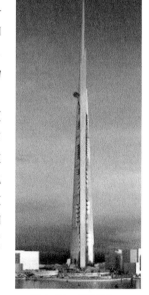

图 1.12 帝王塔

（4）构件立体化：高层建筑在水平荷载作用下，主要靠竖向构件提供抗推刚度和承载力来维持稳定。在各类竖向构件中，竖向线性构件（如柱）的抗推刚度较小；竖向平面构件（剪力墙或平面框架）虽然在其平面内具有较大的刚度，然而其平面外的刚度较小，甚至可以忽略不计；由墙体或密柱深梁等组成的筒体或巨型柱，尽管其基本元件依旧是线形构件或平面构件，但它已转变成具有不同力学特性的立体构件，在任何方向均具有较大的抗推刚度和抗扭刚度，能抵御任何方向较大的倾覆力矩及扭转力矩。

（5）结构支撑化：框筒是用于高层建筑的一种高效抗侧力体系，然而，它固有的剪力滞后效应（在水平荷载作用下，由于框架横梁的剪切变形，使框架的轴力呈非线性分布的现象），削弱了它的抗推刚度和水平承载力。特别是当房屋平面尺寸较大，或因建筑功能需要而加大柱距时，剪力滞后效应就更为严重。为使框筒能充分发挥潜力并有效地用于更高的房屋建筑之中，在框筒中增设支撑，已成为一种强化框筒的有力措施。美国芝加哥的约翰·汉考克大厦是一个典型的工程实例。

（6）体系巨型化：利用巨型柱、巨型梁、大型支撑构成巨型主体结构，不仅可以充分有效地提供抗侧能力，而且可以满足越来越复杂多变的建筑要求，获得较好综合效益。

（7）巨柱周边化：巨型柱属立体构件，本身具有较大的抗推刚度和抗扭刚度。若将巨柱沿建筑平面的周边布置，则该结构具有特大的抗推刚度和抗扭刚度，能抵御特大的水平荷载和扭转荷载。这种结构布置方案特别适合特大型超高层建筑。

（8）体形圆锥化：为了减小风载体型系数和增大抗推抗扭刚度，现代高层特别是超高层建筑体形呈圆锥或截头圆锥化趋势。

（9）结构分析设计高度集成化：近年来，随着计算机技术的飞速发展和结构分析理论的不断深入，为研究和发展能够集稳定理论与塑性理论之大成的高等分析设计方法（Advanced Analysis Design Method）提供了现实条件和理论基础。该法在充分考虑影响结构性能的各种因素，特别是非线性因素情况下，能够准确分析刚性或半刚性连接结构中各构件塑性渐变的全过程，能够准确预测结构及其组件的破坏模式与极限荷载，彻底免除冗长繁琐的构件验算过程，使结构可靠度更为统一。因此，代表最新技术的高等分析将成为 21 世纪结构工程师的基本设计工具，基于可靠度的集成设计（Reliability-based Integrated Design，RID）方法将是高层钢结构设计方法发展的必然趋势。

（10）动力反应智能化：对于特高特大型或复杂体型的高层或超高层建筑，为了减小风振或地震反应，在结构上安装传感器、质量驱动装置、可变刚度体系和计算机等所组成的人工智能化反应控制系统，来控制整个结构的地震反应，使它处于安全界限以内，这是高层建筑钢结构在结构减振控制方面的发展趋势。

思考题

1-1　为何要分高层建筑与多层建筑？

1-2　什么是高层建筑？

1-3　为何要建高层建筑？

1-4　高层建筑较多的国家主要有哪些？

1-5　已建成的世界最高楼是哪个？在建的世界最高楼是哪个？规划中的世界最高楼是哪个？

1-6　根据目前的建筑材料和设计与施工水平，你认为建筑最高能建多高？

2 结构体系及其设计的一般规定

2.1 高层建筑结构体系

结构体系是指结构构件受力与传力的结构组成方式。高层建筑的功能、形式、高度和空间利用的不断发展，促使结构形式、材料、组成和结构体系不断发展和创新。同时，新材料和计算机技术的发展，又给结构体系发展创造了条件，总的来看，结构发展可归纳如下：

$$
\left.\begin{array}{l}\text{框架}\\\text{剪力墙}\end{array}\right\}\text{框架-剪力墙（筒体）}\rightarrow\text{框架-核心筒}\rightarrow\text{框架-核心筒-伸臂}
$$

$$
\left.\begin{array}{l}\text{框 筒}\\\text{实腹筒}\\\text{桁架筒}\end{array}\right\}\rightarrow\text{筒中筒}\rightarrow\text{束筒}\rightarrow\text{多筒}\rightarrow\text{巨型结构}\rightarrow\text{脊骨结构}
$$

$$
\left.\begin{array}{l}\text{钢}\\\text{钢筋混凝土}\end{array}\right\}\text{组合构件}\rightarrow\text{混合结构}
$$

2.1.1 框架结构

由梁、柱通过节点组成的结构单元称为框架，可同时承受竖向及水平荷载的结构体系称为框架结构。

框架结构优点是框架柱网可大可小，建筑平面布置灵活。延性大、耗能能力强的延性框架结构，具有较好的抗震性能。缺点：刚度小，侧移大，当用于比较高的建筑时，所需要的梁、柱截面尺寸很大，不仅浪费材料，而且减小了有效使用面积，因而使用高度最低。因此，框架结构适用于层数不多、高度不太高的建筑，如商场、车站、宾馆等。目前我国地震区最高的现浇钢筋混凝土框架结构是高 18 层、局部 22 层的北京长城饭店。

在水平力作用下，框架的侧移变形有两部分组成：①梁柱弯曲变形使框架结构产生侧移，一般情况下，梁、柱都有反弯点。由于框架层间剪力是其上部水平荷载的合力，所以下大上小，导致下部层间变形大，上部小；侧移曲线表现为剪切型（图 2.1）。②柱的轴向变形也使框架结构产生侧移，为弯曲形，上部层间变形大。两侧移以前者为主，因而框架结构的侧移曲线表现为剪切型（图 2.2）。柱的层间剪切变形相对于柱的层间弯曲变形要小得多，通常都忽略柱的剪切变形。

在结构布置中，由于框架只能在自身平面内抵抗侧向力，必须在两个正交的主轴方向设置框架，以抵抗各个方向的侧向力。抗震框架结构的梁柱不允许铰接，必须采用刚接，一般现浇，设防烈度为 9 度时，不得采用装配整体式结构，使梁端能传递弯矩，同时使结构有良好的整体性和比较大的刚度。

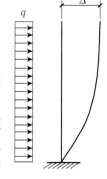

图 2.1 剪切型变形

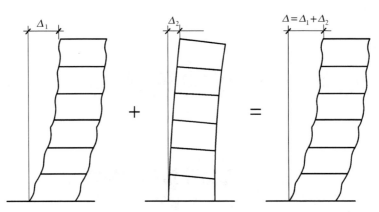

图 2.2　框架结构在侧向力作用下的侧移曲线

2.1.2　剪力墙结构

由墙体承受竖向荷载和抵抗水平力的结构称为剪力墙结构。用于抗震结构时也称为抗震墙结构。

剪力墙结构的优点有：整体性好，刚度大，容易满足承载力和侧移的要求，高剪力墙能设计成抗震性能好的延性剪力墙。施工方便，适用于住宅、旅馆等建筑，适用的高度范围较大。该结构缺点在于：剪力墙间距一般为 3～8 m，平面布置不灵活。结构刚度大，使剪力墙结构的基本自振周期短、地震作用大。所以，高层剪力墙结构，应尽量减轻建筑物的重量，宜采用大开间结构方案，在保证结构安全的条件下，尽量减小构件截面尺寸，采用轻质高强材料。非承重隔墙宜采用轻质材料。

在水平荷载作用下，剪力墙结构以弯曲变形为主，侧移曲线表现为弯曲型，就像悬臂梁一样，层间位移自下而上逐渐增大。这种增大的原因是墙体纵向轴线由基础处的竖直状态向上发生倾斜，其转角的不断累加造成的，高剪力墙的剪切变形相对于弯曲变形要小得多。

剪力墙是平面构件，在其自身平面内有较大的承载力和刚度，平面外承载力和刚度小，结构设计时一般不考虑平面外承载力和刚度。因此，剪力墙要双向布置，分别抵抗各自平面内抗震设计的剪力墙结构，力求使两个方向的刚度接近。当平面为三角形、Y 形时，剪力墙可沿三个方向布置；当平面为多边形、圆形和弧形平面时，可沿环向和径向布置。

沿高度方向，剪力墙应连续布置，避免刚度突变，中间楼层不宜中断。墙厚度应沿竖向逐渐减薄，截面厚度变化时不宜太大。厚度改变与混凝土强度等级的改变宜错开楼层。当设防烈度不超过 8 度，顶层需减少部分剪力墙时，该层刚度不应小于相邻下层刚度的 70%，楼、顶板按转换层处理。为减少上下剪力墙的偏心，内墙厚度变化宜两侧同时内收。为保持外墙面平整，楼梯间墙为上下完整，电梯井墙为安装电梯方便，可一侧内收。

墙肢截面宜简单、规则，剪力墙的两端尽可能与另一方向的墙相接，成为 I 形、T 形、L 形等有翼缘的墙，以增大剪力墙的刚度和稳定性。在楼梯和电梯间，两个方向的墙互相连接成井筒，以增大结构的抗扭能力。

为了使底层有较大的空间，可以做成底层为框架、上部为剪力墙的框支剪力墙(图 2.3)。由于底层框支柱的刚度比上部剪力墙的小很多，成为刚度小的软弱层和承载能力低的薄弱层。因此，地震区不允许采用纯框支剪力墙结构。《高层建筑混凝土结构技术规程》(JGJ 3—2010)(以下简称《高规》)允许采用有部分剪力墙落地的底层大空间结构，通过转换层将不落地剪力墙上的剪力转移到落地剪力墙上，避免了刚度和承载能力的突然变小，有利于结构抗震。

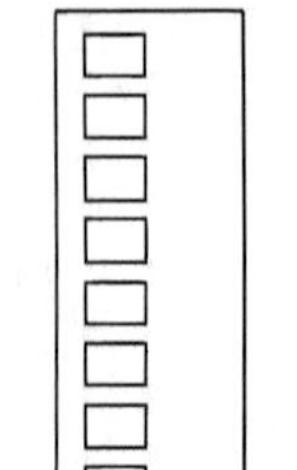

图 2.3　框支剪力墙
立面示意图

2.1.3 框架-剪力墙结构及框架-筒体结构

在结构中同时布置框架和剪力墙,使二者共同承受竖向荷载和水平荷载,就是框架-剪力墙结构。在框架-剪力墙结构中,两个方向的剪力墙围成筒体,就是框架-筒体结构。如果框架在外围四周,中间布置核心筒,就成为框架-核心筒结构。这几种结构的受力特性基本相同,可以统称为框架-剪力墙结构。

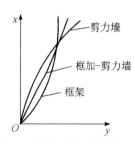

图 2.4 框架-剪力墙结构的变形特征

框架-剪力墙结构兼有框架结构布置灵活、延性好和剪力墙结构刚度大、承载能力大的优点,变形也兼有这两种结构的特点。在假定楼板平面内刚度无限大时,受水平力作用时,框架、剪力墙协同工作,在结构的底部框架侧移减小,在结构的上部剪力墙的侧移减小,侧移曲线是弯剪型(图2.4),接近于直线。不仅改善了纯框架结构和纯剪力墙结构的抗震性能,也有利于减小地震作用下非结构构件的破坏。层间变形沿建筑高度比较均匀,不容易形成变形集中的软弱层,地震时,剪力墙为第一道防线,框架为第二道防线,在剪力墙底部形成塑性铰后框架作为第二道防线承担剩余荷载,是一种比较好的抗侧力体系,广泛应用于高层建筑,其最大适用高度与剪力墙结构接近。可应用于多种使用功能的高层房屋,如办公楼、饭店、公寓、住宅、教学楼、实验楼、病房楼等。

框架-剪力墙都只能在自身平面内抵抗侧向力,抗震设计时,框架-剪力墙结构应设计成双向抗侧力体系,结构的两个主轴方向都要布置剪力墙。框架-剪力墙结构布置的关键是剪力墙的数量和位置。剪力墙多一些,结构的刚度大一些,侧向变形小一些,但剪力墙太多不但在布置上困难,而且也没有必要。通常,剪力墙的数量以使结构的层间位移角不超过规范规定的限值为宜,剪力墙的数量也不能过少。在基本振型地震作用下剪力墙部分承受的倾覆力矩小于结构总倾覆力矩的50%时,说明剪力墙的数量偏少。这种情况下,虽然适用高度可以比框架结构高一些,但其框架部分的抗震要求应当提高,与框架结构的抗震要求相同。

出于使用功能的要求,框架-剪力墙结构中剪力墙的布置往往会受到各种条件的限制,不可避免地造成刚心与质心的不重合,产生偏心扭矩,应采取相应措施尽量使结构均匀。

框架-核心筒结构(图2.5)由周边稀疏框架与内筒构成,它的受力变形特点与框架-剪力墙结构相同。它的内筒由剪力墙组成,是抵抗水平力的主要构件,外围四周柱少,外框架的柱间距可达 8~9 m,且布置变化多。因而建筑立面灵活,可以获得良好的外观。若采用无黏结预应力楼板,或采用钢梁(轻型钢桁架)-压型钢板-现浇楼板,外框架与核心筒的间距可以达 10 m 以上,使用空间大而灵活,采光条件好,是办公用房的理想选择。

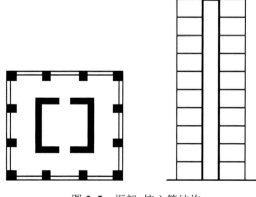

图 2.5 框架-核心筒结构

2.1.4 筒体结构

传统的框架结构和框架-支撑结构达到一定高度之后,每增加一层所增加的建筑材料比低层建筑增加一层多得多,为了使高层建筑在经济上可行,出现了筒体结构,它包括框筒、筒中筒、桁架筒和束筒结构等。筒体是空间整截面工作结构,如同一根竖直在地面上的悬臂箱形梁,具有造型美观、使用灵活、受力合理、刚度大、有良好的抗侧力性能等优点,适用于 30 层或 100 m 以上的超高层建筑。筒体结构随高度的增高其空间作用越明显,一般宜用于 60 m 以上的高层建筑。目前全世界最高的 100 幢高层建筑约有 2/3 采用筒体结构;国内百米以上的高层建筑约有一半采用钢筋混凝土筒体结构。

筒体结构可根据平面墙柱构件布置情况分为下列 6 种:

(1)框筒结构,由布置在建筑物周边的密柱深梁框架组成的空间结构称为框筒结构(图 2.6)。某些高层建筑为了使平面中有较大的空间,以便更能灵活布置,中部不设置内筒,只有外周边小柱距的框筒。

(2)筒中筒结构,它由中部剪力墙内筒和周边外框筒组成(图 2.7)。内筒利用楼电梯间、服务性房间的剪力墙形成薄壁筒,外筒由周边间距一般在 3 m 左右的密柱和高度较高的裙梁所组成,具有很大的抗侧力刚度和承载力。密柱框筒在下部楼层,为了建筑外观和使用功能的需要可通过转换层变大柱距。

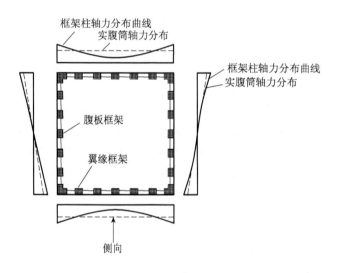

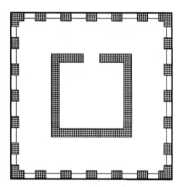

图 2.6　框筒结构及剪力滞后　　　　　　　　　图 2.7　筒中筒结构

(3)框架-筒体结构,它是由中部的内筒和外周边大柱距的框架所组成。此类结构外周框架不再与内筒整体空间工作,其抗侧力性能类似框剪结构。

(4)多重筒结构,建筑平面上由多个筒体套成,内筒常由剪力墙组成,外周边可以是小柱距框筒,也可为开有洞口的剪力墙组成。

(5)束筒结构,由平面中若干密柱形成的框筒组成,也可由平面中多个剪力墙内筒、角筒组成。

(6)底部大空间筒体结构,底部一层或数层的结构布置与上部各层完全不一致,上部为筒中筒结构,底部外周边变成大柱距框架,从而成为框架-筒体结构。

1)框筒结构

框筒形式上是由外围框架构成,但受力特点与框架不同,框架是平面结构,而框筒可以充分发挥空间作用,在水平力作用下,水平剪力主要由与水平力方向一致的腹板框架和角柱承受,倾覆力矩主要由垂直于水平力的翼缘框架承受,扭矩由所有柱内的剪力抵抗。

倾覆力矩使框筒一边的翼缘框架柱受拉、另一边翼缘框架柱受压、腹板框架柱则有拉有压,表现出"筒"空间受力的特点。如果是完全空间作用,则翼缘框架中所有柱的轴力应该是相等的,腹板框架柱的轴力成直线分布,但实际上并非如此,翼缘框架柱的轴力成抛物线形分布,角柱的轴力大于平均值,远离角柱的柱轴力小于平均值。腹板框架柱的轴力也不是直线分布,这种现象称为剪力滞后(图 2.6),是由于梁上剪力引起的弯矩使梁发生弯曲变形,使结构的变形不符合平截面假定造成的。剪力滞后越严重,空间作用越小。框筒既有框架剪切型变形的特点,也有实腹筒弯曲型变形的特点,通常还是剪切型变形的成分多一些。

2) 筒中筒结构

筒体结构平面外形可以是圆形、正多边形、椭圆形或矩形等,内外筒之间一般不设柱,若跨度过大也可设柱以减小水平构件跨度。筒中筒结构平面与框架-核心筒结构平面相似,但前者外围是框筒,后者外围是一般框架。实腹筒由剪力墙组成的封闭筒,可以充分发挥剪力墙"筒"的空间作用,由于它常常是高宽比很大的筒,具有明显的弯曲型变形特性。内筒边长(或直径)一般为外筒边长(或直径)的 1/2 左右,为高度的 1/12~1/15,且贯通建筑物全高。采用钢结构时,外筒用框筒,内筒一般也采用钢框筒或钢支撑。

筒中筒结构也是双重抗侧力体系,在水平力作用下,外框架筒的变形以剪切型为主,内筒以弯曲型为主。外框筒平面尺寸大,有利于抵抗水平力产生的倾覆力矩,内筒采用钢筋混凝土墙或支撑框架,具有较大的抵抗水平剪力的能力,通过楼盖、外筒和内筒协同工作。在下部,核心筒承担大部分剪力,在上部,剪力转移到外筒上。筒中筒结构侧移曲线呈弯剪型,具有结构刚度大、层间变形均匀等特点,因此可以用于更高的建筑。

筒中筒结构的楼盖起到水平刚性隔板的作用,使内外筒协同工作,保持结构"筒"的形状,因此楼盖必须有足够的平面内刚度,但是要尽量采用厚度较小的楼板体系,以减少内外筒之间的弯矩传递(减小墙的平面外弯矩),并降低层高。

桁架筒结构是在建筑物的外围用梁、柱、斜支撑形成竖向桁架,且这些竖向桁架通过角柱封闭成筒,就形成了桁架筒结构。通常还设置内筒,组成筒中筒结构。作用在桁架筒上的水平力通过斜杆传至柱、基础,使构件主要承受轴力,受力合理,能充分利用材料。斜杆也加大了结构的整体刚度,因此桁架结构能建造更高的建筑。因斜向支撑杆适用于钢构件,通常这种体系用于钢结构或混合结构。位于香港的中国银行大厦和芝加哥的汉考克大厦均属此列。

3) 成束筒结构

两个或两个以上的框筒排列在一起成"束"状,称为成束筒。成束筒的腹板框架数量多,也就使翼缘框架与腹板框架相交的角柱增加,这可以大大减少剪力滞后(图 2.8),使翼缘框架中各个柱的轴力比较均匀。成束筒结构的刚度和承载能力比筒中筒结构更大,因此可以用于更高的建筑。

2.1.5 框架-核心筒-伸臂结构

由于框架-核心筒结构中与地震作用垂直的翼缘框架不参与抵抗地震引起的倾覆力矩,其弹性刚

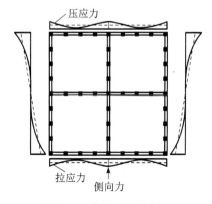

图 2.8 束筒及其剪力滞后

度往往不能满足规范的要求,增大其刚度的措施之一是在设备层或避难层设置加强层,即在该楼层设置连接外围框架柱与核心筒的水平伸臂构件(图 2.9),伸臂由刚度很大的钢筋混凝土

巨型梁、桁架、空腹桁架、实腹桁架等组成。通常是沿高度选择一层、两层或数层布置伸臂构件。伸臂的作用原理是：在结构侧移时，它使得外柱拉伸或压缩，从而使得柱承受较大轴力，迎风柱受拉，背风柱受压，柱轴力形成力矩，抵抗水平荷载，有效地提高了结构抗侧刚度（增大20%以上），减少了侧移。由于伸臂本身刚度较大，伸臂使得内筒产生反向的约束弯矩，内筒的弯矩图改变，内筒弯矩减小；内筒反弯也同时减小了侧移。伸臂加强了结构抗侧刚度，因此把设置伸臂的楼层称为加强层或刚性层。加强层的基本特征是：刚臂的线刚度很大，为外柱、楼面梁的线刚度的几十倍。

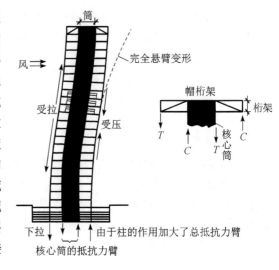

图 2.9　框架-核心筒-伸臂结构

　　加强层设置在顶部效果最好，如设置两个加强层，则第二个设在 1/2～2/3 高度处，如设置 3 个，则第二、三个分别设在 2/3 和 1/3 高度附近。这种体系在《高规》上未列入，但在实际工程中应用很多，结构适用高度可与框架-筒体或筒中筒相当。除伸臂构件设计外，其他均可按框架-核心筒结构的要求设计。

　　抗震结构设置加强层时，对结构的不利影响主要在加强层附近。加强层的承载力、刚度显著大于其上、下层；伸臂所在层的上、下相邻层的柱弯矩、剪力都有突变，不仅增加了柱配筋设计的困难，而且上、下柱与一个刚度很大的伸臂相连。地震作用下这些柱子容易出现塑性铰或被剪坏，难以实现强柱弱梁，结构沿高度的刚度突变，对抗震不利。因此在非抗震区，设置伸臂的利大于弊，而在地震区，必须慎重设计，否则会弊大于利。加强层对结构不利影响的严重程度与加强层的构件有关，伸臂刚度越大，内力突变越大；伸臂刚度与柱子刚度相差越大，则越容易形成薄弱层（柱端出现塑性铰或被剪坏）。采用实腹梁（剪力墙）的不利影响可能大于空腹桁架。因此，如何设置和设计伸臂是框架-核心筒-伸臂结构设计的主要问题。总体上，加强层对结构抗震的有利作用大于不利影响。

2.1.6　巨型框架结构

　　巨型框架结构又称主次框架结构（图 2.10），它是用筒体做柱，也可采用矩形或者工字形的实腹截面柱，用高度很大（一层或几层楼高）的桁架或水平构件做梁。巨型梁可以隔若干层设置一根，巨型梁之间的楼层用截面很小的、只承受竖向荷载的构件组成结构，称为次结构，它们把竖向荷载传至巨型构件上。巨型框架的抗侧刚度视巨型梁、柱构件的刚度而定，可适用于一般高层或超高层建筑。该结构体系可以在巨型结构平面和竖向布置规

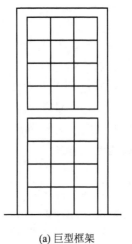

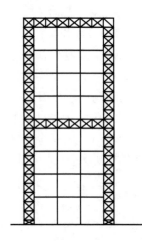

(a) 巨型框架　　　　　(b) 巨型桁架

图 2.10　巨型框架结构

则的条件下,建筑内部的布置建筑空间在不同层次之间有所变化,满足不同建筑平面和空间的需要。巨型框架结构可用于一般高层或超高层建筑,不过有关它的设计要求未列入规范。

2.1.7 脊骨结构

脊骨结构是在巨型框架的基础上进一步发展,适合于建筑外形复杂、沿高度平面变化较多的复杂建筑,取其形状规则部分——通常在建筑平面的内部,做成刚度和承载力都十分强大的结构骨架抵抗侧向力,称为脊骨结构。位于美国费城的 53 层 Bell Atlantic Tower 即属于该结构(图 2.11)。

2.1.8 其他结构体系

高层建筑除了上述主要结构体系外,近年来又出现了许多新的结构体系,包括悬挂和悬挑结构,隔震、减震结构等。目前采用隔震、减震的结构逐步多起来,在《建筑抗震设计规范》(GB 50011—2010)(以下简称为《抗规》)第 3 章和第 12 章中新增了隔震和消能减震设计的相关内容,工程建设行业

图 2.11 **Bell Atlantic Tower**

标准《建筑隔震设计规范》正在编制中,将对隔震建筑提出更高的性能要求。悬挂结构的建筑尚少,经验不多,研究还不成熟,不能普遍推广应用于设计和施工,因此目前《高规》中尚未列出。

板柱结构是指由楼板和柱构成的竖向承重和横向抗侧力体系,由于内部无梁,层高较低,外围由于不影响层高,可以有梁,属于框架结构,计算中常采用等代框架法,取楼板的抗弯有效宽度作为梁宽计算,目前板柱结构多用于多层建筑中,由于其侧向刚度和抗震性能较差,不适宜用于高层建筑,故《抗规》中只列出了板柱-抗震墙结构,即在板柱结构中增加剪力墙或筒体,构成板柱-剪力墙结构,则其抗侧刚度得到显著提高,《高规》第 8 章也列入了板柱-剪力墙结构,并且随着研究的深入,新《高规》比原《高规》的限值约提高了一倍。

至于异形柱结构,由于其截面厚度较小,相对肢较长,所构成的异形柱框架和普通框架的受力性能和破坏形态均不同,鉴于目前研究和工程经验较少,《高规》中也未列出。但《高规》认为这种结构一般只用于非地震区及 6 度、7 度抗震设计的 12 层以下建筑中。通常这种建筑结构设计按照地方性规程并参照《高规》及设计经验进行。

高层建筑结构应根据房屋的高度、高宽比、抗震设防烈度、场地类别、结构材料和施工技术条件等因素,选用适宜的结构体系。

2.2 高层建筑结构高度控制

《高规》规定:钢筋混凝土高层建筑结构的最大适用高度和高宽比应分为 A 级(表 2.1)和 B 级(表 2.2)。目前 A 级高度的钢筋混凝土高层建筑应用最为广泛。超过 A 级高度的为 B 级,B 级的高度和高宽比大,但抗震等级、计算和构造措施严。一般不宜超过 B 级,超过 B 级时,专门审查,补充多方面计算分析,必要时进行结构试验,采取专门的加强构造措施。

表 2.1 A 级高度钢筋混凝土高层建筑的最大适用高度(m)

结构体系		非抗震设计	抗震设防烈度				
			6 度	7 度	8 度		9 度
					0.2g	0.3g	
框架		70	60	50	40	35	—
框架-剪力墙		150	130	120	100	80	50
剪力墙	全部落地剪力墙	150	140	120	100	80	60
	部分框支剪力墙	130	120	100	80	50	不应采用
筒体	框架-核心筒	160	150	130	100	90	70
	筒中筒	200	180	150	120	100	80
板柱-剪力墙		110	80	70	55	40	不应采用

表 2.2 B 级高度钢筋混凝土高层建筑的最大适用高度(m)

结构体系		非抗震设计	抗震设防烈度			
			6 度	7 度	8 度	
					0.2g	0.3g
框架-剪力墙		170	160	140	120	100
剪力墙	全部落地剪力墙	180	170	150	130	110
	部分框支剪力墙	150	140	120	100	80
筒体	框架-核心筒	220	210	180	140	120
	筒中筒	300	280	230	170	150

对于钢结构体系,《高层民用建筑钢结构技术规程》(JGJ 99—2015)规定的高层建筑钢结构各类结构体系的最大适用高度列出如表 2.3 所示。其中外框架-内框筒或内支撑筒结构的最大适用高度可参考筒体结构确定。

表 2.3 钢结构和有混凝土剪力墙的钢结构高层建筑的适用高度(m)

结构种类	结构体系	非抗震设计	抗震设防烈度				
			6 度、7 度 (0.10g)	7 度 (0.15g)	8 度		9 度 (0.40g)
					(0.20g)	(0.30g)	
钢结构	框架	110	110	90	90	70	50
	框架-中心支撑	240	220	200	180	150	120
有混凝土剪力墙的钢结构	框架-偏心支撑 框架-屈曲约束支撑 框架-延性墙板	260	240	220	200	180	160
	筒体(框筒,筒中筒, 桁架筒,束筒) 巨型框架	360	300	280	260	240	180

注:1. 房屋高度指室外地面到主要屋面板板顶的高度(不包括局部突出屋顶部分);
2. 超过表内高度的房屋,应进行专门研究和论证,采取有效的加强措施;
3. 表内筒体不包括混凝土筒;
4. 框架柱包括全钢柱和钢管混凝土柱。

关于钢筋混凝土高层建筑的最大适用高度的几点说明：

（1）因研究成果和工程经验不足，9 度区无 B 级建筑，无板柱-剪力墙结构，无框架结构（在《抗规》中，框架结构最大适用高度 24 m）。

（2）最大适用高度是经验性的规定，突破高度限制的建筑已经建成，当积累了更多的经验以后在修订规程时适用的最大高度也会改变。

（3）表中高度是乙类和丙类建筑的；对甲类建筑，6～8 度时宜按本地区抗震设防烈度提高 1 度后符合表中要求，9 度时应专门研究。

（4）平面和竖向均不规则的结构或 IV 类场地上的结构，最大适用高度应适当降低。

（5）部分框支剪力墙结构的框支层的层数，7 度时不超过 5 层，8 度时不超过 3 层。

（6）短肢墙较多的剪力墙结构，其适用高度比表中规定的剪力墙结构的最大适用高度适当降低，抗震设防烈度为 7 度、8 度时分别不大于 100 m 和 60 m。

（7）框架不包括异形柱框架。

2.3　高层建筑高宽比限值

高宽比是对结构刚度、整体稳定、承载能力和经济合理性的宏观控制。在高度确定的情况下，若结构高宽比过大，则倾覆力矩也大，为合理确定结构体系布置，需要确定各种结构体系的高宽比。为此，《高规》和《高层民用建筑钢结构技术规程》规定了各种结构体系所允许的高宽比限值，如表 2.4 和表 2.5 所示。

表 2.4　钢筋混凝土高层建筑结构适用的最大高宽比

结构体系	非抗震设计	抗震设防烈度		
		6 度、7 度	8 度	9 度
框架	5	4	3	—
板柱-剪力墙	6	5	4	—
框架-剪力墙、剪力墙	7	6	5	4
框架-核心筒	8	7	6	4
筒中筒	8	8	7	5

表 2.5　钢结构高宽比的限值

烈　度	6 度、7 度	8 度	9 度
最大高宽比	6.5	6.0	5.5

注：1. 计算高宽比的高度从室外地面算起；
　　 2. 当塔形建筑底部有大底盘时，计算高宽比的高度从大底盘顶部算起。

下面是关于建筑结构高宽比的几点说明：

（1）高宽比限制值更是一个经验性的规定，符合高宽比限制值要求的建筑比较容易满足侧移限制，而侧移限制才是最根本的要求，如果各方面都能满足规范要求，突破高宽比限制值是可能的。

（2）房屋高度是指室外地面至主要屋面高度，不包括局部突出屋面的电梯机房、水箱、构架等高度，房屋宽度是指平面中短方向宽度。

（3）在复杂体型的高层建筑中，可按所考虑方向的最小投影宽度计算高宽比，但对突出建筑物平面很小的局部结构(如楼梯间、电梯间等),一般不应包含在计算宽度内,对于不宜采用最小投影宽度计算高宽比的情况,应根据实际情况确定合理的计算方法。对带有裙房的高层建筑,当裙房的面积和刚度较大时,计算高宽比的房屋高度和宽度可按裙房以上部分考虑。

(4) 异型柱框架结构适用于 6 度、7 度和非抗震设计、12 层以下建筑,未列入上表。

(5) 目前国内超限高层建筑中超过高宽比限制的是个别的,如上海金茂大厦(88 层,402 m)为 7.6,深圳地王大厦(69 层,328 m)为 8.8。

(6) 高宽比限值不再与场地土类别相关。

2.4 高层建筑结构的布置原则与要求

平面、立面布置的原则为简单、规则、对称。尤其应尽量避免平面和立面都采用复杂形状,这对抗风、抗震都有利,结构的不规则程度主要根据体型(平面和立面)、刚度、质量及承载力在平面上和沿高度的分布等判别。

2.4.1 结构平面布置

平面形状简单、规则、对称,尽量使质心和刚心重合。偏心大的结构扭转效应大,会加大端部构件的位移,导致应力集中。平面突出部分不宜过长。扭转是否过大,可用概念设计方法近似计算刚心、质心及偏心距后进行判断,还可比较结构最远边缘处的最大层间变形和质心处的层间变形,其比值超过 1.1 者,可认为扭转太大而结构不规则。

高层建筑不应采用严重不规则的结构布置,当由于使用功能与建筑的要求,结构平面布置严重不规则时,应将其分割成若干比较简单、规则的独立结构单元。对于地震区的抗震建筑,简单、规则、对称的原则尤其重要。高层建筑设计的一个特点是风荷载往往成为主要荷载,尤其沿海地区风力成为控制荷载,所以高层建筑宜选用风作用效应较小的平面形状,有利于抗风设计,对抗风有利的平面形状同样是简单规则的凸平面,如圆形、方形、正多边形、椭圆形等。有较多凸凹的复杂形状平面如 V 形、Y 形、H 形、弧形等对抗风极为不利,应尽量避免,特别是建于沿海地区的高层、超高层应当谨慎处理。

平面形状的选择极大地影响到结构的内力与变形,因此《高规》对平面形状规定了一系列的限制。地震区的建筑不宜采用角部重叠的平面形状或细腰形平面形状,因为这两种平面形状的建筑,中间部位都形成了狭窄、突变的部分,成为地震中最为薄弱的环节,容易发生震害。尤其在凹角部位产生应力集中极易开裂、破坏。对于这样的高层建筑在这些"细腰"的部位应当特别予以加强,如采用加大楼板厚度及配钢,配置斜钢筋以及设置集中配筋的边梁等。

对于抗震建筑,矩形平面的长宽比以及其他非矩形建筑的凸出部位、凸出长度及长宽比,《高规》规定了一系列限制性的尺寸,见表 2.6 和图 2.12。

表 2.6 平面尺寸及突出部位尺寸的比值限值

设防烈度	L/B	l/B_{max}	l/b
6 度、7 度	$\leqslant 6.0$	$\leqslant 0.35$	$\leqslant 2.0$
8 度、9 度	$\leqslant 5.0$	$\leqslant 0.30$	$\leqslant 1.5$

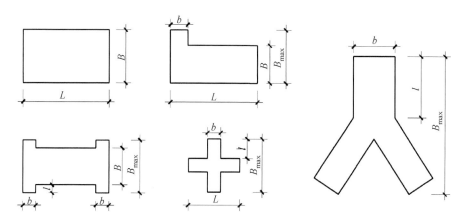

图 **2.12** 有突出部分的建筑平面

规定这些限值,主要出于防止建筑物局部或整体抗侧刚度大小;建筑物的刚度突变容易引起地震时,因局部动力反应特大以及应力集中而发生破坏;建筑物的刚度不均匀及偏心引起过大的扭矩,这对结构抗震十分不利。规程中对于这些限值,都采用了"宜"与"不宜"的限制性词语,这是考虑到在许多方面的突破。实际上高层建筑结构对上述限制某一方面略有突破时,采用加强设计计算与构造措施时,震害也是可以避免的。因此超过上述限值得高层建筑设计时对于它们的薄弱环节应特别予以重视。

抗震设计中对建筑物的扭转影响特别敏感,因此结构平面布置应注意平面刚度,考虑质量分布均匀、对称等尽量减小偏心,减少扭转效应。《高规》3.4.5条专门对高层建筑结构的扭转影响作了一系列的限制。对于B级高度高层建筑,混合结构高层建筑以及复杂高层建筑结构关于减小扭转影响的限制则更为严格。

楼面的削弱过大对于高层建筑结构非常不利。例如楼板凹入较大,楼板有较大的开洞。楼、电梯间因为各层间无楼板支撑,相当于楼板开洞。当井字平面形状建筑,外伸长度较大,而中央部位楼电梯间使楼板受到较大削弱,这对高层建筑结构,特别是抗震设计时极为不利。因此《高规》3.4.6条对楼板削弱进行了一系列限制。例如开洞尺寸不宜大于楼面宽度的一半;楼板开洞总面积不宜超过楼板面积的30%;在扣除凹入或洞口后,楼板在任一方向的最小宽度不宜少于5 m,且开洞后每一边楼板的净宽度不应小于2 m。

对于楼板有较大的削弱时,应该采取一系列的措施予以加强。这些措施包括:
(1)加厚洞附近楼板,提高楼板的配筋率,采用双层双向配筋;
(2)洞边缘设置边梁、暗梁;
(3)在楼板洞口角部集中配斜向钢筋;
(4)外伸段凹槽处设置连接梁或连接板。

2.4.2 结构立面布置

高层建筑结构沿高度方向刚度、承载力、质量均匀,结构轮廓尺寸连续、立面没有过大的外挑和内收。刚度或承载力突变的楼层,可能会成为软弱层(层间变形过大)或薄弱层(承载力不足而形成塑性铰层),使地震力集中,层间位移过大。许多震害表明:这样结构大部分会在此突变处发生严重破坏甚至倒塌。

结构竖向布置最基本的原则是规则、均匀。

规则,主要是指体型规则,若有变化,亦应是有规则的渐变。体型沿竖向的剧变,将使地震时某些变形特别集中,常常在该楼层因过大的变形而引起倒塌。

均匀是指上下体型、刚度、承载力及质量分布均匀,以及它们的变化均匀。结构宜设计成刚度下大上小,自下而上逐渐减小。下层刚度小,将使变形集中在下部,形成薄弱层,严重的会引起建筑的全面倒塌。如果体型尺寸有变化,也应下大上小逐渐变化,不应发生过大的突变。上部楼层收进变得体型较小的情况经常发生,但是对于收进的尺寸应当限制。收进的部位越高,收进后的平面尺寸越小,高振型的影响明显加大。如果上部楼层外挑(一般来说质量也加大),造成"头重脚轻"的状况,将使扭转反应明显加大,竖向地震影响也明显变大。

鉴于上述原因,《高规》规定:立面局部收进的尺寸不大于该方向尺寸的25%;高层建筑框架结构抗震设计时,楼层刚度不小于其相邻上层刚度的70%或其上相邻3层侧向刚度平均值的80%,且要求连续3层的楼层总刚度降低不超过50%。

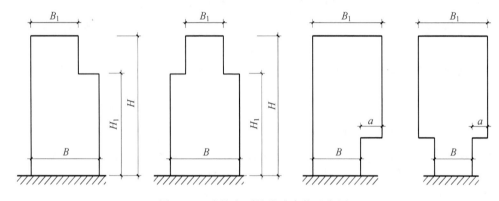

图 2.13 建筑立面外挑或内收示意图

A级高度高层建筑物的楼层层间受剪承载力不宜小于其上一层受剪承载力80%,不应小于其上一层受剪承载力的65%;B级高度高层建筑则要求更为严格,要求楼层受剪承载力不应小于其上一层楼层受剪承载力的75%。所谓楼层受剪承载力是该层全部抗侧力构件(柱和剪力墙)在所考虑的水平地震作用方向受剪承载力之和。

为了保证结构竖向的规则性,《高规》要求结构竖向抗侧力构件宜上下连续贯通。如果达不到连续贯通的要求,应按部分框支剪力墙结构体系、框支核心筒结构体系以及复杂结构体系的特殊要求进行设计处理。不满足规定的不规则结构或复杂结构,其设计除进行必要的计算分析外,更重要的是掌握概念设计,采取有效的设计措施。

2.4.3 伸缩缝、沉降缝和防震缝

1) 伸缩缝

在高层建筑的总体布置中,为了消除结构不规则,收缩和温度应力、不均匀沉降对结构的有害影响,可以用防震缝、伸缩缝或沉降缝将房屋分成若干独立部分,但是考虑到高层建筑的使用要求、立面效果、防水处理等原因,高层建筑结构设计时,宜尽量调整平面形状和尺寸,采取构造和施工措施,不设缝或少设缝。需要设缝时,应将结构划分为独立的结构单元。

《高规》规定了伸缩缝的最大间距见表2.7。当房长度超最大间距时,若未采用专门的可靠措施,就应设置伸缩缝。但伸缩缝的设置会影响建筑立面,造成多用材料、构造复杂和施工困难。《高规》给出了增大伸缩缝间距所采用的措施,如施工中设置后浇带;增加顶层、底层、山

墙和纵墙端开间等部位的配筋;顶层加强隔热措施;外墙设置外保温层;使用混凝土添加剂等减少收缩;楼屋盖采用部分压应力;设变形缝,使裂缝出现在控制缝处;局部(顶部、底部)设伸缩缝等。

表 2.7 伸缩缝最大间距

结构体	施工方法	最大间距(m)
框架结构	现浇	55
剪力墙结构	现浇	45

2)沉降缝

许多高层建筑由主体结构和层数不多的裙房组成。裙房和主体结构的高度及重量相差悬殊,可能导致结构构件产生较大的内力和变形,因此可采用沉降缝将群房和主体结构从顶到基础全部断开,使各部分自由沉降,避免由沉降差引起裂缝式破坏抗震设防的结构,沉降缝的宽度应符合防震最小宽度要求。

沉降缝使基础构造复杂,特别是地下室,设置沉降缝后使防水处理困难,增加造价。《高规》提出了高层部位与裙房之间可不设沉降缝,采取的措施如:采用桩基;主楼与裙房采取不同基础形式,先施工主楼;主楼与裙房的标高预设沉降差。应在主楼与裙房之间设后浇带。

3)防震缝

当平面尺寸超过平面布置所规定的要求,各部分结构刚度、荷载或质量相差悬殊而又没有采取加强措施以及房屋有较大错层时应合理设置防震缝。

防震缝应有一定的宽度,否则在地震时相邻部分相互碰撞而破坏。钢筋混凝土框架结构房屋防震缝的宽度在高度不超过计 15 m 时可以设为 100 mm,超过计 15 m 时,6 度、7 度、8 度和 9 度分别每增加 5 m、4 m、3 m 和 2 m,宜加宽 20 mm;框架-剪力墙结构和剪力墙结构房屋的防震缝宽度,可分别采用框架结构防震缝宽度的 70%和 50%,但都不小于 100 mm。防震缝两侧结构类型不同时,按需要较宽防震缝的结构类型和较低房屋高度确定缝宽。确定防震缝宽度时,还应考虑由于基础转动产生的结构顶点位移。如果某个建筑的相邻结构的侧向位移和地基转动造成侧向位移之和较大,则应加大缝宽,以防止缝宽不足而发生碰撞破坏。抗震设防的建筑,其伸缩缝、沉降缝宽度均应符合防震缝宽度的要求。

相邻的高、低结构之间设置防震缝时,不应采取牛腿托梁的做法设置防震缝。

在目前的工程设计中更倾向于不设防震缝,而采取加强结构整体性;防止薄弱部位破坏的措施。钢结构房屋一般不设防震缝。

2.4.4 高层建筑的基础设置

基础承托房屋全部重量和外部作用力,并将其传到地基。抗震房屋的基础直接受到地震作用,并将地震作用传到上部结构使结构产生震动。基础的选型应根据上部结构情况、工程地质、施工条件等因素综合考虑确定。

单独柱基适用于层数不多、地基土质较好的框架结构。当抗震要求较高或土质不均匀,埋置深度较大时,可在单桩基础间设置拉梁。

高层建筑宜采用整体性较好的箱形、筏形或交叉梁式基础。

当表层土质较差时,为了利用较深的坚实土层、减少沉降量、提高基础嵌固程度,可以采用桩基,成为桩筏基础或桩箱基础。国内外震害调查表明:软土地基上建造的建筑震害较大,如采用桩基直接支撑于基岩上可大大减轻震害。

高层建筑的基础应有足够的埋置深度。埋深必须满足地基变形和稳定的要求,以减少建筑的整体倾斜,防止倾斜和滑移。较深的土壤承载大、压缩性小、稳定性好,基础侧面的土有一定的减震作用。埋置深度为:采用天然地基时可不小于建筑高度的 1/15~1/12。采用桩基时可不小于建筑高度的 1/20~1/15,桩的长度不计在埋置深度内。抗震设防烈度为 6 度或非抗震设计的建筑,基础埋深可适当减少。高层建筑宜设地下室,当基础落在岩石上时可不设地下室,但应采取地锚等措施。

2.5　高层建筑的设计要求

2.5.1　截面承载力验算

高层建筑结构设计应保证在荷载作用下结构有足够的承载力。我国《建筑结构设计统一标准》规定构件按极限状态设计,采用荷载效应组合的构件不利内力,进行构件承载力验算。结构构件承载力验算的一般表达式为:

$$无地震作用组合时 \qquad \gamma_0 S \leqslant R \qquad (2-1)$$

$$有地震作用组合时 \qquad S \leqslant \frac{R}{\gamma_{RE}} \qquad (2-2)$$

式中　γ_0——结构重要性系数,按《建筑结构荷载规范》采用,一般高层建筑取 1.0,安全等级一级取 1.1,抗震构件设计时不考虑安全等级;

S——荷载效应组合得到的构件内力设计值;

R——结构构件的承载力设计值,按无地震作用组合和有地震作用组合两种情况分别采用,抗弯时二者相同,抗剪时二者不同;

γ_{RE}——承载力抗震调整系数。

凡是要求进行抗震设计的结构(设防烈度为 6 度及其以上的地区),都是抗震结构。无地震作用组合也可能是抗震结构,它们在承载力计算时不采用承载力抗震调整系数(γ_{RE}),但是构造设计要考虑抗震。

考虑到地震作用是一种偶然作用,作用时间短,材料性能也与静力作用不同,因此,对构件的抗震承载能力作调整,也就是说,该系数是一种安全度的调整。构件受力状态容易获得较好延性和耗能能力时,承载力提高得多一些,γ_{RE} 值较小。例如,梁受弯时 γ_{RE} 为 0.75,偏压柱的轴压比小于 0.15 时为 0.75,轴压比不小于 0.15 时 γ_{RE} 值降低为 0.80,而各类构件受剪或偏拉时 γ_{RE} 值较大,取为 0.85。

2.5.2　正常使用条件下结构水平位移限值

结构的刚度要求用限制侧向变形的形式表达。

限制水平变形的主要原因有:防止主体结构开裂、损坏;防止填充墙及装修开裂、损坏;过大的侧向变形会使人不舒适,影响正常使用;过大的侧移会使结构产生附加内力。地震作用时正常使用要求可放松,所以地震作用的位移限值均略大。《高规》规定高度不大于 150 m 的高

层建筑,其楼层层间最大位移限值为:

$$\frac{\Delta_\mu}{h} \leqslant \left[\frac{\Delta_\mu}{h}\right] \tag{2-3}$$

式中 Δ_μ——为考虑荷载效应组合时结构的层间位移,要注意,计算正常使用条件下的层间位移时,荷载效应组合分项系数取 1.0,装配整体式结构由于有接头的松动,计算的位移应加大 20%;

  h——为结构层高。

上式右端是限制值,见表 2.8,其中表中所给的最大层间位移限值不扣除结构整体变形转角产生的值。

表 2.8 楼层层间最大位移与层高之比的限值

结构类型	Δ_μ/h 限值
框架	1/550
框架-剪力墙、框架-核心筒、板柱-剪力墙	1/800
筒中筒、剪力墙	1/1 000
除框架结构外的转换层	1/1 000
多高层钢结构	1/300

高度不小于 250 m 的高层建筑,其楼层层间最大位移与层高之比的限值:

$$\frac{\Delta_\mu}{h} \leqslant 1/500 \tag{2-4}$$

高度在 150~250 m 之间的高层建筑,其楼层层间最大位移与层高之比的限值可按式(2-3)和式(2-4)的限值线性插入使用。

2.5.3 稳定和抗倾覆验算

高层建筑结构的稳定性应符合下列规定:

剪力墙结构、框架-剪力墙结构、筒体结构应符合下式要求

$$EJ_d \geqslant 1.4H^2 \sum_{i=1}^n G_i \tag{2-5}$$

框架结构应符合下式要求

$$D_i \geqslant 10 \sum_{j=i}^n \frac{G_j}{h_i} \quad (i = 1, 2, \cdots, n) \tag{2-6}$$

研究表明,高层建筑混凝土结构仅在竖向重力荷载作用下产生整体失稳的可能性很小。高层建筑结构的稳定设计主要是控制在风荷载或水平地震作用下,重力荷载产生的二阶效应(重力 P-Δ 效应)不致过大,以致引起结构的失稳倒塌。结构的刚度和重力荷载之比(刚重比)是影响重力 P-Δ 效应的主要参数。如果结构的刚重比满足式(2-5)或(2-6)的规定,则重力 P-Δ 效应可控制在 20% 之内,结构的稳定具有适宜的安全储备。若结构的刚重比进一步减小,则重力 P-Δ 效应将会呈非线性关系急剧增长,直至引起结构的整体失稳。在水平力作用下,高层建筑结构的稳定应满足上述要求,不应放松,如不满足,应调整并增大结构的侧向刚度。

《高规》对高层建筑的稳定和倾覆验算提出了要求,但由于高层建筑的刚度一般较大,又有许多楼板作为横向隔板,整体稳定一般都可以满足要求,很少进行验算。

当高层建筑高宽比(H/B)满足要求时,抗倾覆一般都可满足要求。抗倾覆验算:

$$M \leqslant [M] \tag{2-7}$$

式中　M——倾覆力矩值,由风荷载或地震作用的基础顶面处的最大倾覆力矩,需考虑二者的组合;

　　　$[M]$——稳定力矩值,由竖向荷载对房屋基础边缘取矩所得的总力矩;计算时楼层活荷载取50%,恒载取90%。

2.5.4　抗震结构的延性要求

1)延性结构的概念

延性是指构件或结构具有承载能力不降低或基本不降低的塑性变形能力的一种性能,一般用延性比指标表示延性的大小。

构件延性比:对于一个构件,当受拉钢筋屈服以后即进入塑性变形阶段,构件承载力略有增大,而变形迅速增加;当构件破坏,承载力降低时,达到承载力极限状态,构件极限变形一般定义为承载力降低10%~20%时的变形,见图2.14和图2.15。延性比是指极限变形(曲率ϕ_v、转角θ_v或挠度f_v)与屈服变形(ϕ_y、θ_y或f_y)的比值。

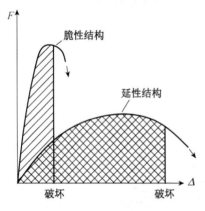

图2.14　结构的变形

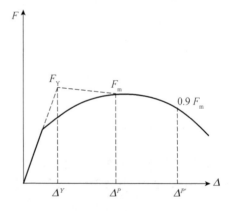

图2.15　屈服变形和最大允许变形

结构延性比:对于一个结构,当某个杆件出现塑性铰时,开始出现塑性变形,但结构刚度只略有降低;当出现塑性铰的杆件增多以后,塑性变形加大,刚度降低愈来愈大;当塑性铰达到一定数量以后,结构也会出现"屈服"现象,此后出现塑性变形迅速增加而承载力略有增大的现象,即认为达到屈服位移;直到整个结构不能维持其承载能力,当承载能力下降到最大承载力的80%~90%时,达到极限位移,结构延性比通常是指达到极限时顶点位移Δ_μ与屈服位移Δ_y的比值。

在"小震不坏、中震可修,大震不倒"的抗震设计原则下,结构都应该设计成延性结构,即在设防烈度地震作用下,允许构件出现塑性铰,当合理控制塑性铰部位、构件又具有足够的延性时,可在大震作用下结构不倒塌。

当设计成延性结构时,结构变形加大,塑性变形可以耗散地震能量,结构承受的地震作用(惯性力)不会直线上升。在这种情况下可降低结构的承载力要求,而结构的塑性变形能力,即延性,应当足够好。也可说,当延性结构达到其承载力后,结构是用它的变形能力在抵抗地震作用;反之,如果结构的延性不好,则必须有足够大的承载力抵抗地震。然而后者会多用材料,也是不经济的。

2)影响构件延性的因素

要设计延性好的构件,与很多因素有关。

材料:钢是延性很好的材料,砖石砌体的延性很差,钢筋混凝土则介于二者之间。如果设计合理,钢筋混凝土构件可以有较好的延性。

构件的受力状态:受弯构件梁的延性较大,而压弯构件柱的延性较小,桁架中的压杆延性也较差。

构件形式:同样是压弯构件,细长杆件(如长柱)延性较好,而粗短杆(短柱)延性较差,薄片构件,如剪力墙延性也稍差。

构件的破坏状态:钢筋混凝土构件的破坏状态对延性影响很大。适筋梁及大偏压柱的受弯破坏时延性较好(钢筋先屈服,混凝土后压坏),超筋梁及小偏压柱破坏时,延性较差(钢筋不屈服而混凝土先被坏),剪切破坏延性更小,其中剪拉破坏是突然发生的脆性破坏,没有延性。

3)影响结构延性的因素

构件延性会直接影响结构延性,由破坏形式的好坏可知构件不能过早剪坏。

在框架结构中破坏形式是出现梁铰较为有利。在联肢剪力墙中则塑性铰出现在连梁上较有利,每一个塑性铰都能吸收和耗散一部分地震能量,在梁端出现的塑性铰数量可以很多而结构不至形成机构,因此,对每一个塑性铰的要求可以较低,比较容易实现。此外,梁是受弯构件,而受弯构件具有较好的延性。

塑性铰出现在柱中,很容易形成破坏机构。如果在同一层柱上、下都出现塑性铰,该层结构变形将迅速增大,成为不稳定结构而倒塌,在抗震结构中应绝对避免出现这种被称为软弱层的情况。柱是压弯构件,受很大轴力,这种受力状态决定了柱的延性较小。而且作为结构的主要承载部分,柱子破坏将引起严重后果,不易修复甚至引起结构倒塌。因此,柱子中出现塑性铰是不利的。剪力墙是压弯构件,特别是它容易被剪坏,其破坏也会引起严重后果。

要设计延性框架,除了梁、柱构件必须具有延性外,还必须保证各构件的连接部分——节点区不出现脆性剪切破坏,同时还要保证支座连接和锚固不发生破坏。

总之,保证结构延性应遵循强柱、弱梁、刚节点。

4)延性结构设计原则

强柱弱梁或强墙弱梁,要控制梁-柱或梁-墙的相对承载力,使塑性铰首先在梁端出现,尽量避免或减少柱、墙中的塑性铰。

强剪弱弯,对于梁、柱、墙构件,要保证构件出现受弯塑性铰而不过早剪坏,因此,要使构件抗剪承载力大于塑性铰抗弯承载力,为此要提高构件的抗剪承载力,在墙肢中,还要采取措施推迟它在屈服后的剪坏。

强节点、强锚固,要保证节点区和钢筋锚固不过早破坏,不在梁、柱、墙等构件塑性铰充分发挥作用前破坏。

5)抗震结构设计等级

延性结构的概念是清楚的,但是结构延性比的确定却是十分困难的。从设计概念要求:结构延性比要求应小于或等于该结构可提供的延性比。前者是指在地震作用下结构要求的变形能力,后者是指结构可提供的变形能力(抵抗能力),与结构布置、结构类型、配筋形式及配筋量等有关。遗憾的是,在设计中要想确定上述两个指标都是很困难的。因此,目前的设计方法是根据设防烈度、结构类型及结构高度将结构分为一、二、三、四级,这是对结构的要求(一级要求最高),然后按照要求的等级设计结构构件,从配筋形式、数量、构造要求等各方面保证结构具有足够的延性性能。对 A 类和 B 类的各种不同高层建筑结构,其所要求的不同抗震等级见表 2.9、表 2.10。

表 2.9　A 级高度的高层建筑结构抗震等级

结构类型		烈　　　度						
		6 度		7 度		8 度		9 度
框架结构		三		二		一		—
框架-剪力墙结构	高度(m)	≤60	>60	≤60	>60	≤60	>60	≤50
	框架	四	三	三	二	二	一	—
	剪力墙	三		二		一		—
剪力墙结构	高度(m)	≤80	>80	≤80	>80	≤80	>80	≤60
	剪力墙	四	三	三	二	二	一	—
部分框支-剪力墙结构	非底部加强部位剪力墙	四	三	三	二	二	一	
	底部加强部位剪力墙	三	二	二	一	一		
	框支框架	二		一				
筒体结构	框架-核心筒　框架	三		二		一		—
	框架-核心筒　核心筒	二		二		一		—
	核心筒　内筒	三		二		一		—
	核心筒　外筒							
板柱-剪力墙	高度	≤35	>35	≤35	>35	≤35	>35	
	框架、板柱及柱上板带	三	二	二	二	一	一	
	剪力墙	二	二	二	二	二	二	

注:1. 接近或等于高度分界时,应结合房屋不规则程度及场地、地基条件适当确定抗震等级;
　　2. 底部带转换层的筒体结构,其框支框架的抗震等级应按表中框支剪力墙结构的规定采用;
　　3. 当框架-核心筒结构的高度不超过 60 m 时,其抗震等级应允许按框架-剪力墙结构采用。

表 2.10　B 级高度的高层建筑结构抗震等级

结　构　类　型		烈度		
		6 度	7 度	8 度
框架-剪力墙	框　架	二	一	一
	剪力墙	二	一	特一
剪力墙	剪力墙	二	一	特一
部分框支剪力墙	非底部加强部位剪力墙	二	一	一
	底部加强部位剪力墙	二	一	特一
	框支框架	一	特一	特一
框架-核心筒	框架	二	一	一
	筒体	二	一	特一
筒中筒	外筒	二	一	特一
	内筒	二	一	特一

注:底部带转换层的筒体结构,其框支框架和底部加强部位筒体的抗震等级应按表中框支剪力墙结构的规定采用。

6）几点说明

凡是要求进行抗震设计的结构（设防烈度为 6 度及其以上的地区），都是抗震结构，按无地震作用组合计算的抗震结构，仍应按划分的抗震等级进行抗震构造设计。在构造要求条文中，区分这抗震结构（一、二、三、四）级及非抗震结构。注意，除《高规》条文中特殊注明者外，四级抗震等级与非抗震设计的措施相同。

（1）框架抗震墙结构，在基本振型地震作用下，若框架部分承受的地震倾覆力矩大于结构总地震倾覆力矩的 50%，其框架部分的抗震等级应按框架结构确定，最大适用高度可比框架结构适当增加。

（2）裙房与主楼相连，除应按裙房本身确定外，不应低于主楼的抗震等级；主楼结构在裙房顶层及相邻上下各一层应适当加强抗震构造措施。裙房与主楼分离时，应按裙房本身确定抗震等级。

（3）当地下室顶板作为上部结构的嵌固部位时，地下一层的抗震等级应与上部结构相同，地下一层以下的抗震等级可根据具体情况采用三级或更低等级。地下室中无上部结构的部分，可根据具体情况采用三级或更低等级。

（4）抗震设防类别为甲、乙、丁类的建筑，应按《抗规》第 3.1.3 条规定和表 6.1.2 确定抗震等级；其中 8 度乙类建筑高度超过表 6.1.2 规定的范围时，应经专门研究采取比一级更有效的抗震措施。

2.6　抗震结构的概念设计

结构抗震中设计中存在着不确定或不确知的因素，例如：地震地面运动的特征（强度、频谱、持时）是不确定的，结构的地震响应也就很难确定，同时又很难对结构进行精确计算。建筑抗震概念设计是根据地震灾害和工程经验等所形成的基本设计原则和设计思想，进行建筑和结构总体布置并确定细部构造的过程。概念设计要求工程师运用"概念"而不是只依赖计算进行分析，作出判断，采取相应措施。经验包括对结构地震破坏机理的认识、力学知识、专业知识，对地震震害经验教训和试验破坏现象认识的积累等等。通常可以从以下几个方面考虑：

（1）选择对建筑抗震有利的场地和地基。场地条件通常指局部地形、断层、地基土、砂土液化等。土覆盖层土质硬、厚度小，则承载力高、稳定性好，在地震作用下不易产生地基失效；土质愈软、厚度愈大，对地震的放大效应愈大；局部突出的土质山梁、孤立的山包，对地震效应有放大作用；在发震断层，地震中常出现地层错位、滑坡、地基失效或土体变形。抗震设计时，应选择坚硬域中硬土场地，当无法避开不利的或危险的场地时应采取相应措施。

（2）选择延性好的结构体系与材料。

（3）抗震结构平面及立面布置应简单、规则。抗震结构刚度、承载力和延性在楼层平面内应均匀，沿结构竖向应连续，刚度及质量分布均匀。

（4）减轻结构自重有利于抗震。

（5）抗震结构刚度不宜过大，结构也不宜太柔，要满足位移限制。所设计结构的周期要尽量与场地土的卓越周期错开，大于卓越周期较好。

（6）防止出现软弱层而造成严重破坏或倒塌，防止传力途径中断。要设置从上到下贯通连续的有较大的刚度和承载力的抗侧力结构。

（7）减少扭转,扭转对结构的危害很大,同时要尽量增大结构的抗扭刚度。两者的关键均在剪力墙的布置。刚度大的抗侧力结构沿结构外围布置,有利于抗扭。

（8）抗震结构必须具有承载力以及延性的协调关系。对延性不好的结构的承载力要求高;延性不好的构件,或进入塑性产生较大变形会对抗倒塌不利的部位可设计较高的承载力,使它们不屈服或晚屈服。

（9）尽可能设置抵抗地震的多道防线。超静定结构允许部分构件屈服或甚至损坏,是抗震结构的优选结构。合理预见并控制超静定结构的塑性铰出现部位,就可能形成抗震的多道防线。第一道防线是指全部结构,其部分构件可能屈服,要求具有良好的延性;第二道防线能形成独立的结构,抵抗总刚度减小后的地震作用。例如,框架-剪力墙结构的剪力墙一般都先屈服,应将框架作为第二道防线;联肢剪力墙中的连梁应先屈服,有些时候连梁可能剪坏,那么可使独立悬臂墙成为第二道防线。此外,地震可能多次作用,如果只有一道防线,破坏集中在某些构件上,将会由于损伤积累而导致倒塌。因此如果预见至某些部分有可能破坏,应当针对第二道防线的结构作抗震验算,并且第二道防线的结构也要具有延性。适当处理构件强弱关系,使其形成多道抗震防线,是增强结构抗倒塌能力的重要措施。

（10）控制结构的非弹性部位(塑性铰区),实现合理的屈服耗能机制,塑性铰部位会影响结构的耗能能力,合理的耗能机制应当是梁铰机制,因此,在延性框架中,盲目加大梁内的配筋是无益的。应设计强柱弱梁。

（11）应合理地选择混凝土结构构件的尺寸、配筋和箍筋。设计强剪弱弯,以避免剪切破坏先于弯曲破坏;设计适筋梁、大偏压柱及墙,以混凝土的压溃先于钢筋的屈服;锚固要牢靠,避免钢筋-锚固黏结破坏先于构件破坏。

（12）提高结构整体性。各构件之间的连接必须可靠,并符合下列要求;构件节点的承载力,不应低于其连接构件的承载力(刚节点);请注意应力集中部位,如果地震作用下有意识使应力集中部位提前破坏,则应做好第二道防线设计,否则应加强应力集中部位,保证结构整体工作;装配式结构的连接,应能保证结构的整体性;必须有可靠的措施以确保各抗侧力构件空间协同工作。

（13）地基基础的承载力和刚度要与上部结构的承载力和刚度相适应。

总之,概念设计中,重要的是分析、预见、控制结构的耗能和薄弱部位,找出能支持结构、使它不倒塌的关键部位。各部分构件该强则强,该弱则弱。

思考题

2-1　高层建筑结构体系受力特点与适用范围如何?

2-2　高层建筑平面与竖向布置原则有哪些? 请分别予以说明。

2-3　为何要限制高层建筑的高度?

2-4　高层建筑设置变形缝的目的是什么? 有什么利弊?

2-5　什么是巨型结构? 巨型结构有哪些类型?

3-6　为什么要对楼层层间位移规定限值?

2-7　为什么要限制建筑的高宽比? 如何控制?

2-8　什么是结构概念设计? 如何正确把握?

2-9　什么是结构的整体稳定验算?

2-10　试述结构延性的重要性。

3　钢结构材料及强度设计值

3.1　结构钢材

3.1.1　钢材的分类

高层民用建筑钢结构中承重用结构钢材宜根据现行国家标准《碳素结构钢》(GB/T 700)选用其中的 Q235 钢和《低合金高强度结构钢》(GB/T1591)选用其中的 Q345、Q390 和 Q420 钢。当采用其他牌号的钢材或进口钢材时,尚应符合相应的有关标准的规定和要求,必要时应通过材性试验确定钢材的力学性能指标和化学成分是否合格。

建筑结构用钢材按下述方法的分类:

(1)按建筑用途分类

按建筑用途分类时,有碳素结构钢(普通及优质),以及焊接结构用耐候钢(耐大气腐蚀钢)、高耐候性结构钢、桥梁用结构钢等专用结构钢。建筑结构中常用的为碳素结构钢和桥梁用结构钢。

(2)按炼钢炉方法(炉种)分类

按炼钢炉方法(炉种)分类时,有平炉钢、氧气转炉钢、空气转炉钢及电炉钢等。建筑承重结构一般选用平炉钢和氧气转炉钢。平炉钢质量好且稳定,应用较广;氧气转炉钢当氧气纯度较高时质量可与平炉钢等同;空气转炉钢的质量不稳定,低温性能较差,一般只用于非承重结构中。

(3)按脱氧方式分类

按炼钢时脱氧程度分为沸腾钢(F)、半镇静钢(b)、镇静钢(Z)及特殊镇静钢(TZ)。建筑结构用钢材主要是镇静钢和沸腾钢。镇静钢脱氧充分,钢材组织密实,气泡少,偏析程度小,低温冷脆性能、焊接性能及抗大气腐蚀的稳定性好。沸腾钢脱氧不充分,钢材组织不够密实,气泡较多,偏析程度较大,冲击韧性低。

(4)化学成分及合金元素分类

按钢材化学成分和合金元素的不同,建筑结构用钢材主要有碳素结构钢和低合金结构钢。碳素钢按含碳量的百分比又分成三个级别:低碳素钢(C≤0.25%)、中碳钢(0.6≥C>0.25)及高碳钢(C>0.6%)。含碳量越高,钢材的强度也越高,但塑性、韧性降低显著。在建筑结构中,常采用钢材为低碳钢。低合金结构钢在钢材冶炼过程中掺入少量的合金元素,用以提高钢材强度;钢材的强度提高,韧性不降低,但塑性有明显的下降。

(5)按化学成分中硫及磷含量分类

按钢材化学成分的硫和磷含量的多少,建筑结构用钢材主要分为:普通钢(S≤0.05%,P

≤0.045%)、优质钢（S≤0.045%，P≤0.04%）和高级优质钢（S≤0.035%，P≤0.03%）。在建筑钢结构中，常采用的钢材为普通钢和优质钢。

钢材的质量等级分为 A、B、C、D 四级，钢材的级别主要与其化学成分、力学性能及冲击韧性试验性能有关。钢材由 A 级至 D 级，表示钢材质量由低到高，性能越来越好。

3.1.2 钢材的力学性能和化学成分

1）钢材的力学性能

钢材力学性能指标主要包括：屈服强度、抗拉极限强度、伸长率、冷弯性能和冲击韧性、厚度方向的 Z 向性能、强度比等。

（1）屈服强度（f_y）

屈服强度是衡量结构承载能力和确定基本强度设计值的主要指标。碳素结构钢和低合金结构钢在应力达到屈服强度后，应变急剧增加，使得结构的变形突然增加到不能再继续使用的程度。钢材的强度设计值，一般是以屈服强度除以适当的抗力分项系数得到。

（2）抗拉强度（f_u）

钢材的抗拉强度表示能承受的最大拉应力值。由于钢材应力超过屈服强度后出现较大的残余变形，结构不能正常使用，因此钢结构设计是以屈服强度作为承载力极限状态的标志值，相应地在一定程度上抗拉强度即作为强度储备。

（3）伸长率（δ）

伸长率是衡量钢材塑性变形性能的指标。钢材的塑性是当结构经受其本身所能产生的足够变形时，抵抗断裂的能力。在标准拉伸条件下，钢材的伸长率 δ 可通过下式确定：

$$\delta = \frac{\Delta l}{l_0} \times 100\% \tag{3-1}$$

式中　$\Delta l = l_1 - l_0$——拉伸直至断裂后的试件伸长量；

　　　l_0——试件的原始长度；

　　　l_1——断裂时试件的长度。

伸长率愈大，表示塑性及延性性能愈好，钢材断裂前永久塑性变形和吸收能量的能力愈强。因此，承重钢结构无论是承受静力荷载或动力荷载作用，以及加工制造过程中，除要求具有一定的强度外，还要求有足够的伸长率（即塑性）。

（4）冷弯性能

冷弯是衡量钢材性能的综合指标，也是塑性指标之一。通过冷弯试验可以检验钢材颗粒组织、结晶情况和非金属夹杂物的分布等缺陷，一定程度上也是鉴定钢材焊接性能的指标之一。钢结构在加工制造和安装过程中进行冷加工时，尤其是钢构件焊接后变形的调直，都需要有较好的冷弯性能。用于承重的冷弯薄壁型钢（钢板）和热轧带钢应有冷弯性能保证。

（5）冲击韧性

冲击韧性是衡量钢材抵抗脆性破坏能力的指标。直接承受动力荷载以及重要的受拉和受弯焊接结构，为防止钢材的脆性破坏，应具有常温冲击韧性的保证。处于低温环境下的承重钢结构，其钢材尚应具有负温冲击韧性保证。轻型钢结构主要承受静力荷载，一般情况下对冲击韧性可不要求。

（6）厚度方向的 Z 向性能

高层民用建筑钢结构中,当钢板厚度不小于 40 mm 且沿厚度方向承受较大拉力时,此钢板应具有沿厚度方向抗撕裂性能(Z 向性能)保证。Z 向性能可通过材料试件进行拉力试验,且断面收缩率作为评定指标。

(7) 屈强比(f_y / f_u)

钢材的屈强比是指屈服强度与抗拉极限强度的比值。对钢材除要求符合屈服强度外,尚应符合抗拉强度的要求。对于有抗震要求的高层民用建筑钢结构,钢材的屈强比不应大于 0.85。钢材的屈强比愈小,则其对应强度储备愈大。

2) 钢材的化学成分

建筑结构用钢除了保证含碳量外,还应特别要求硫、磷含量不能超过国家标准的规定。钢中含碳量高,可提高钢材的强度,但却降低了钢材的塑性和韧性,同时冷弯性能下降。尤其对于焊接结构,含碳量高将显著影响钢材的可焊性。硫和磷是对钢材是两种有害成分。若硫含量高,将使钢材的焊接性能变差,降低钢材的冲击韧性和塑性,降低钢材的疲劳性能和抗腐蚀稳定性,容易使钢材出现"热脆"。若含磷量高,其害处与硫相似,但同时会增加钢材的冷脆性,使钢材的焊接性能和冷弯性能大大降低。

3.2   连 接 材 料

3.2.1   焊接材料

目前,钢结构最主要的连接方法为焊接连接,其具有强度高、构件截面无削弱、构造简单、施工便捷等优点,可适用于钢结构全方位连接。焊接连接基本工作原理为电弧焊,目前常用的电弧焊方法有:手工电弧焊、自动和半自动(埋弧)焊和气体保护焊等。在实际钢结构工程中,工厂制作的构件多采用自动(埋弧)焊或半自动(埋弧)焊;工地焊接多采用手工电弧焊,但其质量低于自动(埋弧)焊和半自动(埋弧)焊,但对钢板厚度较大且质量要求较大的焊接连接,有时采用气体保护焊。

在钢结构中,焊接连接材料(焊条、焊丝和焊剂)应与被连接构件的钢材强度相匹配。两种不同材质的钢材通过焊接连接时,应采用与低强度钢材相匹配的连接材料。根据《钢结构设计规范》(GB 50017)和《建筑钢结构焊接技术规程》(JGJ 81)中相关规定,焊条的型号分别与主体金属进行配合使用如下:

(1) 手工电弧焊应根据国家标准《碳钢焊条》(GB/T 5117)或《低合金钢焊条》(GB/T 5118)的规定选用合适的焊条,为使连接安全可靠且经济合理,选用的焊条型号应与被连接构件钢材的强度相适应。可按如下要求确定:对 Q235 钢,宜采用 E43xx 型焊条;对 Q345 钢,宜采用 E50xx 型焊条;对 Q390 钢,宜采用 E55xx 型焊条。

(2) 自动焊接或半自动焊接采用的焊丝和焊剂应与被连接构件主体金属相适应,根据现行国家标准《熔化焊用焊丝和焊剂》(GB 1300)的规定选用。

3.2.2   螺栓连接

建筑结构用螺栓主要分普通螺栓和高强度螺栓。普通螺栓采用符合现行国家标准《碳素结构钢》(GB/T 700—1988)规定的 Q235—A 级钢制成,并应符合现行国家标准《六角头螺栓—C 级》(GB/T 5780—2000)的规定。高强度螺栓可采用 45 号钢、40Cr、40B 或 20MnTiB 钢制作,并应符合现行国家标准《钢结构用高强度大六角头螺栓、大六角螺母、垫圈与技术条件》(GB/712281991～GB/T 1231)或《钢结构用扭剪型高强度螺栓连接副》(GB/T 3632—1995～GB/T 3663)的规定。

1) 普通螺栓

(1) 普通螺栓质量等级

普通螺栓质量等级按螺栓加工制作的质量及精度公差分 A、B、C 三个等级;A 级的加工精度最高,C 级最差。A、B 级螺栓为精制螺栓,C 级为粗制螺栓。钢构件之间螺栓连接的抗拉强度与螺栓的质量等级有关,其抗剪强度及承压强度还与连接板上的螺栓孔孔壁质量有关。

(2) 普通螺栓规格

建筑钢结构中常用的普通螺栓级别为 C 级(4.6 级和 4.8 级),较少采用由中碳钢制成的 5.6 级螺栓以及由低合金钢淬火并回火后制成的 8.8 级螺栓。普通螺栓的通用规格为 M8、M10、M12、M16、M20、M24、M30、M36、M42、M48、M56 和 M64 等。

2) 高强度螺栓

(1) 高强度螺栓类型

高强度螺栓在钢结构构件连接中应用较为广泛,已成为高层民用建筑钢结构中的主要连接件。按传递力的方式和极限状态的不同,高强度螺栓主要分为两大类:

① 高强度螺栓摩擦型连接:主要通过连接板叠间的摩擦阻力传递剪力,以摩擦阻力刚被克服作为连接承载力的极限状态。

② 高强度螺栓承压型连接:当剪力大于由预拉力 P 产生的摩擦阻力后,以栓杆被剪断或连接板被挤坏作为承载力极限状态,其计算方法基本上同普通螺栓。

高强度螺栓承压型连接主要用于承受静载的结构。对需抗震设计的构件连接,常采用高强度螺栓摩擦型连接,不宜采用承压型连接;但当地震作用大于多遇地震时的弹塑性阶段,因连接部位产生相互滑移变形,则摩擦型连接转变为类同承压型连接。

(2) 高强度螺栓的性能等级和力学性能

高强度螺栓常用的性能等级主要有两种:①8.8 级(用于大六角头高强度螺栓),原材料钢材牌号为 45 号和 35 号钢。②10.9 级(用于扭剪型高强度螺栓和大六角头高强度螺栓),对 10.9 级扭剪型高强度螺栓,原材料钢材牌号为 20MnTiB 钢;对 10.9 级大六角头高强度螺栓,原材料钢材牌号为 20MnTiB 钢、40B 钢和 35 VB 钢。

高强度螺栓相应的螺母及垫圈制作用钢材牌号详见表 3.1;扭剪型高强度螺栓及大六角头型高强度螺栓的原材料经热处理后的力学性能详见表 3.2。

表 3.1 高强度螺栓的等级及其配套的螺母、垫圈制作钢材

螺栓种类	性能等级	螺杆用钢材	螺母	垫圈	适用规格(mm)
扭剪型	10.9	20MnTiB	35 号钢 10H	45 号钢 HRC35～45	d=16、20、(22)、24
大六角头型	10.9	35VB	45 号钢 35 号钢 15MnVTi 10H	45 号钢 35 号钢 HRC35～45	d=12、16、20、(22)、24、(27)、30
		20MnTiB			$d \leqslant 24$
		40B			$d \leqslant 24$
	8.8	45 号钢	35 号钢 8H	45 号钢 35 号钢 HRC35～45	$d \leqslant 22$
		35 号钢			$d \leqslant 16$

表 3.2 高强度螺栓制作用钢材经热处理后的力学性能

螺栓种类	性能等级	所采用的钢材牌号	抗拉强度 σ_b(N/mm²)	屈服强度 $\sigma_{0.2}$(N/mm²)	伸长率 δ_5(%)	断面收缩率 Ψ(%)	冲击韧性 a_k (J/cm²) (kgf·m/cm²)	硬度
			不 小 于					
扭剪型	10.9	20MnTiB	1 040~1 024	940	10	42	59(6)	HRC33~39
大六角头型	8.8	35 号钢 45 号钢	830~1 030	660	12	45	78(8)	HRC24~41
	10.9	20MnTiB 40B 35VB	1 040~1 024	940	10	42	59(6)	HRC33~39

3.2.3 抗剪圆柱头焊钉与锚栓

高层民用建筑钢结构中,组合楼板与钢梁、钢柱脚与混凝土等连接位置常需采用圆柱头焊钉(栓钉)抗剪连接件。圆柱头焊钉(栓钉)抗剪连接件的材料应符合现行国家标准《圆柱头焊钉》(GB/T 10433)中的相关规定。

锚栓(又称地脚螺栓)主要用作钢柱脚与钢筋混凝土基础之间的锚拉连接件,承受柱脚的拉力及剪力,又可作为柱子安装定位过程中临时固定用。

用于钢结构柱脚(支座)与混凝土基础之间连接的锚栓,可根据其受力大小和设计要求采用现行国家标准《碳素结构钢》(GB/T 700)中规定的 Q235 钢或《低合金高强度结构钢》(GB/T1591)中规定的 Q345 钢制成,不宜采用高强度钢材。锚栓是非标准件,又因其直径较大,常类似 C 级螺栓采用未经加工的圆钢制成,不采用高精度的车床加工。外露柱脚的锚栓常采用双螺母,以防松动。

3.3 高层建筑钢结构的钢材选用

3.3.1 一般要求

高层民用建筑钢结构钢材的选用应综合考虑构件的重要性和荷载特征、结构形式和连接方法、应力状态、工作环境以及钢材品种和厚度等因素,合理地选用钢材牌号、质量等级。其中应力状态指弹性或塑性工作状态和附加应力(约束应力、残余应力)情况;工作环境指高温、低温或露天等环境条件;钢材品种指轧制钢材、冷弯钢材或铸钢件;钢材厚度主要指厚板、厚壁钢材。为了保证结构构件的承载力、延性和韧性并防止脆断断裂,工程设计中应综合考虑上述要素,正确合理的选用钢材牌号、质量等级和性能要求。

同时由于钢结构工程中钢材费用约可占到工程总费用的 60% 左右,故选材还应充分地考虑到工程的经济性,选用性价比较高的钢材。此外作为工程重要依据,在设计文件中应完整的注明对钢材和连接材料的技术要求,包括牌号、型号、质量等级、力学性能和化学成分、附加保证性能和复验要求,以及应遵循的技术标准等。

高层民用建筑钢结构选择钢材时应考虑以下因素:

（1）结构的重要性

对于重要结构,如重型工业建筑结构、大跨度结构、高层或超高层民用建筑结构或构筑物等,应考虑选用质量好的钢材。对于一般工业与民用建筑结构,可根据工作性质分别选用普通质量的钢材。根据结构的安全等级(一级、二级、三级),应考虑选用质量不同的钢材。

（2）荷载情况

一般承受静力荷载的结构可选用价格较低的 Q235 钢。直接承受动力荷载的结构和强地震区的结构应选用综合性能更好的钢材。

（3）连接方法

钢结构的连接方法有焊接和非焊接两种。在焊接过程中,会产生焊接变形、焊接应力以及其他焊接缺陷,如咬肉、气孔、裂纹和夹渣等,有导致结构产生裂缝或脆性断裂的危险。因此,焊接结构对材质的要求应严格一些。如在化学成分方面,焊接结构必须严格控制碳、硫和磷的极限含量;而非焊接结构对含碳量可降低要求。

（4）温度和环境

钢材处于低温环境时容易冷脆,因此在低温条件下工作的结构,尤其是焊接结构,应选用具有良好抗低温脆断性能的镇静钢。此外,露天结构的钢材容易产生时效,在有害介质作用下,钢材容易腐蚀、疲劳和断裂,在使用时应加以区别选择不同材质。

（5）钢材厚度

薄钢材辊轧次数多,轧制的压缩比大,而厚度大的钢材压缩比小。由于厚度大的钢材不但强度较小,而且塑性、冲击韧性和焊接性能也较差。因此,厚度大的焊接结构应采用材质较好的钢材。

（6）订货要求

通常承重结构的钢材应保证抗拉强度、屈服点、伸长率和硫、磷的极限含量,焊接结构的钢材还应保证碳的极限含量。由于 Q235A 钢的含碳量不作为交货条件,因此不允许用于焊接结构。

焊接承重结构以及重要的非焊接承重结构的钢材应具有冷弯试验的合格保证。对于需要验算疲劳和主要受拉或受弯的焊接结构,钢材应具有常温冲击韧性的合格保证。当结构工作温度等于或低于 0 ℃但高于－20 ℃时,Q235 钢和 Q345 钢应具有 0 ℃冲击韧性的合格保证,而 Q390 钢和 Q420 钢应具有－20 ℃冲击韧性的合格保证。当结构工作温度等于或低于－20 ℃时,Q235 钢和 Q345 钢应具有－20 ℃冲击韧性的合格保证,而 Q390 钢和 Q420 钢应具有－40 ℃冲击韧性的合格保证。

3.3.2 钢材的选用与要求

建筑用结构钢的选用应符合下列要求:

（1）主要承重构件所用钢材的牌号宜选用 Q345 钢、Q390 钢,一般构件宜选用 Q235 钢,其材质和材料性能应分别符合现行国家标准《低合金高强度结构钢》(GB/T 1591)或《碳素结构钢》(GB/T 700)的规定。有依据时可选用更高强度级别的钢材。

（2）主要承重构件所用较厚的板材宜选用高性能建筑用钢板(GJ 钢板),其材质和材料性能应符合现行国家标准《建筑结构用钢板》(GB/T 19879)的规定。

（3）有依据时,外露承重钢结构可选用 Q235NH、Q355NH 或 Q415NH 等牌号的焊接耐候钢,其材质和材料性能要求应符合现行国家标准《耐候结构钢》(GB/T 4171)的规定。选用时宜附加要求保证晶粒度不小于 7 级,耐腐蚀指数不小于 6.0。

（4）承重构件所用钢材的质量等级均不低于 B 级;抗震等级为二级及以上的高层民用建

筑钢结构,其框架梁、柱和抗侧力支撑等主要抗侧力构件钢材的质量等级不宜低于 C 级。

（5）承重构件中厚度不小于 40 mm 的受拉板件,当其工作温度低于－20 ℃时,宜适当提高其所用钢材的质量等级。

（6）选用 Q235A 级或 B 级钢时应选用镇静钢。

（7）焊接节点区 T 形或十字形焊接接头中的钢板,当板厚不小于 40 mm 且沿板厚方向承受较大拉力作用（含较高焊接约束拉应力作用）时,该部分钢板应具有厚度方向抗撕裂性能（Z 向性能）的合格保证。其沿板厚方向的断面收缩率应不小于按现行国家标准《厚度方向性能钢板》（GB/T 5313）规定的 Z15 级允许限值。

（8）高层民用建筑钢结构框架柱采用箱形截面且壁厚不大于 20 mm 时,宜选用直接成方工艺成型的冷弯方（矩）形焊接钢管,其材质和材料性能应符合国家现行标准《建筑结构用冷弯矩型钢管》（JG/T 178）中 I 级产品的规定;框架柱采用圆钢管时,宜选用直缝焊接圆钢管,其原料板材与成管管材的材质和材料性能均应符合设计要求或有关标准的规定。

（9）偏心支撑框架中的消能梁段所用钢材的屈服强度应不大于 345 N/mm²,屈强比应不大于 0.8;且屈服强度波动范围应不大于 100 N/mm²。

（10）高层民用建筑钢结构楼盖采用压型钢板组合楼板时,宜采用闭口型压型钢板,其材质和材料性能应符合现行国家标准《建筑用压型钢板》（GB/T 12755）的规定。

（11）高层民用建筑钢结构节点部位采用铸钢节点时,其铸钢件宜选用材质和材料性能符合现行国家标准《焊接结构用铸钢件》（GB/T 7659）的 ZG270-480H、ZG300-500H 或 ZG340-550H 铸钢件。

（12）高层民用建筑中按抗震设计的框架梁、柱和抗侧力支撑等主要抗侧力构件,其钢材性能要求尚应符合下列规定:

① 钢材抗拉性能应有明显的屈服台阶,其伸长率应不小于 20%;

② 钢材屈服强度波动范围应不大于 120 N/mm²,钢材实物的实测屈强比值应不大于 0.85;

③ 抗震等级为三级及三级以上的高层民用建筑钢结构,其主要抗侧力构件所用钢材应具有与其工作温度相应的冲击韧性合格保证。

3.3.3 焊接材料的选用

钢结构所用焊接连接材料的选用应符合下列要求:

（1）手工焊焊条或自动焊焊丝和焊剂的性能应与构件钢材性能相匹配,其熔敷金属的力学性能应不低于母材的性能。当两种强度级别的钢材焊接时,宜选用与强度较低钢材相匹配的焊接材料。

（2）焊条的材质和性能应符合现行国家标准《碳钢焊条》（GB/T 5117）、《低合金钢焊条》（GB/T 5118）的有关规定。框架梁、柱节点和抗侧力支撑连接节点等重要连接或拼接节点的焊缝宜采用低氢型焊条。

（3）焊丝的材质和性能应符合现行国家标准《熔化焊用钢丝》（GB/T 14957）、《气体保护电弧焊用碳钢、低合金钢焊丝》（GB/T 8110）及《碳钢药芯焊丝》（GB/T 10045）、《低合金钢药芯焊丝》（GB/T 17493）的有关规定。

（4）埋弧焊用焊丝和焊剂的材质和性能应符合现行国家标准《埋弧焊用碳钢焊丝和焊剂》（GB/T 5293）、《埋弧焊用低合金钢焊丝和焊剂》。

3.4 钢材及连接材料的强度设计值

3.4.1 钢材强度设计值

钢材的强度设计值应由材料的屈服强度标准值除以抗力分项系数而确定。根据各牌号钢材的设计用强度值,可按表 3.3 采用。现行国家标准《钢结构设计规范》(GB 50017)中规定钢材抗力分项系数取值为:Q235(3 号钢)为 1.087,Q345 为 1.111。

表 3.3 设计用钢材强度值(N/mm²)

钢材牌号		钢材厚度或直径(mm)	极限抗拉强度最小值 f_u	屈服强度 f_y	强 度 设 计 值		
					抗拉、抗压、抗弯 f	抗剪 f_v	端板承压(刨平顶紧)f_{ce}
碳素结构钢	Q235	≤16	370	235	215	125	320
		>16～40		225	205	120	
		>40～60		215	200	115	
		>60～100		215	200	115	
低合金高强度结构钢	Q345	≤16	470	345	300	175	400
		>16～40		335	295	170	
		>40～63		325	290	165	
		>63～80		315	280	160	
		>80～100		305	270	155	
	Q390	≤16	490	390	345	200	415
		>16～40		370	330	190	
		>40～63		350	310	180	
		>63～80		330	295	170	
		>80～100		330	295	170	
	Q420	≤16	520	420	375	215	440
		>16～40		400	355	205	
		>40～63		380	320	185	
		>63～80		360	305	175	
		>80～100		360	305	175	
建筑结构用钢板	Q345GJ	6～16	490	345	310	180	415
		>16～35		345	310	180	
		>35～50		335	290	170	
		>50～100		325	285	165	

注:1. 表中厚度系指计算点的钢材厚度,对轴心受拉和受压杆件系指截面中较厚板件的厚度;
　2. 壁厚不大于 6 mm 的冷弯型材和冷弯钢管,其强度设计值应按现行国家标准《冷弯型钢结构技术规范》(GB 50018)的规定采用。

3.4.2 焊缝强度设计值

钢结构中设计用的焊缝强度值应按表 3.4 采用。

表 3.4 设计用焊缝强度值(N/mm²)

焊接方法和焊条型号	构件钢材		对接焊缝极限抗拉强度最小值 f_u	对接焊缝强度设计值				角焊缝强度设计值
	钢材牌号	厚度或直径(mm)		抗压 f_c^w	焊缝质量为下列级别时抗拉 f_t^w		抗剪 f_v^w	抗拉、抗压、抗剪 f_f^w
					一、二级	三级		
F4XX-H08A 焊剂焊丝自动焊、半自动焊 E43 型焊条手工焊	Q235	≤16	370	215	215	185	125	160
		>16～40		205	205	175	120	
		>40～60		200	200	170	115	
		>60～100		200	200	170	115	
F48XX-H08Mn A 或 F48XX-H10Mn2 焊剂-焊丝自动焊、半自动焊 E50 型焊条手工焊	Q345	≤16	470	305	305	260	175	200
		>16～40		295	295	250	170	
		>40～63		290	290	245	165	
		>63～80		280	280	240	160	
		>80～100		270	270	230	155	
F55XX-H10Mn2 或 F55XX-H08Mn Mo A 焊剂-焊丝自动焊、半自动焊 E55 型焊条手工焊	Q390	≤16	490	345	345	295	200	220
		>16～40		330	330	280	190	
		>40～63		310	310	265	180	
		>63～80		295	295	250	170	
		>80～100		295	295	250	170	
	Q420	≤16	520	375	375	320	215	220
		>16～40		355	355	300	205	
		>40～63		320	320	270	185	
		>63～80		305	305	260	175	
		>80～100		305	305	260	175	
	Q345GJ	16～35	490	310	310	265	180	200
		>35～50		310	310	265	180	
		>63～80		290	290	245	170	
		>50～100		285	285	240	165	

注:1. 焊缝质量等级应符合现行国家标准《钢结构焊接规范》(GB 50661)的规定,其检验方法应符合现行国家标准《钢结构工程施工质量验收规范》(GB 50205)的规定;其中厚度小于 8 mm 钢材的对接焊缝,不应采用超声波探伤确定焊缝质量等级;

2. 对接焊缝在受压区的抗弯强度设计值取 f_c^w,在受拉区的抗弯强度设计值取 f_t^w;

3. 表中厚度系指计算点的钢材厚度,对轴心受拉和轴心受压构件系指截面中较厚板件的厚度;

4. 进行无垫板的单面施焊对接焊缝的连接计算时,上表规定的强度设计值应乘折减系数 0.85;

5. Q345GJ 钢与 Q345 钢焊接时,焊缝强度设计值按较低者采用。

3.4.3 焊接结构用铸钢件的强度设计值

焊接结构用铸钢件的强度设计值按表 3.5 采用。

表 3.5 焊接结构用铸钢件的强度设计值(N/mm²)

铸钢件牌号	抗拉、抗压和抗弯 f	抗剪 f_v	端板承压(刨平顶紧)f_{ce}
ZG 270-480H	210	120	310
ZG 300-500H	235	135	325
ZG 340-550H	265	150	355

注:表内值适用于厚度为 100 mm 以下的铸件。

3.4.4 设计用螺栓的强度值

设计用螺栓的强度值应按表 3.6 采用。

表 3.6 螺栓连接的强度设计值(N/mm^2)

螺栓的性能等级、锚栓和构件钢材牌号		普通螺栓						锚栓		承压型连接高强度螺栓			锚栓、高强度螺栓钢材的抗拉强度最小值 f_u
		C 级螺栓			A、B 级螺栓								
		抗拉 f_t^b	抗剪 f_v^b	承压 f_c^b	抗拉 f_t^b	抗剪 f_v^b	承压 f_c^b	抗拉 f_t^a	抗剪 f_v^a	抗拉 f_t^b	抗剪 f_v^b	承压 f_c^b	
普通螺栓	4.6 级 4.8 级	170	140	—	—	—	—	—	—	—	—	—	—
	5.6 级	—	—	—	210	190	—	—	—	—	—	—	—
	8.8 级	—	—	—	400	320	—	—	—	—	—	—	—
锚栓	Q235	—	—	—	—	—	—	140	80	—	—	—	370
	Q345	—	—	—	—	—	—	180	105	—	—	—	470
	Q390	—	—	—	—	—	—	185	110	—	—	—	490
承压型连接高强度螺栓	8.8 级	—	—	—	—	—	—	—	—	400	250	—	830
	10.9 级	—	—	—	—	—	—	—	—	500	310	—	1 040
所连接构件钢材牌号	Q235	—	—	305	—	—	405	—	—	—	—	470	—
	Q345	—	—	385	—	—	510	—	—	—	—	590	
	Q390			400			530					615	
	Q420			425			560					655	
	Q345GJ			400			530					615	

注:1. A 级螺栓用于 $d \leqslant 24$ mm 和 $l \leqslant 10 d$ 或 $l \leqslant 150$ mm(按较小值)的螺栓;B 级螺栓用于 $d > 24$ mm 或 $l > 10 d$ 或 $l > 150$ mm(按较小值)的螺栓;d 为公称直径,l 为螺杆公称长度;

2. B 级螺栓孔的精度和孔壁表面粗糙度及 C 级螺栓孔的允许偏差和孔壁表面粗糙度,均应符合现行国家标准《钢结构工程施工质量验收规范》(GB 50205)的要求;

3. 摩擦型连接的高强螺栓钢材的抗拉强度最小值与表中承压型连接的高强螺栓相应值相同。

思考题

3-1 钢材包含哪些化学元素?这些元素对钢材的力学性能有什么影响?

3-2 从焊条型号可以知道焊条的哪些参数?

3-3 摩擦型高强螺栓与承压型高强螺栓有什么异同点,设计时如何选用?

3-4 结构设计之前,如何确定采用哪种钢材?

4 荷载与地震作用

4.1 作用的类型

任何建筑结构在设计使用年限内可能承受的作用有直接作用和间接作用。直接作用也叫荷载,由永久荷载、可变荷载和偶然荷载组成。间接作用有:地震作用、温度作用、地基变形作用、混凝土收缩和徐变作用、焊接变形作用等。所谓间接作用是指非外力直接作用于结构,如地震作用是房屋质量由振动加速度引起的惯性力。

高层建筑中竖向荷载的影响是与建筑高度成正比的线性关系,而风荷载和地震作用的影响与建筑高度成非线性的增长。

4.1.1 永久荷载

永久荷载即恒载,不随时间而改变,有结构构件自重、非结构构件自重、土压力和预应力组成。非结构构件主要有:填充墙、楼面找平层、板底抹灰层、装修材料、吊顶、管道等。

自重是指材料自身重量产生的荷载(重力)。对结构自重,可按结构构件的设计尺寸与材料单位体积的自重计算确定。对于自重变异较大的材料和构件(如现场制作的保温材料、混凝土薄壁构件等),自重的标准值应根据对结构的不利状态,取上限值或下限值。常用材料和构件的自重可参考《建筑结构荷载规范》(GB 50009—2012)(以下简称《荷载规范》)附录 A 采用。

对永久荷载应采用标准值作为代表值。

4.1.2 可变荷载

可变荷载即活荷载,主要有楼面活荷载、屋面活荷载和积灰荷载、吊车荷载、风荷载、雪荷载、温度作用等。

高层建筑的楼面活荷载应按《荷载规范》第 5.1、5.2 条采用。规范未规定的部分楼屋面均布活荷载列于表 4.1 中。

表 4.1　规范未规定的部分楼面均布活荷载

项次	类别	标准值(kN/m²)	准永久值系数(ψ_q)	备注
1	酒吧间、展销厅	3.0～4.0	0.5	
2	屋顶花园	4.0～5.0	0.8	荷载较大时
3	饭店厨房、洗衣房	4.0～5.0	0.5	按实际情况
4	娱乐室	3.0～4.5	0.5	

当隔墙位置可灵活自由布置时,非固定隔墙的自重应取每延米墙重(kN/m)的 1/3 作为楼面活荷载的附加值(kN/m²)计入,附加值不小于 1.0 kN/m²。

高层建筑的屋面活荷载,按其水平投影面上的屋面均布活荷载计算,应按《荷载规范》表 4.3.1 采用。屋面均布活荷载,不应与雪荷载同时组合。

雪荷载标准值为基本雪压值乘以屋面积雪分布系数,基本雪压值和屋面积雪分布系数按《荷载规范》采用。

屋面直升机停机坪荷载应根据直升机总重按局部荷载考虑,同时其等效均布荷载不低于 5.0 kN/m²。

局部荷载应按直升机实际最大起飞重量确定,当没有机型技术资料时,一般可依据轻、中、重 3 种类型的不同要求,按表 4.2 取用。

表 **4.2** 直升机局部荷载标准值及作用面积

直升机类型	最大起飞重量(t)	局部荷载标准值(kN)	作用面积(m²)
轻型	2	20	0.20×0.20
中型	4	40	0.25×0.25
重型	6	60	0.30×0.30

注:荷载的组合值系数应取 0.7,频遇值系数应取 0.6,准永久值系数应取 0。

直升机在屋面上的荷载,应乘以动力系数,对具有液压轮胎起落架的直升机可取 1.4;其动力荷载只传至楼板和梁。

高层建筑的施工活荷载一般取 1.0~1.5 kN/m²。当施工中采用附墙塔、爬塔等对结构受力有影响的起重机械或其他施工设备时,应根据具体情况,选择合适的施工荷载。

对旋宫、擦窗机、屋面积水等应按实际情况计算其荷载。

目前,我国钢筋混凝土高层建筑单位面积的重量(恒载加活荷载)约为 15 kN/m²,其中活荷载约为 2 kN/m²,仅占全部竖向荷载的 10%~15%。因此,高层建筑在竖向荷载作用下,活荷载一般按均布考虑,不进行不利分布的计算。另一个原因是:理想的活荷载不利布置不可能在实际的高层建筑中发生。最后一个原因是:高层建筑层数和跨数较多,不利布置方式繁多,难于一一计算。但是,当竖向活荷载值大于 4 kN/m²(如书库、仓库等)时,宜考虑其不利分布对梁跨中弯矩的影响,乘以 1.05~1.1 的放大系数。上述竖向荷载估算值在方案设计阶段很有用,可作为地基承载力和结构底部剪力以及构件截面的依据。

对负面积较大的构件,活荷载在各处达到其标准值的可能性较小,因此,设计楼面梁、墙、柱及基础时,楼面活荷载标准值应乘以《荷载规范》规定的折减系数。

对可变荷载应根据设计要求采用标准值、组合值、频遇值或准永久值作为代表值。承载能力极限状态设计或正常使用极限状态按标准组合设计时,对可变荷载应按组合规定采用标准值或组合值作为代表值。可变荷载组合值,应为可变荷载标准值乘以荷载组合值系数。正常使用极限状态按频遇组合设计时,应采用频遇值、准永久值作为可变荷载的代表值;按准永久组合设计时,应采用准永久值作为可变荷载的代表值。可变荷载频遇值应取可变荷载标准值乘以荷载频遇值系数。可变荷载准永久值应取可变荷载标准值乘以荷载准永久值系数。

4.1.3 偶然荷载

偶然荷载是有突发事件产生的荷载,例如爆炸力、撞击力等。对偶然荷载应按建筑结构使用的特点确定其代表值。

4.2 风 荷 载

4.2.1 风灾及其成因

风是地球表面的空气运动,由于在地球表面不同地区的大气层所吸收的太阳能量不同,造成了同一海拔高度处大气压的不同,空气从气压大的地方向气压小的地方流动,就形成了风。风是表示空气水平运动的物理量,包括风向、风速,是个二维矢量。风的大小用风力等级来描述,分为12级。

工程结构中涉及的风主要有两类:一类是大尺度风(温带及热带气旋);另一类是小尺度的局部强风(龙卷风、雷暴风、焚风、布拉风及类似喷气效应的风等)。

大气边界层是在对流层下部靠近地面的 1.2～1.5 km 范围内的薄层大气,因为贴近地面,空气运动受到地面摩擦作用影响,又称摩擦层。大气边界层厚度也称梯度风高度。结构抗风设计中主要考虑的是大气边界层内的气流(风)。

大气边界层内根据空气受下垫面影响不同又可分为:①紧贴地表面小于 1 cm 的气层,为黏性副层。此层以分子作用为主。②50～100 m 以下气层(包括黏性副层)称为近地面层。这一层大气受下垫面不均匀影响,有明显的湍流特征。③近地面层以上至 1～1.5 km 为上部摩擦层。这一层除了下垫面的湍流黏性力外,还有气压梯度力和科里奥利力的作用,三力量级相当。

自由大气层在大气边界层以上,地面摩擦影响减小到可以忽略不计,只受气压梯度力和科里奥利力的影响。这个风速叫梯度风速。有关专家根据多次观测资料分析出不同场地下的风剖面(图 4.1),从中可以看出,开阔场地比在城市中心更快地达到梯度风速;对于 30 m 高处的风速,在城市中心处约为开阔场地的 1/4。

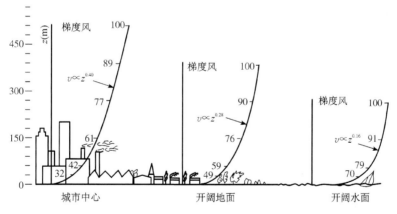

图 4.1 不同地面粗糙度下的平均风剖面

国内外统计资料表明,在所有自然灾害中,风致结构灾害造成的损失为各类灾害之首。例如,1999 年全球发生严重自然灾害共造成 800 亿美元的经济损失,其中在被保险的损失中,飓风造成的损失占 70%。以下为一些高层建筑风致损坏的典型事例。

至今虽未发现高层建筑因大风作用而倒塌的事例,但大风对高层建筑的危害实例已引起人们的高度重视。1926 年美国迈阿密市 17 层高的 Meyer-Kiser 大楼在飓风袭击下,其维护结构严重破坏,钢框架结构发生塑性变形,顶部残留位移达 0.61 m,大楼发生剧烈摇晃。1972 年美国波士顿 60 层高的 John Hancock 大楼在大风作用下,约 170 块玻璃开裂或破坏,事后不得不更换所有约 1 万块玻璃。

　　高层建筑在大风作用下,可能发生以下几种破坏情况:①由于变形过大,隔墙开裂,甚至主体结构遭到损坏;②由于长时间振动,结构因材料疲劳、失稳而破坏;③装饰物和玻璃幕墙因较大的局部风压而破坏;④高楼不停地大幅度摆动,使居住者感到不适和不安。

4.2.2　风荷载计算

　　高层建筑和高耸结构的水平力主要考虑地震作用和风荷载,有时考虑风荷载的荷载组合起控制作用。

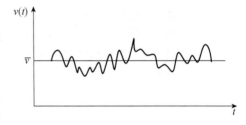

图 4.2　平均风速和脉动风速

　　根据大量风的实测资料可以看出,作用于高层建筑上的风力是不规则的。风压随风速、风向的紊乱变化而不断地改变。从风速记录来看,各次记录值是不重现的,每次出现的波形是随机的,由于目前研究的成果和工程上应用的具体情况,风力可看作为各态历经的平稳随机过程输入。在风的顺风向风速曲线(见图4.2 所示的风速记录)中,包括两部分:一种是长周期部分(10 min 以上的平均风压)常称稳定风,即图中 $\bar{v}$ 所示,由于该周期远大于一般建筑物的自振周期,因而其作用性质相当于静力,称为静力作用,该作用将使建筑物发生侧移;另一种是短周期部分(只有几秒钟左右),常称阵风脉动,即图中沿 $\bar{v}$ 之上下的波动部分(脉动风速)。脉动风主要是由于大气的端流引起的,它的强度随时间按随机规律变化,其作用性质是动力的,它引起结构的振动(位移、速度和加速度),使结构在平均侧移的附近左右摇摆。

　　1)风压与风速的关系

　　当风以一定的速度向前运动遇到阻碍时,将对阻碍物产生压力。风压是在最大风速时,垂直于风向的平面上所受到的压力,单位是 kN/m^2。

　　当速度为 v 的一定截面的气流冲击面积较大的建筑时,由于受阻壅塞,形成高压气幕,使气流外围部分改向,冲击面积扩大,因此建筑物承受的压力是不均匀的,而以中心一束所产生的压力强度最大,这里令它为风压 w。

　　取气流流线中任一小段落 dl,如图 4.3 所示。设 w_1 为作用于小段左端的压力,则作用于小段右端近高压气幕的压力为 $w_1+\mathrm{d}w_1$。

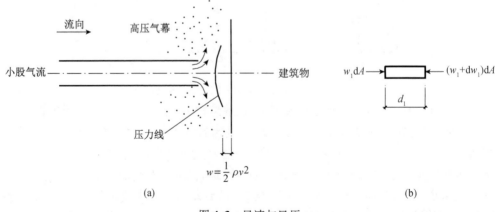

图 4.3　风速与风压

　　以顺流向的压力为正,作用于小段 dl 上的合力为:

$$w_1 dA - (w_1 + dw_1)dA = -dw_1 dA$$

它等于小段 dl 的气流质量 M 与顺流向加速度 $a(x)$ 的乘积,即:

$$-dw_1 dA = Ma(x) = \rho dA dl \frac{dv(x)}{dt}$$

$$-dw_1 = \rho dl \frac{dv(x)}{dt}$$

式中　ρ——空气质量密度,它等于 $\frac{\gamma}{g}$;

　　　γ——空气重力密度(容重);

　　　g——重力加速度。

$$dl = v(x)dt$$

代入上式得:

$$dw_1 = -\rho v(x)dv(x)$$

$$w_1 = -\frac{1}{2}\rho v^2(x) + c \tag{4-1}$$

式中 c 为常数,式(4-1)称为伯努利方程。伯努利方程是空气动力学的一个基本方程,它的实质是表示气体流动的能量守恒定律,即

$$\frac{1}{2}\frac{\gamma}{g}v_1^2 + w_1 = \frac{1}{2}\frac{\gamma}{g}v_2^2 + w_2 = c(\text{常数})$$

从上式可以看出,气流在运动中,其压力随流速变化而变化,流速加快,压力减小;流速减缓,则压力增大;流速为零时,压力最大。令 $v_2=0,v_1=v$(风来流速度),$w=w_2-w_1$,则建筑物受风气流冲击的净压力为

$$w = \frac{\gamma}{2g}v^2 \tag{4-2}$$

这即为普遍应用的风速-风压关系公式。

取标准大气压 76 cm 水银柱,常温 15 ℃和在绝对干燥的情况($\gamma=0.012\,018$ kN/m³)下,在纬度 45°处,海平面上的重力加速度为 $g=9.8$ m/s²,代入式(4-2),得标准风压公式

$$w_0 = \frac{0.012\,018}{2 \times 9.8}v^2 \approx \frac{1}{1\,600}v^2 (\text{kN/m}^2) \tag{4-3}$$

风压系数对于不同地区的地理环境和气候条件而有所不同。我国东南沿海的风压系数约为 1/1 700;内陆的风压系数随高度增加而减小,一般地区约为 1/1 600;高原和高山地区,风压系数减至 1/2 600。我国《荷载规范》中规定为 1/1 600。

2) 结构上的平均风荷载

由于大气边界层内地表粗糙元的影响,建筑物的平均风荷载不仅取决于来流速度,而且还与地面粗糙度和高度有关,再考虑到一般建筑物都是钝体(非流线体),当气流绕过该建筑物时会产生分离、汇合等现象,引起建筑物表面压力分布不均匀。为了反映建筑结构上平均风压受

41

多种因素的影响情况,同时又能便于工程结构抗风设计的应用,我国《荷载规范》把结构上平均风压计算公式规定为:

$$\bar{w} = \mu_s \mu_z w_0 \tag{4-4}$$

式中　μ_s——风荷载体型系数;

　　　μ_z——风压高度变化系数;

　　　w_0——基本风压(kN/m^2)。

在确定风压时,观察场地周围的地形应空旷平坦,且能反映本地区较大范围内的气象特点,避免局部地形和环境的影响。

3)时距取值

计算基本风压的风速,称为标准风速。关于风速的标准值,各个国家规定的时距不尽相同,我国现行的《荷载规范》规定为:当地比较空旷平坦地面上离地 10 m 高统计所得的 50 年一遇 10 min 平均最大风速 v_0(m/s)。

由于大气边界层的风速随高度及地面粗糙度变化,所以《荷载规范》统一选 10 m 高处空旷平坦地面作为标准,至于不同高度和不同地貌的影响,则通过其他系数的调整来修正。

平均风速的数值与统计时时距的取值有很大关系。时距太短,则易突出风速时距曲线中峰值的影响,把脉动风的成分包括在平均风中;时距太长,则把候风带的变化也包括进来,这将使风速的变化转为平滑,不能反映强风作用的影响。根据大量风速实测记录的统计分析,10 min 到 1 h 时距内,平均风速基本上可以认为是稳定值。《荷载规范》规定以 10 min 平均最大风速为取值标准,首先是考虑到一般建筑物质量比较大,且有阻尼,风压对建筑物产生最大动力影响需要较长时间,因此不能取较短时距甚至极大风速作为标准。其次,一般建筑物总有一定的侧向长度,最大瞬时风速不可能同时作用于全部长度上,由此也可见采用瞬时风速是不合理的。而 10 min 平均风速基本上是稳定值,且不受时间稍微移动的影响。

4)重现期

《荷载规范》采用了 50 年一遇的年最大平均风速来考虑基本风压的保证率。采用年最大平均风速作为统计量,是因为年是自然界气候有规律周期变化的最基本的时间单位,重现期在概率意义上体现了结构的安全度,称之为不超过该值的保证率。若重现期用 T_0(年)来表示,则不超过基本最大风速的概率为:

$$p = 1 - \frac{1}{T_0} \tag{4-5}$$

上式对于 50 年的重现期,其保证率为 98.00%。

若实际结构设计时所取的重现期与 50 年不同,则基本风压就要修正。为了能适应不同的设计条件,风荷载也可采用与基本风压不同的重现期,《荷载规范》给出了全国各台站重现期为 10 年、50 年和 100 年的风压值,其他重现期 R 的相应值可按下式确定:

$$x_R = x_{10} + (x_{100} - x_{10})\left(\frac{\ln R}{\ln 10} - 1\right) \tag{4-6}$$

对于对风荷载比较敏感的高层建筑和高耸结构,以及自重较轻的钢木主体结构,其基本风压值可由各结构设计规范,根据结构的自身特点,考虑适当提高其重现期。对于围护结构,其重要性比主体结构要低,故可仍取 50 年。

5）地貌的规定

地表愈粗糙,能量消耗也愈厉害,因而平均风速也就愈低。由于地表的不同,影响着风速的取值,因此有必要为平均风速或风压规定一个共同的标准。

目前风速仪大都安装在气象台,它一般离开城市中心一段距离,且一般周围空旷平坦地区居多,因而《荷载规范》规定标准风速或风压是针对一般空旷平坦地面的,海洋或城市中心等不同地貌除了实测统计外,也可通过空旷地区的值换算求得。

6）离地面标准高度

风速是随高度变化的,离地面愈近,由于地面摩擦和建筑物等的阻挡而速度愈小,在到达梯度风高度后趋于常值,因而标准高度的规定对平均风速有很大的影响,《荷载规范》以 10 m 为标准高度。目前世界上以规定 10 m 作为标准高度的占大多数,如美国、俄罗斯、加拿大、澳大利亚、丹麦等国,日本为 15 m,挪威和巴西为 20 m。不同高度的风速可以根据风速沿高度的变化规律进行换算。一些资料认为在 100 m 以下范围,风速沿高度符合对数变化规律,即:

$$v_{10} = v_h \frac{\lg 10 - \lg z_0}{\lg h - \lg z_0} \tag{4-7}$$

式中　v_h——风速仪在高度 h 处的风速;

　　　z_0——风速等于零的高度,其与地面的粗糙度有关,z_0 一般略大于地面有效障碍物高度的 1/10。由于气象台常处于空旷地区,z_0 较小,有文献建议取 0.03 m。

《荷载规范》规定,当风速仪高度与标准高度 10 m 相差过大时,可按下式换算为标准高度的风速:

$$v = v_z \left(\frac{z}{10}\right)^\alpha \tag{4-8}$$

式中　v_z——风仪在高度 z 处的观察风速(m/s);

　　　z——风速仪实际高度(m);

　　　α——空旷平坦地区地面粗糙度系数,取 0.15。

7）风压高度变化系数

平均风速沿高度的变化规律,常称为平均风速梯度,也称为风剖面,它是风的重要特性之一。开阔场地的风速比在城市中心更快地达到梯度风速,对于同一高度处的风速,在城市中心处远较开阔场地为小。

平均风速沿高度变化的规律可用指数函数来描述,即

$$\frac{v}{v_s} = \left(\frac{z}{z_s}\right)^\alpha \tag{4-9}$$

式中　v、z——任一点的平均风速和高度;

　　　v_s、z_s——标准高度处的平均风速和高度,大部分国家标准高度常取 10 m;

　　　α——地面的粗糙度系数,地面粗糙程度愈大,α 也愈大。通常采用的系数如表 4.3 所示。

表 4.3　地面粗糙度系数 α

	海面	开阔平原	森林或街道	城市中心
α	0.125~0.100	0.167~0.125	0.250	0.333
$1/\alpha$	8~10	6~8	4	3

式(4-9)中指数规律对于地面粗糙度影响减弱的上部摩擦层是较适合的。而对于近地面的下部摩擦层,比较适合于对数规律,由式(4-7)表示。由于对数规律与指数规律差别不很大,所以目前国内外都倾向于用计算简单的指数曲线来表示风速沿高度的变化规律。

因为风压与风速的平方成正比,因而风压沿高度的变化规律是风速的平方。设任意高度处的风压与 10 m 高度处的风压之比为风压高度变化系数,对于任意地貌,前者用 w_a 表示,后者用 w_{0a} 表示。对于空旷平坦地区地貌,w_a 改用 w,w_{0a} 改用 w_0 表示。则真实的风压高度变化系数应为:

$$\mu_{z0}(z) = \frac{w_a}{w_{0a}} = \frac{w}{w_0} = \left(\frac{v}{v_0}\right)^2 = \left(\frac{\upsilon}{\upsilon_0}\right)^2 = \left(\frac{z}{10}\right)^{2\alpha} \tag{4-10}$$

由上式,可求得任意地貌 z 高度处的风压为:

$$w_a = \mu_{za}(z) \cdot w_{0a} = \left(\frac{z}{10}\right)^{2\alpha} w_{0a} \tag{4-11}$$

对于空旷平坦的地貌,上式变成:

$$w = \mu_{za}(z) \cdot w_0 = \left(\frac{z}{10}\right)^{2\alpha} w_0 \tag{4-12}$$

为了求出任意地貌下的风压 w_a,必须求得该地区 10 m 高处的风压 w_{0a},该值可根据该地区风的实测资料,按概率统计方法求得。但是由于目前我国除了空旷地区设置气象台站,并有较多的风测资料外,其他地貌下风的实测资料甚少,因而一般只能通过该地区附近的气象台站的风速资料换算求得。

设基本风压换算系数为 μ_{w0},即 $w_{0a} = \mu_{w0} \cdot w_0$,因为梯度风高度以上的风速不受地貌影响,因而可根据梯度风高度来确定 μ_{w0}。《荷载规范》建议 α 取 0.15,梯度风高度取 350 m。设其他地貌地区的梯度风高度为 H_T,因为在同一大气环流下,不同地区上空,在其梯度风高度处的风速(风压)应相同,按(4-11)、(4-12)两式得:

$$\left(\frac{350}{10}\right)^{2 \times 0.15} w_0 = \left(\frac{H_T}{10}\right)^{2\alpha} w_{0a} \tag{4-13}$$

$$w_{0a} = 35^{0.30} \left(\frac{H_T}{10}\right)^{-2\alpha} w_0 = \mu_{w0} w_0$$

即得任意地区 10 m 高处的风压 w_{0a},代入(4-11)式即得任意高度处的风压 w_a 为:

$$w_a = \mu_{za}(z)\mu_{w0} w_0 = \left(\frac{z}{10}\right)^{2\alpha} 35^{0.30} \left(\frac{H_T}{10}\right)^{-2\alpha} w_0 \tag{4-14}$$

如果对于任何地貌情况下的结构物,均以空旷平坦地区的基本风压 w_0 为基础,则此时的风压高度变化系数 $\mu_z(z)$ 可写成:

$$\mu_z(z) = \mu_{za}(z)\mu_{w0} = \left(\frac{z}{10}\right)^{2\alpha} 35^{0.30} \left(\frac{H_T}{10}\right)^{-2\alpha} = \left(\frac{z}{H_T}\right)^{2\alpha} 35^{0.30} \tag{4-15}$$

《荷载规范》建议,地貌按地面粗糙度分为 A、B、C、D 4 类。

A 类指近海海面和海岛、海岸、湖岸及沙漠地区,取 $\alpha = 0.12$;

B 类指田野、乡村、丛林、丘陵以及房屋比较稀疏的乡镇和城市郊区,取 $\alpha = 0.15$;

C 类指有密集建筑群的城市市区，取 $\alpha=0.22$；

D 类指有密集建筑群且房屋较高的城市市区，取 $\alpha=0.30$。

由上可以看出，粗糙度小的地区，梯度风高度 H_T 也小，A、B、C、D 四类地貌梯度风高度各取 300 m、350 m、450 m 和 550 m，在该高度以上，风压高度变化系数为常数。由式(4-15)，得 4 类地区以空旷平坦地区的基本风压 w_0 为基础的风压高度变化系数

$$\mu_z^A(z) = \left(\frac{z}{300}\right)^{2\times0.12} 35^{0.30} = 1.284\left(\frac{z}{10}\right)^{0.24} = 0.739z^{0.24} \tag{4-16}$$

$$\mu_z^B(z) = \left(\frac{z}{10}\right)^{0.30} = 0.501z^{0.30} \tag{4-17}$$

$$\mu_z^C(z) = \left(\frac{z}{450}\right)^{2\times0.22} 35^{0.30} = 0.544\left(\frac{z}{10}\right)^{0.44} = 0.198z^{0.44} \tag{4-18}$$

$$\mu_z^D(z) = \left(\frac{z}{550}\right)^{2\times0.30} 35^{0.30} = 0.262\left(\frac{z}{10}\right)^{0.60} = 0.065\,8z^{0.60} \tag{4-19}$$

如式(4-15)所示，风压高度变化系数 $\mu_z(z)$ 是根据原先的风压高度变化系数 $\mu_{za}(z) = \left(\frac{z}{10}\right)^{2a}$ 乘以基本风压换算系数 μ_{w0} 而得。不同地区的 10 m 高处的实际基本风压 w_{0a} 应按式(4-13)计算，如表 4.4 所示。

表 **4.4** 各地貌下 **10 m** 高处的实际基本风压

地貌类别	A	B	C	D
α	0.12	0.15	0.22	0.30
H_T(m)	300	350	450	550
w_{0a}	$1.284w_0$	w_0	$0.544w_0$	$0.262w_0$

表中的 w_0 为各类地貌下附近空旷平坦地区的基本风压。对于大城市市区，因距离较小，不予调整。

针对 4 类地貌，风压高度变化系数分别规定了各自的截断高度，对应 A、B、C、D 类分别取为 5 m、10 m、15 m 和 30 m，即高度变化系数取值分别不小于 1.09、1.00、0.65、0.51。

关于山区风荷载考虑地形影响的问题，较可靠的方法是直接在建设场地进行与临近气象站的风速对比观测。国外的规范对山区风荷载的规定一般有两种形式：一种是规定建筑物地面的起算点，建筑物上的风荷载直接按规定的风压高度变化系数计算；另一种是按地形条件，对风荷载给出地形系数，或对风压高度变化系数给出修正系数。我国新规范采用后一种形式，并参考加拿大、澳大利亚和英国的相应规范，以及欧洲钢结构协会 ECCS 的规定(房屋与结构的风效应计算建议)，对山峰和山坡上的建筑物，给出风压高度变化系数的修正系数。

《荷载规范》规定，对于山区的建筑物，风压高度变化系数除按平坦地面的粗糙度类别，由表 4.3，或由式(4-15)确定外，还应考虑地形条件的修正，修正系数 η 分别按下述规定采用，山顶 B 处(图 4.4)：

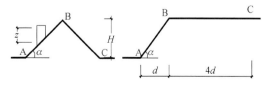

图 **4.4** 山峰和山坡的示意

$$\eta_B = \left[1 + k \tan \alpha \left(1 - \frac{z}{2.5H} \right) \right]^2 \qquad (4\text{-}20)$$

式中　$\tan \alpha$——山顶或山坡在迎风面一侧的坡度；当 $\tan \alpha > 0.3$ 时，取 $\tan \alpha = 0.3$；

k——系数，对山峰取 3.2，对山坡取 1.4；

H——山顶或山坡全高(m)；

z——建筑物计算位置离建筑物地面的高度(m)；当 $z > 2.5H$ 时，$z = 2.5H$。

对于山峰和山坡的其他部位，可按图 4.4 所示，取 A、C 处的修正系数 η_A、η_C 为 1，AB 间和 BC 间的修正系数按 η 的线性插值确定。

山间盆地、谷地等闭塞地形：$\eta = 0.75 \sim 0.85$；

对于与风向一致的谷口、山口：$\eta = 1.20 \sim 1.50$。

对于远海海面和海岛的建筑物或构筑物，风压高度变化系数除按 A 类粗糙度类别，由表 4.3，或由式(4-15)确定外，还应考虑表 4.5 给出的修正系数。

表 4.5　近海海面和海岛的基本风压修正系数

距海岸距离(km)	η
<40	1.0
40~60	1.0~1.1
60~100	1.1~1.2

8）风载体型系数

不同的建筑物体型，在同样的风速条件下，平均风压在建筑物上的分布是不同的。图 4.5、图 4.6 表示长方形体型建筑表面风压分布系数，从中可以看到：

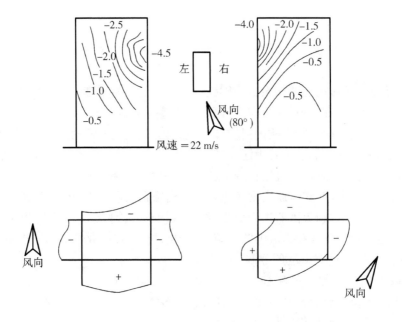

图 4.5　模型上的表面风压分布(风洞试验)

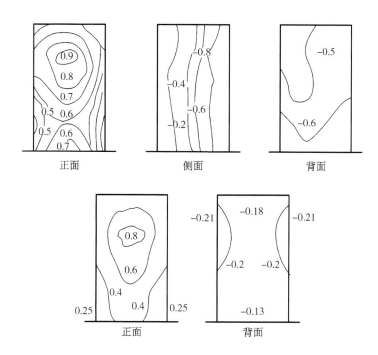

图 4.6 建筑物表面风压分布(现场实测)

(1)在正风面风力作用下,迎风面一般均受正压力。此正压力在迎风面的中间偏上为最大,两边及底部最小。

(2)建筑物的背风面全部承受负压力(吸力),一般两边略大、中间小,整个背面的负压力分布比较均匀。

(3)当风平行于建筑物侧面时,两侧一般也承受吸力,一般近侧大,远侧小。分布也极不均匀,前后差别较大。

(4)由于风向风速的随机性,因而迎风面正压、背风面负压以及两侧负压也是随机变化的。

风压除了与建筑物体型直接有关外,它还与建筑物的高度与宽度有关,一些资料指出,随着高宽比的增大,μ_s 也增大。

各种体型的体型系数 μ_s 见《荷载规范》,其中迎风面的体型系数常为0.8,背风面的体型系数常为-0.5。

矩形截面高层建筑,考虑深宽比 D/B 对背风面体型系数的影响。当平面深宽比 $D/B \leqslant 1.0$ 时,背风面的体型系数由-0.5增加到-0.6,矩形高层建筑的风力系数也由1.3增加到1.4。

应注意到,风荷载体型系数表示了风荷载在建筑物上的分布,主要与建筑物的体型有关,并非空气的动力作用。对于外形较复杂的特殊建筑物,必要时应进行风洞模型试验。

《荷载规范》给出的 μ_s 值可供结构设计时选用。对于实际工程设计,可按以下要求予以简化:

(1)对于方形、矩形平面建筑物,总风压系数 μ_s 取1.3,但当建筑物的高宽比 $H/d > 4$ 而平面长宽比 $l/d = 1.0 \sim 1.5$ 时,μ_s 取1.4。

(2)弧形、V形、Y形、十字形、双十字形、井字形、L形和槽形平面建筑物的总风压系数 μ_s 取1.4。

（3）圆形平面总风压系数 μ_s 取 0.8。

（4）正多边形平面的总风压系数：

$$\mu_s = 0.8 + \frac{1.2}{\sqrt{n}}$$

其中，n 为边数。

（5）作用于 V 形、槽形平面上正、反方向风力常常是不同的，如果按两个方向分别计算，不但增加了分析工作量，而且荷载组合也比较困难，所以，当正反两个方向风力不同时，可以按两个方向大小相等、符号相反、绝对值取较大的数值，以简化计算。

（6）验算围护构件及其连接的强度时，其局部风压体型系数对外表面除正压区按表查得外，其负压区：墙面取 -1.0；墙角取 -1.8；屋面局部部位（周边和屋面坡度大于 $10°$ 的屋脊部位）取 -2.2；檐口、雨篷、遮阳板等突出构件取 -2.0。对墙角边和屋面局部部位的作用宽度为房屋宽度的 0.1 或房屋平均高度的 0.4，取其小者，但不小于 1.5 m。对封闭式建筑物，考虑到建筑物内实际存在的个别孔口和缝隙，以及机械通风等因素，室内可能存在负压区，参照国外规范，大多取 $\pm(0.2 \sim 0.25)$ 的压力系数，我国《荷载规范》规定，按外表面风压的正负情况取 -0.2 或 0.2。

9）风振系数

在随机脉动风压作用下，结构产生随机振动。结构除了顺风向风振响应外，还有横风向风振响应。对于非圆截面，顺风向风振响应占主要地位。我国《荷载规范》规定：对于基本自振周期 T_1 大于 0.25 s 的工程结构，如房屋、屋盖及各种高耸结构，如塔架、桅杆、烟囱等，以及高度大于 30 m 且高宽比大于 1.5 的高柔房屋，均应考虑风压脉动对结构发生顺风向风振的影响。

对于单层和多层结构，其在风荷载作用下的振动方程为：

$$[M]\{\ddot{y}\} + [C]\{\dot{y}\} + [K]\{y\} = \{P(t)\} \tag{4-21}$$

式中 $[M]$、$[C]$、$\{P(t)\}$——分别为质量矩阵、阻尼矩阵和水平风力列向量。

对于高层和高耸结构，沿高度每隔一定高度就有一层楼板或其他加劲构件，计算时通常假定其在平面刚度为无限大。通常结构设计都尽可能使结构的刚度中心、重心和风合力作用点重合，以避免结构发生扭转。这样结构在同一楼板或其他加劲构件高度处的水平位移是相同的。考虑到上下楼板或其他加劲构件间的间距比楼房的总高要小得多，故可进一步假定结构在同一高度处的水平位移是相同的。这样，对高层、高耸结构可化为连续化杆件处理，属无限自由度体系。当然，也可以将质量集中在楼层处，看成多自由度结构体系。由于无限自由度体系方程具有一般性质，又具有简洁的形式，能明确反映各项因素的影响，又便于制成表格，本书将从无限自由度体系简单说明风振系数的推导过程，对多自由度体系的推导详见张相庭编著《结构风压和风振计算》。将结构作为一维弹性悬臂杆件处理，则其振动方程为：

$$m(z)\frac{\partial^2 y}{\partial t^2} + C(z)\frac{\partial y}{\partial t} + \frac{\partial^2}{\partial z^2}\left(EJ(Z)\frac{\partial^2 y}{\partial z^2}\right) = p(z,t) = p(z)f(t) \tag{4-22}$$

式中　$m(z)$、$C(z)$、$J(z)$、$p(z)$——分别为在高度 z 处单位高度的质量、阻尼系数、惯性矩和水平风力。

用振型分解法求解，位移按规准化振型函数 $\varphi(z)$ 展开式计算，即

$$y(z, t) = \sum_{i=1}^{\infty} \varphi_i(z) q_i(t) \tag{4-23}$$

式中 $\varphi_i(z)$——i 振型在高度 z 处的规准化振型函数值；

$q_i(t)$——i 振型的正则坐标。

将式(4-23)代入式(4-22)得：

$$m(z) \sum_{i=1}^{\infty} \varphi_i(z) \ddot{q}_i(t) + C(z) \sum_{i=1}^{\infty} \varphi_i(z) \dot{q}_i(t) + \frac{\mathrm{d}^2}{\mathrm{d}z^2} \left(EJ(Z) \sum_{i=1}^{\infty} \frac{\mathrm{d}^2 \varphi_i(z)}{\mathrm{d}z^2} \right) q_i(t) = p(z) f(t)$$

对上式各项乘以 $\varphi_j(z)$，沿全高积分，并考虑正交条件：

$$\int_0^H m(z) \varphi_i(z) \varphi_j(z) \mathrm{d}z = 0 \quad (i \neq j) \tag{4-24}$$

$$\int_0^H \frac{\mathrm{d}^2}{\mathrm{d}z^2} \left(EJ(z) \frac{\mathrm{d}^2 \varphi_i}{\mathrm{d}z^2} \right) \varphi_j(z) \mathrm{d}z = 0 \quad (i \neq j) \tag{4-25}$$

得：

$$\int_0^H m(z) \varphi_j^2(z) \mathrm{d}z \cdot \ddot{q}_j + \sum_{i=1}^{\infty} \dot{q}_j(t) \int_0^H \varphi_i(z) C(z) \varphi_j(z) \mathrm{d}z +$$

$$\int_0^H \frac{\mathrm{d}^2}{\mathrm{d}z^2} \left(EJ(z) \frac{\mathrm{d}^2 \varphi_j(z)}{\mathrm{d}z^2} \right) \varphi_j(z) \mathrm{d}z \cdot q_j(t) \tag{4-26}$$

$$= \int_0^H \varphi_j(z) p(z) f(t) \mathrm{d}z$$

令

$$\omega_j^2 = \frac{\dfrac{\mathrm{d}^2}{\mathrm{d}z^2} \left(EJ(z) \dfrac{\mathrm{d}^2 \varphi_j(z)}{\mathrm{d}z^2} \right)}{m(z) \varphi_j(z)} \tag{4-27}$$

设阻尼为比例阻尼或不耦连，各振型阻尼系数可用各振型阻尼比 ζ_j 表示，令

$$\zeta_j = \frac{C(z)}{2 m(z) \omega_j} \tag{4-28}$$

则

$$\ddot{q}_j(t) + 2\zeta_j \omega_j \dot{q}_j(t) + \omega_j^2 q_j(t) = p_j(t) \tag{4-29}$$

式中：j 振型的 $p_j(t)$ 为

$$p_j(t) = \frac{\int_0^H p(z) \varphi_j(z) \mathrm{d}z \cdot f(t)}{\int_0^H m(z) \varphi_j^2(z) \mathrm{d}z} \tag{4-30}$$

式中 H——结构的总高度；

$p(z)$——高度 z 处单位高度上的水平荷载。

设高度 z 处任一水平位置 x 上的面荷载为 $W(x, z)$，水平宽度为 $L_x(z)$，则上式可写成

$$p_j(t) = \frac{\int_0^H \int_0^{L_X(z)} W(x,z)\varphi_j(z)\mathrm{d}x\mathrm{d}z \cdot f(t)}{\int_0^H m(z)\varphi_j^2(z)\mathrm{d}z} \tag{4-31}$$

由于 $p_j(t)$ 中包含的 $f(t)$ 具有随机性,因而需由随机振动理论,求出位移响应的根方差 $\sigma_y(z)$。

每一振型都对风振力及响应有所贡献,但第一振型一般起着决定性的作用。《荷载规范》规定,对于一般悬臂型结构,例如构架、塔架、烟囱等高耸结构,以及高度大于 30 m、高宽比大于 1.5 且可忽略扭转影响的高层建筑,均可仅考虑第一振型的影响。因此在考虑位移响应峰因子(保证系数)为 μ_y 时,高度 z 处的风振力为:

$$p_m(z) = m(z)\omega_1^2\mu_y\sigma_y(z)$$

对于主要承重结构,风荷载标准值的表达可由两种形式,其一为平均风压加上由脉动风引起导致结构风振的等效风压;另一种为平均风压乘以风振系数。由于在结构的风振计算中,一般往往是第一振型起主要作用,因而我国与大多数国家相同,采用后一种表达方式,即采用风振系数 β_z,即:

$$w_k = \beta_z\mu_s\mu_z w_0 \tag{4-32}$$

式中　w_k——风荷载标准值($\mathrm{kN/m^2}$);

　　　β_z——高度 z 处的风振系数。

它综合考虑了结构在风荷载作用下的动力响应,其中包括风速随时间、空间的变异性和结构的阻尼特性等因素。

根据风振系数的定义,考虑空间相关性的风振系数应为:

$$\beta(z) = 1 + \frac{p_m(z)}{p_c(z)} = 1 + \frac{m(z)\omega_1^2\mu_y\sigma_y(z)}{p_c(z)} \tag{4-33}$$

式中　$p_c(z)$——平均风的线荷载,等于由式(4-34)求得的平均风压乘结构 z 高度处的宽度。

参考国外规范及我国建筑工程抗风设计和理论研究的实践情况,当结构基本自振周期 T_1 大于 0.25 s 时,以及对于高度超过 30 m 且高宽比大于 1.5 的高柔房屋,由风引起的结构振动比较明显,而且随着结构自振周期的增长,风振也随之增强。因此在设计中应考虑风振的影响,而且原则上还应考虑多个振型的影响;对于前几阶频率比较密集的结构,例如缆杆、屋盖等结构,需要考虑的振型可多达 10 个及以上。应按随机振动理论对结构的响应进行计算。

对于一般竖向悬臂型结构,例如高层建筑和构架、塔架、烟囱等高耸结构,均可仅考虑结构第一振型的影响,结构的顺风向风荷载可按公式(4-32)计算。z 高度处的风振系数 β_z 可按下式计算:

$$\beta(z) = 1 + 2gI_{10}B_z\sqrt{1+R^2} \tag{4-34}$$

式中　g——峰值因子,可取 2.5;

　　　I_{10}——10 m 高度名义湍流强度,对应 A、B、C 和 D 类地面粗糙度,可分别取 0.12、0.14、0.23 和 0.39;

　　　R——脉动风荷载的共振分量因子;

　　　B_z——脉动风荷载的背景分量因子。

脉动风荷载的共振分量因子可按下列公式计算：

$$R = \sqrt{\frac{\pi}{6\zeta_1} \frac{x_1^2}{(1+x_1^2)^{\frac{4}{3}}}} \qquad (4-35)$$

$$x_1 = \frac{30 f_1}{\sqrt{k_w \omega_0}}, \ x_1 > 5$$

式中 f_1——结构第 1 阶自振频率（Hz）；

      k_w——地面粗糙度修正系数，对 A 类、B 类、C 类和 D 类地面粗糙度分别取 1.28、1.0、0.54 和 0.26；

      ζ_1——结构阻尼比，对钢结构可取 0.01，对有填充墙的钢结构房屋可取 0.02，对钢筋混凝土及砌体结构可取 0.05，对其他结构可根据工程经验确定。

脉动风荷载的背景分量因子可按下列规定确定：

对体型和质量沿高度均匀分布的高层建筑和高耸结构，可按下式计算：

$$B_z = k H^{\alpha_1} \rho_x \rho_z \frac{\phi_1(z)}{\mu_z} \qquad (4-36)$$

式中 $\phi_1(z)$——结构第 1 阶振型系数；

      H——结构总高度（m），对 A、B、C 和 D 类地面粗糙度，H 的取值分别不应大于 300 m、350 m、450 m 和 550 m；

      ρ_x——脉动风荷载水平方向相关系数；

      ρ_z——脉动风荷载竖直方向相关系数；

      k、α_1——系数，按表 4.6 取值。

表 4.6   系数 k 和 α_1

粗糙度类别		A	B	C	D
高层建筑	k	0.944	0.670	0.295	0.112
	α_1	0.155	0.187	0.261	0.346
高耸结构	k	1.276	0.910	0.404	0.155
	α_1	0.186	0.218	0.292	0.376

对迎风面和侧风面的宽度沿高度按直线或接近直线变化，而质量沿高度按连续规律变化的高耸结构，式（8.4.5）计算的背景分量因子 B_z 应乘以修正系数 θ_B 和 θ_v。θ_B 为构筑物在 z 高度处的迎风面宽度 $B(z)$ 与底部宽度 $B(O)$ 的比值；θ_v 可按表 4.7 确定。

表 4.7   修正系数 θ_v

$B(H)/B(0)$	1	0.9	0.8	0.7	0.6	0.5	0.4	0.3	0.2	≤0.1
θ_v	1.00	1.10	1.20	1.32	1.50	1.75	2.08	2.53	3.30	5.60

脉动风荷载的空间相关系数按《荷载规范》计算。

结构振型系数应按实际工程由结构动力学计算得出。一般情况下，对顺风向响应可仅考虑第 1 振型的影响,对圆截面高层建筑及构筑物横风向的共振响应,应验算第 1 至第 4 振型的响应。本书列出相应的前 4 个振型系数。

迎风面宽度远小于其高度的高耸结构,其振型系数可按表 4.8 采用。

表 4.8 高耸结构的振型系数

相对高度	振型序号			
z/H	1	2	3	4
0.1	0.02	−0.09	0.23	−0.39
0.2	0.06	−0.30	0.61	−0.75
0.3	0.14	−0.53	0.76	−0.43
0.4	0.23	−0.68	0.53	0.32
0.5	0.34	−0.71	0.02	0.71
0.6	0.46	−0.59	−0.48	0.33
0.7	0.59	−0.32	−0.66	−0.4
0.8	0.79	0.07	−0.40	−0.64
0.9	0.86	0.52	0.23	−0.05
1.0	1.00	1.00	1.00	1.00

迎风面宽度较大的高层建筑,当剪力墙和框架均起主要作用时,其振型系数可按表 4.9 采用。

表 4.9 高层建筑的振型系数

相对高度	振型序号			
z/H	1	2	3	4
0.1	0.02	−0.09	0.22	−0.38
0.2	0.08	−0.30	0.58	−0.73
0.3	0.17	−0.50	0.70	−0.40
0.4	0.27	−0.68	0.46	0.33
0.5	0.38	−0.63	−0.03	0.68
0.6	0.45	−0.48	−0.49	0.29
0.7	0.67	−0.18	−0.63	−0.47
0.8	0.74	0.17	−0.34	−0.62
0.9	0.86	0.58	0.27	−0.02
1.0	1.00	1.00	1.00	1.00

振型系数应根据结构动力计算确定。对外形、质量、刚度沿高度按连续规律变化的悬臂型高耸结构及沿高度比较均匀的高层建筑,第一振型系数可根据相对高度按表 4.10 确定。

表 4.10　高耸结构第一振型系数

相对高度 z/H	高耸结构				
	$B_H/B_0=1$	0.8	0.6	0.4	0.2
0.1	0.02	0.02	0.01	0.01	0.01
0.2	0.06	0.06	0.05	0.04	0.03
0.3	0.14	0.12	0.11	0.09	0.07
0.4	0.23	0.21	0.19	0.16	0.13
0.5	0.34	0.32	0.29	0.26	0.21
0.6	0.46	0.44	0.41	0.37	0.31
0.7	0.59	0.57	0.55	0.51	0.45
0.8	0.79	0.71	0.69	0.66	0.61
0.9	0.86	0.86	0.85	0.83	0.80
1.0	1.00	1.00	1.00	1.00	1.00

风振系数确定后,结构的风振响应可按静荷载作用下进行计算。

10) 高层建筑群

对于多个建筑物特别是群集的高层建筑,当相互间距较近时,由于旋涡的相互干扰,所受的风力要复杂和不利得多,房屋某些部位的局部风压会显著增大,此时宜考虑风力相互干扰的群体效应。一般可将单独建筑物的体型系数 μ_s 乘以相互干扰增大系数,该系数可参考类似条件的试验资料确定,必要时宜通过风洞试验得出。张相庭编著的《工程抗风设计计算手册》提供的增大系数是根据国内试验研究报告下限而得的,其取值基本上与澳大利亚规范接近。当与邻近房屋的间距小于 3.5 倍的迎风面宽度且两栋房屋中心连线与风向成 45°时,可取大值;当房屋中心连线与风向一致时,可取小值;当与风向垂直时,不考虑;当间距大于 7.5 倍的迎风面宽度时,也可不考虑。

11) 围护结构的风荷载

对于围护结构,由于其刚性一般较大,在结构效应中可不必考虑其共振分量,此时可仅在平均风压的基础上,近似考虑脉动风瞬间的增大因素,通过阵风系数 β_{gz} 来计算其风荷载。参考了国外规范的取值水平,阵风系数 β_{gz} 按下述公式确定:

$$\beta_{gz} = k(1 + 2\mu_f) \tag{4-37}$$

式中　k——地面粗糙度调整系数,对 A、B、C、D 4 种类型,分别取 0.92、0.89、0.85、0.80;

μ_f——脉动系数,按式(4-38)确定。

$$\mu_f = 0.5 \times 35^{1.8(\alpha-0.15)} \left(\frac{z}{10}\right)^{-\alpha} \tag{4-38}$$

由式(4-37)、(4-38)可得阵风系数 β_{gz} 的计算用表 4.11。

表 4.11 阵风系数 β_{gz}

离地面高度(m)	地面粗糙度类别			
	A	B	C	D
5	1.65	1.70	2.05	2.40
10	1.60	1.70	2.05	2.40
15	1.57	1.66	2.05	2.40
20	1.55	1.63	1.99	2.40
30	1.53	1.59	1.90	2.40
40	1.51	1.57	1.85	2.29
50	1.49	1.55	1.81	2.20
60	1.48	1.54	1.78	2.14
70	1.48	1.52	1.75	2.09
80	1.47	1.51	1.73	2.04
90	1.46	1.50	1.71	2.01
100	1.46	1.50	1.69	1.98
150	1.43	1.47	1.63	1.87
200	1.42	1.45	1.59	1.79
250	1.41	1.43	1.57	1.74
300	1.40	1.42	1.54	1.70
350	1.40	1.41	1.53	1.67
400	1.40	1.41	1.51	1.64
450	1.40	1.41	1.50	1.62
500	1.40	1.41	1.50	1.60
550	1.40	1.41	1.50	1.59

4.2.3 结构顺风向抗风设计

顺风向的风力常分为平均静风力和脉动风力,前者作用于受风面积,后者作用于质量中心。因此要使风荷载作用下不产生扭转,应使刚度中心与受风面积中心、质量中心三心一致。一般情况下,要求水平力中心与刚度中心的偏心距 e 不超过垂直于该水平力方向的建筑物边长 L 的 5%,即 $e/L \leqslant 0.05$,这时可不考虑扭转的影响。

风是每天都会遇到的,而且一年之中有一段时间可以达到很大之值,所以抗风设计都考虑在弹性范围内,进行弹性计算,不考虑出现塑性变形的情况。

《高规》规定:高度不大于 150 m 的高层建筑,在风荷载或多遇地震标准值作用下混凝土结构的层间位移与结构层高之比值不宜超过表 4.12 的限值。

表 4.12 混凝土结构 $\Delta u/H$ 限值

结构体系	$\Delta u/H$ 限值
框架	1/550
框架-剪力墙、框架-核心筒、板柱-剪力墙	1/800
筒中筒、剪力墙	1/1 000
除框架结构外的转换层	1/1 000

高度不小于 250 m 的高层混凝土建筑,其楼层层间位移与结构层高之比值不宜大于 1/500。

高度在 150 m～250 m 之间的混凝土建筑,其楼层层间位移与结构层高之比的限值可取上述两条的线性插值取用。

任何结构体系的钢结构房屋在风荷载或多遇地震标准值作用下,按弹性方法计算的楼层层间最大水平位移与层高之比不宜大于 1/250。

《高层民用建筑钢结构技术规程》(JGJ 99—2015)规定:房屋高度不小于 150 m 的高层民用建筑钢结构应满足风振舒适度要求。在现行国家标准《建筑结构荷载规范》(GB 50009)规定的 10 年一遇的风荷载标准值作用下,结构顶点的顺风向和横风向振动最大加速度计算值不应大于表 4.13 的限值。

表 **4.13** 钢结构顶点风振加速度限值

使用功能	a_{max}
住宅、公寓	0.20 m/s²
办公、旅馆	0.28 m/s²

《高规》规定:房屋高度不小于 150 m 的高层混凝土建筑应满足风振舒适度要求。在现行国家标准《建筑结构荷载规范》(GB 50009)规定的 10 年一遇的风荷载标准值作用下,结构顶点的顺风向和横风向振动最大加速度计算值不应大于表 4.14 的限值。

表 **4.14** 结构顶点最大风振加速度限值

使用功能	a_{max}
住宅、公寓	0.15 m/s²
办公、旅馆	0.25 m/s²

对于钢筋混凝土结构,由于应力和应变关系实际并非线性,在较小应力下混凝土也会因为抗拉强度低而开裂,因此结构实际刚度要比弹性刚度低些,在风荷载作用下,钢筋混凝土结构刚度折减系数见表 4.15。

表 **4.15** 钢筋混凝土结构刚度折减系数

结构类型		风荷载
墙、柱、框架梁	现浇	0.85
	预制装配	0.7～0.8
框剪体系中的连梁	现浇	0.7
	预制装配	0.5～0.6

4.2.4 结构横风向风振计算

作用在结构上的风力一般可表示为顺风向风力、横风向风力和扭风力矩,如图 4.7 所示。在一般情况下,不对称气流产生的风力矩一般不大,工程设计时可不考虑,但对有较大不对称或较大偏心的结构,应考虑风力矩的影响。

结构在上述 3 种力作用下,可以发生以下 3 种类型的振动。

1) 顺风向弯剪振动或弯扭耦合振动

当无偏心力矩时,在顺风向风力作用下,结构将产生顺风向的振

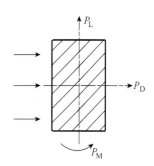

图 **4.7** 结构上的风力

动,对高层结构来说,一般可为弯曲型(剪力墙结构),也有剪切型(框架结构)和弯剪型(框剪结构)。当有偏心力矩时,将产生顺风向和扭矩方向的弯扭耦合振动;当抗侧力结构布置不与 x 轴、y 轴一致而严重不对称时,还可产生顺、横、扭三向的弯曲耦合振动。

2) 横风向风力下涡流脱落振动

当风吹向结构,可在结构周围产生旋涡,当旋涡脱落不对称时,可在横风向产生横风向风力,所以横风向振动在任意风力情况下都能发生涡激振动现象。在抗风计算时,除了必须注意第一类振动外,还必须同时考虑第二类振动现象。特别是,当旋涡脱落频率接近结构某一自振频率时,可产生共振现象,即使在考虑阻尼存在的情况下,仍将产生比横向风力大十倍甚至几十倍的效应,必须予以高度重视。

3) 空气动力失稳(驰振、颤振)

结构在顺风向和横风向风力甚至风扭力矩作用下,当有微小风力攻角时,在某种截面形式下,这些风力可以产生负号阻尼效应的力。如果结构阻尼力小于这些力,则结构将处在总体负阻尼效应中,振动将不能随着时间增大而逐渐衰减,却反而不断增长,从而导致结构破坏。这时的起点风速称为临界风速,这种振动犹如压杆失稳一样,但受到的不是轴心压力,而是风力,所以常称为空气动力失稳,在风工程中,通常称为驰振(弯或扭受力)或颤振(弯扭耦合受力)。空气动力失稳在工程上视为是必须避免发生的一类振动现象。

在空气流动中,对流体质点起着主要作用的是两种力:惯性力和黏性力。根据牛顿第二定律,作用在流体上的惯性力为单位面积上的压力 $1/2\rho v^2$ 乘以面积。黏性力是流体抵抗变形能力的力,它等于黏性应力乘以面积。代表抵抗变形能力大小的这种流体性质称为黏性,它是由于传递剪力或摩擦力而产生的,把黏性 μ 乘以速度梯度 dv/dy 或剪切角 γ 的时间变化率,称为黏性应力。

工程科学家雷诺在 19 世纪末期,通过大量实验,首先给出了惯性力与黏性力之比,以后被命名为雷诺数(Reynolds number)。只要雷诺数相同,动力学便相似,这样,通过风洞实验便可预言真实结构所要承受的力。因为惯性力的量纲为 $\rho v^2 l^2$,而黏性力的量纲是黏性应力 $\mu v/l$ 乘以面积 l^2,故雷诺数为

$$Re = \frac{\rho v^2 l^2}{\dfrac{\mu v}{l} \cdot l^2} = \frac{\rho v l}{\mu} = \frac{v l}{v} \qquad (4-39)$$

式中,$v = \dfrac{\mu}{\rho}$ 称为动黏性。

由于雷诺数的定义是惯性力与黏性力之比,因而如果雷诺数很小,例如小于 1/1 000,则惯性力与黏性力相比可以忽略。如果雷诺数很大,例如大于 1 000,则表示黏性力的影响很小,空气常常是这种情况。

横风向风荷载是一与顺风向风荷载同时存在的风荷载。对圆截面柱体结构,当发生旋涡脱落时,若脱落频率与结构自振频率相符,将发生共振现象。大量试验表明,旋涡脱落频率 f_s 与风速 v 成正比,与截面的直径 D 成反比。试验表明,涡流脱落振动特征可以由雷诺数 Re 的大小分 3 个临界范围,雷诺数为:

$$Re = \frac{vD}{v} \qquad (4-40)$$

式中 υ——空气运动黏性系数,约为 1.45×10^{-5} m²/s。由此可得

$$Re = 69\,000\upsilon D \tag{4-41}$$

当结构沿高度截面缩小时(倾斜度不大于 0.02),可近似取 2/3 结构高度处的风速和直径。

3 个临界范围的特征为:

① 亚临界范围:周期脱落振动

$$Re < 3 \times 10^{5} \tag{4-42}$$

$$\mu_{\mathrm{L}} \approx 0.2 \sim 0.5$$

② 超临界范围:随机不规则振动

$$3 \times 10^{5} \leqslant Re \leqslant 3.5 \times 10^{6} \tag{4-43}$$

$$\mu_{\mathrm{L}} \approx 0.2$$

③ 跨临界范围:基本上恢复到周期脱落振动

$$Re > 3 \times 10^{6} \tag{4-44}$$

$$\mu_{\mathrm{L}} \approx 0.2 \sim 0.25$$

周期振动可以引起共振(涡流脱落频率接近自振频率)从而产生大振幅振动。由于雷诺数与风速 v 有关,亚临界范围即使共振,由于风速较小,也不致产生严重的破坏。当风速增大而处于超临界范围时,旋涡脱落没有明显的周期,结构的横向振动也呈随机性。所以当风速在亚临界或超临界范围内时,一般情况下,工程上只需采取适当构造措施即可,即使发生微风共振,结构可能对正常使用有些影响,但不至于破坏,设计时只要控制结构顶部风速即可。当风速更大,进入跨临界范围,重新出现规则的周期性旋涡脱落,一旦与结构自振频率接近,结构将发生强风共振,由于风速甚大或已到设计值,因而振幅极大,可产生比静力大几十倍的效应,国内外都发生过很多这类的损坏的事例,所以对此必须予以注意。共振临界风速由下式计算:

$$v_{\mathrm{cr}} = \frac{D}{T_j St} \tag{4-45}$$

式中 St——斯脱罗哈数,由下式计算:

$$St = \frac{f_s D}{v}$$

对圆柱形截面,根据试验确定其斯脱罗哈数为 0.2,式(4-45)变为:

$$v_{\mathrm{cr}} = \frac{5D}{T_j}$$

此临界风速在结构上如能发生,才能产生共振,结构顶点风速 v_{H} 最大,因而 v_c 必须小于 v_{H}。

$$v_{\mathrm{H}} = \sqrt{\frac{2\,000 \gamma_{\mathrm{W}} \mu_{\mathrm{H}} w_0}{\rho}} \tag{4-46}$$

式中 γ_{W}——风荷载分项系数,取 1.4;

μ_{H}——结构顶部风压高度变化系数;

w_0——基本风压(kN/m^2)；

ρ——空气密度(kg/m^3)。

因此圆柱形结构产生横向涡流脱落共振而须加以验算的条件由下列公式确定：

$$\left.\begin{aligned} Re &= 69\,000 v_{cr} D > 3.5 \times 10^6 \\ v_{cr} &= \frac{D}{T_j St} < v_H \end{aligned}\right\} \tag{4-47}$$

与临界风速 v_{cr}对应的高度 H_1 称为共振区起点高度，在该高度以上一般为共振区，都作用着计算的临界风速 v_{cr}或相应的 w_c，如图 4.8 所示。共振起点高度 H_1 可由风速剖面为指数曲线推出，即

$$\begin{aligned} v_0 \left(\frac{H_1}{10}\right)^\alpha &= v_{cr} \\ H_1 &= 10 \left(\frac{v_{cr}}{v_0}\right)^{\frac{1}{\alpha}} \end{aligned} \tag{4-48}$$

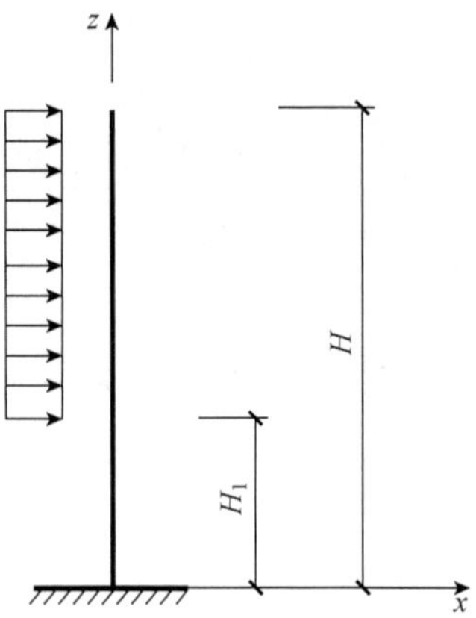

图 **4.8**　横向共振风力

顶点风速为：

$$v_H = v_0 \left(\frac{H}{10}\right)^\alpha$$

由上式求出 v_0，代入式(4.48)得到 H_1 的另一表达式为：

$$H_1 = H \left(\frac{v_{cr}}{v_H}\right)^{\frac{1}{\alpha}} \tag{4-49}$$

按图 4.7，横风向共振时运动方程为：

$$m(z)\ddot{x} + c(z)\dot{x} + [EI(z)x'']'' = \frac{1}{2}\rho v_{cr}^2 D \mu_L \sin \bar{\omega}_j t \ H_1 \rightarrow H \tag{4-50}$$

上式按结构动力学求解为：

$$\left.\begin{aligned} x_{max}(z) &= \frac{v_{cr}^2 \mu_L D \phi_j(z) \lambda_j}{3\,200 \zeta m \bar{\omega}_j^2} \\ \lambda_j &= \frac{\int_{H_1}^{H} \phi_J(z)\,dz}{\int_0^H \phi_j^2(z)\,dz} \end{aligned}\right\} \tag{4-51}$$

如取 $\mu_L = 0.2$，则相应的横风向共振等效风荷载为：

$$p_{Ldj}(z) = m\bar{\omega}_j^2 x_{max}(z) = \frac{v_{cr}^2 D \lambda_j}{16\,000 \zeta_j} \varphi_j(z) \tag{4-52}$$

由于考虑的是共振，因而可与不同振型发生共振关系，一些国外规范建议对一般结构可验算1～4 个振型，但一般第一、第二振型共振影响最为严重。

当验算横风向共振效应 S_L(内力、变形等)时，应与顺风向相应的荷载效应 S_A 组合，此时

顺风向风荷载可不考虑高度变化，即 $\mu_z=1$，w_c 为

$$w_c = \frac{v_{cr}^2}{1\,600} \quad (\text{kN/m}^2) \tag{4-53}$$

组合公式为：

$$S = \sqrt{S_L^2 + S_A^2} \tag{4-54}$$

λ_j 称为横风向第 j 振型参与系数，其取值见表 4.16。

表 **4.16** 等截面横风向第一振型参与系数 λ_j

H_1/H	0.0~0.4	0.5	0.6	0.7	0.8	0.9	1.0
弯剪型	1.52~1.23	1.09	0.92	0.73	0.52	0.27	0.00
弯曲型	1.56~1.42	1.31	1.15	1.07	0.68	0.36	0.00

在某些国家规范上，H_1 常取零，国内有关结构设计规范也取此值。此时，由于弯剪型和弯曲型相差不大，而较合理的弯剪型的各阶振型计算较为繁琐，因而也常取弯曲型为准进行计算。按式(4-51)，取 $H_1=0$，各阶振型计算用表如表 4.17 所示。

表 **4.17** 等截面各阶振型影响系数 λ_j

λ_j	λ_1	λ_2	λ_3
数值	1.56	−0.85	0.47

上面有关公式中，Re、μ_L、St 等均按圆柱形结构试验得出，不同形状结构应通过试验研究或参考有关研究成果得出。

4.3 地 震 作 用

4.3.1 抗震设防分类和设防标准

1) 地震的基本知识

地壳是由六大板块组成，即欧亚板块、太平洋板块、美洲板块、非洲板块、印澳板块和南极板块，各大板块内还有许多小板块。板块的缓慢运动使板块之间发生顶撞、俯冲，在板块边缘引起地壳振动，发生板缘地震，85％以上为板缘地震。板块内发生的称板内地震。板缘地震和板内地震统称为构造地震。另外，火山喷发和地面塌陷也会引起地震，但其影响较小，一般不会造成严重的地震灾害。因此，通常所说的地震是指构造地震。板内地震强度大，破坏作用也大。我国位于欧亚板块东南端，东面为太平洋板块，南面为印澳板块，受到欧亚板块向东、太平洋板块向西、印澳板块向北的推力。我国是一个地震多发的国家。

全球每年发生地震约 500 万次，其中能感觉到的有 5 万多次，能造成破坏性的 5 级以上的地震约 1 000 次，而 7 级以上有可能造成巨大灾害的地震约十几次。构造地震占发生地震的95％以上，是造成灾害的主要地震，也是高层建筑及其他工程抗震设计需要考虑的地震。

板块运动使地壳岩层产生的应力超过岩层的抗拉(抗剪)强度时，岩层发生突然断裂和猛

烈错动,引起的振动以弹性波的形式向四面八方传播。弹性波传到地面,使地面振动,就是地震。地壳岩石断裂、错动和碰撞的部位称为震源。岩石从开始断裂到完全破裂是很短的一个过程。断裂的范围越大、长度越长,释放的能量也越大,地震也越大。震源上方的地面位置称为震中。地面某一位置至震源的距离称为震源距,至震中的距离称为震中距。震中与震源之间的距离称为震源深度。震源深度不超过 60 km 的地震称为浅源地震;震源深度 60~300 km 的地震称为中源地震;震源深度大于 300 km 的称为深源地震。全世界 95% 以上的地震都是浅源地震,震源深度集中在 5~20 km 上下。造成地震灾害的,一般是浅源地震。

岩石断裂引起的振动以波的形式向各个方向传播,这就是地震波。地震波分为体波和面波(L 波)。体波在地球内部传播,面波沿地球表面传播。体波又分为纵波和横波。纵波是由震源向四周传播的压缩波(P 波),横波是由震源向四周传播的剪切波(S 波)。横波振动方向与波前进方向垂直,而纵波振动方向与传播方向一致。在震中区,地震波直接入射地面,横波表现为左右摇晃,纵波表现为上下跳动。纵波周期短,振幅小,波速快。横波周期长,振幅大,波速慢。横波的水平晃动力是造成建筑物破坏的主要原因。面波是体波经地层界面多次反射、折射形成的次生波,波速慢,振幅大,振动方向复杂,对建筑的影响较大。

地震规模的大小或震源释放能量的多少用震级度量。一次地震只有一个震级。常用的震级为里氏震级,是里克特于 1935 年在美国加利福尼亚州技术学院公布的。里氏震级相差一级,地面位移振幅值相差 10 倍,释放的能量相差约 32 倍。我国有约 1/3 的国土具有发生 7 级以上大地震的构造。某一地区地表和建筑物遭受地震影响的平均强弱程度用烈度表示,我国将地震烈度分为 12 度。烈度与震级、震中距、传播介质、场地土质等有关。第五代《中国地震动参数区划图》(GB 18306—2015)于 2016 年 6 月 1 日起实施,它是据于地震构造模型和统计模型编制的,着重考虑了高震级潜源、大地震复发周期、衰减关系以及土层调整新成果,给出了全国各地至乡镇级的地震基本烈度的取值。新一代区划图采用地震动峰值加速度、特征周期双参数调整,并提出了四级(多遇、基本、罕遇、极罕遇)地震作用取值。用 4 个超越概率水平对四级地震的作用作出明确规定,“多遇地震动”相应于 50 年超越概率 63% 的地震动,“基本地震动”相应于 50 年超越概率 10% 的地震动,“罕遇地震动”相应于 50 年超越概率 2% 的地震动,“极罕遇地震动”相应于年超越概率 0.01% 的地震动。本次区划图的特点是:①全国设防,消除了地震动峰值加速度小于 0.05g(5 度)的分区。②6 度及以上地区面积占全国面积的比由 49% 提升到 58%,7 度及以上地区面积占全国面积的比由 12% 提升到 18%,城市抗震设防水平普遍提高,县级以上城镇抗震设防水平变化较大的约占 12.5%,其中有 6.9% 的城市从 0.05g 提高到 0.10g 或 0.15g,有 4.6% 的城市从 0.10g 或 0.15g 提高到 0.20g,1% 的城市从 0.20g 提高至 0.30g。④强调了罕遇地震与极罕遇地震;通过比例系数给出了四级地震作用的比例系数,以满足抗震设计、规划和备灾等多方面的需求。⑤强调土层双调整,通过参数表给出了 5 类场地的双调整系数,对于 III 类和 VI 类场地的 0.15g 以下分区,峰值加速度有所提高,主要涉及东部沿海地区。“极罕遇地震”主要用于土地利用规划,应急备灾主要考虑罕遇地震和极罕遇地震作用的影响。“基本烈度”是指该地区在今后 50 年内,在一般场地条件下可能遭遇的超越概率为 10% 的地震动参数与超越概率为 2% 的地震动参数/1.9 两者取较大值所对应的地震烈度。“场地”是工程群体所在地,具有相似的反应谱特征。其范围相当于厂区、居民小区和自然村或不小于 1.0 km² 的平面面积。“抗震设防烈度”是按国家规定的权限批准作为一个地区抗震设防依据的地震烈度。一般情况下,可采用中国地震动区划图的地震基本烈度。对已编制抗震设防区划的城市,可按批准的抗震设防烈度或设计地震动参数进行抗震设防。"地震作用"是由地震动引起的结构动态作用,包括水平地震作用和竖向地震作用。"设计地震动参数"是抗震设计用的地震加速度(速度、位移)时程曲线、加速度反应谱和峰值加速度。抗震措施是除地震作用计算和抗力计算以外的抗震设计内容,包括抗震构造措施。"抗震构造措施"是根据抗震概念设计原则,一般不须计算而对结构和非结构各部分必须采取的各种细部要求。

2)抗震设防目标

抗震设防是指对建筑物进行抗震设计和采取抗震构造措施,以达到抗震的效果。抗震设防的依据是抗震设防烈度。

我国《建筑抗震设计规范》(GB 50011—2010)(以下简称《抗规》)中提出的建筑物抗震设防目标如下:

(1)当遭受低于本地区抗震设防烈度(基本烈度)的多遇地震影响时,一般不受损坏或不需修理可继续使用。

(2)当遭受相当于本地区抗震设防烈度的地震影响时,建筑物可能损坏,经一般修理或不需修理仍可继续使用。

(3)当遭受高于本地区抗震设防烈度预估的罕遇地震影响时,建筑物不致倒塌或发生危及生命的严重破坏。

建筑物抗震设防的目标就是要做到"小震不坏,中震可修,大震不倒"。

《抗规》规定:抗震设防烈度为6度及以上地区的建筑,必须进行抗震设计。大于9度地区的建筑和行业有特殊要求的工业建筑,抗震设计有专门规定。

3)建筑分类

根据建筑物使用功能的重要性,按其地震破坏产生的后果,《抗规》将建筑分为4个抗震设防类别:甲类、乙类、丙类、丁类。

甲类建筑——重大建筑工程、地震时可能发生严重次生灾害的建筑,如遇地震破坏,会导致严重后果(如产生放射性物质的污染、大爆炸)的建筑等。

乙类建筑——地震时使用功能不能中断或需尽快恢复的建筑,如城市生命线工程的建筑和地震时救灾需要的建筑等。

丙类建筑——除甲、乙、丁类以外的一般建筑,如大量的一般工业与民用建筑等。

丁类建筑——次要建筑,如遇地震破坏,不易造成人员伤亡和较大经济损失的建筑等。

抗震设防标准是衡量抗震设防要求的尺度,由抗震设防烈度和建筑使用功能的重要性确定。国家标准《建筑抗震设防分类标准》(GB 50223)规定,各抗震设防类别建筑的抗震设防标准应符合下列要求:

(1)甲类建筑

地震作用应高于本地区抗震设防烈度的要求,其值应按批准的地震安全性评价结果确定;当抗震设防烈度为6~8度时,应符合本地区抗震设防烈度提高1度的要求,当为9度时,应符合比9度抗震设防更高的要求。

(2)乙类建筑

地震作用应符合本地区抗震设防烈度的要求;一般情况下,当抗震设防烈度为6~8度时,应符合比本地区抗震设防烈度提高1度的要求,当为9度时,应符合比9度抗震设防更高的要求;地基基础的抗震措施应符合有关规定。

对较小的乙类建筑,当其结构改用抗震性能较好的结构类型时,应允许仍按本地区抗震设防烈度的要求采取抗震措施。

（3）丙类建筑

地震作用和抗震措施均应符合本地区抗震设防烈度的要求。

（4）丁类建筑

一般情况下,地震作用仍应符合本地区抗震设防烈度的要求;抗震措施应允许比本地区抗震设防烈度的要求适当降低,但抗震设防烈度为6度时不应降低。

抗震设防烈度为6度时,除规范有具体规定外,对乙、丙、丁类建筑可不进行地震作用计算。

4) 抗震构造措施采用的烈度

抗震措施是除地震作用计算和抗力计算以外的抗震设计内容,包括抗震构造措施。抗震构造措施是根据抗震概念设计原则,一般不须计算而对结构和非结构各部分必须采取的各种细部要求。抗震构造措施采用的烈度除与设防烈度、建筑抗震设防类别有关外,还与场地类别有关,见表4.18、表4.19、表4.20。

表4.18　Ⅱ类场地

设防烈度	地加速度	甲类建筑	乙类建筑	丙类建筑	丁类建筑
6	0.05g	7	7	6	6
7	0.10g	8	8	7	<7
	0.15g	8	8	7	<7
8	0.20g	9	9	8	<8
	0.30g	9	9	8	<8
9	0.40g	>9	>9	9	<9

表4.19　Ⅰ类场地

设防烈度	地加速度	甲类建筑	乙类建筑	丙类建筑	丁类建筑
6	0.05g	6	6	6	6
7	0.10g	7	7	6	6
	0.15g	7	7	6	6
8	0.20g	8	8	7	7
	0.30g	8	8	7	7
9	0.40g	9	9	8	8

表4.20　Ⅲ、Ⅳ类场地

设防烈度	地加速度	甲类建筑	乙类建筑	丙类建筑	丁类建筑
6	0.05g	7	7	6	6
7	0.10g	8	8	7	<7
	0.15g	9	9	8	<8
8	0.20g	9	9	8	<8
	0.30g	>9	>9	9	<9
9	0.40g	>9	>9	9	<9

注:g为重力加速度。

4.3.2 地震影响

设计基本地震加速度是 50 年设计基准期超越概率 10% 的地震加速度的设计取值。抗震设防烈度和设计基本地震加速度值的对应关系应符合表 4.21 的规定。

表 4.21 抗震设防烈度和设计基本地震加速度值的对应关系

抗震设防烈度	6	7	8	9
设计基本地震加速度	$0.05g$	$0.10(0.15)g$	$0.20(0.30)g$	$0.40g$

注:g 为重力加速度。

建筑所在地区遭受的地震影响,应采取相应于抗震设防烈度的设计基本地震加速度和设计特征周期或规定的设计地震动参数来表征。设计特征周期是抗震设计用的地震影响系数曲线中,反映地震震级、震中距和场地类别等因素的下降段起始点对应的周期值。

震害调查表明,虽然不同地区的宏观地震烈度相同,但处在大震级远震中距的柔性建筑物,其震害要比小震级近震中距的情况重的多。《抗规》用设计地震分组来体现震级和震中距的影响,建筑工程的设计地震分为 3 组。在相同的抗震设防烈度和设计基本地震加速度值的地区可有 3 个设计地震分组,第一组表示近震中距,而第二、三组表示较远震中距的影响。

我国主要城镇(县级及县级以上城镇)中心地区的抗震设防烈度,设计基本地震加速度值和所属的设计地震分组可参见 2016 年 6 月 1 日实施的新版地震区划图。

在设计基准期 50 年内,多遇地震定义在概率密度曲线的峰值处,超越概率为 63.2%,基本烈度的超越概率约为 10%,大震即罕遇地震烈度的超越概率为 2%。见图 4.9。

抗震设防烈度与地面运动加速度、多遇地震的关系是:

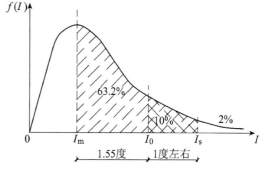

图 4.9 三种烈度的超越概率示意图

I_m—多遇地震烈度;I_0—基本烈度;I_s—罕遇地震烈度

规定一:设计基本地震地面运动加速度为 $0.10g$ 的地区,其抗震设防烈度为 7 度,地面运动加速度每增加(或降低)一倍,则抗震设防烈度增加或降低约 1 度。

规定二:多遇地震的烈度比设计基本烈度约低 1.55 度;罕遇地震的烈度比设计基本烈度约高 1 度。

【例 4-1】 地震烈度与地面运动加速度的关系

8 度区基本地震的地面运动加速度为:　　$2^{8-7} \times 0.10g = 0.20g$

6 度区为:　　$2^{6-7} \times 0.10g = 0.05g$

7.59 度(7 度半)区为:　　$2^{7.59-7} \times 0.10g = 0.15g$

8.59 度(8 度半)区为:　　$2^{8.59-7} \times 0.10g = 0.30g$

7 度区多遇地震:　　$2^{-1.55} \times 0.10g = 33 \text{ cm/s}^2 \text{(gal)}$(规范值 35 cm/s²)

7 度区罕遇地震:　　$2^{1} \times 0.10g = 196 \text{ cm/s}^2 \text{(gal)}$(规范值 220 cm/s²)

4.3.3 地震作用计算

1) 地震作用计算的一般规定

(1) 计算原则

由于地震发生地点是随机的,对某结构物而言地震作用的方向是随意的,而且结构的抗侧力构件也不一定是正交的,这些在计算地震作用时都应该注意。另外,结构物的刚度中心与质量中心不会完全重合,这必然导致结构物产生不同程度的扭转。最后还应提到,震中区的竖向地震作用对某些结构物的影响不容忽视,为此,《抗规》对各类建筑结构的地震作用的计算作了下列规定:

① 一般情况下,应允许在建筑结构的两个主轴方向分别计算水平地震作用,并进行抗震验算,各方向的水平地震作用应由该方向抗侧力构件承担,如该构件带有翼缘,尚应包括翼缘作用。

② 有斜交抗侧力构件的结构,当相交角度大于15°时,应分别计算各抗侧力构件方向的水平地震作用。

③ 质量和刚度分布明显不对称的结构,应计入双向水平地震作用下的扭转影响,其他情况,应允许采用调整地震作用效应的方法计入扭转影响。

④ 8度、9度时的大跨度结构(如跨度大于24 m的屋架等)和长悬臂结构(如1.5 m以上的悬挑阳台等)及9度时的高层建筑,应计算竖向地震作用。

注:8度、9度时采用隔震设计的建筑结构应按有关规定计算竖向地震作用。

(2) 各类建筑结构的地震作用计算方法

根据建筑类别、设防烈度以及结构的规则程度和复杂性,《抗规》为各类建筑结构的抗震计算,规定以下3种方法:

① 适用于多自由度体系的振型分解反应谱法。

② 将多自由度体系看成等效单自由度体系的底部剪力法。

③ 直接输入地震波求解运动方程及结构地震反应的时程分析法。

底部剪力法和振型分解反应谱法是结构抗震计算的基本方法,而时程分析法作为补充计算方法,仅对特别不规则、特别重要的和较高的高层建筑才要求采用。《抗规》对上述3种方法的使用范围作了如下规定:

① 高度不超过40 m以剪切变形为主且质量和刚度沿高度分布比较均匀的结构,以及近似于单质点体系的结构,可采用底部剪力法等简化方法。

② 除第①款外的建筑结构,宜采用振型分解反应谱法。

③ 特别不规则的建筑(表4.22、表4.23)、甲类建筑和表4.24所列高度范围的高层建筑,应采用时程分析法进行多遇地震下的补充计算,可取多条时程曲线计算结果的平均值与振型分解反应谱法计算结果的较大值。

表 4.22 平面不规则的类型

不规则类型	定义
扭转不规则 (非柔性楼板)	在具有偶然偏心的规定的水平力作用下,楼层两端抗侧力构件的最大弹性水平位移(或层间位移)的最大值与平均值的比值大于1.2
凹凸不规则	结构平面凹进的一侧尺寸,大于相应投影方向总尺寸的30%
楼板局部不连续	楼板的尺寸和平面刚度急剧变化,例如有效楼板宽度小于该层楼板典型宽度的50%,或开洞面积大于该层楼面面积的30%,以及较大的楼层错层

表 4.23 竖向不规则的类型

不规则类型	定义
侧向刚度不规则 （由柔软层）	该层侧向刚度小于相邻上一层的 70%，或小于其上相邻 3 个楼层侧向刚度平均值的 80%；除顶层外，局部收进的水平向尺寸大于相邻下一层的 25%
竖向抗侧力构件 不连续	竖向抗侧力构件（柱、抗震墙、抗震支撑）的内力由水平转换构件（梁、桁架等）向下传递
楼层承载力突变 （有薄弱层）	抗侧力结构的层间受剪承载力小于相邻上一楼层的 80%

表 4.24 采用时程分析法的房屋高度范围

烈度、场地类别	房屋高度范围(m)
8 度Ⅰ、Ⅱ类场地和 7 度	>100
8 度Ⅲ、Ⅳ类场地	>80
9 度	>60

采用时程分析法时，应按建筑场地类别和设计地震分组选用不少于两组的实际强震记录和一组人工模拟的加速度时程曲线，其平均地震影响系数曲线应与振型分解反应谱法所采用的地震影响系数曲线在统计意义上相符，其加速度时程的最大值可按表 4.25 采用，表中括号内数值分别用于基本地震加速度为 $0.15g$ 和 $0.3g$ 的地区。弹性时程分析，每条时程曲线计算所得结构底部剪力不应小于振型分解反应谱法计算结果的 65%，多条时程曲线计算所得结构底部剪力的平均值不应小于振型分解反应谱法计算结果的 80%。

表 4.25 时程分析所用地震加速度最大值   单位：cm/s²

地震影响	6 度	7 度	8 度	9 度
多遇地震	18	35(55)	70(110)	140
设防地震	50	100(150)	200(400)	400
罕遇地震	125	220(410)	400(510)	620

注：括号内数值分别用于设计基本地震加速度为 $0.15g$ 和 $0.30g$ 的地区。

正确选择输入的地震加速度时程曲线，要满足地震动三要素的要求，即频谱特性、有效峰值和持续时间均要符合规定。

频谱特性可根据地震影响系数曲线、所处的场地类别和设计地震分组确定。

加速度有效峰值可按表 4.25 确定。当结构采用三维空间模型等需要双向（2 个水平方向）或 3 向（2 个水平方向和 1 个竖向）地震波输入时，其加速度最大值通常按 1（水平 1）：0.85（水平 2）：0.65（竖向）的比例调整。选用的实际加速度纪录，可以是同一组的 3 个分量，也可以是不同组的纪录，但每条记录均应满足"在统计意义上相符"的要求。人工模拟的加速度时程曲线，也应按上述要求生成。

输入的加速度时程曲线的持续时间，不论实际的地震记录还是人工模拟的波形，一般为结构周期的 5～10 倍。

④ 计算罕遇地震下结构的变形，应按《抗规》规定，采用简化的弹塑性分析方法或弹塑性时程分析法。

注：建筑结构的隔震和消能减震设计应采用《抗规》第 12 章规定的计算方法。

（3）重力荷载代表值的计算

在计算结构的水平地震作用标准值和竖向地震作用标准值时，都要用到集中在质点处的重力荷载代表值 G_E。由于地震发生时，可变荷载往往达不到其标准值，因此，《抗规》规定，结构的重力荷载代表值应取结构和构配件自重标准值和各可变荷载组合值之和。各可变荷载的组合值系数，应按表 4.26 采用。

表 4.26　组合值系数

可变荷载种类		组合值系数
雪荷载		0.5
屋面积灰荷载		0.5
屋面活荷载		不计入
按实际情况考虑的楼面活荷载		1.0
按等效均布活荷载考虑的楼面活荷载	藏书库、档案库	0.8
	其他民用建筑	0.5
吊车悬吊物重力	硬钩吊车	0.3
	软钩吊车	不计入

注：硬钩吊车的吊重较大时，组合值系数应按实际情况采用。

（4）建筑结构地震影响系数的确定

对任何运动的物体，其在运动方向上所受到的力为：

$$F = ma = mg \cdot \frac{a}{g} = G \cdot \alpha = \alpha G \tag{4-55}$$

式中　g——自由落体运动的加速度；

　　　G——物体重量；

　　　a——物体运动加速度；

　　　α——影响系数。

对房屋结构，其质量沿高度基本均匀分布，需将其等效为单质点体系，在水平地震作用下，上式改为：

$$F_{Ek} = m_{eq} S_a = m_{eq} g \cdot \frac{S_a}{g} = G_{eq} \cdot \alpha_1 = \alpha_1 G_{eq} \tag{4-56}$$

式中　F_{Ek}——结构总水平地震作用标准值；

　　　m_{eq}——结构等效总质量；

　　　S_a——等效单质点体系地震加速度反应谱值；

　　　G_{eq}——结构等效总重力荷载代表值；

　　　α_1——相应于结构基本自振周期 T_1 的水平地震影响系数值。

建筑结构的地震影响系数应根据烈度、场地类别、设计地震分组和结构自振周期以及阻尼比确定。其水平地震影响系数最大值应按表 4.27 采用；特征周期应根据场地类别和设计地震分组按表 4.28 采用，计算 8 度、9 度罕遇地震作用时，特征周期应增加 0.05 s。设计地震分组中的一、二、三组分别反映了近、中、远震的不同影响。

根据地震学研究和强震观察资料统计分析,在周期 6 s 范围内,有可能给出比较可靠的数据,也基本满足了国内绝大多数高层建筑和长周期结构的抗震设计需要。对于周期大于 6.0 s 的建筑结构所采用的地震影响系数应专门研究。

已编制抗震设防区划的城市,应允许按批准的设计地震动参数采用相应的地震影响系数。

表 4.27 水平地震影响系数最大值 α_{max}

地震影响	6 度	7 度	8 度	9 度
多遇地震	0.04	0.08(0.12)	70(110)	140
设防地震	0.12	0.23(0.34)	200(400)	400
罕遇地震	0.28	0.50(0.72)	400(510)	620

注:7度、8度时括号内的数值分别用于设计基本地震加速度为 0.15g 和 0.30g 的地区。

表 4.28 特征周期值 $T_g(s)$

设计地震分组	场地类别				
	I_0	I_1	II	III	IV
第一组	0.20	0.25	0.35	0.45	0.65
第二组	0.25	0.30	0.40	0.55	0.75
第三组	0.30	0.35	0.45	0.65	0.90

建筑结构地震影响系数曲线(图 4.10)的阻尼调整和形状参数应符合下列要求:

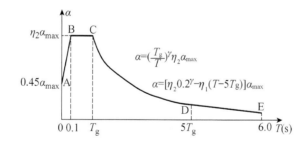

α——地震影响系数;α_{max}——地震影响系数最大值;η_1——直线下降段的下降斜率调整系数;
γ——衰减指数;T_g——特征周期;η_2——阻尼调整系数;T——结构自振周期

图 4.10 地震影响系数曲线

① 除有专门规定外,建筑结构的阻尼比应取 0.05,地震影响系数曲线的阻尼调整系数应按1.0采用,形状参数应符合下列规定:

a. 直线上升段,周期小于 0.1 s 的区段。

b. 水平段,自 0.1 s 至特征周期区段,应取最大值(α_{max})。

c. 曲线下降段,自特征周期至 5 倍特征周期区段,衰减指数应取 0.9。

d. 直线下降段,自 5 倍特征周期至 6 s 区段,下降斜率调整系数应取 0.02。

② 当建筑结构的阻尼比按有关规定不等于 0.05 时,地震影响系数曲线的阻尼调整系数和形状参数应符合下列规定:

a. 曲线下降段的衰减指数应按下式确定:

$$\gamma = 0.9 + \frac{0.05 - \zeta}{0.05 + 5\zeta} \tag{4-57}$$

式中 γ——曲线下降段的衰减指数;

ζ——阻尼比。

b. 直线下降段的下降斜率调整系数应按下式确定:

$$\eta_1 = 0.02 + \frac{(0.05 - \zeta)}{8} \tag{4-58}$$

式中 η_1——直线下降段的下降斜率调整系数小于 0 时取 0。

c. 阻尼调整系数应按下式确定:

$$\eta_2 = 1 + \frac{0.05 - \zeta}{0.06 + 1.7\zeta} \tag{4-59}$$

式中 η_2——阻尼调整系数当小于 0.55 时,应取 0.55。

特征周期可以简单理解为地震影响系数曲线平台段与下降段交点所对应的周期,如何根据场址动力反应分析结果合理地确定特征周期和地震影响系数最大值这两个地震动参数,还有待进一步的研究,目前没有统一的方法,龚思礼主编的《建筑抗震设计手册》介绍了 3 种计算方法。

由表 4.28 可见,特征周期随场地类别的增大而增大,这是因为不同性质的土壤对地震波中各种频率成分的吸收和过滤效果不一样,像岩石等坚硬的地基中,由于其密度较大,地震波传播速度快,地震波则以短周期成分为主,而软土层和冲积层较厚的场地土中,由于其密度较小,短周期成分被吸收、过滤,形成以长周期成分为主的地震波。

由表 4.28 还可见,特征周期随设计地震分组的增大而增大,这是因为在震中附近,短周期成分占主导地位,而距离震中较远的地区,由于短周期成分被吸收较多,长周期占主导地位。

由图 4.10 的地震影响系数曲线可见,曲线分为 4 段:上升段 AB、平台段 BC、下降段 CD 和 DE,这条曲线上各点有其物理意义。

① 起始点 A 的结构自震周期为零,所以结构是绝对刚性的,结构的水平运动和地面的水平运动相同,地面水平运动的加速度最大值即为结构水平运动的加速度最大值,由图 4.10 和式(4-56)知其值为 $0.45\alpha_{\max}g$,由表 4.25 查得,时程分析所用 7 度区多遇地震加速度时程的最大值为 35 cm/s² = 0.35 m/s²,所以:

$$0.45\alpha_{\max}g = 0.35$$

$$\alpha_{\max} = \frac{0.35}{0.45g} = 0.08$$

即 7 度区多遇地震的水平地震影响系数最大值 $\alpha_{\max} = 0.08$,这与表 4.27 中的相同。

② 从点 A 开始到点 B 的整个上升段,结构的自振周期在 0~0.1 s 内变化,随结构自振期的变大,地震作用增大,如果结构的自振周期在此范围内,当地震作用下房屋发生震坏时,结构的刚度减小,自振周期变大,地震作用也要增大,将会加剧结构的震坏,故结构的自振周期不应设计在此范围内。

③ BC 平台段为共振区,B 点开始影响系数达到最大值,结束点 C 对应的周期为特征周期,特征周期反映了设计地震分组和场地类别的影响(表 4.28),特征周期的大小将决定平台的长度,故场地条件越差,特征周期越长,共振区就越长;由于共振,地震作用本应该是无限大,

即直线 AB 和曲线 DC 都应是无限向上延伸的,但由于阻尼力的存在以及地震时间短,使得地震作用不再放大,形成平台。BC 段的中点所对应的周期基本上是场地土的自振周期。

④ 由于上述原因,结构的自振周期应该设计在 T_g 以后,即影响系数曲线的下降段,下降段随结构自振周期的增大,地震作用减小。但如果结构的自振周期过大,则结构过柔,变形过大,使人没有安全感,故结构的自振周期应该设计在 $T_g \sim 5T_g$ 之间为最宜。

⑤ 由表 4.28 可见,场地土的特征周期小于等于 0.9 s,而高层建筑结构的第 I 自振周期一般均大于 1 s,所以高层建筑结构的第 I 自振周期一般均处在地震影响系数曲线的下降段。但对于 IV 类场地上 10～20 层的高层建筑,结构的刚度应尽量设计得弱些,才能避开共振区。

⑥ 隔震结构在未隔震时的自振周期应大于 T_g,但靠近 T_g,这样在隔震后由于结构自振周期的加长,减震效果才明显。如未隔震时结构自振周期大于 $2T_g$,则隔震效果较差。

2）水平地震作用计算

前面介绍了计算水平地震作用的振型分解反应谱法和底部剪力法,在具体设计时应按《抗规》的要求确定地震作用,并按适用条件分别采用下列方法。

（1）底部剪力法

采用底部剪力法时,各楼层可仅取一个自由度,结构的水平地震作用标准值,应按下列公式确定（图 4.11）:

$$F_{Ek} = \alpha_1 G_{eq} \qquad (4-60)$$

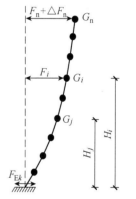

图 4.11 结构水平地震作用计算简图

式中　F_{Ek}——结构总水平地震作用标准值;

　　　α_1——相应于结构基本自振周期 T_1 的水平地震影响系数值,多层砌体房屋、底部框架和多层内框架砖房,宜取水平地震影响系数最大值;

　　　G_{eq}——结构等效总重力荷载,单质点应取总重力荷载代表值,多质点可取总重力荷载代表值的 85%。

单质点结构:

$$G_{eq} = G_E = G_k + \overline{0.5Q_k} \qquad (4-61)$$

多质点结构:

$$G_{eq} = 0.85G_E = 0.85 \sum_{i=1}^{n} (G_{ki} + \overline{0.5Q_{ki}}) \qquad (4-62)$$

式中　G_k、G_{ki}——恒荷载标准值;

　　　Q_k、Q_{ki}——可变荷载组合值。

可变荷载组合值系数应按表 4.26 采用。

在地震中结构各楼层水平位移的加速度是不同的,它等于地面运动的加速度和结构水平变形加速度之和,结构的水平变形以第 I 振型为主,基本成倒三角形,即结构底部水平变形为零,顶部最大,由于该变形是在同一时间内发生的,所以可以简单认为结构水平变形的加速度是倒三角形的,因此结构水平位移的加速度为倒梯形分布,根据牛顿第二定理,结构总水平地震作用标准值沿结构高度的分布应成倒梯形分布,为安全考虑,将更多的地震作用分布在结构的高处,故《抗规》规定按倒三角形分布,并考虑高振型的影响,在结构顶部附加水平地震作用。

$$F_i = \frac{G_i H_i}{\sum_{j=1}^{n} G_j H_j} F_{Ek}(1-\delta_n) \quad (i = 1, 2, \cdots, n) \tag{4-63}$$

$$\Delta F_n = \delta_n F_{Ek} \tag{4-64}$$

式中　F_i——质点 i 的水平地震作用标准值；

　　　G_i，G_j——分别为集中于质点 i、j 的重力荷载代表值；

　　　H_i，H_j——分别为质点 i、j 的计算高度；

　　　δ_n——顶部附加地震作用系数，多层钢筋混凝土和钢结构房屋可按表 4.29 采用，多层内框架砖房可采用 0.2；其他房屋可采用 0.0；

　　　ΔF_n——顶部附加水平地震作用。

式(4-63)中 F_i 的大小与 H_i 成正比，简称为按倒三角形分布。根据牛顿第二定理，结构的水平地震作用和结构的绝对加速度成正比，结构的绝对加速度由地面加速度和结构相对于地面的加速度和组成。结构相对于地面的水平位移可以大致认为是倒三角形的，由此结构相对于地面的水平加速度也可大致认为是倒三角形的，但加上地面加速度后应是倒梯形的，因此，结构的绝对加速度大致是倒梯形的。所以式(4-63)不是很合理的，但是偏于安全的，因为把水平地震作用上移了。

表 4.29　顶部附加地震作用系数 δ_n

$T_g(s)$	$T_1 > 1.4 T_g$	$T_1 \leqslant 1.4 T_g$
$\leqslant 0.35$	$0.08 T_1 + 0.07$	
$< 0.35 \sim 0.55$	$0.08 T_1 + 0.01$	0.0
> 0.55	$0.08 T_1 - 0.02$	

注：T_1 为结构基本自振周期。

在应用底部剪力法计算地震作用时，只需要基本自振周期，常常可以采用适合于手算的近似计算方法。近似计算方法很多，其精确程度和适用条件各不相同，计算结果可能差别较大，因此，需根据具体情况选用恰当的方法。需要指出的是，近似方法也是建立在理论计算基础上的，并采用了由计算简图确定的杆件刚度值，因此，对计算结果(周期)也要进行修正。工程上常用的有 3 种周期近似计算方法：

① 顶点位移法

对于质量和刚度沿房屋高度较均匀分布的框架结构、框架-剪力墙结构和剪力墙结构的高层建筑，其基本自震周期 $T_1(s)$ 可按下式计算：

$$T_1 = 1.7 \psi_T \sqrt{u_T} \tag{4-65}$$

式中　u_T——计算结构基本自振周期用的结构顶点假想侧移(即把集中在各层楼面处的重量 G_i 视为作用于 i 层楼面的假想水平荷载，按弹性刚度计算得到的结构顶点侧移)；

　　　ψ_T——基本周期的缩短系数，即考虑非承重砖墙(填充墙)影响的折减系数。框架结构取 $\psi_T = 0.6 \sim 0.7$，框架-剪力墙结构取 $\psi_T = 0.7 \sim 0.8$(当非承重填充墙较少时，可取 $0.8 \sim 0.9$)，剪力墙结构取 $\psi_T = 1.0$。

上面介绍的就是计算结构基本自振周期的近似方法-顶点位移法。公式中的 ψ_T 就是一种修正系数。顶点位移法是一种半经验半理论的近似计算方法，以等截面悬臂梁为例来简单说明该公式的来由。

首先，我们从等截面悬臂梁的弯曲自由振动方程的求解开始。由材料力学知：

$$EJ\,\frac{\mathrm{d}^4 y}{\mathrm{d}x^4} = q \qquad (4\text{-}66)$$

上式是自由振动方程，所以只有惯性力，而无外荷载。

惯性力

$$q = -\bar{m}\frac{\partial^2 y}{\partial t^2}$$

式中 $\bar{m}$——单位长度上的质量。

$$EJ\,\frac{\mathrm{d}^4 y}{\mathrm{d}x^4} = -\bar{m}\frac{\partial^2 y}{\partial t^2} \qquad (4\text{-}67)$$

设解的形式为：

$$y(x,\ t) = X(x)\sin(\omega t + v) \qquad (4\text{-}68)$$

式中　ω——自由频率；

　　$X(x)$——振型函数。

将式(4-68)代入式(4-67)得：

$$EJ\,\frac{\mathrm{d}^4 X}{\mathrm{d}x^4}\sin(\omega t + v) = \bar{m}\omega^2 X\sin(\omega t + v)$$

即：

$$\frac{\mathrm{d}^4 X}{\mathrm{d}x^4} - k^4 X = 0 \qquad (4\text{-}69)$$

式中

$$k^4 = \frac{\bar{m}}{EJ}\omega^2$$

或：

$$\omega = k^2\sqrt{\frac{EJ}{\bar{m}}} \qquad (4\text{-}70)$$

式(4-69)的通解为：$(r^4 = k^4,\ r^2 = \pm k^2,\ r_{1,2} = \pm k,\ r_{3,4} = \pm ki)$

$$X(x) = A_1 e^{kx} + A_2 e^{-kx} + A_3\cos kx + A_4\sin kx \qquad (4\text{-}71)$$

或：

$$X(x) = B_1\operatorname{ch} kx + B_2\operatorname{sh} kx + B_3\cos kx + B_4\sin kx \qquad (4\text{-}72)$$

系数 B_1、B_2、B_3、B_4 由边界条件确定：

$x=0$ 时，$\qquad\qquad\qquad X_0 = 0,\ X_0' = 0$

$x = l$ 时，

$$M(l) = 0, \quad Q(l) = 0 \tag{4-73}$$

$$X(0) = B_1 + B_3 = 0 \tag{4-74}$$

$$X'(x) = kB_1 \,\mathrm{sh}\, kx + kB_2 \,\mathrm{ch}\, kx - kB_3 \sin kx + kB_4 \cos kx$$

$$X'(0) = kB_2 + kB_4, \quad k \neq 0$$

$$B_2 + B_4 = 0 \tag{4-75}$$

$$X''(x) = k^2 B_1 \,\mathrm{ch}\, kx + k^2 B_2 \,\mathrm{sh}\, kx - k^2 B_3 \cos kx - k^2 B_4 \sin kx \tag{4-76}$$

$$X'''(x) = k^3 (B_1 \,\mathrm{sh}\, kx + B_2 \,\mathrm{ch}\, kx + B_3 \sin kx - B_4 \cos kx)$$

$$X'''(l) = k^3 (B_1 \,\mathrm{sh}\, kl + B_2 \,\mathrm{ch}\, kl + B_3 \sin kl - B_4 \cos kl) = 0 \tag{4-77}$$

$$B_1(\mathrm{ch}\, kl + \cos kl) + B_2(\mathrm{sh}\, kl + \sin kl) = 0 \tag{4-78}$$

$$B_1(\mathrm{sh}\, kl - \sin kl) + B_2(\mathrm{ch}\, kl + \cos kl) = 0 \tag{4-79}$$

将式(4-79)代入(4-78)得：

$$\mathrm{ch}^2 kl + \cos^2 kl + 2\mathrm{ch}\, kl \cos kl - \mathrm{sh}^2 kl + \sin^2 kl = 0$$

$$\mathrm{ch}\, kl \cos kl + 1 = 0$$

这是一个关于 k 的超越方程，只能用试算法或图解法求得其根。

$$k_1 l = 1.875\,1, \quad k_2 l = 4.694\,1, \quad k_3 l = 7.85\,5, \cdots$$

因为结构是自由振动，所以 B_1、B_2、B_3、B_4 的大小不能在此确定，要想确定，必须由初始条件，如顶点初始位移 $X_0(l)$。

将其代入式(3-70)得

$$\omega_1 = \frac{3.515}{l^2} \sqrt{\frac{EJ}{\overline{m}}},$$

$$T_1 = \frac{2\pi}{\omega_1} = \frac{2\pi l^2}{3.515} \sqrt{\frac{\overline{m}}{EJ}} = 1.787 l^2 \sqrt{\frac{\overline{m}}{EJ}} \tag{4-80}$$

$$\omega_2 = \frac{22.034}{l^2} \sqrt{\frac{EJ}{\overline{m}}}$$

$$\omega_3 = \frac{61.6}{l^2} \sqrt{\frac{EJ}{\overline{m}}}$$

而悬臂梁在均布荷载作用下的位移为：$u_{\mathrm{T}} = \dfrac{q l^4}{8EJ} = \dfrac{g\,\overline{m}\, l^4}{8EJ} = 1.225 \dfrac{\overline{m}\, l^4}{EJ}$

其中，$g = 9.8 \text{ m/s}^2$

与式(3-80)比较，得近似公式 $T_1 = 1.61 \sqrt{u_{\mathrm{T}}}$

考虑到剪切变形的影响，取 $T_1 = 1.7 \sqrt{u_{\mathrm{T}}}$，$u_{\mathrm{T}}$ 的单位为 m。

由于实际上填充墙增大了结构的刚度，使结构的周期变小，故要对周期进行折减，即考虑折减系数 $\psi_{\mathrm{T}} < 1$，最后得到结构基本自振周期的近似计算公式 $T_1 = 1.7 \psi_{\mathrm{T}} \sqrt{u_{\mathrm{T}}}$。

② 能量法

对于以剪切型变形为主的框架结构,由于其可用 D 值法直接求得层间变形,故可用下式求得结构的基本自振周期:

$$T_1 = 2\pi \sqrt{\dfrac{\sum\limits_{i=1}^{n} G_i \Delta_i^2}{g \sum\limits_{i=1}^{n} G_i \Delta_i}} \tag{4-81}$$

(2) 振型分解反应谱法

采用振型分解反应谱法时,不进行扭转耦联计算的结构,应按下列规定计算其地震作用和作用效应:

① 结构 j 振型 i 质点的水平地震作用标准值,应按下列公式确定:

$$F_{ji} = \alpha_j \gamma_j X_{ji} G_i \quad (i = 1, 2, \cdots, n, \ j = 1, 2, \cdots, m) \tag{4-82}$$

$$\gamma_j = \dfrac{\sum\limits_{i=1}^{n} X_{ji} G_i}{\sum\limits_{i=1}^{n} X_{ji}^2 G_i} \tag{4-83}$$

式中　F_{ji}——j 振型 i 质点的水平地震作用标准值;

　　　α_j——相应于 j 振型自振周期的地震影响系数;

　　　X_{ji}——j 振型 i 质点的水平相对位移;

　　　γ_j——j 振型的参与系数。

由式(4-83)可见,在第二振型以后,X_{ji} 有正有负,所以分子相互抵消了很多,而分母是平方项,不会相互抵消,因此,γ_j 越来越小。

X_{ji} 是振型,其数值的大小是随意的,但沿高度的相对比值不变,X_{ji} 增大 n 倍,γ_j 就减为原来的 $1/n$,所以由式(4-82)算得的 F_{ji} 不会因为 X_{ji} 的随意性而发生改变。

② 水平地震作用效应(弯矩、剪力、轴向力和变形),可按平方和开方法(SRSS 法)确定:

$$S_{Ek} = \sqrt{\sum S_j^2} \tag{4-84}$$

式中　S_{Ek}——水平地震作用标准值的效应;

　　　S_j——j 振型水平地震作用标准值的效应,可只取前 2~3 个振型,当基本自振周期大于 1.5 s 或房屋高宽比大于 5 时,振型个数应适当增加。

当采用振型分解反应谱法进行计算时,为使高柔建筑的分析精度有所改进,其组合的振型个数应足够多。振型个数一般可以取振型参与质量达到总质量 90% 所需的振型数。

振型分解反应谱法与传统的结构设计方法相近,该法在世界各国得到了广泛的应用。

【例 4-2】　如图 4.12 所示,试用振型分解反应谱法计算图示 3 层框架在多遇地震时的水平地震作用。已知结构横梁刚度可以视为无限大,层间侧移刚度均为 $k = 40$ MN/m,层高 5 m,跨度 7.5 m。设防烈度 8 度,设计基本加速度值为 $0.3g$,设计分组为第二组,Ⅰ 类场地,结构体系的阻尼比 $\xi = 0.05$,已知各质点重力荷载代表值分别为 $G_1 = 1\ 000$ kN,$G_2 = 1\ 000$ kN,$G_3 = 600$ kN。

【解】

① 求自振频率及周期

$$[\boldsymbol{M}] = \begin{bmatrix} m_1 & & \\ & m_2 & \\ & & m_3 \end{bmatrix}$$

$$= \frac{1}{9.81} \times \begin{bmatrix} 1\,000 & & \\ & 1\,000 & \\ & & 600 \end{bmatrix} Mg$$

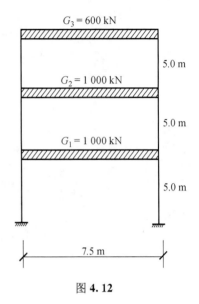

$G_3 = 600$ kN

5.0 m

$G_2 = 1\,000$ kN

5.0 m

$G_1 = 1\,000$ kN

5.0 m

7.5 m

图 4.12

刚度矩阵

$$[\boldsymbol{K}] = \begin{bmatrix} 80 & -40 & 0 \\ -40 & 80 & -40 \\ 0 & -40 & 40 \end{bmatrix} \times 10^3 \text{ kN}$$

由频率方程 $|[\boldsymbol{K}] - \omega^2[\boldsymbol{M}]| = 0$，并令 $\lambda = \omega^2/392.4$，可导得：

$$\begin{vmatrix} 2-\lambda & -1 & 0 \\ -1 & 2-\lambda & -1 \\ 0 & -1 & 1-0.6\lambda \end{vmatrix} = 0$$

展开行列式，得到

$$-0.6\lambda^3 + 3.4\lambda^2 - 4.8\lambda + 1 = 0$$

求得 3 个根为

$$\lambda_1 = 0.250\,9, \quad \lambda_2 = 1.876\,3, \quad \lambda_3 = 3.539\,4$$

相应的自振圆频率为

$$\omega_1 = \sqrt{392.4 \times 0.250\,9} = 9.922 \text{ rad/s}, \quad \omega_2 = 27.134 \text{ rad/s},$$
$$\omega_3 = 37.267 \text{ rad/s}$$

相应得自振周期为

$$T_1 = 2\pi/\omega_1 = 0.633\,2 \text{ s}, \quad T_2 = 0.231\,6 \text{ s}, \quad T_3 = 0.168\,6 \text{ s}$$

② 求振型向量

由特征方程 $\{[\boldsymbol{K}] - \omega_i^2[\boldsymbol{M}]\}\{\varphi_i\} = \{0\}$ 可得

$$\begin{bmatrix} 2-\lambda_i & -1 & 0 \\ -1 & 2-\lambda_i & -1 \\ 0 & -1 & 1-0.6\lambda_i \end{bmatrix} \begin{Bmatrix} \phi_{i1} \\ \phi_{i2} \\ \phi_{i3} \end{Bmatrix} = \begin{Bmatrix} 0 \\ 0 \\ 0 \end{Bmatrix}$$

令 $\phi_{i1} = 1.0$，将 $\lambda_1, \lambda_2, \lambda_3$ 代入上式，可求得各阶振型向量如下

$$\begin{Bmatrix} \phi_{11} \\ \phi_{12} \\ \phi_{13} \end{Bmatrix} = \begin{Bmatrix} 1.0 \\ 1.749 \\ 2.058 \end{Bmatrix}, \quad \begin{Bmatrix} \phi_{21} \\ \phi_{22} \\ \phi_{23} \end{Bmatrix} = \begin{Bmatrix} 1.0 \\ 0.124 \\ -0.985 \end{Bmatrix}, \quad \begin{Bmatrix} \phi_{31} \\ \phi_{32} \\ \phi_{33} \end{Bmatrix} = \begin{Bmatrix} 1.0 \\ -1.540 \\ 1.371 \end{Bmatrix}$$

③ 计算振型参与系数

由上式可以得到 3 个振型参与系数值,分别为

$$\gamma_1 = \frac{1 \times 1\,000 + 1.749 \times 1\,000 + 2.058 \times 600}{1^2 \times 1\,000 + 1.749^2 \times 1\,000 + 2.058^2 \times 600} = 0.603\,6$$

$$\gamma_2 = \frac{1 \times 1\,000 + 0.124 \times 1\,000 + (-0.985) \times 600}{1^2 \times 1\,000 + 0.124^2 \times 1\,000 + (-0.985)^2 \times 600} = 0.333\,6$$

$$\gamma_3 = \frac{1 \times 1\,000 + (-1.540) \times 1\,000 + 1.371 \times 600}{1^2 \times 1\,000 + (-1.540)^2 \times 1\,000 + 1.371^2 \times 600} = 0.062\,8$$

④ 计算水平地震作用标准值

由表 4-27 查得多遇地震时设防烈度为 8 度的 $\alpha_{max} = 0.24$

由表 4-28 查得 Ⅰ 类场地、设计地震分组为第二组的 $T_g = 0.30$ s

由图 4-10,当阻尼比取 0.05 时,$\eta_2 = 1.0$,$\gamma = 0.9$

与 3 个自振周期相应的地震影响系数分别为

$$\alpha_1 = \left(\frac{T_g}{T_1}\right)^{0.9} \alpha_{max} = \left(\frac{0.30}{0.633\,2}\right)^{0.9} \times 0.24 = 0.122 \quad T_g < T_1 < 5T_g$$

$$\alpha_2 = \alpha_3 = \alpha_{max} = 0.24 \quad 0.1s < T_2、T_3 < T_g$$

⑤ 计算各振型各楼层的水平地震作用

第一振型:

$$F_{11} = \alpha_1 \gamma_1 \phi_{11} G_1 = 0.122 \times 0.603\,6 \times 1.0 \times 1\,000 = 73.62(\text{kN})$$

$$F_{12} = \alpha_1 \gamma_1 \phi_{12} G_2 = 0.122 \times 0.603\,6 \times 1.749 \times 1\,000 = 128.80(\text{kN})$$

$$F_{13} = \alpha_1 \gamma_1 \phi_{13} G_3 = 0.122 \times 0.603\,6 \times 2.058 \times 600 = 90.93(\text{kN})$$

第二振型:

$$F_{21} = \alpha_2 \gamma_2 \phi_{21} G_1 = 0.24 \times 0.333\,6 \times 1.0 \times 1\,000 = 80.06(\text{kN})$$

$$F_{22} = \alpha_2 \gamma_2 \phi_{22} G_2 = 0.24 \times 0.333\,6 \times 0.124 \times 1\,000 = 9.93(\text{kN})$$

$$F_{23} = \alpha_2 \gamma_2 \phi_{23} G_3 = 0.24 \times 0.333\,6 \times (-0.985) \times 600 = -47.32(\text{kN})$$

第三振型:

$$F_{31} = \alpha_3 \gamma_3 \phi_{31} G_1 = 0.24 \times 0.062\,8 \times 1.0 \times 1\,000 = 15.07(\text{kN})$$

$$F_{32} = \alpha_3 \gamma_3 \phi_{32} G_2 = 0.24 \times 0.062\,8 \times (-1.540) \times 1\,000 = -23.21(\text{kN})$$

$$F_{33} = \alpha_3 \gamma_3 \phi_{33} G_3 = 0.24 \times 0.062\,8 \times 1.371 \times 600 = 12.40(\text{kN})$$

⑥ 计算各振型的层间剪力

各振型的层间剪力 V_{ji} 由式 $V_{ji} = \sum_{k=i}^{n} F_{jk} \quad (i = 1,2,\cdots,n)$ 计算,可得:

第一振型:

$$V_{13} = F_{13} = 90.93(\text{kN})$$

$$V_{12} = F_{13} + F_{12} = 90.93 + 128.80 = 219.73(\text{kN})$$

$$V_{11} = F_{13} + F_{12} + F_{11} = 219.73 + 73.62 = 293.35(\text{kN})$$

第二振型：

$$V_{23} = - 47.32 \text{ kN}$$
$$V_{22} = - 37.39 \text{ kN}$$
$$V_{21} = 42.67 \text{ kN}$$

第三振型：

$$V_{33} = 12.40 \text{ kN}$$
$$V_{32} = - 10.81 \text{ kN}$$
$$V_{31} = 4.26 \text{ kN}$$

(3) 考虑扭转影响的计算方法

在地震作用下结构除发生平移振动外，还会发生或多或少的扭转振动。这主要有两方面原因，一是地面运动存在转动分量，或地震时地面各点的运动存在相位差；另一个原因是结构本身存在偏心，即结构的刚度中心和质量中心不重合。震害调查分析表明，扭转作用会加重结构破坏，有时还会成为结构破坏的主要原因。目前对地面运动转动分量引起的扭转效应难以定量分析，这里主要讨论结构由于偏心引起的地震扭转效应。

建筑结构估计水平地震作用扭转影响时，应按下列规定计算其地震作用和作用效应：

① 即使对于平面规则的建筑结构，国外的多数抗震设计规范也考虑由于施工、使用等原因所产生的偶然偏心引起的地震扭转效应及地震地面运动转动分量的影响。中国《抗规》也参考国外的做法和国内的工程实际情况，规定当规则结构不考虑扭转耦联计算时，应采用增大边榀结构地震内力的简化方法，即平行于地震作用方向的两个边榀，其地震作用效应应乘以增大系数。一般情况下，短边可按 1.15 采用，长边可按 1.05 采用；当扭转刚度较小时，宜按不小于 1.3 采用。

② 按扭转耦联振型分解法计算时，各楼层可取 2 个正交的水平位移和一个转角共 3 个自由度，并应按下列公式计算结构的地震作用和作用效应。确有依据时，尚可采用简化计算方法确定地震作用效应。

a. j 振型 i 层的水平地震作用标准值，应按下列公式确定：

$$F_{xji} = \alpha_j \gamma_{tj} X_{ji} G_i$$
$$F_{yji} = \alpha_j \gamma_{tj} Y_{ji} G_i \quad (i = 1, 2, \cdots, n, \quad j = 1, 2, \cdots, m) \tag{4-85}$$
$$F_{tji} = \alpha_j \gamma_{tj} r_i^2 \varphi_{ji} G_i$$

式中 F_{xji}、F_{yji}、F_{tji}——分别为 j 振型 i 层的 x 方向、y 方向和转角方向的地震作用标准值；

X_{ji}、Y_{ji}——分别为 j 振型 i 层质心在 x、y 方向的水平相对位移；

φ_{ji}——j 振型 i 层的相对扭转角；

r_i——i 层转动半径，可取 i 层绕质心的转动惯量除以该层质量的商的正二次方根；

γ_{tj}——计入扭转的 j 振型的参与系数，可按下列公式确定：

当仅取 x 方向地震作用时

$$\gamma_{tj} = \frac{\sum_{i=1}^{n} X_{ji} G_i}{\sum_{i=1}^{n} (X_{ji}^2 + Y_{ji}^2 + \varphi_{ji}^2 r_i^2) G_i} \tag{4-86}$$

当仅取 y 方向地震作用时

$$\gamma_{tj} = \frac{\sum_{i=1}^{n} Y_{ji} G_i}{\sum_{i=1}^{n} (X_{ji}^2 + Y_{ji}^2 + \varphi_{ji}^2 r_i^2) G_i} \tag{4-87}$$

当取与 x 方向斜交的地震作用时

$$\gamma_{tj} = \gamma_{xj} \cos\theta + \gamma_{yj} \sin\theta \tag{4-88}$$

式中 γ_{xj}、γ_{yj}——分别由式(4-86)、(4-87)求得的参与系数；

  θ——地震作用方向与 x 方向的夹角。

b. 单向水平地震作用的扭转效应,可采用完全二次方程法(CQC法),按下列公式确定:

$$S_{Ek} = \sqrt{\sum_{j=1}^{m} \sum_{k=1}^{m} \rho_{jk} S_j S_k} \tag{4-89}$$

$$\rho_{jk} = \frac{8\zeta_j \zeta_k (1 + \lambda_T) \lambda_T^{1.5}}{(1 - \lambda_T^2)^2 + 4\zeta_j \zeta_k (1 + \lambda_T)^2 \lambda_T} \tag{4-90}$$

式中 S_{Ek}——地震作用标准值的扭转效应；

  S_j、S_k——分别为 j、k 振型地震作用标准值的效应可取前 9～15 个振型；

  ζ_j、ζ_k——分别为 j、k 振型的阻尼比；

  ρ_{jk}——j 振型与 k 振型的耦联系数；

  λ_T——k 振型与 j 振型的自振周期比。

c. 双向水平地震作用的扭转效应,可按下列公式中的较大值确定:

$$S_{Ek} = \sqrt{S_x^2 + (0.85 S_y)^2} \tag{4-91}$$

或

$$S_{Ek} = \sqrt{S_y^2 + (0.85 S_x)^2} \tag{4-92}$$

式中 S_x、S_y——分别为 x 向 y 向单向水平地震作用按式(4-89)、式(4-90)计算的扭转效应。

根据强震观察记录的统计分析,两个方向水平地震加速度的最大值不相等,两者之比约为 1：0.85,而且两个方向的最大值不一定发生在同一时刻,因此采用平方和开方法计算两个方向地震作用效应。

(4) 突出屋面小房间的地震作用

带有突出屋面小房间的房屋结构,由于小房间(包括电梯机房、水箱间、女儿墙、烟囱等)的质量和刚度突然变小,地震时产生鞭端效应而使其地震反应急剧增大；震害也表明,突出屋面的小房间在地震中破坏较为严重。因此,严格地说,对带有突出屋面小房间的房屋结构,底部剪力法已不再适用,应采用振型分解反应谱法计算其水平地震作用。

考虑到工程实践中带有突出屋面小房间的房屋结构数量极大,为了简化计算,《抗规》规定,对于这类结构,仍可采用底部剪力法计算其水平地震作用,在计算时,将突出屋面的屋顶间、女儿墙、烟囱等也作为一个质点,并将计算所得的该质点的水平地震作用效应,乘以增大系数 3 予以调整,此增大部分不往下传递,但与该突出部分相连的构件在设计时应考虑这种增大影响。

（5）楼层最小地震剪力的规定

由于地震影响系数在长周期段下降较快，对于基本周期大于 3.5 s 的结构，由此计算所得的水平地震作用下的结构效应可能太小。而对于长周期结构，地震动作用中地面运动速度和位移可能对结构的破坏具有更大影响，但是目前《抗规》所采用的振型分解反应谱法尚无法对此作出估计。出于结构安全的考虑，增加了对各楼层水平地震剪力最小值的要求，规定了不同烈度下的剪力系数，不考虑阻尼比的不同，结构水平地震作用效应应据此进行相应调整。抗震验算时，结构任一楼层的水平地震剪力应符合下式要求：

$$V_{Eki} > \lambda \sum_{j=i}^{n} G_j \tag{4-93}$$

式中　　V_{Eki}——第 i 层对应于水平地震作用标准值的楼层剪力；

λ——剪力系数，不应小于表 3.30 规定的楼层最小地震剪力系数值，对竖向不规则结构的薄弱层，尚应乘以 1.15 的增大系数；表 3.30 中列出了基本周期小于 3.5 s 和大于 5.0 s 的结构，对于基本周期介于 3.5～5.0 s 之间的结构，可按内插法取值。

G_j——第 j 层的重力荷载代表值。

$V_{Eki} / \sum_{j=i}^{n} G_j$——剪重比。

表 4.30　楼层最小地震剪力系数值 λ

类别	7 度	8 度	9 度
扭转效应明显或基本周期小于3.5 s的结构	0.016(0.024)	0.032(0.048)	0.064
基本周期大于5.0 s的结构	0.012(0.018)	0.024(0.032)	0.040

注：1. 基本周期介于 3.5～5 s 之间的结构可插入取值；

　　2. 括号内数值分别用于设计基本地震加速度为 0.15g 和 0.30g 的地区。

（6）楼层地震剪力的分配

结构任一楼层的水平地震剪力求得后，应按下列原则分配给该层的抗侧力构件：

① 现浇和装配整体式混凝土楼、屋盖等刚性楼盖建筑，宜按抗侧力构件等效刚度的比例分配。

② 木楼盖、木屋盖等柔性楼盖建筑，宜按抗侧力构件从属面积上重力荷载代表值的比例分配。

③ 普通的预制装配式混凝土楼、屋盖等半刚性楼、屋盖的建筑可取上述两种分配结果的平均值。

④ 计入空间作用、楼盖变形、墙体弹塑性变形和扭转的影响时，可按《抗规》的有关规定对上述分配结果作适当调整。

（7）地基与结构相互作用的考虑

地震时，结构受到地基传来的地震波影响产生地震作用，在进行结构地震反应分析时，一般都假定地基是刚性的，实际上地基并非为刚性，故当上部结构的地震作用通过基础反馈给地基时，地基将产生局部变形，从而引起结构的移动和摆动，这种现象称为地基与结构的相互作用。

地基与结构相互作用的结果,使得地基运动和结构动力特性发生改变,表现在:

① 改变了地基运动的频谱组成,使接近结构自振频率的分量获得加强。同时改变了地基振动加速度峰值,使其小于邻近自由场地的加速度幅值。

② 由于地基的柔性,使结构的基本周期延长。

③ 由于地基的柔性,有相当一部分振动能量将通过地基土的滞回作用和波的辐射作用逸散至地基,使得结构振动衰减,地基越柔,衰减越大。

大量研究表明,由于地基与结构的相互作用,一般来说,结构的地震作用将减少,但结构的位移和由 $P\text{-}\Delta$ 效应引起的附加内力将增加。相互作用对结构影响的大小与地基硬、软和结构的刚、柔等情况有关,硬质地基对柔性结构影响极小,对刚性结构有一定的影响;软土地基对刚性结构影响显著,而对柔性结构则有一定的影响。

《抗规》规定,结构抗震计算,一般情况下可不计入地基与结构相互作用的影响;8 度和 9 度时建造于 Ⅲ、Ⅳ 类场地,采用箱基、刚性较好的筏基和桩箱联合基础的钢筋混凝土高层建筑,当结构基本自振周期处于特征周期的 1.2~5 倍范围时,若计入地基与结构动力相互作用的影响,对刚性地基假定计算的水平地震剪力可按下列规定折减,其层间变形可按折减后的楼层剪力计算。

由图 4.10 知,在下降段 CD 间,地震影响系数 α 由下式计算:

$$\alpha = \left(\frac{T_g}{T}\right)^\gamma \eta_2 \alpha_{\max}$$

计入地基与结构动力相互作用后,结构的第一自振周期 T_1 会加长,附加周期设为 ΔT,则由上式可以推得其对 α 的影响,见式(4-94)。

① 高宽比小于 3 的结构,各楼层水平地震剪力的折减系数,可按下式计算:

$$\psi = \left(\frac{T_1}{T_1 + \Delta T}\right)^{0.9} \tag{4-94}$$

式中　ψ——计入地基与结构动力相互作用后的地震剪力折减系数;

　　　T_1——按刚性地基假定确定的结构基本自振周期(s);

　　　ΔT——计入地基与结构动力相互作用的附加周期(s),可按表 4.31 采用。

表 4.31　附加周期(s)

烈度	场地类别	
	Ⅲ类	Ⅳ类
8	0.08	0.20
9	0.10	0.25

② 高宽比不小于 3 的结构,底部的地震剪力按第①款规定折减,顶部不折减,中间各层按线性插入值折减。

③ 折减后各楼层的水平地震剪力,应符合式(4-93)的规定。

3) 竖向地震作用计算

震害表明,竖向地震作用对高层建筑及大跨结构有很大影响;在地震高烈度区,影响更为强烈。《抗规》规定竖向地震作用一般只在 9 度设防区的建筑物中考虑;但在长悬臂及跨度很大的梁中,竖向地震的作用不容忽视,在 8 度及 9 度设防时都应计算。

结构总竖向地震作用的标准值,或底部轴力可按下式计算(图 4.13):

$$F_{EVk} = \alpha_{V\max} G_{eq} \qquad (4-95)$$

第 i 层的竖向地震作用标准值为:

$$F_{Vi} = \frac{G_i H_i}{\sum\limits_{j=1}^{n} G_j H_j} F_{EVk} \qquad (4-96)$$

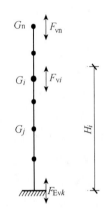

图 **4.13** 结构竖向地震作用分布图

式中　$\alpha_{V\max}$——竖向地震影响系数的最大值,取水平地震作用影响系数(多遇地震)的 0.65 倍;

　　　G_{eq}——结构等效重力荷载,取 $G_{eq}=0.75G_E$;

　　　G_E——结构总重力荷载代表值;

　　　G_i,G_j——分别为集中于质点 i、j 的重力荷载代表值;

　　　H_i,H_j——分别为质点 i、j 的计算高度。

根据求得的竖向地震作用,可求出各层的竖向总轴力,按各墙、柱所承受的重力荷载大小的比例,分配到各墙、柱上。竖向地震引起的轴力可能为拉,也可能为压;组合时应按不利的值取用。

4)结构抗震验算

《抗规》二阶段设计法的第一阶段设计应按多遇地震作用效应和其他荷载效应的基本组合,验算构件截面抗震承载力以及在多遇地震作用下验算结构的弹性变形。第二阶段设计按罕遇地震作用验算结构的弹塑性变形。《抗规》中要求,结构抗震验算时,应符合下列规定:

(1)6 度时的建筑(建造于 Ⅳ 类场地上较高的高层建筑除外),以及生土房屋和木结构房屋等,应允许不进行截面抗震验算,但应符合有关的抗震措施要求。

(2)6 度时建造于 Ⅳ 类场地上较高的高层建筑(一般指高于 40 m 的钢筋混凝土框架,高于 60 m 的其他钢筋混凝土民用房屋和类似的工业厂房,以及高层钢结构房屋),7 度和 7 度以上的建筑结构(生土房屋和木结构房屋等除外),应进行多遇地震作用下的截面抗震验算。

注:采用隔震设计的建筑结构,其抗震验算应符合有关规定。

钢筋混凝土框架结构,钢筋混凝土框架-抗震墙、板柱-抗震墙、框架-核心筒结构,钢筋混凝土抗震墙、筒中筒,钢筋混凝土框支层,多、高层钢结构,除按规定进行多遇地震作用下的截面抗震验算外,尚应进行相应的变形验算。

4.3.4　场地和地基

《抗规》首先按场地上建筑物震害轻重的程度,把建筑场地划分为对建筑抗震有利、不利和危险的地段 3 种,从宏观上指导设计人员趋利避害,合理地选择建筑场地。为了能定量地进行抗震验算和有选择地采取抗震措施,又根据建筑物所在地岩土的物理力学性质和厚度的不同,将建筑场地划分为 4 种场地土类型。

1)建筑地段的选择

有利地段:指稳定基岩、坚硬土或开阔平坦密实均匀的中硬土等。

不利地段:指软弱土,液化土,条状突出的山嘴,高耸孤立的山丘,非岩质的陡坡,河岸和边坡边缘,平面分布上成因、岩性、状态明显不均匀的土层(如故河道、断层破碎带、暗埋的塘滨沟谷及半填挖地基)等。

危险地段:指地震时可能发生滑坡、崩塌、地陷、地裂、泥石流等以及发震断裂带上可能发生地表错位的部位。

显然,在建筑物选址时,应选择对抗震有利的地段;对抗震不利的地段应提出避开要求;当无法避开时,应采取有效的抗震措施;不应在危险地段建造甲、乙、丙类建筑。

2)建筑场地类别

① 建筑场地的地震影响

场地土一般是指地下的岩石和土,不同场地上建筑物的震害差异是很明显的,且因地震大小、工程地质条件而不同。对过去建筑物震害现象进行总结后,发现有以下的规律性:在软弱地基上,柔性结构最容易遭到破坏,刚性结构相应就表现较好;在坚硬地基上,柔性结构表现较好,而刚性结构表现不一,有的表现较差,有的表现较好,常常出现矛盾现象。在坚硬地基上,建筑物的破坏通常是因结构破坏所产生;在软弱地基上,则有时是由于结构破坏,而有时是由于地基破坏所产生。就地面建筑物总的破坏现象来说,在软弱地基上的破坏比坚硬地基上的破坏要严重。

不同覆盖层厚度上的建筑物,其震害表现明显不同。例如,1967年委内瑞拉地震中,加拉加斯高层建筑的破坏主要集中在市内冲击层最厚的地方,具有非常明显的地区性。在覆盖层为中等厚度的一般地基上,中等高度房屋的破坏,要比高层建筑的破坏严重,而在基岩上各类房屋的破坏普遍较轻。在我国1975年辽宁海城地震和1976年唐山地震中也出现过类似现象,即位于深厚覆盖土层上的建筑物的震害较重,而浅层土上的建筑物的震害则相对要轻些。

② 场地土类型和覆盖层厚度

场地土的类型是指土层本身的刚度特性,根据土层剪切波速将土的类型划分为4种,见表4.32。

表 4.32　土的类型划分和剪切波速范围

土的类型	岩土名称和性状	土层剪切波速范围/(m/s)
坚硬土或岩石	稳定岩石,密实的碎石土	$V_s > 500$
中硬土	中密、稍密的碎石土,密实、中密的砂、粗砂、中砂,$f_{ak} > 130$ kPa 的黏性土和粉土,坚硬黄土	$500 \geqslant V_s > 250$
中软土	稍密砾、粗砂、中砂,除松散的细砂、粉砂,$f_{ak} \leqslant 120$ kPa 的黏性土和粉土,$f_{ak} > 130$ kPa 的填土,可塑黄土	$250 \geqslant V_s > 140$
软弱土	淤泥和淤泥质土,松散的砂,新近沉积的黏性土和粉土,$f_{ak} \leqslant 130$ kPa 的填土,流塑黄土	$V_s \leqslant 140$

场地覆盖层厚度是指地面至坚硬土顶面的距离。坚硬土通常是指剪切波速大于 500 m/s 的土层和岩石。当地面 5 m 以下存在剪切波速大于相邻上层土剪切波速 2.5 倍的土层,而且在这层土以下的下卧岩土的剪切波速均不小于 400 m/s 时,也可按该土层顶面至地面的距离作为场地覆盖层厚度。

(3)建筑场地类别

《抗规》按照表层土的类型和场地覆盖层厚度两个因素,将建筑场地分为Ⅰ～Ⅳ4种类别。表 4.33 列出了建筑场地的类别与等效剪切波速、覆盖层厚度的关系,当已知表层土的场地土类型和场地覆盖层厚度,即可由此确定建筑场地的类别。

表 4.33　各类建筑场地的覆盖层厚度

等效剪切波速 （m/s）	场地类别			
	Ⅰ	Ⅱ	Ⅲ	Ⅳ
$V_s>500$	0			
$500{\geqslant}V_s>250$	<5	$\geqslant5$		
$250{\geqslant}V_s>140$	<3	$3\sim50$	>50	
$V_s{\leqslant}140$	<3	$3\sim15$	$>15\sim80$	>80

3）不同建筑场地的抗震构造措施

建筑场地为Ⅰ类时,甲、乙类建筑应允许仍按本地区抗震设防烈度采取抗震构造措施;丙类建筑应允许按本地区抗震设防烈度降低一度采取抗震构造措施,但 6 度时不应降低。建筑场地为Ⅲ、Ⅳ类时,$0.15g$、$0.30g$ 的地区宜按 8 度($0.20g$)、9 度($0.40g$)采取抗震构造措施。

同一结构单元的基础不宜设置在性质截然不同的地基上;同一结构单元的基础不宜部分采用天然地基部分采用桩基。

思考题

4-1　直接作用与间接作用的区别是什么?

4-2　何为梯度风高度?

4-3　现行规范对地面粗糙度分哪几类?

4-4　基本风压重现期是多少?

4-5　已知一钢筋混凝土高层建筑,质量和外形等沿高度均匀分布,$H=100$ m,$l_x=30$ m,$m=50$ t/m,基本风压 $w_0=0.65$ kN/m²,D 类地区,求风振系数、基底弯矩。已求得 $T_1=1.54$ s。

4-6　一钢筋混凝土高层建筑,等圆截面,$D=15$ m,$H=50$ m,B 类地区,$w_0=0.50$ kN/m²,已求得 $T_1=2.5$ s,试验算横风向第一振型共振。

4-7　简述抗震设防的目标是什么?

4-8　什么是多遇地震烈度、罕遇地震烈度、极罕遇地震烈度和基本烈度? 试说明他们之间的关系?

4-9　水平地震作用的计算方法有哪些? 适用范围如何? 试分别简要说明。

4-10　简述竖向地震作用的计算方法。

4-11　简述建筑场地类别划分的依据与方法。

4-12　不同的建筑场地对地震作用有何影响?

4-13　风荷载与地震作用的相同点和不同点? 它们与结构的动力特性的关系?

5　计　算　原　则

设计高层建筑结构与一般建筑结构相同,分别计算各种荷载作用下的内力和位移,然后从不同情况的荷载组合中找到最不利的内力和位移,进行结构计算与设计。为了保证结构的安全和正常使用,结构在荷载作用下应有足够的承载力及刚度,较高的建筑结构抗风要考虑舒适度要求,抗震结构还要满足延性要求等。在高层建筑结构设计中,合理地选用计算分析方法、计算模型和相关参数;选用正确的计算分析软件;检验和判断计算结果的合理性和可靠性,是保证结构安全的重要环节。相关设计原则及一般规定,下面将分别进行介绍。

5.1　高层建筑结构分析

5.1.1　结构弹性及弹塑性分析

由于地震作用与风荷载的性质不同,结构设计的要求和方法也不同。风力作用时间较长,发生的机会也多,一般要求风荷载作用下结构处于弹性阶段,不允许出现大变形,装修材料和结构均不允许出现裂缝,人不应有不舒服感等。而地震发生的机会少,作用时间短,一般为几秒到几十秒,但地震作用强烈。如果要求结构在所有的地震作用下都处于弹性阶段,势必要使结构多用材料,很不经济。

《抗规》规定,在风荷载作用下,建筑结构的内力及位移分析采用弹性计算方法。抗震设计的两阶段设计计算方法不同,第一阶段内力及位移分析采用弹性计算方法;第二阶段采用弹塑性时程分析方法校核变形。为了实现3个烈度水准抗震设防目标"小震不坏,中震可修,大震不倒",《抗规》提出了二阶段抗震设计方法:

第一阶段为小震作用下的结构设计阶段。内容包括:确定结构方案和结构布置,用小震(众值烈度地震)作用计算结构的弹性位移和构件内力,进行结构变形验算,极限状态方法设计截面配筋,进行截面承载力抗震验算,按延性和耗能要求,采取相应的抗震构造措施,做到"小震不坏,中震可修"。

第二阶段为罕遇地震作用下薄弱部位弹塑性变形验算阶段。如果层间变形超过允许值,应修改设计,直到满足变形要求为止。现行《抗规》并未要求对一般高层建筑结构进行第二阶段验算。但是,对于高度较大,或者是超过规程规定的最大适用高度的建筑,用弹塑性时程分析法进行第二阶段的变形验算是一种有效的校核设计的手段。

5.1.2　结构静力及动力分析

建筑结构的力学分析,主要包括结构静力分析和动力分析。首先对结构进行静力计算,然后分析结构的动力特性,进而分析结构的变形及内力;需要时,再对结构进行时程分析。

静力分析是指在结构上加静力荷载,即用不变的荷载进行内力和位移的计算。因此,结构内力与位移当然也是不变的,所有内力符合平衡条件,所有位移符合变形协调条件。竖向恒载与活载,以及风荷载作用下的计算都是静力计算。

动力分析是指外力作用是随时间而变化的(如地震作用)。因此,位移与内力也是随时间而变化的。但是,目前的地震作用计算方法采用的反应谱方法,是指把结构动力问题简化成各个振型的静力分析,再把每个振型的计算结果按一定的法则(SRSS 方法或 CQC 方法)组合起来,所以又称为拟静力方法(也称为"动力分析方法")。我国现在通用的说法是把动力特性的分析叫做"动力分析",它包括周期(频率)与振型的计算。动力特性分析及振型组合的计算都是弹性计算,其计算基本假定、计算简图都与静力计算相同。

时程分析法就是动力分析方法,即通过动力分析求得结构的运动状态(位移、速度、加速度),再由每个时刻的位移求出每个时刻构件的内力和变形。时程分析方法可分为弹性时程分析法与弹塑性时程分析法。它是用地震波作为地面运动输入,直接计算并输出结构随时间而变化的地震反应。它既考虑了地震动的振幅、频率和持续时间三要素,又考虑了结构的动力特性。计算结果可得到结构地震反应的全过程,包括每一时刻的内力、位移、屈服位置和塑性变形等,也可以得到反应的最大值,是一种先进的直接动力计算方法。

5.1.3 结构水平荷载作用

高层建筑和高耸结构上的作用包括竖向荷载和水平荷载与作用。与一般结构不同的是:在高层建筑结构设计中水平荷载与作用占据主导和控制地位。水平荷载与作用主要包括风荷载和地震作用,有时考虑风荷载的荷载组合起控制作用。

实际风荷载和地震作用的方向是任意不定的。在结构受力分析中,为了简化计算,仅对结构平面内有限的几个轴线方向进行分析。结构计算只考虑 x、y 两个正交方向作用的水平力,各方向风荷载与水平地震作用全部由该方向抗侧力结构承担。

x、y 方向通常是指建筑结构的主轴方向,水平力在主轴方向作用时,只产生主轴方向的位移,且位移最大。主轴是一对正交的轴,在大多数规则形状的结构中,主轴是很容易确定的(一个平面可能有多组主轴)。凡是具有对称轴的平面,其对称轴方向及其正交方向即主轴方向,在主轴方向结构抗侧刚度最小,变形最大。

但对于一些斜向布置的构件,可能作用力沿这个斜方向会使它的内力最大,因而有时也需要用斜方向计算。当结构主轴不易判断时,则应根据经验判断取最接近主轴的 x、y 两个方向,或通过计算确定。

5.2 结构计算的基本假定

钢筋混凝土高层建筑工作行为并不体现为弹性均质性质,要对其进行精确的模型计算是十分困难的。但是由于构件性能的复杂性及随机性,进行精确的模型计算和结构分析是十分必要的。因此,在进行内力和位移计算时,为了简化计算并又能充分反映实际结构的受力状况和满足设计要求,必须引入不同程度的计算假定进行计算模型的简化。

作为结构工程师要做到:合理运用简化假定,善于抓住主要的,忽略次要的,正确选用恰当的计算方法。规程中对结构计算作了如下的一些基本简化假定(不同方法采用假定有所不同,应当根据设计要求选用符合实际的假定与方法）：

1) 基本简化假定 1：平面结构假定

任何建筑结构都是空间结构,都应该具有承受来自不同方向力的作用,因此每个构件都与不在同一平面内的其他构件相联系,形成三维传力体系。但是在结构分析时,经常将高层建筑这一空间结构简化成若干片平面结构结构进行分析。如图 5.1 平面结构模型：取计算简图为图 5.1(a)阴影部分,计算模型为图 5.1(b)：

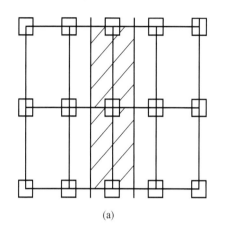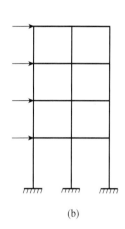

(a)　　　　　　　　　　　　　　(b)

图 5.1　平面结构模型

平面结构是一种简化假定,假定结构只能在它自身平面内具有有限刚度。例如：平面框架、剪力墙结构,只能抵抗平面内的作用力；在平面外刚度为零,且不产生平面外的内力。因此杆件每一个结点都具有 3 个自由度(在二维平面中,以下简称基本简化假定 1)。多数结构符合该条件,但有一些结构必须考虑与平面外有相互传力关系,例如框筒的角柱、空间框架、空间桁架等,则必须按空间杆件计算,计算时每个结点具有 6 个自由度(在三维平面中)。

2) 基本简化假定 2：楼板平面内无限刚性假定

高层建筑结构空间体能整体协同工作的原因是由于各抗力结构之间通过楼板联系。进行高层建筑结构内力与位移计算时,假定联系各抗力结构的楼板在其自身平面内有无限大的刚度且不能变形；而在平面外则刚度为零(以下简称基本简化假定 2)。因此,楼板经常作为若干个平面结构之间的

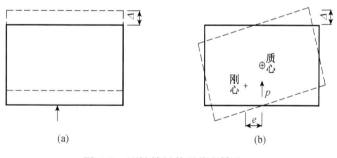

(a)　　　　　　　　(b)

图 5.2　刚性楼板的平移和转动

联系,使这些平面结构在水平荷载作用下同一楼层处的侧移都相等(无扭转时),或侧移分布成直线关系(有扭转时)。楼板的这种作用称为"水平位移协调"(注意：这些平面结构的竖向变形是独立的,互不相关的)。当结构无扭转时,刚性楼板只产生平移(图 5.2a)；有扭转时,刚性楼板还作刚体转动(图 5.2b)：

采用基本简化假定 1 及 2,不考虑结构扭转时,称为平面协同计算(此时,正交方向的抗侧单元不参加工作)。考虑的扭转时称为空间协同计算(此时,正交方向的抗侧力结构结构参加

抵抗扭矩)。

3) 基本简化假定 3:弹性变形协调假定

高层建筑结构的内力与位移采用弹性方法计算。变形协调的假定用来计算竖向变形。当有两片相互交汇的平面结构(符合基本简化假定1),通过交汇处的柱竖向变形一致而传递内力,这种计算称为竖向变形协调的空间协同计算。例如:在框筒结构中,当楼板较薄,忽略腹板框架(或翼缘框架)与楼板大梁的传力关系时,往往采用这种方法。这种计算比仅有水平位移协调的计算更符合实际且又简化了计算。

如果结构平面布置较复杂,无法分成单片抗侧力结构,或当筒中筒结构的框筒与内筒之间有较大的梁时,需要考虑这些大梁与框筒柱的刚性连接(传递弯矩),每一根柱都需要考虑框架平面内与平面外的变形与受力,则此时结构必须采用完全的三维构件计算,此时可称为(真正的)空间计算。

楼板是保证协同工作的重要构件,当采用基本简化假定2时,应确定楼板在其自身平面内确有足够大的刚度,当楼板长宽比较大,或者局部楼板长宽比较大,局部外伸的楼板较细长或楼板开大孔,在水平荷载下楼板会有较大变形时,则按无限刚性假定计算所得结果与实际情况不符。这种情况下《高规》规定:要考虑楼板的有限刚性结构分析。这种分析会增加计算自由度,目前只有很少的程序可做这种计算,一般情况下是避免设计这种结构;在框架-剪力墙结构中要限制剪力墙的间距,就是为了减少楼板的水平变形。当楼板有变形情况不严重时可在按刚性楼板计算的基础上对内力进行适当调整,并采取相应构造措施。

5.3 构件的刚度与变形

《高规》规定:在风荷载及地震(小震)作用下,结构处于弹性状态,因而除少量情况外,构件均采用弹性刚度。构件变形包括3种(轴向、弯曲、剪切),相应有3种刚度(轴向刚度 EA、抗弯刚度 EI、抗剪刚度 GA)。在进行结构分析时,计入哪些刚度取决于对构件变形所做的计算假定。

任何一种构件都具有轴向刚度 EA、抗弯刚度 EI、抗剪刚度 GA。一般情况下,梁、柱构件的弯曲变形都是基本变形,因此抗弯刚度 EI 必须考虑。在高度较小的多层结构中,柱的轴向变形较小(可忽略),视其抗压刚度 EA 为无限大,在计算中不予考虑;在高度较大的结构中,则不可忽略其轴向变形,否则会造成较大的误差。在弹性计算中,都采用材料模量 E 及剪切模量 G(混凝土 $G=0.42E$), I 为截面的惯性矩。注意:轴向刚度 EA 中的 A 是取构件全截面面积。剪切刚度 GA 中的 A 则只取腹板面积(在 I 形或 T 形截面中,翼缘的剪应变很小而被忽略了),只计算腹板的剪切变形。

基本简化假定2的实质:在同一层楼板上的所有节点间水平距离不变,即梁没有轴向变形。实际上梁的轴向力很小,设计时被忽略而作为受弯构件设计足够精确。另外,支撑构件只考虑轴向变形(只有轴向刚度 EA),其他变形一般都忽略。

《高规》规定:在高度超过 50 m,高宽双大于 4 的结构中,宜考虑柱轴向变形影响;长细比 $L/h>4$ 的构件中剪切变形可忽略,抗剪刚度 GA 为无限大。

在程序计算中,除了忽略梁轴向变形外,构件的其他变形均考虑,计算精度较高。在手算中,为了简化计算,经常忽略某一项或两项。在以后的各种结构计算方法中再分别介绍。

5.4 结构塑性内力重分配

在超静定结构中,结构的内力与构件的刚度有关。在一些情况下,构件很容易开裂(或出现塑性铰),开裂后构件刚度降低,该构件的内力分配比例将减小,另一些构件内力分配比例随之增大,这种现象称为塑性内力重分配。考虑塑性内力重分配,结构设计时进行内力调整有以下两种:

5.4.1 调幅

一般内力计算是弹性的,而配筋计算是塑性的,实际结构工作状态也是有塑性的,为了使计算较为符合实际;另外,也利用这种性质,使某个部位降低内力,减少配筋。可采用"调幅"方法调整结构的内力,一些构件内力降低,另一些构件内力增大。降低内力的部位就会早出裂缝(或早进入屈服),调幅愈大,裂缝出得愈早。如框架梁在竖向荷载作用下的弯矩调幅如图5.3所示。

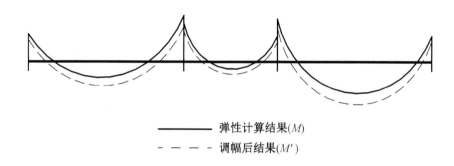

—— 弹性计算结果(M)

- - - 调幅后结果(M')

图 5.3 弯矩调幅

5.4.2 调整内力

考虑到在地震作用下,某些部位先屈服,则未屈服部位必然内力增大,为了后者的安全,有意加大其内力,但前者内力并不减少。

调幅(调整)的多少可由设计人员根据需要确定和控制,但是《高规》对各种调幅都有限制,即规定了内力的最低值。两类调幅(调整)方法:

(1) 用弹性计算所得到的内力乘以系数(大于1或小于1)。

(2) 在计算时降低杆件刚度,计算时构件刚度愈多,内力愈小。

在《高规》中,规定的调幅有下列几处:

① 框架梁(连续梁)在竖向荷载下的调幅,采用方法(1)进行;

② 框架-剪力墙结构中框架的内力调整,采用方法(1)进行;

③ 框架-剪力墙结构中框架与剪力墙之间的联系梁的调幅,采用方法(2)进行;

④ 联肢剪力墙中连梁的调幅,采用方法(1)或方法(2)进行。

5.5 温 度 影 响

由于大气温度变化在结构中产生的内力称为温度应力。温度应力对建筑物在高度方向与长度方向都会产生一定影响。一般说来,如果采取了必要的保温措施,温度变化对于多高层建筑结构的影响并不严重。近年来,很多高层建筑(包括钢结构与钢筋混凝土结构)带有部分或全部暴露于室外的柱,当昼夜或季节的温度变化时,暴露构件的长度将发生变化,而建筑内部的构件基本上处在常温的环境下。尽管对于某一层而言,温度变化引起的构件长度变化是微小的,但随着层数增加,温度引起的变形不断积累,在顶层达到最大值。对于 20 层以上的建筑,这种影响有可能是很明显的,因而有必要了解温度变化对结构构件的作用,以及对非承重构件(如内隔墙出现裂缝)的影响。

在大气温度的变化范围内,由于温度变化引起的材料伸缩是线性的。外柱长度的变化将强制边跨的梁、板产生竖向变形,在梁、板引起弯矩,在柱中引起附加弯矩及轴力。边梁与边柱有时也会由于其正、背两面之间的温差产生附加弯矩,特别是当只有部分暴露于室外时,由于温差引起的温度应力应当引起设计人员的充分注意。

对因室内外温差引起构件的变形量进行计算时,合理地确定建筑结构的设计温度是十分重要的。位于建筑内部的构件处在一个相对不变的温度环境中,而位于室外的构件将受到大气温度剧烈变化及日光照射的影响。控制热传导的主要因素是时间间隔与温差幅值,它取决于气温变化的频率及构件的导热性能。由于稳态热传导需要边界温度在相当长的时间内保持不变,因而实际上稳态条件是很难达到的。不同材料的导热性能差异很大,例如,与混凝土相比,钢材的导热性能要好得多。根据国外的研究,可以取所在地区 40 年一遇的最低平均日气温作为等效稳态设计温度。设计温差即是室内外平均温度之差,通常冬季的温差大于夏季。

5.5.1 温度作用的等效内力

温度应力引起的初始轴力和弯矩可以用普通的线弹性方法计算。对于带有部分或全部暴露外柱的结构,外柱的温度变形仅对边跨构件影响比较明显。由于内柱不会发生相对伸缩变形,可以认为结构边跨以内的构件不受温度变形的影响。

由于温差引起构件轴线长度的变化,相当于在构件上作用等效轴力 N 为

$$N = \int f\alpha tE\,\mathrm{d}A = EA \times \alpha t_{av} \tag{5-1}$$

式中 A——构件的截面面积;

t_{av}——平均温差;

α——材料的线性膨胀系数,对于钢材,$\alpha = 11.7 \times 10^{-6}/℃$。

温度梯度引起构件的等效初始弯矩为

$$M_y = \int f\alpha tEy\,\mathrm{d}A \tag{5-2}$$

对于角柱,还可以考虑双向弯曲的影响。

5.5.2 构造措施

对多高层建筑结构,大气温度的变化还会引起结构在水平方向的变形及相应的内力。温

度应力造成的危害在结构的顶层与首层比较常见。由于建筑的屋顶层直接与大气环境接触,温度变化剧烈,而首层的温度变形将受到刚度很大的基础的约束作用。建筑物愈长,楼板在长度方向由于温度变化引起的伸缩变形量就愈大。当楼板的变形受到竖向构件的约束时,楼板就会出现受拉或受压的情况,竖向构件也相应地受到推力或拉力的作用,在构件中引起温度内力。

对于高层钢结构,楼板通常采用压型钢板组合楼板,压型钢板有时仅作为模板使用。由于钢筋混凝土不是理想的弹性材料,温度应力的理论计算比较困难,实际的内力值往往远小于按弹性结构的计算值,所以楼板的温差变形问题主要应通过构造措施加以解决。为了消除和减弱温度和混凝土收缩对结构造成的危害,《混凝土结构设计规范》规定,当建筑的长度超过一定限度后需要设置温度伸缩缝。与钢筋混凝土结构类似,高层钢结构楼板每隔30～40 m也应设置一道后浇带,尽量减小混凝土的收缩应力。后浇带在2个月后用强度等级高一级的微膨胀混凝土封闭。还可以采用每隔一定距离设置控制缝的办法,将温度变形的影响集中于某些特定的部位。屋面应采取有效的隔热保温措施,或设置架空层,避免屋面的钢筋混凝土板温度变化太大。在屋面等受温度变化影响较大的部位,应通长配置构造钢筋,提高混凝土的抗裂能力。如果在建筑方案中,有意识地将屋顶做成高低错落的形式,可以有效地减小楼板的尺度,从而可以大大减小温度应力的影响。

5.6　钢结构的整体稳定与 $P-\Delta$ 效应

5.6.1　结构的整体稳定

1) 结构的整体稳定性与二阶分析的概念

超高层建筑钢结构可以视为一个悬臂受压柱,不仅要通过控制板材的宽厚比与构件的长细比来保证构件的局部稳定性,同时还需要考虑结构的整体稳定性。

对于多高层建筑钢结构,通常不会由于竖向荷载引起结构整体失稳。但高层钢结构的高宽比一般较大,当结构在风荷载或地震作用下产生水平位移时,竖向荷载产生的二阶效应将使结构的稳定问题比较突出,此时必须考虑位移产生附加水平力的影响。

当结构受到水平方向力的作用时将产生水平侧移,由于侧移引起竖向荷载的偏心又将产生附加弯矩,而附加弯矩又使结构的侧移进一步增大。对于非对称结构,平移与扭转耦联,当结构产生扭转时,竖向荷载的合力与抗侧力构件的轴线将产生偏心,从而也会引起附加的扭矩。这种由于竖向荷载作用于水平位移而产生的内力与侧移增大的现象称为 $P-\Delta$ 效应。如果由于侧移引起内力的增加最终能与竖向荷载相平衡的话,结构是稳定的,否则结构将出现 $P-\Delta$ 效应引起的整体失稳。

在进行多高层建筑结构第一阶段设计时,通常采用线弹性计算方法,此时在竖向荷载作用下与在水平荷载作用下的位移和内力是彼此独立的,两者的内力与位移可以直接相加,因而也称为一阶分析。由于 $P-\Delta$ 效应是在一阶侧移基础上产生的,所以又称为二阶效应,相应的计算分析称为二阶分析。

对于30层以下的多高层建筑,侧向刚度一般较大,$P-\Delta$ 效应并不显著,通常可以忽略不计。然而,随着建筑层数的进一步增加以及建筑高宽比的增大,$P-\Delta$ 效应造成的附加弯矩与附加位移所占的比例逐渐加大,对于50层左右的钢结构,$P-\Delta$ 效应产生的二阶内力和位移可达 15％以上。由此可见,对于超高层钢结构,如果不考虑二阶效应,可能造成一些构件实际负担的内力超过其设计承载力,从而引起结构的倒坍。

2) 整体稳定性判断

《高层民用建筑钢结构技术规程》(JGJ 99—2015)中规定,当高层建筑结构同时符合以下两个条件时,可不验算结构的整体稳定性。

(1) 结构各楼层柱的平均长细比和平均轴压比满足下式要求:

$$\frac{N_m}{N_{pm}} + \frac{\lambda_m}{80} \leqslant 1 \tag{5-3}$$

式中　λ_m——楼层柱的平均长细比;

N_m——楼层柱的平均轴压力设计值;

$N_{pm} = f_y A_m$——楼层柱的平均全塑性轴压力;

A_m——柱截面面积的平均值;

f_y——钢材的屈服强度。

(2) 结构按一阶线弹性计算所得的各楼层层间相对侧移值满足下式要求:

$$\frac{\Delta u}{h} \leqslant 0.12 \frac{\sum F_h}{\sum F_v} \tag{5-4}$$

式中　$\sum F_h$——计算楼层以上全部水平荷载之和;

$\sum F_v$——计算楼层以上全部水平荷载之和;

Δu——计算楼层的层间水平位移;

h——计算楼层的层高。

当不满足上述要求时,需要对整体稳定性进行验算。对于有支撑结构(钢支撑、剪力墙和核心筒等)且 $\Delta u/h \leqslant 1/1\,000$ 时,按有效长度法验算,柱的计算长度系数可按现行《钢结构设计规范》(GB 50017)附录采用;对于无支撑的结构以及 $\Delta u/h > 1/1\,000$ 的有支撑结构,应按能反映 $P\text{-}\Delta$ 效应的方法验算结构的整体稳定。

5.6.2　$P\text{-}\Delta$ 效应的计算方法

$P\text{-}\Delta$ 效应计算属于非线性问题,通常需要进行迭代计算。计算 $P\text{-}\Delta$ 的方法很多,这里只介绍其中两种有代表性的方法。

1) 放大系数法

将高层建筑视为一个竖向悬臂构件,侧向承受均匀分布的水平力,在悬臂的自由端作用有竖向集中力 P。此时,$P\text{-}\Delta$ 效应引起的水平位移增大系数 F 可用下式表示:

$$F = \frac{1}{1 - \dfrac{P}{P_{cr}}} \tag{5-5}$$

式中 P_{cr}——使悬臂结构产生屈曲时作用于顶端的竖向集中力。

一阶分析与二阶分析位移的关系为

$$\Delta^* = F\Delta = \frac{1}{1 - \dfrac{P}{P_{cr}}}\Delta \tag{5-6}$$

式中 Δ^*、Δ——分别为二阶分析与一阶线弹性分析的位移。

由于假定竖向荷载作用于结构的顶部,因而 F 为常数,从上至下水平位移增量的比例相同。在实际工程中,竖向荷载沿结构高度的分布是比较均匀的,考虑 P-Δ 效应后的总位移可以写为

$$\Delta^* = \frac{1}{1 - \dfrac{P_0}{P_{acr}}}\Delta \tag{5-7}$$

式中 P_0——沿高度均匀分布的竖向荷载;

　　P_{acr}——均布竖向荷载作用下的屈曲临界值。

同样,考虑 P-Δ 效应后的内力与一阶分析的内力矩之间的关系为

$$M^* = \frac{1}{1 - \dfrac{P}{P_{cr}}}M \tag{5-8}$$

屈曲荷载的临界值根据结构侧移曲线的不同,可以分别为剪切型、弯曲型与弯剪型等三种形式。

(1) 剪切型

对于框架结构,其侧向位移曲线呈剪切型变形,i 层的临界荷载由下式确定:

$$P_{icr}^* = \frac{12E}{h_i\left(\dfrac{1}{C_i} + \dfrac{1}{G_i}\right)} \tag{5-9}$$

$$G_i = \sum (I_c/h)_i, \quad G_i = (I_g/l_i)$$

式中 C_i——i 层所有柱的惯性矩与层高之比的总和;

　　G_i——i 层所有梁的惯性矩与跨度之比的总和。

(2) 弯曲型

对于以剪力墙为主的结构,其侧向位移曲线呈弯曲型,屈曲荷载是截面惯性矩的函数。假定顶层的整体惯性矩是底部的 $1-\beta$ 倍,则临界荷载为

$$P_{0cr}^b = \frac{7.83E\sum I_0}{H^2}(1 - 0.2974\beta) \tag{5-10}$$

式中 P_{0cr}^b——结构竖向荷载临界值;

　　H——结构的总高度;

　　$\sum I_0$——基层所有柱对结构形心惯性矩之和。

(3) 弯剪型

对于框架-剪力墙结构,其侧移曲线呈弯剪型,在竖向均布荷载作用下,其临界荷载由下式确定

$$\frac{1}{P_{0cr}^{bs}} = \frac{1}{P_{0cr}^b} + \frac{1}{P_{0cr}^s} \tag{5-11}$$

式中 P_{0cr}^{bs}、P_{0cr}^b、P_{0cr}^s——分别为弯剪型、弯曲型与剪切型侧移在结构底层的临界荷载。

2) 数值迭代法

放大系数法求得的临界荷载通常精度较低,主要用于初步设计阶段。较为精确的 P-Δ 效

应分析通常需要采用数值方法进行迭代计算。

假定作用于多高层建筑第 i 层的水平荷载为 Q_i，产生的层间位移为 δ_i，如图 5.4 所示。

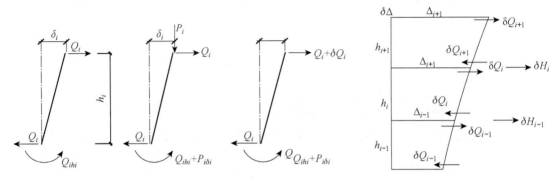

图 5.4　将 **P-Δ** 等效为水平增量　　　　图 5.5　水平荷载的增量

为简单起见，假定柱的变形曲线沿层高算为直线，竖向荷载在柱底部产生的附加弯矩为 $P_i\delta_i$。为了计算方便，可以根据柱的平衡条件，利用在柱底引起相同弯矩的附加水平剪力来代替竖向荷载，即

$$\delta Q_i h_i = P_i \delta_i \tag{5-12}$$

第 i 层的等效剪力增量为 $\delta Q_i = P_i\delta_i/h_i$。图 5.5 为考虑相邻各层影响时的情况，在 i 层楼板处，水平荷载的增量为

$$\delta H_i = \delta Q_i - \delta Q_{i+1}(i = 1, 2, \cdots, n) \tag{5-13}$$

将这一组附加的水平荷载增量作用于结构，即可得到考虑 P-Δ 效应的水平位移计算结果；检验计算结果是否收敛，如不满足精度要求，再进行下一轮计算，直至满足要求为止。为了加快迭代的收敛速度，可在等效剪力增量上乘因子 β，即

$$\delta Q_i = \beta \frac{P_i \delta_i}{H_i} \tag{5-14}$$

式中因子 β 一般可取 $1.1 \sim 1.2$。

5.7　结构程序分析方法

5.7.1　常见程序分析方法

在进行结构内力及位移分析时，可以采用较为精确的程序计算方法，也可以采用近似的简化计算方法。随着计算机的普及，采用程序计算方法也逐渐增多。对多数建筑结构而言，均可利用程序进行结构计算。但在采用计算软件时，须特别注意软件的使用范围及通用性，输入数据间的相互协调。

目前，高层建筑结构的计算程序很多。比如：PKPM、广厦、TBSA、SAP2000、ANSYS、MIDAS 等等。其中，国内计算程序主要包括下列几个部分：

① 前处理:图形输入原始数据及选择参数;

② 计算部分:动力特性及内力分析、内力组合及截面计算、弹性时程分析;

③ 后处理:输出计算结果,截面配筋及超筋、超轴压比等信息。

国外计算程序在很多设计中也逐渐被引用。但是由于规范不同,国外程序主要进行动力特性、位移及内力计算,作为一种复核手段。

5.7.2 杆件有限元分析方法

大多数计算程序的结构分析基本都采用杆件有限元方法(少数采用有限条方法或线法);并且采用基本简化假定2,即把楼板看成平面内刚性无限大。

杆件有限元分析方法的原理:

建立单元刚度矩阵$[k]$,由位移法得到第i个杆件的单元刚度矩阵。即可建立杆端内力$\{f\}$与杆端位移$\{\delta\}$之间的关系:

$$[k]_i \{\delta\}_i = \{f\}_i \tag{5-15}$$

将所有杆件的单元刚度矩阵集成总刚度矩阵$[k]$,即可建立全部结点位移$\{\Delta\}$与结构力$\{F\}$之间的关系:

$$[K]\{\Delta\} = \{F\} \tag{5-16}$$

式(5-16)是联立方程,可解得结点位移$\{\Delta\}$,其中包括了第i个杆件的端位移$\{\delta\}$,就可利用式(5-15)的关系,求出第i个杆件的端内力:

$$\{f\}_i = [k]_i \{\delta\}_i \tag{5-17}$$

由以上可见,在采用杆件有限元分析方法时,主要知道杆件的单元刚度矩阵(与杆件的受力变形特性,程序所采用的力学模型有关)。框架梁、柱都是典型的杆件,在各种程序中几乎没有区别;另外,梁、柱杆件都可考虑杆端有刚域,即带刚域杆件。

5.7.3 墙体的有限元分析方法

在采用杆件有限元方法的程序中,剪力墙有几种力学模型,下面介绍一些最常用的模型:

1) 带刚域框架方法计算联肢剪力墙

联肢剪力墙可以简化为带刚域框架。在所有的计算程序中,都可以用这种方法计算剪力墙。

2) 薄壁杆件计算方法计算剪力墙

剪力墙或实腹筒中,墙厚与截面宽度和高度相比是很小的,因而可视为薄壁,其应力都作用在薄壁平面内,作为一个杆件(空间杆件)。将结构中的楼板视为平面内无限刚性,则可保证剪力墙(筒体)的截面形状不变,符合薄壁杆件的基本假定。薄壁杆件计算方法最初是由前苏联的伏拉索夫教授建立的,它可以计算薄壁杆的弯曲与约束扭转。

由于在水平荷载作用下截面不再保持为平面,产生翘曲位移。当支座约束时,翘曲变形受到阻碍,截面内将产生不均匀的正应力,正应力构成力矩称为双力矩。因此薄壁杆除了空间杆件所具有的6个自由度外,还有一个翘曲自由度(双力矩),总共有7个自由度。

在结构分析中,将一个剪力墙看成截面为Γ、Z、[、口等形状的薄壁杆件,它以楼板为支承点,可以与楼板平面内的梁连接,形成杆系体系。在空间计算时,计算省时。由于薄壁杆件的剪切中心随截面形状改变而变化,薄壁杆件抗弯刚度又很大,与梁连接时会使梁端的约束刚度失真,还由于薄壁杆件不能考虑杆件的剪切变形等原因,在某些情况下用薄壁杆件计算会造成内力误差较大。

3) 墙板模型计算剪力墙

这种模型是把墙板作为一块平板(板的四周为梁柱,在无边框剪力墙中在墙四周设置虚梁、虚柱),该墙板单元平面内有轴向、弯曲与剪切刚度,但平面外刚度为零,板的角部与梁柱节点相连。每个节点 6 个自由度中只有 2 个 u、v 位移对墙板起作用。假设墙板截面保持平截面,那么 4 个角节点的 u、v 位移会使墙板产生轴向、弯曲与剪切变形。虽然墙板只在平面内有刚度,并产生内力,但是通过在梁柱节点处位移协调,在水平荷载作用下,垂直于受力方向的墙板(翼缘)也会受拉或受压,因此墙板模型可得到筒的空间受力状态。

板单元在国外及近来的国内计算程序中得到重视与应用,它比薄壁杆件单元自由度多,但大大少于采用平面有限元方法的自由度,由于划分的单元大,精度当然不如平面有限元,但是具有平面有限元的节点位移协调的特点,而且可直接得到内力,便于设计截面,目前应用墙板单元的各种程序中,都加入了一些各自的特殊考虑和处理方法,使精度有所提高。

思考题

5-1 高层建筑结构主要有哪些分析方法?

5-2 《抗规》提出的二阶段抗震设计方法中,各阶段的工作内容是什么?

5-3 为什么钢筋混凝土框架梁的弯矩能作塑性调幅? 如何进行调幅? 调幅与组合的先后次序怎样安排?

5-4 平面结构和空间结构一般各取几个振型进行组合?

5-5 调幅和直接调整内力有什么区别?

5-6 在杆件有限元方法中,剪力墙有哪几种力学模型?

5-7 结构计算的基本简化假定有哪些? 这些假定带来了哪些好处? 误差如何?

6 框架结构设计

6.1 框架结构的布置

框架结构只能承受自身平面内的水平力,因此沿建筑的两个主轴方向都应设置框架。

有抗震设防的框架结构,或非地震区层数较多的房屋框架结构,横向和纵向均应设计为刚接框架,设计成双向梁柱抗侧力体系。主体结构除个别部位外,不应采用铰接。梁柱刚接可增大结构的刚度和整体性。乙类建筑以及高度大于 24 m 的丙类建筑,不应采用单跨框架结构,高度不大于 24 m 的丙类建筑不宜采用单跨框架结构。允许局部单跨框架,此时,可不作为单跨框架结构对待。

图 6.1 为台湾集集地震 16 层 RC 高层建筑震害,倒塌的原因是单跨框架,结构冗余度不够。

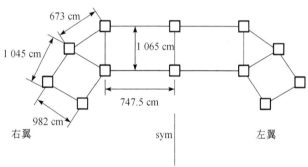

图 6.1 台湾集集地震十六层 RC 高层建筑震害

布置框架时,首先要确定柱网尺寸。框架的抗侧刚度除了与柱断面尺寸有关外,梁的断面尺寸对抗侧刚度影响很大,但是由于抗震结构的延性框架要求,抗震框架的梁不宜太强,因此抗震的钢筋混凝土框架柱网一般不宜超过 10 m×10 m。柱网的开间和进深,可设计成大柱网或小柱网(图 6.2)。大柱网适用于建筑平面要求有较大空间的房屋,但将增大梁柱的截

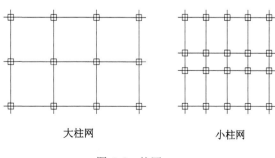

图 6.2 柱网

面尺寸。小柱网梁柱截面尺寸小,适用于饭店、办公楼、医院病房楼等分隔墙体较多的建筑。在有抗震设防的框架房屋中,过大的柱网将给实现强柱弱梁及延性框架增加一定困难。

框架梁、柱中轴线宜重合。当梁柱中心线不能重合时,在计算中应考虑梁荷载对柱子的偏心影响。为承托隔墙而又要尽量减少梁轴线与柱轴线的偏心距,可采用梁上挑板承托墙体的处理方法(图 6.3)。梁、柱中心线之间的偏心距不宜大于柱截面在该宽度的 1/4。当为 8 度及 9 度抗震设防时,如偏心距大于该方向柱宽的 1/4 时,可采取增设梁的水平加腋(图 6.4)等措施。设置水平加腋后,仍须考虑梁荷载对柱子的偏心影响。

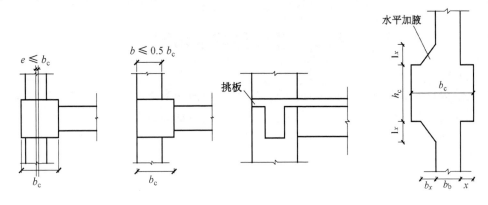

图 6.3　框架梁柱轴线　　　　　　　　图 6.4　水平加腋梁

框架结构按抗震设计时,不得采用部分由砌体墙承重之混合形式。框架结构中的楼、电梯及局部突出屋顶的电梯机房、楼梯间、水箱间等,应采用框架承重,不应采用砌体墙承重。框架结构中有填充墙时,填充墙在平面和竖向的布置,宜均匀对称,一、二级抗震的框架,宜采用轻质填充墙,或与框架柔性连接的墙板,二级且层数不超过 5 层、三级且层数不超过 8 层、四级框架等情况才可考虑黏土砖填充墙的抗侧力作用,但黏土砖填充墙应符合框架-剪力墙的布置要求。框架结构的围护墙和隔墙,应估计其设置对结构抗震的不利影响,避免不合理设置而导致主体结构的破坏,并应设置拉结筋、水平系梁、圈梁、构造柱等与主体结构可靠拉结,应能适应主体结构不同方向的层间位移。尤其对于建筑物入口处上方墙体,应采取加强的构造连接措施。砌体填充墙宜与柱脱开或采用柔性连接,沿柱高每 500 mm 设置 2ϕ6。墙长大于 5 m 时,墙顶与梁要有拉接。墙高大于 4 m 时,墙体半高宜设置水平系梁。

抗震设计的框架结构中,当楼、电梯间采用钢筋混凝土墙时,结构分析计算中,应考虑该剪力墙与框架的协同工作。如果在框架结构中布置了少量剪力墙(例如楼梯间),而剪力墙的抵抗弯矩少于总倾覆力矩的 50% 时,则《抗规》要求该结构按框架结构确定构件的抗震等级,但是内力及位移分析仍应按框架-剪力墙结构进行,否则对剪力墙不利。如因楼、电梯间位置较偏等原因,不宜作为剪力墙考虑时,可采取将此种剪力墙减薄、开竖缝、开结构洞、配置少量单排钢筋等方法,以减少墙的作用,此时与墙相连的柱子,配筋宜适当增加。

框架按支承楼板方式,可分为横向承重框架、纵向承重框架和双向承重框架(图 6.5)。但是就抗风荷载和地震作用而言,无论横向承重还是纵向承重,框架都是抗侧力结构。

框架沿高度方向各层平面柱网尺寸宜相同。柱子截面变化时,尽可能使轴线不变,或上下仅有较小的偏心。当某楼层高度不等形成错层时,或上部楼层某些框架柱取消形成不规则框架时,应视不规则程度采取措施加强楼层,如加厚楼板、增加边梁配筋。

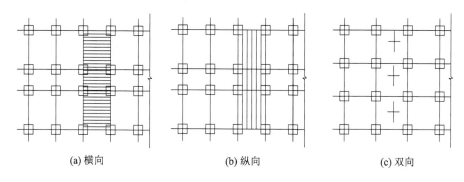

(a) 横向   (b) 纵向   (c) 双向

图 6.5 框架承重方式

框架结构的填充墙及隔墙宜选用轻质墙体。抗震设计时,框架结构如采用砌体填充墙在平面和竖向布置宜均匀对称,其布置宜符合下列要求:

(1) 避免形成上、下层刚度变化过大;

(2) 避免形成短柱;

(3) 减少因抗侧刚度偏心所造成的扭转。

抗震设计时,填充墙及隔墙应注意与框架及楼板拉结,并注意填充墙及隔墙自身的稳定性,做到以下几点:

(1) 砌体的砂浆强度不应低于 M5,墙顶应与框架梁或楼板密切结合;

(2) 填充墙应沿框架柱全高每隔 500 mm 左右(结合砌体的皮数)设 $2\phi6$ 拉筋,拉筋伸入墙内的长度,6 度、7 度不应小于墙长的 1/5 且不应小于 700 mm,8 度、9 度时宜沿墙全长贯通;

(3) 墙长大于 5 m 时,墙顶与梁(板)宜有拉结;墙高超过 4 m 时,墙体半高处(或门洞上皮)宜设置与柱连接且沿墙全长贯通的钢筋混凝土水平系梁,梁高 100～120 mm,纵向钢筋不少于 $3\phi8$,分布筋为 $\phi6@300$,混凝土 C20;

(4) 一、二级框架的围护墙和分隔墙,宜采用轻质墙体。

6.2 梁截面尺寸的确定及其刚度取值

梁截面尺寸应根据承受竖向荷载大小、跨度、抗震设防烈度、混凝土强度等级诸多因素综合考虑确定。

在一般荷载情况下,框架梁截面高度 h_b 可按 $(1/18～1/10)l_b$,且不小于 400 mm,也不宜大于 1/4 净跨,框架梁截面宽度 b_b 可按 $(1/3～1/2)h_b$,不宜小于 $1/4h_b$,且不应小于 200 mm。为了降低楼层高度,或便于通风管道等通行,必要时可设计成宽度较大的扁梁。此时应根据荷载及跨度情况,满足梁的挠度限值,扁梁截面高度可取 $h_b \geqslant (1/18～1/15)l_b$。当对梁施加预应力时,梁截面高度 h_b 可按 $(1/20～1/15)l_b$。

采用扁梁时,楼板应现浇,梁中线宜与柱中线重合;当梁宽大于柱宽时,扁梁应双向布置;扁梁的梁宽应符合 $b_b \leqslant 2b_c$ 且 $b_b \leqslant b_c + h_b$,梁高应符合 $h_b \geqslant 16d(d$ 为柱纵筋直径),梁还应满足挠度和裂缝宽度的规定。

当梁高较小时,除验算其承载力外,尚应注意满足刚度及剪压比的要求。在计算梁的挠度时,可以扣除梁的合理起拱值,对现浇梁板,宜考虑梁受压翼缘的有利影响。

为满足梁的刚度和承载力要求,节省材料和有利建筑空间,可将梁设计成加腋形式(图6.6)。这种加腋梁在进行框架的内力和位移计算时,可采用等效刚度代替变截面加腋梁的实际线刚度。

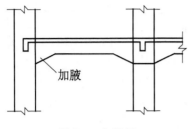

图 6.6　加腋梁

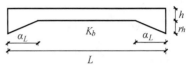

图 6.7　加腋梁线刚度

当梁两端加腋对称时,其等效线刚度为:

$$K'_b = \beta K_b \tag{6-1}$$

式中　K_b——加腋梁中间部分截面的线刚度(图6.7);

　　　β——等效刚度系数,查表6.1。

表 6.1　加腋梁等效刚度系数 β

α \ r	0.0	0.4	0.6	1.0	1.5	2.0
0.10	1.00	1.25	1.34	1.47	1.57	1.64
0.20	1.00	1.52	1.76	2.16	2.56	2.87
0.30	1.00	1.78	2.21	3.09	4.16	5.19
0.40	1.00	2.00	2.62	4.10	6.32	8.92
0.50	1.00	2.15	2.92	4.89	8.25	12.70

按等效线刚度电算输出的跨中、支座纵向钢筋及支座边按剪力所需箍筋是不真实的。应根据内力手算确定配筋。

现浇框架梁的混凝土强度等级,当抗震等级为一级时,不应低于C30,当二、三、四级及非抗震设计时,不应低于C20。梁的混凝土强度等级不宜大于C40。当梁柱的混凝土强度不同时,应先浇灌梁柱节点高等级混凝土,并在梁上留坡槎(图6.8)。

装配整体叠合梁的预制部分混凝土强度等级不宜低于C30。在进行框架的内力和位移计算时,现浇楼板,上有现浇叠合层的预制楼板和楼板虽无现浇叠合层但为拉开预制板板缝且有配

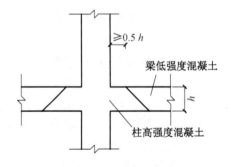

图 6.8　梁柱节点与梁不同混凝土强度等级

筋的装配整体叠合梁,均可考虑梁的翼缘作用,增大梁的惯性矩。此时框架梁的惯性矩可按下

表(6.2)取值。

表 6.2 框架梁的惯性矩

楼板 \ 梁部位	边框架梁	中框架梁
装配整体式楼板	$I=1.2I_0$	$I=1.5I_0$
现浇楼板	$I=1.5I_0$	$I=2.0I_0$

预制楼板上现浇叠合层和预制预应力混凝土叠合楼板均可按现浇楼板取梁的惯性矩。

现浇板对梁的贡献不仅是刚度,板内靠近梁边的纵向钢筋参与了梁负弯矩作用下的抗弯,应考虑梁两侧各 $6h_f$ 板内钢筋的作用,将梁内配筋减掉。

框架梁应具有足够的抗剪承载力。矩形、T 形和工字形截面梁其截面组合的剪力设计值应符合下列条件:

(1) 无地震作用组合时:

$$V_b \leqslant 0.25\beta_c f_c bh_0 \tag{6-2}$$

(2) 有地震作用组合时:

跨高比大于 2.5 的梁

$$V_b \leqslant \frac{1}{\gamma_{RE}}(0.2\beta_c f_c bh_0) \tag{6-3}$$

跨高比不大于 2.5 的梁

$$V_b \leqslant \frac{1}{\gamma_{RE}}(0.15\beta_c f_c bh_0) \tag{6-4}$$

式中 V_b——框架梁的剪力设计值;

f_c——混凝土轴心抗压强度设计值;

b、h_0——梁截面宽度和有效高度;

γ_{RE}——承载力抗震调整系数为 0.85;

β_c——混凝土强度影响系数,当混凝土强度等级不大于 C50 时取 1.0;当混凝土强度等级为 C80 时取 0.8,其间按线性内插取用。

式(6-3)中 β_c 前面的系数比式(6-2)中的小,这是因为在正反向地震作用的下,梁截面的上下都可能开裂,梁的抗剪能力降低。γ_{RE} 是考虑到地震是短暂的动力作用,材料强度略有提高,并适当降低其安全度。

为了使框架梁具有较好的变形能力,梁端的受压高度应满足以下要求:

$$\left.\begin{array}{ll} \text{无地震组合时} & x \leqslant \xi_b h_b \\ \text{有地震组合时,一级} & x \leqslant 0.25h_0 \\ \text{二、三级} & x \leqslant 0.35h_0 \end{array}\right\} \tag{6-5}$$

式中 ξ_b——相对界限受压区高度

$$\xi_b = \frac{x}{h} = \frac{\beta_1}{1 + \frac{f_y}{0.003\,3E_s}}$$

式中 f_y——受压钢筋的强度设计值；

E_s——钢筋的弹性模量；

h_0——梁的截面有效高度；

x——混凝土受压区高度；

β_1——混凝土强度影响系数。

如果梁的受压区高度 x 不满足公式(6-5)要求时，应增大梁的截面尺寸。

在确定梁端混凝土受压区高度时，可考虑梁的受压钢筋计算在内。

6.3 柱截面尺寸的确定

现浇框架柱的混凝土强度等级，当抗震等级为一级时，不得低于C30；抗震等级为二至四级及非抗震设计时，不低于C20。抗震设防烈度为8度时不宜大于C70，9度时不宜大于C60。

框架柱截面尺寸可根据柱支承的楼层面积计算由竖向荷载产生的轴力设计值 N（荷载分项系数可取1.25），按下列公式估算柱截面 A_c，然后再确定柱边长。

仅有风荷载作用或无地震作用组合时：

$$N = (1.05 - 1.1)N_v \tag{6-6}$$

$$A_c \geqslant \frac{N}{f_c} \tag{6-7}$$

有水平地震作用组合时：

$$N = \xi N_v \tag{6-8}$$

ξ 为增大系数，框架结构外柱取1.3，不等跨内柱取1.25，等跨内柱取1.2；框-剪结构外柱取1.1~1.2，内柱取1.0。

有地震作用组合时，柱所需截面面积为：

$$A_c \geqslant \frac{N}{\mu_N f_c} \tag{6-9}$$

式中 f_c——混凝土轴心抗压强度设计值；

μ_N——柱轴压比限值，见表(6.3)。

表 6.3 柱的轴压比限值

结构类型	抗震等级			
	一	二	三	四
框架结构	0.65	0.75	0.85	0.9
框架-剪力墙结构简体结构	0.75	0.85	0.90	0.95
部分框支剪力墙结构	0.60	0.70	—	

注:1. 轴压比指柱考虑地震作用组合的轴压力设计值与柱全截面面积和混凝土轴心抗压强度设计值乘积的比值;

    2. 当混凝土强度等级为 C65～C70 时,轴压比限值宜按表中数值减小 0.05;当混凝土强度等级为 C75～C80 时,轴压比限值应比宜按表中数值减小 0.10;

    3. 剪跨比小于 2 但不小于 1.5 的各类结构柱轴压比限值应按表中数值减小 0.05;剪跨比小于 1.5 的柱,轴压比限值应专门研究,并采取特殊构造措施;

    4. 沿柱全高采用井字复合箍,且箍筋间距不大于 100 mm 肢距不大于 200 mm,直径不小于 12 mm,柱轴压比限值可增加 0.10;沿柱全高采用复合螺旋箍,且箍筋螺距不大于 100 mm,肢距不大于 200 mm,直径不小于 12 mm,柱轴压比限值可增加 0.10;沿柱全高采用连续的复合矩形螺旋箍,且螺距不大于 80 mm,肢距不大于 200 mm、直径不小于 10 mm 时,柱轴压比限值可增加 0.10;

    5. 当柱截面中部设置由附加纵向钢筋形成的芯柱,且附加纵向钢筋的总面积不少于柱截面面积的 0.8% 时,其轴压比限值可按表中数值增加 0.05,此项措施与注 4 的措施同时采用时,轴压比限值可按表中数值增加 0.15,但箍筋的配箍特征值仍可按轴压比增加 0.10 的要求确定;

    6. 柱轴压比限值不应大于 1.05。

当不能满足公式(6-7)、(6-9)时,可采用增大柱截面、提高混凝土强度等级,采用钢管混凝土或钢骨混凝土等。

当按轴压比限值计算出的柱截面太大,不满足柱长细比要求时,可采用分柱方式,即将一根柱的截面切成四根柱。

柱截面尺寸:非抗震设计时,不宜小于 250 mm,抗震设计时不宜小于 300 mm,圆柱截面直径不宜小于 350 mm,柱剪跨比宜大于 2;柱截面高宽比不宜大于 3。

框架柱剪跨比可按下式计算:

$$\lambda = \frac{M}{(V h_0)} \tag{6-10}$$

式中 λ——框架柱的剪跨比,反弯点位于柱高中部的框架柱,可取柱净高与 2 倍柱截面有效高度之比值;

    M——柱端截面组合的弯矩计算值,可取上、下端的较大值;

    V——柱端截面与组合弯矩计算值对应的组合剪力计算值;

    h_0——计算方向上截面有效高度。

柱的剪跨比宜大于 2,以避免产生剪切破坏,在设计中,楼梯间、设备层等部位难以避免短柱时,除应验算柱的受剪承载力以外,还应采取措施提高其延性和抗剪能力。

框架柱截面尺寸应满足抗震要求,矩形截面柱应符合下列要求:

无地震组合时

$$V_c \leqslant 0.25 \beta_c f_c b h_0 \tag{6-11}$$

有地震组合时

剪跨比 $\lambda > 2$ 的框架柱

$$V_c \leqslant \frac{1}{\gamma_{RE}} (0.2 \beta_c f_c b h_0) \tag{6-12}$$

剪跨比 $\lambda \leqslant 2$ 的柱

$$V_c \leqslant \frac{1}{\gamma_{RE}} (0.15 \beta_c f_c b h_0) \tag{6-13}$$

式中 V_c——框架柱的剪力设计值;

    f_c——混凝土轴心抗压强度设计值;

b、h_0——柱截面宽度和截面有效高度;

γ_{RE}——承载力抗震调整系数为 0.85;

β_c——当不大于 C50 时,β_c 取 1.0,C80 时,β_c 取 0.8;C50~C80 时,取其内插值。

如果不满足式(6-11)、(6-12)及(6-13)时,应增大柱截面或提高混凝土强度等级。

6.4　底层柱计算高度的确定

当多层框架没有地下室的时候,可有如下 5 种计算方法:

(1) 框架结构底层层高为从基础顶到一层楼面顶的高度。桩基的底层层高是取到基础顶面位置。

(2) 当为柱下独立基础时,如果基础埋得很深,将会造成底层的柱太长,计算结果底层柱配筋就很大,梁配筋也受影响。为了减少底层柱子的计算高度和底层位移,可以在 ±0.000 以下适当位置设置基础拉梁,此时,可以将从基础顶到拉梁顶算为一层,拉梁顶到一层楼面顶算一层。即,将原来结构多加一层计算。

(3) 可以将基础作成高杯口基础,满足杯壁厚度要求,则底层层高从基础顶算起。

(4) 当为柱下独立基础时,若基础埋置深度比较浅时,可将拉梁放在基础顶面,拉梁按照轴心受力构件设计,独立基础按照中心受压设计。

(5) 做刚性地坪,可以算到底层层高。

基础拉梁截面宽度可取柱中心距的 1/30~1/20,高度可取柱中心距的 1/18~1/12。构造基础拉梁的截面可取上述限值范围的下限,纵向受力钢筋可取所连接柱子的最大轴力设计值的 10% 作为拉力或压力来计算,当为构造配筋,除满足最小配筋率外,也不得小于上下各 2ϕ14,配筋不得小于 ϕ8@200。当拉梁上作用有填充墙或楼梯柱等传来的荷载时,拉梁截面应适当加大,算出的配筋应和上述构造配筋叠加。

6.5　竖向荷载作用下的计算

高层建筑框架结构,在竖向荷载作用下采用手算进行内力分析时,考虑到在竖向荷载作用下结构的侧移很小,可不考虑框架的侧移影响。

根据高层建筑层数多、上部各层竖向荷载多数相同或出入不大、各层层高多数相同和梁柱截面变化不大的特点,竖向荷载作用下可采用分层力矩分配法(简称分层法)进行简化计算。

分层力矩分配法是把每层框架梁连同上、下层框架柱作为基本计算单元,柱的远端按固定端(图 6.9),考虑到上、下柱的远端按固定端与实际情况有出入,因此,除底层外,其余各层柱的线刚度乘以折减系数 0.9。

框架梁在竖向荷载作用下,梁端负弯矩允许考虑塑性变形内力重分布予以适当降低,可采用调幅系数 β。

现浇框架:　　　　　　　　　　　　　　$\beta = 0.8 \sim 0.9$

装配整体式框架:　　　　　　　　　　　$\beta = 0.7 \sim 0.8$

为计算方便,在求梁固端弯矩值时先可乘以调幅系数 β 值,然后再进行框架弯矩分配计算。

竖向荷载产生的梁固端弯矩只在本计算单元内进行弯矩分配,单元之间不再进行分配。弯矩分配完成后,梁端弯矩为固端弯矩、分配弯矩和传递弯矩之代数和,柱端分配弯矩之代数和的平衡弯矩,须向远端传递,传递弯矩值在底层计算单元为平衡弯矩的 1/2,上部其他计算单元为平衡弯矩的 1/3。由于每根柱分别属于上下两个计算单元,所以柱端弯矩值为本计算单元柱端平衡弯矩与相邻计算单元传递弯矩之代数和。

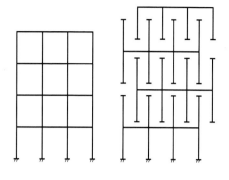

图 6.9 框架分层法计算简图

由于分层法分计算单元进行计算,最后梁柱节点的弯矩总和可能不等于零,此时一般不需要再进行分配计算。若不平衡弯矩较大,可再分配一次。

框架梁端的弯矩调幅只在竖向荷载作用下进行,水平力作用下梁端弯矩不允许调幅。因此,必须先对竖向荷载作用下梁端弯矩按调幅计算后的各杆弯矩再与水平力作用下的各杆弯矩进行组合,而不应采用竖向荷载作用下与水平力作用下计算所得弯矩组合后再对梁端弯矩进行调幅。

竖向荷载作用下,框架梁跨中计算所得的弯矩值小于按简支梁计算的跨中弯矩的 50% 时,则至少按简支梁计算的跨中弯矩的 50% 进行截面配筋。

【例 6-1】 如图 6.10 所示两跨两层框架,用分层法作弯矩图,括号内的数字表示梁柱相对线刚度 i 值。

【解】 (1) 求各节点的分配系数,见表 6.4。

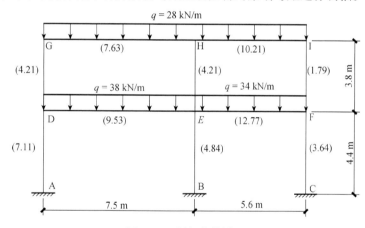

图 6.10 框架荷载图

表 6.4 各节点的分配系数

层次	节点	相对线刚度				相对线刚度总和	分配系数			
		左梁	右梁	上柱	下柱		左梁	右梁	上柱	下柱
顶层	G		7.63		4.21×0.9=3.79	11.42		0.668		0.332
	H	7.63	10.21		4.21×0.9=3.79	21.63	0.353	0.472		0.175
	I	10.21			1.79×0.9=1.61	11.82	0.864			0.136
底层	D		9.53	4.21×0.9=3.79	7.11	20.43		0.466	0.186	0.348
	E	9.53	12.77	4.21×0.9=3.79	4.84	30.93	0.308	0.413	0.123	0.156
	F	12.77		1.79×0.9=1.61	3.64	18.02	0.709		0.089	0.202

(2) 固端弯矩:

$$M_{GH} = -M_{HG} = -\frac{1}{12} \times 28 \times 7.5^2 = -131.25(\text{kN} \cdot \text{m})$$

$$M_{HI} = -M_{IH} = -\frac{1}{12} \times 28 \times 5.6^2 = -73.17(\text{kN} \cdot \text{m})$$

$$M_{DE} = -M_{ED} = -\frac{1}{12} \times 38 \times 7.5^2 = -178.13(\text{kN} \cdot \text{m})$$

$$M_{EF} = -M_{FE} = -\frac{1}{12} \times 34 \times 5.6^2 = -88.85(\text{kN} \cdot \text{m})$$

利用分层法计算各节点弯矩。

图 6.11 为顶层计算简图及过程。

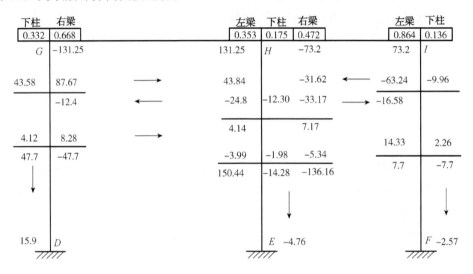

图 6.11　顶层计算简图及过程

底层计算简图及过程见图 6.12。

最后的弯矩图是顶层和底层分层计算弯矩图的叠加,此处略。最后计算结果节点弯矩可能不平衡,可以将不平衡弯矩在各自节点上分配。

6.6　结构的动力特性计算

为方便起见,此处将框架结构、框架-剪力墙结构和剪力墙结构的动力特性计算合并在一起介绍。结构自振周期及振型的计算方法可分为:理论计算、半理论半经验公式、经验公式 3 类方法,这里只介绍理论计算方法。

与静力计算方法相同,一般采用杆件有限元方法,并与内力及位移在同一程序中完成,除了 5.2 节提到的假定外,还有一些假定如下:

(1) 质量集中在楼层位置,n 个楼层为 n 个质点;

(2) 结构简化为弹性多自由度体系;

(3) 按平面结构计算时,每个楼层为一个平移自由度,n 个楼层有 n 个自由度,可解出 n 个频率和 n 个振型;x,y 两个水平方向分别计算;

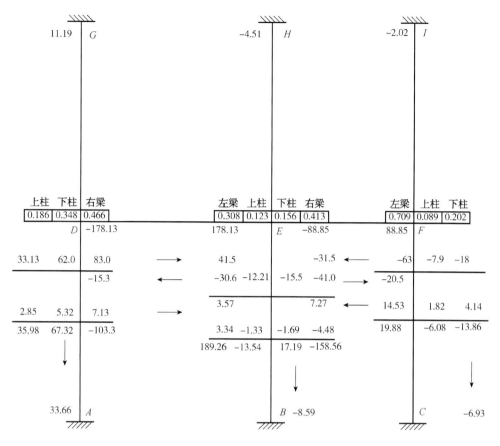

图 6.12 底层计算简图及过程

（4）按协同或空间结构计算时，每个楼层有 2 个平移、一个转动，即 x，y，θ 3 个自由度，n 个楼层有 $3n$ 个自由度，可解出 $3n$ 个频率和 $3n$ 个振型。每个振型各层楼面振幅可以有三个分量，当其他两个分量不为零时，称为振型耦联。

频率顺序由低到高排列，n 个频率为：$\omega_1 < \omega_2 < \omega_3$，…，$\omega$ 称为圆频率；工程上常用频率 $f = \omega/2\pi$（f 单位为赫兹——Hz）或周期 $T = 2\pi/\omega = 1/f$（T 单位为秒——s），周期顺序则由长到短排列，$T_1 > T_2 > T_3$…。按频率 ω_1（或周期 T_1）振动时有一个振动型式，而按频率 ω_2（周期 T_2）振动时又有另一个振动型式。按某一振型作自由振动时，各质点具有相同的频率、相同的相位，振动过程中各质点位移比例保持不变，即每个振型有一个固定的形状。计算得到的振型只定出各点振幅的相对值，称为准则化的主振型，它规定主振型中的最大值为 1，其他元素为小于 1 的值。

求解结构频率与振型时，建立无阻尼多自由度体系的自由振动方程为：

$$[M]\{\ddot{y}\} + [K]\{y\} = 0 \tag{6-14}$$

式中　$[M]$——质量矩阵，是对角阵；

　　　$[K]$——刚度矩阵，为对称方阵；

其中的刚度系数 k_{ij} 为 j 质点有单位水平位移时 i 质点的水平力，$k_{ij} = k_{ji}$；$\{\ddot{y}\}$、$\{y\}$ 分别为各质点相对于基顶（固定端）的加速度、位移反应向量。

之所以采用自由振动方程来求结构的频率和振型，是因为结构的频率与振型只与结构自身的特性有关,而与外荷载无关。

设

$$\{y\} = \{\phi\}\sin(\omega t + \varphi) \tag{6-15}$$

$\{\phi\}$为特征向量,或称为振型向量。代入式(5-14),可得:

$$([K] - \omega^2[M])\{\phi\} = 0 \tag{6-16}$$

式(5-16)称为特征方程。$\{\phi\}$不为0时,系数行列式必须为0,即:

$$|[K] - \omega^2[M]| = 0 \tag{6-17}$$

行列式(5-17)中,$[K]$、$[M]$已知,可以解得结构振动圆频率$\omega_i(i=1, 2, \cdots, n)$。将$\omega_1$,$\omega_2$,$\cdots$代入式,可得振型向量

$$\{\phi\} = [\{\phi_1\}, \{\phi_2\}, \cdots\{\phi_j\}, \cdots\{\phi_n\}] \tag{6-18}$$

$$\{\phi_1\} = \begin{Bmatrix} x_{1n} \\ \cdots \\ x_{1i} \\ \cdots \\ x_{11} \end{Bmatrix} \quad \{\phi_2\} = \begin{Bmatrix} x_{2n} \\ \cdots \\ x_{2i} \\ \cdots \\ x_{21} \end{Bmatrix} \quad \{\phi_j\} = \begin{Bmatrix} x_{jn} \\ \cdots \\ x_{ji} \\ \cdots \\ x_{j1} \end{Bmatrix} \quad \cdots \tag{6-19}$$

式中,x_{ji}为质点I在j振型的振幅系数。$\{\phi_1\}$为第一振型,对应的频率为ω_1;$\{\phi_2\}$为第二振型,对应的频率为ω_2,以此类推。若第一振型的各元素除以x_{1n},第二振型的各元素除以x_{2n},以此类推则得标准化振型。楼层相同时,空间结构的振型比平面结构多,与平面振型的每个振型相对应,空间有x、y、θ 3个方向的振型。

通常计算直接得到的是圆频率,通过换算才能得到频率与周期。因此,要注意程序给出的是圆频率,还是已经换算过的频率或周期。

理论方法适用于各类结构,但是理论方法得到的周期比结构的实际周期长。原因是计算中没有考虑填充墙等非结构构件对刚度的增大作用;质量分布、材料性能、施工质量等也不像计算模型那么理想。若直接用理论周期值计算地震作用,则地震作用可能偏小,结构设计结果偏于不安全。因此必须对周期值(包括高振型周期值)作修正。《高规》规定的修正(缩短)系数ψ_T:

(1) 框架结构可取 0.6～0.7;

(2) 框架-剪力墙结构可取 0.7～0.8;

(3) 剪力墙结构可取 0.9～1.0。

对于其他结构体系或采用其他非承重墙体时,可根据工程情况确定折减系数。

6.7 水平力作用下的计算

框架在水平力(风荷载或水平地震作用)作用下的内力和位移计算,手算可采用D值法(修正反弯点法)。

采用D值法进行计算时,其步骤为:

（1）在水平力作用下求出各楼层剪力 V_i；

（2）将楼层剪力 V_i 按该层各柱的 D 值比例分配到各柱,得到柱剪力 V_{ij}；

（3）求出柱的反弯点 y,由剪力 V_{ij} 及反弯点高度 y 计算出柱上、下端弯矩；

（4）根据梁柱节点平衡条件,梁柱节点的上、下柱端弯矩之和应等于节点左右边梁端弯矩之和,从而求得梁端弯矩值；

（5）将框架梁左、右端弯矩之和除以梁的跨度,则可得到梁端剪力；

（6）从上到下逐层叠加梁柱节点左、右边梁端剪力值,可得到各层柱在水平力作用下的轴力值。

柱的抗推刚度 D 是两端固定的柱的柱顶发生单位水平位移所需的柱顶水平推力,D 值按下式计算:

$$D = \alpha_c K_c \frac{12}{h^2} \qquad (6-20)$$

式中　h——层高；

　　　K_c——柱的线刚度,$K_c = EI_c/h$；

　　　E——柱混凝土弹性模量；

　　　I_c——柱截面惯性矩；

　　　α_c——与梁柱刚度比有关的刚度修正系数,见表 7.3。

α_c 是考虑梁不能完全约束住柱的转动,而对柱刚度的折减。

当同一楼层中有个别柱的高度 h_a、h_b 与一般柱的高度 h 不相等时(图 6.13),这些个别柱的抗推刚度按下列公式计算:

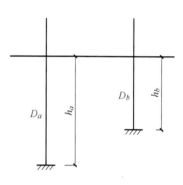

图 6.13　不等高柱

$$\left.\begin{array}{l} D_a = \alpha_a K_{ca} \dfrac{12}{h_a^2} \\[2mm] D_b = \alpha_b K_{cb} \dfrac{12}{h_b^2} \end{array}\right\} \qquad (6-21)$$

带有夹层的柱(图 6.14),其抗推刚度按下式计算:

$$D' = \frac{1}{\dfrac{1}{D_1} + \dfrac{1}{D_2}} = \frac{D_1 D_2}{D_1 + D_2} \qquad (6-22)$$

式中

$$\left.\begin{array}{l} D_1 = \alpha_{c1} K_{c1} \dfrac{12}{h_1^2} \\[2mm] D_2 = \alpha_{c2} K_{c2} \dfrac{12}{h_2^2} \end{array}\right\} \qquad (6-23)$$

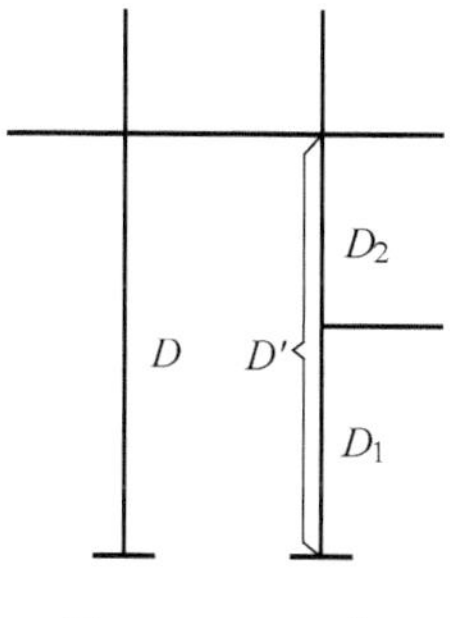

图 6.14　夹层柱

框架柱的反弯点高度 y 按下式计算(图 6.15):

$$y = y_0 + y_1 + y_2 + y_3 \qquad (6-24)$$

式中　y_0——标准反弯点高度；

　　　y_1——上、下层梁刚度不等时的修正值；

y_2、y_3——上、下层层高不等时的修正值。

当反弯点高度为 $0 \leqslant y \leqslant h$ 时,反弯在本层;当 $y > h$ 时,本层无反点,反弯点在上层;当 $y < 0$ 时同,反弯点在下层。

在查取 y_0 时,风荷载(均布水平荷载)作用下和水平地震作用(三角形荷载)下应采用相应的表格。

第 i 层 j 柱的剪力 V_{ij} 按下式计算:

$$V_{ij} = V_i \frac{D_{ij}}{\sum D_{ij}} \tag{6-25}$$

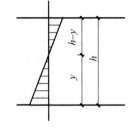

图 6.15 反弯点高度

式中 V_i——水平力产生的第 i 层楼层剪力;

D_{ij}——第 i 层第 j 柱的抗推刚度。

柱端弯矩 M_b、M_u 按下式计算(图 6.16):

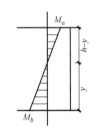

图 6.16 柱端弯矩

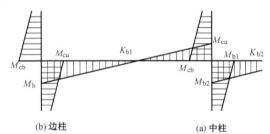

图 6.17 梁端弯矩

$$\left. \begin{array}{l} M_b = V_{ij} \times y \\ M_u = V_{ij}(h - y) \end{array} \right\} \tag{6-26}$$

式中 V_{ij}——水平力产生的第 i 层第 j 柱的剪力;

h——层高;

y——反弯点高度,由公式(5-24)求得。

中柱梁端弯矩可按下式计算(图 6.17):

$$\left. \begin{array}{l} M_{b1} = (M_{cb} + M_{cu}) \dfrac{K_{b1}}{K_{b1} + K_{b2}} \\[3mm] M_{b2} = (M_{cb} + M_{cu}) \dfrac{K_{b2}}{K_{b1} + K_{b2}} \end{array} \right\} \tag{6-27}$$

边柱梁端弯矩为:

$$M_b = M_{cb} + M_{cu} \tag{6-28}$$

式中 M_{b1}、M_{b2}、M_b——梁端弯矩;

M_{cb}、M_{cu}——上柱下端和下柱上端弯矩;

K_{b1}、K_{b2}——梁的线刚度。

梁端 V_b 可由梁右端和左端弯矩之和除以梁跨度求得。

柱各层轴力 N,可从上到该层逐层梁柱节点左右边梁端剪力相叠加。

高层建筑框架结构的水平位移分为两部分:梁柱弯曲变形产生的 u_M 和柱子轴向变形产生的 u_N,即

$$u = u_{\mathrm{M}} + u_{\mathrm{N}} \tag{6-29}$$

u_{M} 可由 D 值法求得,框架第 i 层由于梁柱弯曲变形产生的层间变形为:

$$u_{\mathrm{M}i} = \frac{V_i}{D_i} \tag{6-30}$$

式中 V_i——第 i 层的楼层剪力;

D_i——第 i 层所有柱抗推刚度之和,即 $D_i = \sum\limits_{i} D_{ij}$。

框架的顶点由于梁柱弯曲变形产生的变形为:

$$u_{\mathrm{M}} = \sum\limits_{i=1}^{n} u_{\mathrm{M}i} \tag{6-31}$$

求柱子轴向变形产生的侧向位移 u_{N} 时,假定在水平力作用下中柱轴力很小,仅边柱发生轴向变形,并假定柱截面由底到顶线性变化,此时框架顶点的侧向位移可按下式计算:

$$u_{\mathrm{N}} = \frac{V_0 H^3}{E_{\mathrm{c1}} A_{\mathrm{c1}} B^2} F_{\mathrm{N}} \tag{6-32}$$

式中 V_0——框架底部剪力;

B——框架的宽度,即边柱间距;

E_{c1}——框架底层柱的混凝土弹性模量;

A_{c1}——框架底层边柱截面面积;

F_{N}——位移系数,取决于水平力形式、顶层柱与底层柱的轴向刚度比,由表 6.5 查得,表中 $S_{\mathrm{N}} = E_{\mathrm{c2}} A_{\mathrm{c2}} / E_{\mathrm{c1}} A_{\mathrm{c1}}$,为顶层边柱与底层边柱的轴向刚度比;

H——框架总高度。

一般情况下,框架结构 u_{N} 占水平荷载作用下结构总水平位移的 $10\% \sim 20\%$,所以手算时常忽略不计。

表 6.5 位移系数 F_{N} 值

S_{N}	F_{N}		
	顶点集中荷载	均布荷载	三角形分布荷载
0.00	1.000 0	0.333 3	0.500 0
0.05	0.959 2	0.325 6	0.487 2
0.10	0.927 3	0.318 8	0.476 1
0.15	0.900 2	0.312 7	0.466 1
0.20	0.876 4	0.307 1	0.457 0
0.25	0.855 1	0.301 9	0.448 6
0.30	0.835 9	0.297 0	0.440 9
0.35	0.815 2	0.292 5	0.433 6
0.40	0.801 9	0.288 2	0.426 8
0.45	0.786 7	0.284 2	0.420 4
0.50	0.772 5	0.280 3	0.414 3

0.55	0.759 3	0.276 7	0.408 5
0.60	0.746 7	0.273 2	0.403 0
0.65	0.734 9	0.269 9	0.397 8
0.70	0.723 7	0.266 7	0.392 8
0.75	0.713 1	0.263 6	0.388 0
0.80	0.702 9	0.260 7	0.383 4
0.85	0.693 2	0.257 9	0.378 9
0.90	0.684 0	0.255 1	0.374 7
0.95	0.675 1	0.252 5	0.370 6
1.00	0.666 7	0.250 0	0.366 6

【例 6-2】 作如图 6.18 所示框架的弯矩图。图中括号内数字为各根杆的相对线刚度。

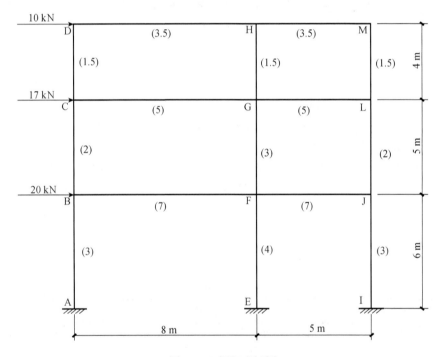

图 6.18 框架弯矩图

【解】 (1)求各柱的 D 值及每根柱分配的剪力,见表 6.6。

表 6.6 各层柱 D 值及每根柱分配的剪力

层数	3	2	1
层剪力 (kN)	10	27	47
左边柱 D 值	$k=\dfrac{3.5+5}{2\times1.5}=2.83$ $D=\dfrac{2.83}{2+2.83}\times1.5(i)=0.88i$	$k=\dfrac{5+7}{2\times2}=3$ $D=\dfrac{3}{2+3}\times2(i)=1.2i$	$k=\dfrac{7}{3}=2.33$ $D=\dfrac{0.5+2.33}{2+2.33}\times3(i)=1.96i$

110

右边柱 D 值	$k=2.83$ $D=0.88i$	$k=\dfrac{5+7}{2\times2}=3$ $D=\dfrac{3}{2+3}\times2i=1.2i$	$k=\dfrac{7}{3}=2.33$ $D=\dfrac{0.5+2.33}{2+2.33}\times3i=1.96i$
中柱 D 值	$k=\dfrac{3.5+5+3.5+5}{2\times1.5}=5.67$ $D=\dfrac{5.67}{2+5.67}\times1.5i=1.11i$	$k=\dfrac{5+7+5+7}{2\times3}=4$ $D=\dfrac{4}{2+4}\times3i=2i$	$k=\dfrac{7+7}{4}=3.5$ $D=\dfrac{0.5+3.5}{2+3.5}\times4i=2.91i$
D 值和	$2.87i$	$4.4i$	$6.83i$
左边柱剪力(kN)	$V_3=\dfrac{0.88}{2.87}\times10=3.07$	$V_2=\dfrac{1.2}{4.4}\times27=7.36$	$V_1=\dfrac{1.96}{6.83}\times47=13.49$

续表 6.6

层数	3	2	1
右边柱剪力(kN)	$V_3=\dfrac{0.88}{2.87}\times10=3.07$	$V_2=\dfrac{1.2}{4.4}\times27=7.36$	$V_1=\dfrac{1.96}{6.83}\times47=13.49$
中柱剪力(kN)	$V_3=\dfrac{1.11}{2.87}\times10=3.86$	$V_2=\dfrac{2}{4.4}\times27=12.27$	$V_1=\dfrac{2.91}{6.83}\times47=20.02$

（2）计算反弯点高度比，见表 6.7。

表 6.7 计算反弯点高度比

层数	3 ($n=3$ $j=3$)	2 ($n=3$ $j=2$)	1 ($n=3$ $j=1$)
左边柱	$k=2.83$ $y_0=0.44$ $I=\dfrac{3.5}{5}=0.7$ $y_1=0.01$ $\alpha_3=\dfrac{5}{4}=1.25$ $y_2=0$ $y=0.45$	$k=3$ $y_0=0.5$ $I=\dfrac{5}{7}=0.71$ $y_1=0$ $\alpha_2=\dfrac{4}{5}=0.8$ $y_2=0$ $\alpha_3=\dfrac{6}{5}=1.2$ $y_3=0$ $y=0.5$	$k=2.33$ $y_0=0.55$ $\alpha_2=\dfrac{5}{6}=0.83$ $y_2=0$ $y=0.55$
右边柱	$k=2.83$ $y_0=0.45$ $I=\dfrac{3.5}{5}=0.7$ $y_1=0.01$ $\alpha_3=1.25$ $y_3=0$ $y=0.45$	$k=3$ $y_0=0.5$ $I=\dfrac{5}{7}=0.71$ $y_1=0$ $\alpha_2=0.8$ $y_2=0$ $\alpha_3=\dfrac{6}{5}=1.2$ $y_3=0$ $y=0.5$	$k=2.33$ $y_0=0.55$ $\alpha_2=0.83$ $y_2=0$ $y=0.55$

中柱	$k=5.67$ $y_0=0.45$ $I=\dfrac{2\times3.5}{2\times5}=0.7 \quad y_1=0$ $\alpha_3=1.25 \quad y_3=0$ $y=0.45$	$k=4 \quad y_0=0.5$ $I=\dfrac{2\times5}{2\times7}=0.71 \quad y_1=0$ $\alpha_2=0.8 \quad y_2=0$ $\alpha_3=\dfrac{6}{5}=1.2 \quad y_3=0$ $y=0.5$	$k=3.5$ $y_0=0.55$ $\alpha_2=0.83$ $y_2=0$ $y=0.55$

（3）求各柱的柱端弯矩。

$$M_{CD}=3.07\times0.45\times4.0=5.53(\text{kN}\cdot\text{m})$$

$$M_{GH}=3.86\times0.45\times4.0=6.95(\text{kN}\cdot\text{m})$$

$$M_{LM}=3.07\times0.45\times4.0=5.53(\text{kN}\cdot\text{m})$$

$$M_{DC}=3.07\times(1-0.45)\times4.0=6.75(\text{kN}\cdot\text{m})$$

$$M_{HG}=3.86\times(1-0.45)\times4.0=8.49(\text{kN}\cdot\text{m})$$

$$M_{ML}=3.07\times(1-0.45)\times4.0=6.75(\text{kN}\cdot\text{m})$$

$$M_{BC}=7.36\times0.5\times5.0=18.6(\text{kN}\cdot\text{m})$$

$$M_{FG}=12.27\times0.5\times5.0=30.68(\text{kN}\cdot\text{m})$$

$$M_{JL}=7.36\times0.5\times5.0=18.6(\text{kN}\cdot\text{m})$$

$$M_{CB}=7.36\times0.5\times5.0=18.6(\text{kN}\cdot\text{m})$$

$$M_{GF}=12.27\times0.5\times5.0=30.68(\text{kN}\cdot\text{m})$$

$$M_{LJ}=7.36\times0.5\times5.0=18.6(\text{kN}\cdot\text{m})$$

$$M_{AB}=13.49\times0.55\times6=44.52(\text{kN}\cdot\text{m})$$

$$M_{EF}=20.02\times0.55\times6=66.07(\text{kN}\cdot\text{m})$$

$$M_{IJ}=13.49\times0.55\times6=44.52(\text{kN}\cdot\text{m})$$

$$M_{BA}=13.49\times(1-0.55)\times6=36.42(\text{kN}\cdot\text{m})$$

$$M_{FE}=20.02\times(1-0.55)\times6=54.05(\text{kN}\cdot\text{m})$$

$$M_{JI}=13.49\times(1-0.55)\times6=36.42(\text{kN}\cdot\text{m})$$

（4）求出各横梁梁端的弯矩。

$$M_{DH}=M_{DC}=6.75 \text{ kN}\cdot\text{m}$$

$$M_{HD}=\frac{3.5}{3.5+3.5}\times8.49=4.245(\text{kN}\cdot\text{m})$$

$$M_{HM}=\frac{3.5}{3.5+3.5}\times8.49=4.245(\text{kN}\cdot\text{m})$$

$$M_{MH}=M_{ML}=6.75 \text{ kN}\cdot\text{m}$$

$$M_{CG}=M_{CD}+M_{CB}=5.53+18.6=24.13(\text{kN}\cdot\text{m})$$

$$M_{GC}=\frac{5}{5+5}(M_{GH}+M_{GF})=0.5\times(6.95+30.68)=18.815(\text{kN}\cdot\text{m})$$

$$M_{GL}=\frac{5}{5+5}(M_{GH}+M_{GF})=0.5\times(6.95+30.68)=18.815(\text{kN}\cdot\text{m})$$

$$M_{LG}=M_{LM}+M_{LJ}=5.53+18.6=24.13(\text{kN}\cdot\text{m})$$

$$M_{BF}=M_{BC}+M_{BA}=18.6+36.42=55.02(\text{kN}\cdot\text{m})$$

$$M_{FB} = \frac{7}{7+7}(M_{FG}+M_{FE}) = 0.5\times(30.68+54.05) = 42.365(\text{kN}\cdot\text{m})$$

$$M_{FJ} = \frac{7}{7+7}(M_{FG}+M_{FE}) = 0.5\times(30.68+54.05) = 42.365(\text{kN}\cdot\text{m})$$

$$M_{JF} = M_{JL}+M_{JL} = 18.6+36.42 = 55.02(\text{kN}\cdot\text{m})$$

5. 绘制弯矩图(略)。

6.8 构件设计中的一些重要规定

框架结构的简化手算方法分析内力和位移,应分别在竖向荷载、风荷载或地震作用下单独进行计算,然后按非抗震设计时荷载效应进行组合或抗震设计时荷载效应与地震作用效应进行组合。

组合后的框架侧向位移应校核是否满足位移限制值的要求。如果已满足,则按组合后的内力进行构件截面设计,不满足时,则应修改构件截面大小或提高混凝土强度等级,然后再进行内力和位移计算,直至侧向位移满足限制值。

在高层建筑框架结构中,可不考虑活荷载的不利布置(见第4.1.2节)。

风荷载及水平地震作用时,应按两个主轴方向作用分别进行,内力和位移计算每个方向水平力必须考虑正、反两个方向作用。在有斜交布置的抗侧力框架结构中,当沿斜交方向作用的水平力可能使斜交抗侧力框架的内力比主轴方向水平力产生的内力更大时,则应计算斜向水平力作用下的内力。

内力组合后的取用值,梁端控制截面在柱边,柱端控制截面在梁底及梁顶(图6.19)。按轴线计算简图得到的弯矩和剪力值宜换算到设计控制截面处的相应值。为了简便设计,也可采用轴线处的内力值,但是这将增大配筋量和结构的承载力。

框架梁、柱构件截面应分别按正截面承载力计算和斜截面承载力计算,并应按有关规定要求进行配筋。

有抗震设防的框架角柱,应按双向偏心受压构件计算。抗震等级为一、二、三、级时,角柱的内力设计值乘以增大系数。

地震区的高层建筑框架结构,要求强柱弱梁、强剪弱弯、强底层柱等,抗震等级为一、二、三级时,梁、柱内力设计值均应乘以提高系数。

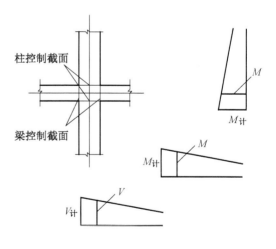

图 6.19 梁、柱端设计控制截面

框架梁、柱节点,应设计成强节点,使节点区在地震作用下能基本处于弹性状态,避免出现脆性破坏。抗震等级为一、二级时,节点应进行受剪承载力的验算。

框架梁、节点区,必须配置箍筋,并保证梁的纵向钢筋锚固。

钢框架梁柱板件宽厚比限值,应符合表6.8的规定。

表 6.8 钢框架梁柱板件宽厚比限值

板件名称		抗震等级				非抗震设计
		一级	二级	三级	四级	
柱	工字形截面翼缘外伸部分	10	11	12	13	13
	工字形截面腹板	43	45	48	52	52
	箱形截面壁板	33	36	38	40	40
	冷成型方管壁板	32	35	37	40	40
	圆管(径厚比)	50	55	60	70	70
梁	工字形截面和箱形截面翼缘外伸部分	9	9	10	11	11
	箱形截面翼缘在两腹板之间部分	30	30	32	36	36
	工字形截面和箱形截面腹板	$72-120\rho$ $\geqslant 30$	$72-120\rho$ $\geqslant 35$	$80-110\rho$ $\geqslant 40$	$85-120\rho$ $\geqslant 45$	$85-120\rho$

注:1. 表中 $\rho=N/(fA)$ 为梁轴压比;

2. 表列数值适用于 Q235 钢,采用其他牌号应乘以 $\sqrt{235/f_y}$,圆管应乘以 $235/f_y$;

3. 冷成型方管适用于 Q235GJ 或 Q345GJ 钢;

4. 非抗侧力构件的板件宽厚比,应按现行国家标准《钢结构设计规范》(GB 50017)的有关规定执行。

6.9 梁截面设计及构造

6.9.1 钢筋混凝土梁截面设计及构造

框架梁的正截面承载力、斜截面受剪承载力、扭曲截面承载力可按现行国家标准《混凝土规范》的有关规定进行计算。

框架梁的剪力设计值,应按下列规定计算:

(1) 无地震组合时,取考虑风荷载组合的剪力设计值。

(2) 有地震组合时,按抗震等级分为:

一级抗震等级

$$V_b = 1.3 \frac{(M_b^l + M_b^r)}{l_n} + V_{Gb} \tag{6-33}$$

二级抗震等级

$$V_b = 1.2 \frac{(M_b^l + M_b^r)}{l_n} + V_{Gb} \tag{6-34}$$

三级抗震等级

$$V_b = 1.1 \frac{(M_b^l + M_b^r)}{l_n} + V_{Gb} \tag{6-35}$$

9 度设防烈度和一级抗震等级的框架结构尚应符合

$$V_b = 1.1 \frac{(M_{bua}^l + M_{bua}^r)}{l_n} + V_{Gb} \tag{6-36}$$

对四级抗震等级,取地震作用组合下的剪力设计值。

式中　M_{bua}^l、M_{bua}^r——框架梁左、右端考虑承载力抗震调整系数的正截面受弯承载力值;

M_b^l、M_b^r——考虑地震作用下组合的框架梁左、右端弯矩设计值;

V_{Gb}——考虑地震作用组合时的重力荷载代表值产生的剪力设计值(9度高层建筑还应包括竖向地震作用标准值),可按简支梁计算确定;

l_n——梁的净跨。

在公式(6-36)中,M_{bua}^l与M_{bua}^r之和,应分别按顺时针和逆时针方向进行计算,并取其较大值。每端的M_{bua}可按有关公式计算,但在计算中应将纵向受拉钢筋的强度设计值以强度标准值代表,取实配的纵向钢筋截面面积,不等式改为等式,并在等式右边除以梁的正截面承载力抗震调整系数。

公式(6-33)、(6-34)、(6-35)中,M_b^l与M_b^r之和,应分别按顺时针方向和逆时针方向进行计算,并取其较大值。对一级抗震等级,当两端弯矩均为负弯矩时,绝对值较小的弯矩值应取零。

框架梁的纵向钢筋应符合下列要求:

(1)对有地震作用组合的框架梁,为防止过高的纵向钢筋配筋率,使梁具有良好的延性,避免受压混凝土过早压碎,其梁端纵向受拉钢筋的配筋率不应大于2.5%。

(2)抗震设计时,梁端截面的底面和顶面纵向钢筋截面面积的比值,除按计算确定外,一级不应小于0.5,二、三级不应小于0.3。

(3)无地震组合的框架梁纵向受拉钢筋,必须考虑温度、收缩应力所需的钢筋数量,以防发生裂缝。因此,纵向受力钢筋的最小配筋率不应小于0.20%和$0.45f_t/f_y$。

(4)对有地震组合的框架梁,为保证有必要的延性和具有一定的承载力储备,纵向受拉钢筋的配筋率应满足《高规》表6.3.2-1的要求。

(5)有地震组合的框架梁,为防止截面受压区混凝土过早被压碎而很快降低承载力,为提高延性,在梁两端箍筋加密区范围内,纵向受压钢筋截面面积A'。

(6)梁截面上部和下部至少应各配置两根纵向钢筋,其截面面积不应小于梁支座处上部钢筋中较大截面面积的1/4;且对抗震等级为一、二级时,钢筋直径不应小于14 mm;三、四级时,钢筋直径不应小于12 mm。

(7)一、二级抗震等级的框架梁,贯通中柱的每根纵向钢筋的直径,分别不宜大于与纵向钢筋相平行的柱截面尺寸的1/20;对圆形截面柱,不宜大于纵向钢筋所在位置柱截面弦长的1/20。

(8)高层框架梁宜采用直钢筋,不宜采用弯起钢筋。当梁扣除翼板厚度后的截面高度大于或等于450 mm时,在梁的两侧沿高度各配置梁扣除翼板后截面面积的0.10%纵向构造钢筋,其间距不应大于200 mm,纵向构造钢筋的直径宜偏小取用,其长度贯通梁全长,伸入柱内长度按受拉锚固长度,如接头应安受拉搭接长度考虑。梁两侧纵向构造钢筋宜用拉筋连接,拉筋直径一般与箍筋相同,当箍筋直径大于10 mm时,拉筋直径可采用10 mm,拉筋间距为非加密箍筋间距的2倍。

(9)焊接,特别是十字交叉形的焊接容易使钢筋变脆,不利于抗震。因此,应避免将纵向钢筋与箍筋、拉筋、埋件等焊接。

非抗震设计的框架梁和次梁,其纵向钢筋的配筋构造应符合下列要求:

(1)当梁端实际受到部分约束但按简支计算时,应在支座区上部设置纵向构造钢筋。也可用梁上部架立钢筋取代该纵向钢筋,但其面积不应小于梁跨中下部纵向受力钢筋计算所需截面面积的1/4,且不少于两根。该附加纵向钢筋自支座边缘向跨内的伸出长度不应少于$0.2l_0$,l_0为该跨梁的计算跨度。

(2)在采用绑扎骨架的钢筋混凝土梁中,承受剪力的钢筋,宜优先采用箍筋。当设置弯起钢筋时,弯起钢筋的弯终点外应留有锚固长度,其长度在受拉区不应小于$20d$,在受压区不应小于$10d$。梁底层钢筋中角部钢筋不应弯起。梁中弯起钢筋的弯起角宜取$45°$或$60°$。弯起钢筋不应采用浮筋。

(3)在梁的受拉区中,弯起钢筋的弯起点,可设在按正截面受弯承载力计算不需要该钢筋截面之前;但弯起钢筋与梁中心线的交点,应在不需要该钢筋的截面之外。同时,弯起点与按计算充分利用该钢筋的截面之间的距离,不应小于$h_0/2$。

(4)梁支座截面负弯矩纵向受拉钢筋不宜在受拉区截断。如必须截断时,应按以下规定进行:

① 当$V \leqslant 0.7f_t bh_0$时,应延伸至按正截面受弯承载力计算不需要该钢筋的截面以外不小于$20d$处截断;且从该钢筋强度充分利用截面伸出的长度不应小于$1.2l_a$。

② 当$V > 0.7f_t bh_0$时,应延伸至按正截面受弯承载力计算不需要该钢筋的截面以外不小于h_0且不小于$20d$处截断;且从该钢筋强度充分利用截面伸出的长度不应小于$1.2l_a + h_0$。

③ 若按上述规定确定的截断点仍位于与支座最大负弯矩对应的受拉区内,则应延伸至不需要该钢筋的截面以外不小于$1.3h_0$且不小于$20d$;且从该钢筋强度充分利用截面伸出的延伸长度不应小于$1.2l_a + 1.7h_0$。

(5)非抗震设计时,受拉钢筋的最小锚固长度应取l_a。钢筋接头可采用机械接头、搭接接头和焊接接头。受拉钢筋绑扎搭接接头的搭接长度应根据位于同一连接区段内搭接钢筋面积百分率按下式计算,且不应小于300 mm。

$$l_1 = \zeta_1 l_a \tag{6-37}$$

式中　　l_1——受拉钢筋的搭接长度;

　　　　l_a——受拉钢筋的锚固长度,应按现行《混凝土规范》规定采用;

　　　　ζ_1——受拉钢筋搭接长度修正系数,应按《混凝土规范》表8.4.4采用。

有抗震设防时的框架梁,其纵向钢筋的配筋构造应符合下列要求:

(1)抗震设计时钢筋混凝土结构构件纵向受力钢筋的锚固和连接,应符合下列要求:

① 纵向受拉钢筋的最小锚固长度应按下列各式采用:

$$\text{一、二级抗震等级} \qquad l_{aE} = 1.15l_a \tag{6-38}$$

$$\text{三能抗震等级} \qquad l_{aE} = 1.05l_a \tag{6-39}$$

$$\text{四级抗震等级} \qquad l_{aE} = 1.00l_a \tag{6-40}$$

式中　　l_{aE}——抗震设计时受拉钢筋的锚固长度;

② 当采用搭接接头时,纵向受拉钢筋的抗震搭接长度应按下列公式计算:

$$l_{lE} = \zeta_l l_{aE} \qquad (6\text{-}41)$$

式中 l_{lE}——抗震设计时受拉钢筋的搭接长度；

③ 受拉钢筋直径大于 28 mm、受压钢筋直径大于 32 mm 时，不宜采用搭接接头；

④ 现浇钢筋混凝土框架梁纵向受力钢筋的连接方法，应遵守下列规定：一级宜采用机械接头，二、三、四级可采用搭接或焊接接头；

⑤ 当采用焊接接头时，应检查钢筋的可焊性；

⑥ 位于同一连接区段内的受力钢筋接头面积率不宜超过 50%；

⑦ 当接头位置无法避开梁端、柱端箍筋加密区时，应采用机械连接接头，且钢筋接头面积率不应超过 50%；

⑧ 钢筋机械接头、搭接接头及焊接接头，尚应遵守有关规定。

(2) 抗震设计时，框架梁和框架柱的纵向受力钢筋在框架节点区的锚固和搭接，应符合规范要求。

无地震组合梁中箍筋的间距应符合下列规定：

(1) 梁中箍筋的最大间距宜符合表 6.8 的规定，当 $V > 0.7 f_t b h_0$ 时，箍筋的配筋率 $\left(\rho_{sv} = \dfrac{A_{sv}}{b_s}\right)$ 尚不应小于 $0.24 f_t / f_{yv}$，箍筋不同直径、肢数和间距的百分率值见表 6.8。

表 6.9 无地震组合梁箍筋的最大间距(mm)

h_b(mm) $\diagdown$ V	$V > 0.7 f_t b h_0$	$V \leqslant 0.7 f_t b h_0$
$150 < h_b \leqslant 300$ mm	150	200
$300 < h_b \leqslant 500$ mm	200	300
$500 < h_b \leqslant 800$ mm	250	350
$h_b \leqslant 800$ mm	300	400

(2) 当梁中配有计算需要的纵向受压钢筋时，箍筋应做成封闭式，箍筋的间距在绑扎骨架中不应大于 15d，在焊接骨架中不应大于 20d(d 为纵向受压钢筋的最小直径)，同时在任何情况下均不应大于 400 mm；当一层内的纵向受压钢筋多于 3 根时，应设置复合箍筋；当一层内的纵向受压钢筋多于 5 根且直径大于 18 mm 时，箍筋间距不应大于 10d；当梁的宽度不大于 400 mm，且一层内的纵向受压钢筋不多于 4 根时，可不设置复合箍筋。

(3) 在受压搭接长度范围内应配置箍筋，箍筋直径不宜小于搭接钢筋直径的 0.25 倍；箍筋间距：当为受拉时不应大于搭接钢筋较小直径的 5 倍，且不应大于 100 mm；当为受压时不应大于搭接钢筋较小直径的 10 倍，且不应大于 200 mm。当受压钢筋直径大于 25 mm 时，应搭接接头两端面外 100 mm 范围内各设置两根箍筋。

有地震组合框架梁中箍筋的构造要求，应符合下列规定：

(1) 梁端箍筋的加密长度、箍筋最大间距和箍筋最小直径，应按表 6.9 的规定取用；当梁端纵向受拉钢筋配筋率大于 2% 时，表中箍筋最小直径应增大 2 mm。

表 6.10 梁端箍筋加密区的构造要求

抗震等级	箍筋加密区长度	箍筋最大间距	箍筋最小直径

一级	2 h 或 500 mm 两者中的最大值	纵向钢筋直径的 6 倍,梁高的 1/4 和 100 mm 三者中的最小值	$\phi 10$
二级		纵向钢筋直径的 8 倍,梁高的 1/4 和 100 mm 三者中的最小值	$\phi 8$
三级	1.5 h 或 500 mm 两者中的最大值	纵向钢筋直径的 8 倍,梁高的 1/4 和 150 mm 三者中的最小值	$\phi 8$
四级		纵向钢筋直径的 8 倍,梁高的 1/4 和 150 mm 三者中的最小值	$\phi 6$

(2) 第一个箍筋应设置在距构件节点边缘不大于 50 mm 处。

(3) 梁箍筋加密区长度内的箍筋肢距,一级抗震等级不宜大于 200 mm 及 20 倍箍筋直径的较大值;二、三级抗震等级不宜大于 250 mm 及 20 倍箍筋直径较大值,四级抗震等级不宜大于 300 mm。

(4) 沿梁全长箍筋的配筋率 ρ_{sv} 应符合下列规定:

一级抗震等级:

$$\rho_{sv} \geqslant \frac{0.30 f_t}{f_{yv}} \tag{6-42}$$

二级抗震等级:

$$\rho_{sv} \geqslant \frac{0.28 f_t}{f_{yv}} \tag{6-43}$$

三、四抗震等级:

$$\rho_{sv} \geqslant \frac{0.26 f_t}{f_{yv}} \tag{6-44}$$

(5) 非加密区的箍筋最大间距不宜大于加密区箍筋间距的 2 倍,且不大于表 6.9 的规定。

(6) 梁的箍筋应有135°弯钩,弯钩端部直段长度不应小于 10 倍箍筋直径和 75 mm 的较大值。

6.9.2 钢梁截面设计及构造

在高层建筑钢结构中,无论框架梁或仅承受重力荷载的梁,其受力状态为单向受弯。一般采用双轴对称的轧制或焊接 H 型钢截面,对跨度较大或受荷很大,而高度又受到限制的部位,可采用抗弯和抗扭性能较好的箱形截面(双腹板梁)。有些设计考虑了钢梁和混凝土的共同作用,形成组合梁。大多数设计,在钢梁承载力计算时,不考虑楼板对钢梁的作用,而在计算钢梁的刚度时,则要考虑混凝土楼板对钢梁的组合作用。

1) 梁的强度

梁的抗弯强度应按下列公式计算:

$$\frac{M_x}{\gamma_x W_{nx}} \leqslant f \tag{6-45}$$

式中　M_x——梁对 x 轴的弯矩设计值;

　　　W_{nx}——梁对 x 轴的净截面模量;

γ_x——截面塑性发展系数,非抗震设计时按现行国家标准《钢结构设计规范》(GB 50017)的规定采用,抗震设计时宜取 1.0;

f——钢材强度设计值,抗震设计时应按规定除以 γ_{RE}。

在主平面内受弯的实腹构件,其抗剪强度应按下列公式计算:

$$\tau = \frac{VS}{It_w} \leqslant f_v \qquad (6\text{-}46)$$

框架梁端部截面的抗剪强度,应按下列公式计算:

$$\tau = \frac{V}{A_{wn}} \leqslant f_v \qquad (6\text{-}47)$$

式中 V——计算截面沿腹板平面作用的剪力;

S——计算剪应力处以上毛截面对中性轴的面积矩;

I——毛截面惯性矩;

t_w——腹板厚度;

A_{wn}——扣除焊接孔和螺栓孔后的腹板受剪面积;

f_v——钢材抗剪强度设计值,抗震设计时应规定除以 γ_{RE}。

当在多遇地震组合下进行构件承载力计算时,托柱梁地震作用产生的内力应乘以增大系数,增大系数不得小于 1.5。

2)梁的稳定

梁的稳定,除设置刚性隔板情况外,应按下列公式计算:

$$\frac{M_x}{\varphi_b W_x} \leqslant f \qquad (6\text{-}48)$$

式中 W_x——梁的毛截面模量(单轴对称者以受压翼缘为准);

φ_b——梁的整体稳定系数,应按现行国家标准《钢结构设计规范》(GB 50017)的规定确定。当梁在端部仅以腹板与柱(或主梁)相连时,φ_b(或 $\varphi_b > 0.6$ 时的 φ_b')应乘以降低系数 0.85;

f——钢材强度设计值,抗震设计时应按规定除以 γ_{RE}。

当梁上设有符合现行国家标准《钢结构设计规范》(GB 50017)中规定的整体式楼板时,可不计算梁的整体稳定性。

梁设有侧向支撑体系,并符合现行国家标准《钢结构设计规范》(GB 50017)规定的受压翼缘自由长度与其宽度之比的限值时,可不计算整体稳定。按三级及以上抗震等级设计的高层民用建筑钢结构,梁受压翼缘在支撑连接点间的长度与其宽度之比,应符合现行国家标准《钢结构设计规范》(GB 50017)关于塑性设计时的长细比要求。在罕遇地震作用下可能出现塑性铰处,梁的上下翼缘均应设侧向支撑点。

6.10　柱截面设计及构造

6.10.1 钢筋混凝土柱截面设计及构造

框架柱和框支柱的正截面承载力、斜截面承载力可按现行《混凝土规范》的有关规定进行计算。

考虑地震作用组合的各种结构类型的框架柱的轴压比 $\mu_N = N/f_c A$，不宜大于表 6.3 规定的限值。

无地震组合和有地震组合而抗震等级为四级的框架柱，柱端弯矩值取竖向荷载、风荷载或水平地震作用下组合所得的最不利设计值。

抗震设计时，一、二、三级框架的梁、柱节点处，除顶层和柱轴压比小于 0.15 者外，柱端考虑地震作用的组合弯矩值应按下列规定予以调整：

一级抗震等级的框架结构和 9 度设防烈度的一级抗震等级框架：

$$\sum M_c = 1.2 \sum M_{bua} \tag{6-49}$$

二级抗震等级：

$$\sum M_c = 1.5 \sum M_b \tag{6-50}$$

三级抗震等级：

$$\sum M_c = 1.3 \sum M_b \tag{6-51}$$

四级抗震等级：

$$\sum M_c = 1.2 \sum M_b \tag{6-52}$$

式中　$\sum M_c$——节点上、下柱端截面顺时针或逆时针方向组合弯矩设计值之和；上、下柱端的弯矩，可按弹性分析的弯矩比例进行分配；

　　　$\sum M_b$——节点左、右梁端面逆时针或顺时针方向组合弯矩设计值之和；节点左、右梁端均这负弯矩时绝对值较小一端的弯矩应取零；

　　　$\sum M_{bua}$——节点左、右梁端逆时针或顺时针方向实配的正截面抗震受弯承载力所对应的弯矩值之和，可根据实际配筋面积和材料强度标准确定。

规范本意：

(1) 优先考虑采用实配反算的方法进行验算，一级的框架结构和 9 度的一级框架，只需按梁端实配抗震受弯承载力确定柱端弯矩设计值，即使按增大系数的方法比实配方法保守，也可不采用增大系数的方法。

(2) 二、三级框架结构，有条件时也可采用实配反算的方法，但式中的系数 1.2 可适当降低，如取 1.1 即可。

抗震设计时，一、二、三、四级框架结构的底层柱底截面的弯矩设计值，应分别采用考虑地震作用组合的弯矩值与增大系数 1.7、1.5、1.3 和 1.2 的乘积。

抗震设计时，框架角柱应按双向偏心受力构件进行正截面承载力设计。一、二、三级框架角柱经按上述规定调整后的弯矩、剪力设计值宜乘以不小于 1.1 的增大系数。

抗震设计时，框架柱端部截面组合的剪力设计值，一、二、三级应按下列公式调整；四级时可直接取才考虑地震作用组合的剪力计算值。

一级抗震等级的框架结构结构和 9 度设防烈度一级抗震等级的框架应符合：

$$V_c = 1.2 \frac{(M'_{cua} + M^b_{cua})}{H_n} \qquad (6\text{-}53)$$

二级抗震等级：

$$V_c = 1.3 \frac{(M'_c + M^b_c)}{H_n} \qquad (6\text{-}54)$$

三级抗震等级：

$$V_c = 1.2 \frac{(M'_c + M^b_c)}{H_n} \qquad (6\text{-}55)$$

四级抗震等级：

$$V_c = 1.1 \frac{(M'_c + M^b_c)}{H_n} \qquad (6\text{-}56)$$

式中　H_n——柱的净高；

M'_c、M^b_c——分别为柱上、下端顺时针或逆时针方向截面组合的弯矩设计值；

M'_{cua}、M^b_{cua}——分别为柱上、下端顺时针或逆时针方向实配的正截面抗震受弯承载力所对应的弯矩值，可根据实配受压钢筋面积，材料强度标准值和轴向压力等确定。

柱的纵向钢筋配置，应符合下列规定：

(1) 全部纵向钢筋的配筋率，非抗震设计不应大于 6%，抗震设计不应大于 5%。

(2) 全部纵向钢筋的配筋率，不应小于规范的规定值，且柱每一侧纵向钢筋配筋率不应小于 0.2%。

柱的纵向钢筋配置，尚应满足下列要求：

(1) 抗震设计时宜采用对称配筋。

(2) 抗震设计时，截面尺寸大于 400 mm 的柱，其纵向钢筋间距不宜大于 200 mm；非抗震设计时，柱纵向钢筋间距不应大于 350 mm；柱纵向钢筋净距均不应小于 50 mm。

(3) 一级且剪跨比不大于 2 的柱，其单侧纵向受拉钢筋的配筋率不宜大于 1.2%，且应沿柱全长采用复合箍筋。

(4) 边柱、角柱及剪力墙柱考虑地震作用组合产生小偏心受拉时，柱内纵筋总截面面积宜比计算值增加 25%。

柱纵向受力钢筋的连接法，应遵守下列规定：

(1) 框架柱：一、二级抗震等级及三级抗震等级的底层，宜采用机械接头，三级抗震等级的其他部位和四级抗震等级，可采用搭接或焊接接头。

(2) 框支柱：宜采用机械接头。

(3) 当采用焊接接头时，应检查钢筋的可焊性。

(4) 位于同一连接区段内的受力钢筋接头面积率不宜超过 50%。

(5) 当接头位置无法避开梁端、柱端箍筋加密区时，应采用机械连接接头，且钢筋接头面积率不应超过 50%；

(6) 钢筋机械接头、搭接接头及焊接接头，尚应遵守有关标准、规范的规定。

框架底层柱纵向钢筋锚入基础的长度满足下列要求：

(1) 在单独柱基、地基梁、筏形基础中,柱纵向钢筋应全部直通到基础底;

(2) 箱形基础中,边柱与剪力墙相连的柱,仅一侧有墙和四周无墙的地下室内柱相同,纵向钢筋应全部直通到基础底,其他内柱可把四角纵向钢筋通到基础底,其余纵向钢筋可伸入墙体内 $45d$。当有多层箱形基础时,上述伸到基础底的纵向钢筋,除四角钢筋外,其余可仅伸至箱形基础最上一层的墙底。

非抗震设计时,柱中箍筋应符合以下规定:

(1) 箍筋应为封闭式。

(2) 箍筋间距不应大于 400 mm,且不应大于构件截面的短边尺寸和最小纵向钢筋直径的 15 倍。

(3) 箍筋直径不应小于最大纵向钢筋直径的 1/4,且不应小于 6 mm。

(4) 当柱中全部纵向受力钢筋的配筋率超过 3% 时,箍筋直径不应小于 8 mm,箍筋间距不应大于最小纵向钢筋直径的 10 倍,且不应大于 200 mm。箍筋末端应做成135°弯钩,弯钩末端直段长度不应小于 10 倍箍筋直径,且不应小于 75 mm。

(5) 当柱每边纵筋多于 3 根时,应设置复合箍筋(可采用拉条)。

(6) 当柱纵向钢筋采用搭接做法时,搭接长度范围内箍筋直径不应小于搭接钢筋最大直径的 0.25 倍;在纵向受拉钢筋的搭接长度范围内的箍筋间距不应大于搭接钢筋较小直径的 5 倍,且不应大于 100 mm;在纵向受压钢筋的搭接长度范围内的箍筋间距不应大于搭接钢筋较小直径的 10 倍,且不应大于 200 mm。

抗震设计时,柱箍筋应在下列范围内加密:

(1) 二层及二层以上的柱两端应取矩形截面柱之长边尺寸(或圆形截面柱之直径)、柱净高之 1/6 和 500 mm 三者之最大值范围内。

(2) 底层柱刚性地面上、下各 500 mm 的范围内。

(3) 底层柱柱根以上 1/3。

(4) 剪跨比不大于 2 的柱和因填充墙等形成的柱净高与截面高度之比不大于 4 的柱全高范围内。

(5) 一级及二级框架的角柱的全高范围。

(6) 需要提高变形能力的柱的全高范围。

抗震设计时,柱箍筋加密区的箍筋最小直径和最大间距,应符合下列规定:

(1) 剪跨比不大于 2 的柱,箍筋间距不应大于 100 mm,一级时尚不应大于 6 倍的纵向钢筋直径。

(2) 三级框架柱截面尺寸不大于 400 mm 时,箍筋最小直径允许采用 6 mm;二级框架柱箍筋直径不小于 10 mm、肢距不大于 200 mm 时,除柱根外最大间距允许采用 150 mm。

柱箍筋加密区箍筋的体积配筋率应符合下列规定:

(1) 柱箍筋加密区箍筋的体积配筋率,应符合下列规定:

$$\rho_v \geqslant \lambda_v \frac{f_c}{f_{yv}} \tag{6-57}$$

式中　ρ_v——柱箍筋加密区的体积配筋率,计算中应扣除重叠部分的箍筋体积;

　　　f_c——混凝土轴心抗压强度设计值;当强度等级低于 C35 时,按 C35 取值;

f_{yv}——箍筋及拉筋抗拉强度设计值；

λ_v——最小配箍特征值。

（2）对一、二、三、四级抗震等级的框架柱,其箍筋加密区范围内箍筋的体积配筋率尚且分别不应小于 0.8％、0.6％、0.4％和 0.4％。

抗震设计时,柱箍筋设置应符合下列要求：

（1）箍筋应有135°弯钩,弯钩端部直段长度不应小于 10 倍的 箍和筋直径,且不小于 75 mm。

（2）箍筋加密区的箍筋肢距,一级不宜大于 200 mm;二、三级不宜大于 250 mm 和 20 倍箍筋直径的较大值,四级不宜大于 300 mm。每隔一根纵向钢筋宜在两个方向有箍筋约束;采用拉筋组合箍时,拉筋宜紧纵向钢筋并勾住封闭箍。

（3）剪跨比不大于 2 的柱宜采用复合螺旋箍或井字复合箍,其加密区体积配箍率不应小于 1.2％;设防烈度为 9 度时,不应小于 1.5％。

抗震设计时,框架柱非加密区的箍筋,其体积配箍率不宜小于加密区的一半;其箍筋间距,不应大于加密区箍筋间距的 2 倍,且一、二级不应大于 10 倍纵向钢筋直径,三、四级不应大于 15 倍纵向钢筋直径。

柱的纵筋不应与箍筋、拉筋及预埋件等焊接。

柱的箍筋体积配箍率 ρ_v 按下式计算：

$$\rho_v = \sum \frac{\alpha_k l_k}{l_1 l_2 s} \qquad (6\text{-}58)$$

式中 α_k——箍筋单肢截面面积；

l_k——对应于 α_k 的箍筋单肢总长度,重叠段按一肢计算；

$l_1 l_2$——柱核芯混凝土面积的两个边长（图 6.20）；

当柱的纵向钢筋每边 4 根及 4 根以上时,宜采用井字形箍筋。

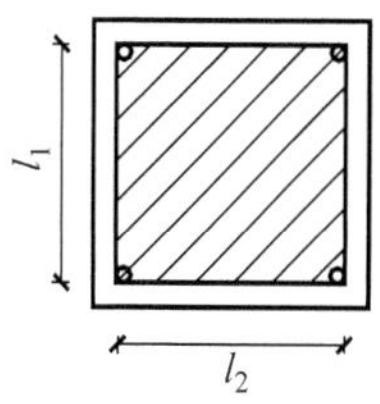

图 6.20　柱核芯

6.10.2　钢柱截面设计及构造

1）轴心受压柱

轴心受压柱的稳定性应按下式计算：

$$\frac{N}{\varphi A} \leqslant f \qquad (6\text{-}59)$$

式中 N——轴心压力设计值；

A——柱的毛截面面积；

φ——轴心受压构件稳定系数,应按现行国家标准《钢结构设计规范》（GB 50017）的规定采用；

f——钢材强度设计值,抗震设计时应按规定除以 γ_{RE}。

轴心受压柱的长细比不宜大于 $120\sqrt{235/f_y}$, f_y 为钢材的屈服强度。

2）框架柱

与梁刚性连接并参与承受水平作用的框架柱,应按《高层民用建筑钢结构技术规程》（JGJ 99—2015）第 6 章的规定计算内力,并应按现行国家标准《钢结构设计规范》（GB 50017）的有关规定及本节的各项规定计算其强度和稳定性。

框架柱稳定计算应符合下列规定：

(1) 结构内力分析可采用一阶线弹性分析或二阶线弹性分析。当二阶效应系数大于 0.1 时，宜采用二阶线弹性分析。二阶效应系数不应大于 0.25。

框架结构的二阶效应系数应按下式确定：

$$\theta_i = \frac{\sum N \cdot \Delta u}{\sum H \cdot h_i} \tag{6-60}$$

式中　$\sum N$——所考虑楼层以上所有竖向荷载之和，按荷载设计值计算；

$\sum H$——所考虑楼层的总水平力，按荷载的设计值计算；

Δu——所考虑楼层的层间位移；

h_i——第 i 楼层的层高。

(2) 当采用二阶线弹性分析时，应在各楼层的楼盖处加上假想水平力，此时框架柱的计算长度系数取 1.0。

① 假想水平力 H_{ni} 应按下式确定：

$$H_{ni} = \frac{Q_i}{250} \sqrt{\frac{f_y}{235}} \sqrt{0.2 + \frac{1}{n}} \tag{6-61a}$$

式中　Q_i——第 i 楼层的总重力荷载设计值；

n——框架总层数，当 $\sqrt{0.2+1/n} > 1$ 时，取此根号值为 1.0。

② 内力采用放大系数法近似考虑二阶效应时，允许采用叠加原理进行内力组合。放大系数的计算统一采用下列荷载组合下的重力：

$$1.2D + 1.4[\psi L + 0.5(1-\psi)L] = 1.2D + 1.4 \times 0.5(1+\psi)L \tag{6-61b}$$

式中　D——恒载；

L——活荷载；

ψ——活荷载的准永久系数。

③ 当采用一阶线弹性分析时，纯框架柱的计算长度系数可按下式确定：

$$\mu = \sqrt{\frac{7.5K_1 K_2 + 4(K_1 + K_2) + 1.6}{7.5K_1 K_2 + K_1 + K_2}} \tag{6-62}$$

式中　K_1、K_2——分别为交于柱上、下端的横梁线刚度之和与柱线刚度之和的比值。

a. 若与所考虑的柱相连的梁远端出现以下情况，则在计算 K_1 和 K_2 时梁的线刚度首先应进行修正：当梁的远端铰接时，梁的线刚度应乘以 0.5；当梁的远端固接时，梁的线刚度应乘以 2/3；当梁近端与柱铰接时，梁的线刚度为零。

b. 对底层框架柱，K_2 应符合以下规定：下端铰接且具有明确转动可能时，$K_2 = 0$；下端采用平板式铰支座时，$K_2 = 0.1$；下端刚接时，$K_2 = 10$。

c. 当与柱刚接的横梁承受的轴力很大时，横梁线刚度应进行折减，折减系数 α 为：横梁远端与柱刚接时，$\alpha = 1 - N_b/4N_{Eb}$；横梁远端铰接时，$\alpha = 1 - N_b/N_{Eb}$；横梁远端嵌固时，$\alpha = 1 - N_b/2N_{Eb}$。

式中　$N_b = \pi^2 E I_b / l_b^2$——钢柱的轴力设计值；

I_b、l_b——分别为与钢柱相连的横梁惯性矩和长度。

d. 纯框架结构当设有摇摆柱时,由式(6-62)计算得到的计算长度系数应乘以下列放大系数:

$$\eta = \sqrt{1 + \frac{\sum P_K}{\sum N_j}}$$

式中　$\sum P_K$ ——本层所有摇摆柱的轴力之和;

　　　$\sum N_j$ ——本层所有框架柱的轴力之和。

摇摆柱本身的计算长度系数为 1.0。

④ 当框架按无侧移失稳模式设计时,框架柱的计算长度系数可按下式确定:

$$\mu = \sqrt{\frac{(1+0.41K_1)(1+0.41K_2)}{(1+0.82K_1)(1+0.82K_2)}} \tag{6-63}$$

a. 若与所考虑的柱相连的梁远端出现以下情况,则在计算 K_1 和 K_2 时梁的线刚度首先应进行修正:当梁的远端铰接时,梁的线刚度应乘以 1.5;当梁的远端固接时,梁的线刚度应乘以 2;当梁近端与柱铰接时,梁的线刚度为零。

b. 对底层框架柱,K_2 应符合以下规定:下端铰接且具有明确转动可能时,$K_2=0$;下端采用平板式铰支座时,$K_2=0.1$;下端刚接时,$K_2=10$。

c. 当与柱刚接的横梁承受的轴力很大时,横梁线刚度应进行折减,折减系数 α 为:横梁远端与柱刚接时,$\alpha=1-N_b/N_{Eb}$;横梁远端铰接时,$\alpha=1-N_b/N_{Eb}$;横梁远端嵌固时,$\alpha=1-N_b/2N_{Eb}$。

式中　$N_b = \pi^2 E I_b / l_b^2$ ——钢柱的轴力设计值;

　　　I_b 和 l_b ——分别为与钢柱相连的横梁惯性矩和长度。

框架柱的长细比。抗震设计时:一级不应大于 $60\sqrt{235/f_y}$,二级不应大于 $70\sqrt{235/f_y}$,三级不应大于 $80\sqrt{235/f_y}$,四级不应大于 $100\sqrt{235/f_y}$。

进行多遇地震作用下构件承载力计算时,钢结构转换构件下的钢框架柱,地震作用产生的内力应乘以增大系数,其值可采用 1.5。

6.11　框架梁柱节点核心区截面抗震验算

6.11.1　一般框架梁柱节点

1) 一、二级框架梁柱节点核心区组合的剪力设计值,应按下列公式计算

设防烈度为 9 度的结构以及一级抗震等级的框架结构:

$$V_j = \frac{1.15\sum M_{bua}}{h_{b0}-a_s'}\left(1-\frac{h_{b0}-a_s'}{H_c-h_b}\right) \tag{6-64}$$

其他情况

$$V_j = \frac{\eta_{jb}\sum M_b}{h_{b0}-a_s'}\left(1-\frac{h_{b0}-a_s'}{H_c-h_b}\right) \tag{6-65}$$

式中 V_j——梁柱核心区组合的剪力设计值;

      h_{b0}——梁截面的有效高度,节点两侧梁截面高度不等时可采用平均值;

      a_s'——梁受压钢筋合力点至受压边缘的距离;

      H_c——柱的计算高度,可采用节点上、下柱反弯点之间的距离;

      h_{b0}——梁的截面高度,节点两侧梁截面高度不等时可采用平均值;

      η_{jb}——节点剪力增大系数,一级取 1.35,二级取 1.2;

      $\sum M_b$——节点左、右梁端反时针或顺时针方向组合的弯矩设计值之和;一级节点左、右梁端弯矩均为负值时,绝对值较小的弯矩应取零;

      $\sum M_{bua}$——节点左、右梁端反时针或顺时针方向按实配钢筋面积(计入受压钢筋)和材料强度标准值和受弯承载力所对应的弯矩设计值之和。

2) 核心区截面有效计算的宽度,应按下列规定采用

(1) 当验算方向的梁截面宽度不小于该侧柱截面宽度的 1/2 时,可采用该侧柱截面宽度;当小于柱截面宽度的 1/2 时,可采用下列两者的较小值:

$$b_j = b_b + 0.5h_c \tag{6-66}$$

$$b_j = b_c \tag{6-67}$$

式中 b_j——节点核心区的截面有效计算宽度;

      b_b——梁截面宽度;

      h_c——验算方向的柱截面高度;

      b_c——验算方向的柱截面宽度。

(2) 当梁、柱的中线不重合且偏心距不大于柱截面宽度的 1/2 时,可采用本条第(1)款和下式计算结果的较小值。

$$b_j = 0.5(b_b + b_c) + 0.25h_c - e \tag{6-68}$$

式中 e——梁与柱中线偏心距。

3) 节点核心区受剪截面应符合下式要求

$$V_j \leqslant \frac{1}{\gamma_{RE}}(0.3\eta_j\beta_c f_c b_j h_j) \tag{6-69}$$

式中 η_j——正交梁的约束影响系数;楼板为现浇、梁柱中线重合、四侧各梁截面宽度不小于该侧柱截面宽度的 1/2 且正交方向梁高度不小于框架梁高度的 3/4 时,可采用 1.5,9 度时宜采用 1.25,其他情况宜采用 1.0;

      h_j——节点核心区的截面高度,可采用验算方向的柱截面 h_c;

      γ_{RE}——承载力抗震调整系数,可采用 0.85;

      β_c——混凝土强度影响系数;

      f_c——混凝土轴心受压强度设计值。

4) 节点核心区截面受剪承载力,应按下列公式验算

(1) 设防烈度为 9 度时:

$$V_j \leqslant \frac{1}{\gamma_{RE}}\left(0.9\eta_j f_t b_j h_j + f_{yv} A_{svj}\frac{h_{b0} - a_s'}{s}\right) \tag{6-70}$$

（2）其他情况：

$$V_j \leqslant \frac{1}{\gamma_{RE}} \left(1.1 \eta_j f_t b_j h_j + 0.05 \eta_j N \frac{b_j}{b_c} + f_{yv} A_{svj} \frac{h_{b0} - a_s^i}{s} \right) \quad (6-71)$$

式中 N——对应于组合剪力设计值的上柱组合轴向力设计值；当 N 为轴向压力时，不应大于柱的截面面积和混凝土轴心抗压强度设计值乘积的 50%；当 N 为拉力时，应取为零；

A_{svj}——核心区有效验算宽度范围内同一截面验算方向箍筋各肢的全截面面积；

h_{b0}——框架梁截面有效高度，节点两侧梁截面高度不等时，取平均值；

f_{yv}——箍筋的抗拉强度设计值；

f_t——混凝土轴心抗拉强度设计值；

s——箍筋间距。

6.11.2 梁宽大于柱宽的扁梁框架的梁柱节点

（1）楼盖应采用现浇，梁柱中心线宜重合。

（2）扁梁框架的梁柱节点核心区应根据上部纵向钢筋在柱宽范围内、外的截面面积比例，对柱宽以内和柱宽以外的范围分别计算受剪承载力。计算柱外节点核心区的剪力设计值时，可不考虑节点以上柱下端的剪力作用。

（3）节点核心区计算除应符合一般梁柱节点的要求外，尚应符合下列要求：

① 计算核心区受剪截面时，核心区有效宽度可取梁宽与柱宽的平均值；

② 四边有梁的节点约束影响系数，计算柱宽范围内核心区的受剪承载力时可取 1.5，计算柱宽范围外核心区的受剪承载力时宜取 1.0；

③ 计算核心区受剪承载力时，在柱宽范围内的核心区，轴力的取值可同一般梁柱节点；柱宽以外的核心区可不考虑轴向压力对受剪承载力有有利作用；

④ 锚入柱内的梁上部纵向钢筋宜大于其全部钢筋截面面积的 60%。

6.11.3 圆柱的梁柱节点

梁中线与柱中线重合时，圆柱框架梁柱节点核心区受剪截面应符合下式要求：

$$V_j \leqslant \frac{1}{\gamma_{RE}} (0.3 \eta_j \beta_c f_c A_j) \quad (6-72)$$

式中 η_j——正交梁的约束影响系数，可按 6.11.1 中第 3）条确定，其中柱截面宽度可按柱直径采用；

A_j——节点核心区有效截面面积，当梁宽 b_b 不小于圆柱直径 D 的一半时，可取为 $0.8D^2$；当梁宽 b_b 不小城柱直径的一半但不小于柱直径的 0.4 倍时，可取为 $0.8D(b_b + D/2)$。

（1）抗震设防烈度为 9 度时：

$$V_j \leqslant \frac{1}{\gamma_{RE}} \left(1.2 \eta_j f_t A_j + 1.57 f_{yv} A_{sh} \frac{h_{b0} - a_s'}{s} + f_{yv} A_{svj} \frac{h_{b0} - a_s'}{s} \right) \quad (6-73)$$

（2）其他情况：

$$V_j \leqslant \frac{1}{\gamma_{RE}}\left(1.5\eta_j f_t A_j + 0.05\eta_j \frac{N}{D^2}A_j + 1.57 f_{yv}A_{sh}\frac{h_{b0}-a'_s}{s} + f_{yv}A_{svj}\frac{h_{b0}-a'_s}{s}\right) \quad (6-74)$$

式中 A_{sh}——单根圆形箍筋的截面面积;

A_{svj}——计算方向上同一截面的拉筋和非圆形箍筋的总截面面积;

D——圆柱截面直径;

N——轴向力设计值。

各类框架节点核芯区的箍筋和纵向钢筋配置,应符合下列要求:

(1) 对一、二、三级抗震等级的框架节点核心区,其箍筋最小配筋特征值分别不宜小于 0.12、0.10 和 0.08,且其箍筋体积配箍率分别不宜小于 0.6%、0.5% 和 0.4%。

(2) 柱中的纵向受力钢筋,不宜在节点中切断。

思考题

6-1 框架结构的计算简图如何确定?

6-2 框架承重体系有哪 3 种? 如何初步选择框架梁与柱的截面尺寸?

6-3 反弯点法与 D 值法的异同点是什么? D 值的意义是什么?

6-4 在水平荷载作用下框架的变形有何特征?

6-5 采用分层法计算竖向荷载作用下内力时,为什么对柱线刚度乘以 0.9 系数,对传递系数取用 1/3?

6-6 影响 D 值法中反弯点高度的因素有哪些?

6-7 延性框架的特点是什么? 延性框架设计的原则是什么?

6-8 什么叫强柱弱梁? 强柱弱梁是否要求柱子的截面大于梁的截面? 强柱弱梁是否要求柱子的线刚度大于梁的线刚度?

6-9 为什么要设计成强剪弱弯的梁或柱? 怎样设计才能实现强剪弱弯?

6-10 何谓短柱? 破坏特点是什么? 设计中如何处理?

7 剪力墙结构设计

7.1 剪力墙结构的结构布置

7.1.1 剪力墙结构的结构布置

当住宅、公寓、饭店等建筑,在底部一层或多层须设置机房、汽车房、商店、餐厅等较大平面空间用房时,可以设计成上部为一般剪力墙结构,底部为部分剪力墙落到基础,其余为框架承托上部剪力墙结构。剪力墙结构的平面体形,可根据建筑功能需要,设计成各种形状,剪力墙应按各类房屋使用要求、满足抗侧力刚度和承载力进行合理布置。剪力墙结构的布置要求除第 2.1.2 节所述外,列于如下:

(1) 剪力墙的抗侧刚度及承载力均较大,为充分利用剪力墙的能力,减轻结构重量,增大剪力墙结构的可利用空间,墙不宜布置太密,使结构具有适宜的侧向刚度,刚度不宜过大。

(2) 短肢剪力墙是多肢墙中墙肢较弱的一种剪力墙,接近于框架。短肢剪力墙结构有利于住宅建筑布置,又可进一步减轻结构自重。但是在高层住宅中,由于短肢剪力墙抗震性能较差,地震区应用经验不多,为安全起见,高层建筑结构不应采用全部为短肢剪力墙的剪力墙结构。短肢剪力墙较多时,应布置筒体(或一般剪力墙),形成短肢剪力墙与筒体(或一般剪力墙)共同抵抗水平力的剪力墙结构,并应符合下列规定:

① 其最大适用高度应比剪力墙结构的规定值适当降低,且 7 度和 8 度抗震设计时分别不应大于 100 m 和 60 m。

② 抗震设计时,筒体和一般剪力墙承受的第一振型底部地震倾覆力矩不宜小于结构总底部地震倾覆力矩的 50%。

③ 抗震设计时,各层短肢剪力墙的抗震等级应比规定的剪力墙的抗震等级提高一级采用。

④ 抗震设计时,各层短肢剪力墙在重力荷载代表值作用下产生的轴力设计值的轴压比,抗震等级为一、二、三时分别不宜大于 0.5、0.6 和 0.7;对于无翼缘或端柱的一字形短肢剪力墙,其轴压比限值相应降低 0.1。

⑤ 抗震设计时,除底部加强部位应调整剪力设计值外,其他各层短肢剪力墙的剪力设计值,一、二级抗震等级应分别乘以增大系数 1.4 和 1.2。

⑥ 抗震设计时,短肢剪力墙截面的全部纵向钢筋的配筋率,底部加强部位不宜小于1.2%,其他部位不宜小于 1.0%。

⑦ 短肢剪力墙截面厚度不应小于 200 mm。

⑧ 7 度和 8 度抗震设计时,短肢剪力墙宜设置翼缘。一字形短肢剪力墙平面外不宜布置

与之单侧相交的楼面梁。

⑨ B 级高度高层建筑和 9 度抗震设计的 A 级高度高层建筑,不应采用以上规定的具有较多短肢剪力墙的剪力墙结构。

（3）剪力墙的门窗洞口宜上下对齐、成列布置,形成明确的墙肢和连梁。宜避免使用墙肢刚度相差悬殊的洞口设置。抗震设计时,一、二、三级抗震等级剪力墙的底部加强部位不宜采用错洞墙,其他情况如无法避免错洞墙,宜控制错洞口间的水平距离不小于 2 m,设计时应仔细计算分析,并在洞口周边采取有效构造措施(图 7.1a、b)。一、二、三级抗震设计的剪力墙不宜采用叠合错洞墙;当无法避免叠合错洞布置时,应按有限元方法仔细计算分析,并在洞口周边采取加强措施(图 7.1c),或采用其他轻质材料填充将叠合洞口转化为规则洞口(图 7.1d,其中阴影部分表示轻质填充墙体)。

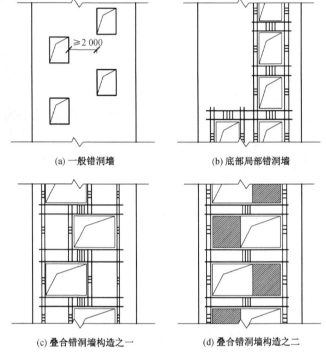

(a) 一般错洞墙   (b) 底部局部错洞墙

(c) 叠合错洞墙构造之一   (d) 叠合错洞墙构造之二

图 7.1 剪力墙洞口不对齐时的构造措施

错洞墙的内力和位移计算应符合有关规定。对结构整体计算中采用杆系、薄壁杆系模型或对洞口作了简化处理的其他有限元模型时,应对不规则开洞墙的计算结果进行分析、判断,并进行补充计算和校核。目前除了平面有限元方法外,尚没有更好的简化方法计算错洞墙。采用弹性平面有限元方法得到应力后,可不考虑混凝土的作用,按应力进行配筋,并加强构造措施。

（4）剪力墙结构应具有延性,细高的剪力墙(高宽比大于 2)容易设计成弯曲破坏的延性剪力墙,从而可避免脆性的剪切破坏。当墙的长度很长时,为了满足每个墙段高宽比大于 2 的要求,可用约束弯矩较小的楼面梁(即弱连梁,其跨高比一般不小于 6)将墙分成长度较为均匀的若干个独立墙段(图 7.2),每个独立墙段可为整体墙或联肢墙,墙肢截面高度不宜大于 8 m。

（5）当剪力墙与平面外方向的梁连接时,会造成墙肢平面外弯矩,而一般情况下并不验算墙平面外的刚度及承载力。

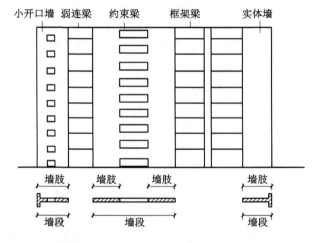

图 7.2 剪力墙的墙段及墙肢示意图

当梁高大于 2 倍墙厚时,梁端弯矩对墙平面外不利,应当采取措施,以保证剪力墙平面外的安全。

（6）应控制剪力墙平面外的弯矩。当剪力墙墙肢与其平面外方向的楼面梁连接时,应至

少采取以下措施中的一个措施,减小梁端部弯矩对墙的不利影响:

① 沿梁轴线方向设置与梁相连的剪力墙,抵抗该墙肢平面外弯矩;

② 当不能设置与梁轴线方向相连的剪力墙时,宜在墙与梁相交处设置扶壁柱,扶壁柱宜按计算确定截面及配筋;

③ 当不能设置扶壁柱时,应在墙与梁相交处设置暗柱,并宜按计算确定配筋;

④ 必要时,剪力墙内可设置型钢。

本条所列措施,均可增大墙肢抵抗平面外弯矩的能力。另外,对截面较小的楼面梁可设计为铰接或半刚接,减少墙肢平面外弯矩。铰接端或半刚接端可通过弯矩调幅或梁变截面来实现,此时应相应加大梁跨中弯矩。

(7) 剪力墙开洞形成的跨高比小于 5 的连梁,应按本章有关规定进行设计;当跨高比不小于 5 时,宜按框架梁进行设计。

(8) 抗震设计时,一般剪力墙结构底部加强部位的高度可取墙肢总高度的 1/8 和底部两层两者的较大值,当剪力墙高度超过 150 m 时,其底部加强部位的高度可取墙肢总高度的 1/10;部分框支剪力墙结构底部加强部位的高度应符合本章的规定。

(9) 不宜将楼面主梁支承在剪力墙之间的连梁上。

(10) 楼面梁与剪力墙连接时,梁内纵向钢筋应伸入墙内,并可靠锚固。

(11) 高层剪力墙结构,当采用预制圆孔板、预制大楼板等预制装配式楼板时,剪力墙厚度不宜小于 160 mm。预制板板缝宽度不宜小于 40 mm,板缝大于 60 mm 时应在板缝内配置钢筋。有抗震设防时,高度大于 50 m 的剪力墙结构中,宜采用现浇楼板或装配整体式叠合楼板。

(12) 高层剪力墙结构的女儿墙宜采用现浇。当采用预制女儿墙板时,高度一般不宜大于 1.5 m,且拼接板缝应设置现浇钢筋混凝土小柱。

(13) 屋顶局部突出的电梯机房、楼梯间、水箱间等小房墙体,应采用现浇钢筋混凝土,且尽量使下部剪力墙延伸,不得采用砖砌体结构。

7.1.2 工程实例

【例 7-1】:上海国泰公寓,地上 24 层高层住宅,现浇剪力墙结构,图 7.3 为标准层结构平面布置;北京方圆逸居,地上 24 层高层住宅,现浇剪力墙结构,图 7.4 为标准层结构平面布置。

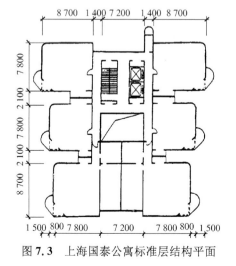

图 7.3 上海国泰公寓标准层结构平面

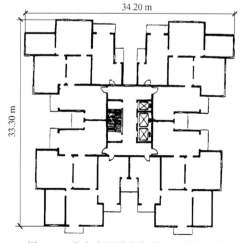

图 7.4 北京方圆逸居标准层结构平面

可以看出,在剪力墙的结构平面布置图上,两幢建筑有不少相同之处:

(1) 双向布置抗侧力构件;

(2) 间距较大(8 m 左右);

(3) 墙体对齐、拉直,尽可能成一直线;

(4) 极少单片墙、短肢墙,亦无过长墙肢。

【例 7-2】:某住宅综合楼,建筑面积 5.3 万 m^2,地下 1 层,地上 28 层,结构高度 79.6 m,最高处 87.4 m,结构沿竖向质量及刚度分布均匀,但标准层由两个切角正方形单元连接而成,类似哑铃,平面体型较为复杂,对抗震不利。

本工程抗震设防烈度为 7 度,Ⅱ类场地土,基本风压为 0.5 kN/m^2。

(1) 结构方案

本工程上部标准层为住宅,每个单元由 9 个建筑分单元组成,其结构布置利用单元中部设置的两部电梯、设备管道井及一个剪刀楼梯所围合的剪力墙内筒体单元,作为结构的主要抗侧力构件,但围绕其周围的 8 个住宅单元结构如何布置值得推敲。

考虑到剪力墙结构对住宅平面布置有利,但限制了底部公共建筑用途的平面布置,采用框架结构可以取得底部公共建筑的较大空间,但对住宅平面布置又不适合。经过反复分析,多次试算,最终确定采用短肢剪力墙结构体系,其结构平面布置见图 7.5。

(2) 设计中的几个问题和采取的措施

① 墙肢设计

地震作用下短肢剪力墙的抗扭性能较弱,设计中对周边及角点处墙肢采用"L 形"、"匚形"短肢墙,对少量的"一字形"短肢墙,均严格控制其轴压比小于 0.6,且控制墙肢

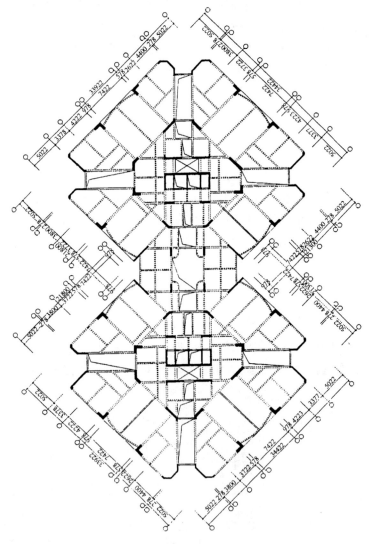

图 7.5 标准层结构平面图

的轴压比尽量均匀,避免墙肢应力差异太大。"一字形"短肢墙在配筋构造中除两端设有暗柱外,其水平筋按照抗扭要求形成封闭箍,并考虑平面外问题对其竖向纵筋也进行了适当的加强。

② 连梁设计

采用短肢剪力墙后,出现两种连梁形式。一种是连梁跨度较小,承受的竖向荷载也较小,配筋由水平力引起的剪力和弯矩控制,跨中弯矩很小,剪力沿梁长基本均匀分布,梁端弯矩也基本对称,是常规情况,如楼电梯间墙肢间连梁。设计中均按常规将梁面和梁底贯通纵筋基本配成一样,箍筋也沿全长加密。另一种连梁内力分布类似框架梁,跨度较大,承受的竖向荷载也较大,由于其线刚度较小,在水平力作用下所分配到的内力较小,所以由竖向荷载控制配筋,大部分短肢墙间的连梁即为此类。设计中基本是参照框架梁来设计,梁底筋按计算结果贯通配置,梁面筋如梁端负筋较多时,则不必将所有负筋全部拉通,而将部分负筋在梁跨1/3处截断;箍筋配置也一样,没有沿全长加密,仅在梁端按框架梁抗震构造要求设置加密箍。

③ 楼面薄弱部位所采取的措施

由于每个单元中在住宅单元间开有槽口,两个单元中部连接处开有采光天井,造成了住宅单元间及两个单元中部连接处的楼板不连续,为确保水平力的可靠传递,采取了如下的构造加强措施:a.首先在每个槽口敞开端每隔一层设置拉梁,且该拉梁按剪力墙间连梁配置构造;b.对中部连接处的楼板适当加厚,且双向双层配筋。中部连接处角部及围合采光天井短墙肢均采取配筋加强措施,与之相连的连梁同样按剪力墙间连梁配筋构造。

7.2 剪力墙的分类及刚度计算

7.2.1 双肢墙计算公式的推导

1) 基本假定及思路

基本假定:

(1) 连梁的刚度在一个层的空间连续平均分布;

(2) 由于楼盖在平面内的刚度无限大,墙肢发生的转角处处相等;

(3) 连梁的反弯点在连梁的中央;

(4) 连梁的轴向变形可以忽略;

(5) 层高、墙肢截面面积、墙肢惯性矩、连梁截面面积和连梁惯性矩等几何参数沿墙高方向均为常数。

基本思路:

将基本体系简化成一个正对称体系和一个反对称体系,在正对称体系下,没有变形。所以只需考虑反对称体系,在反对称体系中,连梁中央只有剪力而没有轴力和弯矩,然后利用基本体系在外荷载和切口处剪力的作用下,沿切口处剪力的方向上位移为零的条件(图7.6)。

2) 微分方程的建立

由结构力学知

$$\delta(x) = \left(\sum \int \frac{\overline{M_b}M_b}{E_c I_b}ds + \sum \int \frac{\mu \overline{V_b}V_b}{GA_b}ds + \sum \int \frac{\overline{N_b}N_b}{E_c A_b}ds \right) + \left(\sum \int \frac{\overline{M_j}M_j}{E_c I_j}ds + \sum \int \frac{\mu \overline{V_j}V_j}{GA_j}ds + \sum \int \frac{\overline{N_j}N_j}{E_c A_j}ds \right)$$

(7-1)

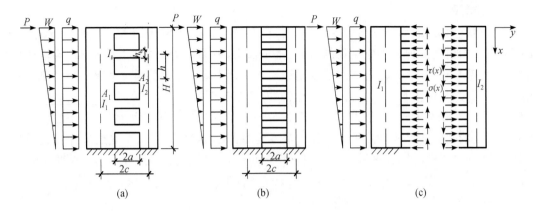

图 7.6 双肢墙的计算简图和基本体系

式(7-1)前一部分是连梁的内力产生的,连梁没有轴力,所以切口处由连梁的轴力产生的位移为零,后一部分是由墙肢的内力产生的,在切口处施加单位剪力,墙肢没有剪力产生,所以由墙肢的剪力在切口处产生的位移也为零,综上所述,位移由剩下的 4 部分组成。

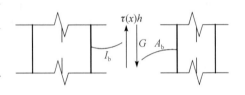

图 7.7 连梁剪切变形和弯曲变形

(1) 由连梁切口处的剪力产生的切口处剪切变形和弯曲变形(图 7.7)为:

$$
\begin{aligned}
\delta_1(x) &= \sum \int \frac{M_b \overline{M_b}}{E_c I_{b0}} \mathrm{d}s + \sum \int \frac{\mu V_b \overline{V_b}}{GA_b} \mathrm{d}s \\
&= 2q(x)\left[\frac{(l/2)^3 h}{3E_c I_{b0}} + \frac{\mu(l/2)h}{GA_b}\right] = \frac{l^3 hq(x)}{12E_c I_b}
\end{aligned}
\tag{7-2}
$$

其中 l 为连梁的计算长度,$E_c I_b = \dfrac{E_c I_{bo}}{1 + \dfrac{12\mu E_c I_{bo}}{l^2 GA_b}}$,是连梁考虑剪切变形的等效刚度。

(2) 由连梁剪力在墙肢中产生的轴力在连梁切口处的变形(图 7.8)为:

$$
\delta_2(x) = \sum \int \frac{N_j \overline{N_j}}{E_c A_j} \mathrm{d}s = \frac{1}{E_c}\left(\frac{1}{A_1} + \frac{1}{A_2}\right) \int_0^x \int_x^H q(x)\mathrm{d}^2 x
\tag{7-3}
$$

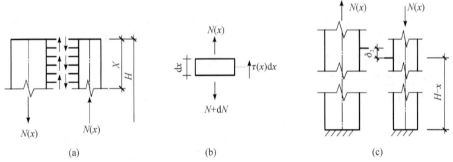

图 7.8 墙肢轴向变形

(3) 由墙肢弯曲转动产生的连梁切口处的变形(图 7.9)为:

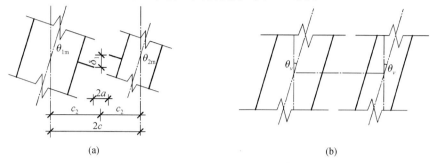

图 **7.9** 墙肢转角变形

假设墙肢转过了 θ 转角,则:

$$\delta_3(x) = -a\theta \tag{7-4}$$

上式右边的负号表示 δ 的方向和 δ、δ 的相反,a 为墙肢形心间的距离。

又由材料力学公式

$$\frac{M}{EI} = \frac{\mathrm{d}^2 y}{\mathrm{d}x^2} \tag{7-5}$$

得到

$$E_c(I_1 + I_2)\theta' = M_x - a\int_x^H q(x)\mathrm{d}x \tag{7-6}$$

式中 I_1、I_2——分别为墙肢 1、2 的惯性矩。

对上式求导,得到 $E_c(I_1 + I_2)\theta' = [V_x + aq(x)]$,

故

$$\theta' = \frac{1}{E_c(I_1 + I_2)}[V_x + aq(x)] \tag{7-7}$$

$$\text{令 } V_x = V_0 B,$$

① 顶点集中荷载, $\qquad V_x = V_0$

② 均布荷载, $\qquad V_x = V_0\left(1 - \frac{x}{H}\right) \tag{7-8}$

③ 倒三角荷载, $\qquad V_x = V_0\left(1 - \frac{x^2}{H^2}\right)$

根据切口处竖向变形协调条件:

$$\delta_1(x) + \delta_2(x) + \delta_3(x) = 0 \tag{7-9}$$

将式(7-2)、(7-3)、(7-4)代入式(7-9),得到:

$$a\theta - \frac{1}{E_c}\left(\frac{1}{A_1} + \frac{1}{A_2}\right)\int_0^x\int_x^h q(x)\mathrm{d}^2 x - \frac{l^3 h}{12E_c I_b}q(x) = 0 \tag{7-10}$$

对上式微分两次,得:

$$a\theta'' + \frac{1}{E_c}\left(\frac{1}{A_1} + \frac{1}{A_2}\right)q(x) - \frac{l^3 h}{12E_c I_b}q''(x) = 0 \tag{7-11}$$

将式(7-7)、(7-8)代入式(7-11),并在方程两边同除于 a^2,得:

$$\frac{1}{aE_c(I_1+I_2)}(V_0B+aq)+\frac{1}{a^2E_c}\frac{A_1+A_2}{A_1A_2}q-\frac{l^3h}{12E_cI_ba^2}q''=0 \tag{7-12}$$

令

$$C_b=\frac{12a^2E_cI_b}{l^3h} \tag{7-13}$$

C_b 为单位高度上连梁的转角刚度,证明如下:

对于带刚域的梁

$$C_b=\frac{(m_{12}+m_{21})}{h}=\frac{12i}{h}\frac{C+C'}{2}=\frac{12i}{h}\left[\frac{1+\alpha-\beta}{(1-\alpha-\beta)^3}+\frac{1-\alpha+\beta}{(1-\alpha-\beta)^3}\right]/2$$

$$=\frac{12I}{h}\frac{a^3}{l^3}=\frac{a^3}{l^3}\frac{12E_cI_b}{ha}=\frac{12a^2E_cI_b}{l^3h}$$

证毕。

可见,C_b 与 a^3/l^3 关系很大,即由刚域的作用很大。a 为墙肢形心间距离,l 为连梁的计算长度。

令

$$S=\frac{aA_1A_2}{A_1+A_2} \tag{7-14}$$

S 为截面的面积矩,反映墙肢轴向变形的参数,证明如下:

设有双肢墙见图 7.10,

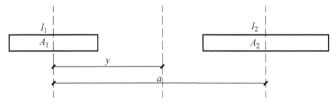

图 7.10 双肢墙截面

求其形心 y:

$$A_2a=(A_1+A_2)\cdot y \tag{7-15}$$

$$y=\frac{A_2}{A_1+A_2}\cdot a \tag{7-16}$$

故面积矩

$$S=A_1\cdot y=\frac{aA_1A_2}{A_1+A_2} \tag{7-17}$$

证毕。

令

$$\alpha_1^2=\frac{C_bH^2}{E_c(I_1+I_2)} \tag{7-18}$$

α_1 为不考虑轴向变形影响的剪力墙墙肢的整体性系数,也可表示为 $\alpha_1^2=\dfrac{C_bH}{E_c(I_1+I_2)/H}$,

式右的分子为梁的总转角刚度,分母为墙肢的线刚度,α_1 越大,说明连梁相对于墙肢的刚度越大,所以 α_1 是剪力墙结构的刚度特征值。

令

$$\alpha^2=\alpha_1^2+\frac{C_bH^2}{E_cas} \tag{7-19}$$

α 为考虑了墙肢轴向变形的整体性系数,后一项为轴向变形对整体性系数 α 的影响参数。

将式(7-13)、(7-14)代入式(7-12)得:

$$\frac{C_b}{aE_c(I_1+I_2)}V_0B+\frac{C_bq}{E_c(I_1+I_2)}+\frac{C_b}{aE_cS}q=q'' \tag{7-20}$$

将式(7-18)代入式(7-12)得:

$$q''-\frac{q}{H^2}\left[\frac{C_bH^2}{E_c(I_1+I_2)}+\frac{C_bH^2}{aE_cS}\right]=\frac{\alpha_1^2}{aH^2}V_0B \tag{7-21}$$

整理后得到微分方程:

$$q''-\frac{\alpha^2}{H^2}q=\frac{\alpha_1^2}{aH^2}V_0B \tag{7-22}$$

根据该微分方程解得通解 q,然后制成表格,就可很容易地计算墙肢的其他内力。

3)划分剪力墙类别的两个参数

(1)由式(7-18)、(7-19)可见,α 反映了连梁刚度与墙肢刚度的比值,其值越大,连梁刚度相对墙越好,整体性越好,因此 α 是划分剪力墙类别的重要参数。

(2)将式(7-18)代入式(7-19)得:

$$\alpha^2=\frac{C_bH^2}{E_c(I_1+I_2)}\frac{aS+I_1+I_2}{aS} \tag{7-23}$$

设:I 为剪力墙对组合截面形心的惯性矩,I_n 为扣除墙肢惯性矩后的剪力墙惯性矩,则:

$$I_n=y^2A_1+(a-y)^2A_2 \tag{7-24}$$

将式(7-16)代入得:

$$I_n=\frac{a^2A_1A_2}{A_1+A_2} \tag{7-25}$$

将式(7-14)代入得:

$$I_n=aS \tag{7-26}$$

由惯性矩 I 的定义和式(7-26)得,

$$I=I_1+I_2+I_n=I_1+I_2+aS \tag{7-27}$$

将式(7-26)、(7-27)代入式(7-23)得:

$$\alpha^2=\frac{C_bH^2}{E_c(I_1+I_2)}\frac{I}{I_n} \tag{7-28}$$

令

$$\tau=\frac{I_n}{I} \tag{7-29}$$

则式(7-28)变为:

$$\alpha^2=\frac{C_bH^2}{\tau E_c(I_1+I_2)} \tag{7-30}$$

将式(7-18)代入式(7-30)得:

$$\tau = \frac{\alpha_1^2}{\alpha^2} \tag{7-31}$$

由式(7-26)、(7-27)、(7-29)得:

$$\tau \leqslant 1.0 \tag{7-32}$$

当 $I_1 = I_2 = 0$ 时,等号成立,此时两墙肢均为无限弱。

可以证明,当双肢墙的两个肢对称,窗宽等于零时,τ 取得最大值,$\tau = 0.75$,此时两墙肢最强。因此,实际工程中,

$$0.75 < \tau < 1.0 \tag{7-33}$$

τ 的大小反映了墙肢的强弱,τ 越小墙肢越强。

由式(7-19)、(7-31)可见,τ 反映了墙肢轴向变形对整体性系数 α 的影响,由式(7-30)可见,τ 越小,α 越大,所以称 τ 为轴向变形影响系数。因此 τ 也是划分剪力墙类别的重要参数。

综上所述,α 反映了连梁刚度与墙肢刚度的比值,其值越大,连梁刚度相对墙越好,整体性越好,τ 反映了墙肢的强弱,其值越小,墙肢越强。因此,可以通过 α 和 τ 来联合判别剪力墙的类别。

7.2.2 剪力墙的分类

为了满足各种使用要求,剪力墙常开有门窗洞口。理论分析与实验研究表明:剪力墙的受力特性与变形状态取决于剪力墙上的开洞情况。有无洞口,洞口的大小、位置及形状的不同都将影响其受力性能。按不同的受力特性,可将剪力墙分为四类,下面分别介绍。

1) 整截面墙

剪力墙没有洞口或者开有一定数量的洞口,但同时满足下列条件式(7-34)、(7-35)时,可以忽略洞口的影响,此时为整体剪力墙,即整截面墙。

$$\frac{A_{0p}}{A_f} \leqslant 0.16 \tag{7-34}$$

$$l_w > l_{0max} \tag{7-35}$$

式中 A_{0p}——墙面洞口面积;

A_f——墙面面积;

l_w——洞口之间或洞口边至墙边的距离;

l_{0max}——洞口长边尺寸。

2) 整体小开口墙

剪力墙由成列洞口划分为若干墙肢,各列墙肢和连梁的刚度比较均匀,并满足下列条件的为整体小开口墙:

$$\alpha \geqslant 10 \tag{7-36}$$

$$\frac{I_n}{I} \leqslant \zeta \tag{7-37}$$

$$\alpha = H \sqrt{\frac{12 I_b a^2}{h(I_1 + I_2) l_1^3} \frac{I}{I_n}} \quad (双肢墙) \tag{7-38}$$

$$\alpha = H \sqrt{\frac{12}{\tau h \sum\limits_{j=1}^{m+1} I_j} \sum\limits_{j=1}^{m} \frac{I_{bj}\alpha_j^2}{l_j^3}} \quad \text{（多肢墙）} \tag{7-39}$$

其中，
$$I_n = I - \sum\limits_{j=1}^{m+1} I_j \tag{7-40}$$

$$I_{bj} = \frac{I_{bj0}}{1 + \dfrac{30\mu I_{bj0}}{A_{bj}L_j^2}} \tag{7-41}$$

式中　α——整体性系数；

I——剪力墙对组合截面形心的惯性矩；

I_n——扣除墙肢惯性矩后的剪力墙惯性矩；

I_{bj}——第 j 列连梁的折算惯性矩；

I_{bj0}——第 j 列连梁截面惯性矩；

μ——梁截面形状系数，矩形截面时 $\mu = 1.2$；

I_j——第 j 墙肢的惯性矩；

m——洞口列数；

h——层高；

α_j——第 j 列洞口两侧墙肢形心间距离；

H——剪力墙总高度；

I_j——第 j 列洞口连梁计算跨度，取洞口宽度加连梁高度的一半；

τ——系数，当 3～4 个墙肢时取 0.8；5～7 个墙肢时取 0.85；8 个以上墙肢时取 0.9；

ζ——系数，与建筑层数 n 和整体性系数 α 有关，见表 7.1。

表 7.1　系数 ζ 的数值

α	层数（n）					
	8	10	12	16	20	≥30
10	0.886	0.948	0.975	1.000	1.000	1.000
12	0.866	0.924	0.950	0.994	1.000	1.000
14	0.853	0.908	0.934	0.978	1.000	1.000
16	0.844	0.896	0.923	0.964	0.988	1.000
18	0.836	0.888	0.914	0.952	0.978	1.000
20	0.831	0.880	0.906	0.945	0.970	1.000
22	0.827	0.875	0.901	0.940	0.965	1.000
24	0.824	0.871	0.897	0.936	0.960	0.989
26	0.822	0.867	0.894	0.932	0.955	0.986
28	0.820	0.864	0.890	0.929	0.952	0.982
≥30	0.818	0.861	0.887	0.926	0.950	0.979

由表可见，ζ 变化范围很小，从 0.8～1.0 间，若能找到其他更敏感的参数，则更好。

整体小开口墙在水平荷载作用下，截面的正应力分布略微偏离了直线分布的规律，变成了相当于在整体墙弯曲时直线分布应力的基础上叠加上墙肢局部弯曲应力，当墙肢中的局部弯矩不超过墙体整体弯矩的 15% 时,其截面变形仍接近于整截面墙。

3) 联肢墙

当剪力墙沿竖向开有一列或多列较大的洞口,破坏了剪力墙截面的整体性时,剪力墙的截面变形不再符合平截面假定。这时,剪力墙成为由一系列连梁约束的墙肢所组成的联肢墙。当满足下式时,可按联肢墙计算:

$$\left.\begin{array}{c} \alpha < 10 \\ \dfrac{I_n}{I} \leqslant \zeta \end{array}\right\} \tag{7-42}$$

当开有一列洞口时为双肢墙,当开有多列洞口时为多肢墙。

当满足:

$$\left.\begin{array}{c} \alpha < 10 \\ \dfrac{I_n}{I} > \zeta \end{array}\right\} \tag{7-43}$$

梁很弱,墙肢也很弱,这在剪力墙中很难出现,其极端情况是铰接框架。

4) 壁式框架

当剪力墙的洞口尺寸较大,墙肢宽度较小,连梁的线刚度与墙肢的线刚度接近时,剪力墙的受力性能与框架接近,此时,称为壁式框架。当满足下式时,可按壁式框架计算:

$$\left.\begin{array}{c} \alpha \geqslant 10 \\ \dfrac{I_n}{I} > \zeta \end{array}\right\} \tag{7-44}$$

剪力墙上洞口的大小对剪力墙工作性能的影响见图 7.11。

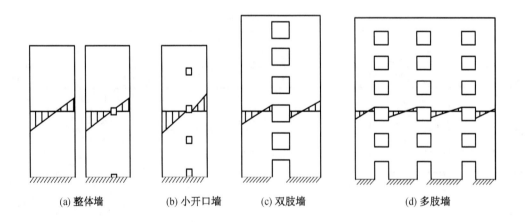

(a) 整体墙   (b) 小开口墙   (c) 双肢墙   (d) 多肢墙

图 7.11 剪力墙类型

7.2.3 等效刚度计算

（1）采用简化方法进行剪力墙的内力和位移计算时,为了考虑轴向变形和剪切变形对剪力墙的影响,剪力墙的刚度可以按顶点位移相等的原则,折算成竖向悬臂受弯构件的等效刚度。

（2）剪力墙在抗侧力协同工作时,应考虑纵横墙的共同工作。纵墙的一部分可作为横墙的有效翼缘,横墙的一部分作为纵墙的有效翼缘。现浇剪力墙的翼缘有效高度 b_i 可按图 7.12 及表 7.2 中第 4 项中的最小值取用。

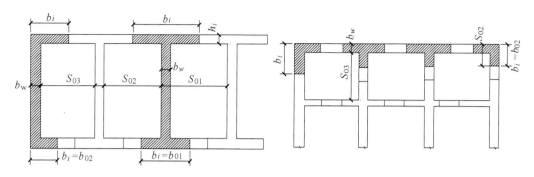

图 7.12 剪力墙的翼缘有效高度

表 7.2 剪力墙的翼缘有效高度

项次	所考虑的情况	T 形截面翼缘有效宽度	L 形截面翼缘有效宽度
1	按剪力墙的间距 s_0	$b_w + \dfrac{s_{01}}{2} + \dfrac{s_{02}}{2}$	$b_w + \dfrac{s_{03}}{2}$
2	按门窗洞净距 b_0	b_{01}	b_{02}
3	按剪力墙总高度 H	$0.15H$	$0.15H$

表中第 3 项是考虑到墙越高,翼缘的空间作用越易发挥。

（3）在剪力墙中,当墙段轴线错开距离 a 不大于实体连接墙厚度的 8 倍,且不大于 2.5 m 时,整道墙可以作为整体平面剪力墙考虑;计算所得的内力应乘以增大系数 1.2,等效刚度应乘以折减系数 0.8(图 7.13)。

当折线剪力墙的各墙段总转角不大于 15°时,可按平面剪力墙考虑(图 7.14)。

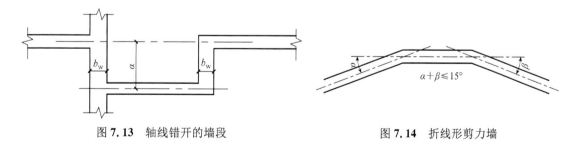

图 7.13 轴线错开的墙段　　　　图 7.14 折线形剪力墙

（4）单肢实体墙、按整截面计算的剪力墙,可按下式计算其等效刚度:

$$EI_{eq} = \frac{E_c I_w}{1 + \dfrac{9\mu I_w}{A_w H^2}} \qquad (7\text{-}45)$$

（5）整体小开口墙,按下式计算其等效刚度:

$$E_c I_{eq} = \frac{0.8 E_c I_w}{1 + \dfrac{9\mu I_w}{A_w H^2}} \qquad (7\text{-}46)$$

式中 E_c——混凝土的弹性模量;

$\quad I_w$——剪力墙的惯性矩,小洞口整截面墙取组合截面惯性与整截面惯性矩乘相应墙高,再除以两者总高(图 7.15);整体小开口墙取组合截面的惯性矩;当各层高及惯性矩不同时,剪力墙的惯性矩取各层平均值:

$$I_w = \frac{\sum I_{wI} h_I}{\sum h_I} \qquad (7-47)$$

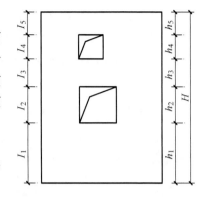

图 7.15 小洞口整体墙

$\quad A_w$——无洞口剪力墙的截面面积;小洞口整截面墙取折算截面面积。

$$A_w = \left[1 - 1.25\sqrt{\frac{A_{0p}}{A_f}}\right] A \qquad (7-48)$$

整体小开口墙取墙肢截面面积之和。

$$A_w = \sum A_i \qquad (7-49)$$

式中 A——墙截面毛面积;

$\quad A_{0p}$——墙面洞口面积;

$\quad A_f$——墙面总面积;

$\quad A_i$——第 i 墙肢截面面积;

$\quad H$——剪力墙总高度;

$\quad h_i$——第 i 层层高;

$\quad I_{wi}$——第 i 层剪力墙惯性矩;

$\quad \mu$——截面形状系数,矩形截面 $\mu=1.2$;I 形截面 $\mu = \dfrac{A}{A_{web}}$,其中 A_{web} 为腹板毛截面面积,T 形截面的 μ 按表 7.3 取用。

表 7.3 T 形截面形状系数 μ

h_w/b_w \ b_f/b_w	2	4	6	8	10	12
2	1.383	1.496	1.521	1.511	1.483	1.445
4	1.441	1.876	2.287	2.682	3.061	3.424
6	1.362	1.679	2.033	2.367	2.698	3.026
8	1.313	1.572	1.838	2.106	2.374	2.641
10	1.283	1.489	1.707	1.927	2.148	2.370
12	1.264	1.432	1.614	1.800	1.988	2.178
15	1.245	1.374	1.519	1.669	1.820	1.973
20	1.228	1.317	1.422	1.534	1.648	1.763
30	1.214	1.264	1.328	1.399	1.473	1.549
40	1.208	1.240	1.284	1.334	1.387	1.442

注:表中 b_f 为翼缘宽度;h_w 为截面高度;b_w 为墙腹板厚度。

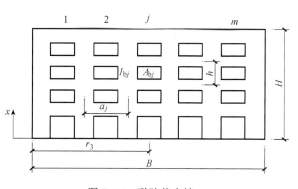

（6）联肢墙等效刚度（图 7.16），按下式计算：

倒三角分布荷载作用下：

$$EI_{eq} = \frac{\sum EI_i}{\left[(1-\tau) + (1-\beta)\tau\psi_a + 3.64\gamma_1^2\right]} \tag{7-50}$$

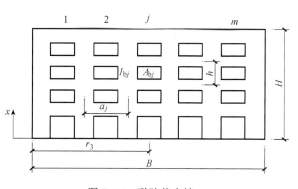

图 7.16 联肢剪力墙

均布荷载作用下：

$$EI_{eq} = \frac{\sum EI_i}{\left[(1-\tau) + (1-\beta)\tau\psi_a + 4\gamma_1^2\right]} \tag{7-51}$$

顶点集中荷载作用下：

$$EI_{eq} = \frac{\sum EI_i}{\left[(1-\tau) + (1-\beta)\tau\psi_a + 3\gamma_1^2\right]} \tag{7-52}$$

式中 $\sum EI_i$ ——各墙肢刚度之和；

τ ——多肢墙参数，3~4 肢时取 0.8；5~7 肢时取 0.85；8 肢以上时取 0.9；双肢墙时，由式（7-29）计算；

$$\beta = \alpha^2 \gamma^2 \tag{7-53}$$

当墙肢及连梁比较均匀时，可近似取：

$$\gamma^2 = \frac{2.5\mu\sum I_i}{H^2\sum A_i} \frac{\sum I_{bj}}{\sum a_j} \tag{7-54}$$

$$\gamma_1^2 = \frac{2.5\mu\sum I_i}{H^2\sum A_i} \tag{7-55}$$

式中 α ——整体系数，见式（7-19）；

I_i ——第 i 墙肢惯性矩；

A_i ——第 i 墙肢截面面积；

I_{bj} ——第 j 列连梁的折算惯性矩，见式（7-41）；

μ ——截面形状系数；

ψ_a ——由表 7.4 查出。

对于墙肢少、层数多、$H/B \geq 4$ 时，可以不考虑剪切变形的影响，取 $\gamma_1^2 = \gamma^2 = \beta = 0$。

表 7.4 ψ_a 数值表

α	三角形荷载	均布荷载	顶点集中荷载	α	三角形荷载	均布荷载	顶点集中荷载
1.0	0.720	0.722	0.715	11.0	0.026	0.027	0.022
1.5	0.537	0.540	0.528	11.5	0.023	0.025	0.020
2.0	0.399	0.403	0.388	12.0	0.022	0.023	0.019
2.5	0.302	0.306	0.290	12.5	0.020	0.021	0.017
3.0	0.234	0.238	0.222	13.0	0.019	0.020	0.016
3.5	0.186	0.190	0.175	13.5	0.017	0.018	0.015
4.0	0.151	0.155	0.140	14.0	0.016	0.017	0.014
4.5	0.125	0.128	0.115	14.5	0.015	0.016	0.013
5.0	0.105	0.108	0.096	15.0	0.014	0.015	0.012
5.5	0.089	0.092	0.081	15.5	0.013	0.014	0.011
6.0	0.077	0.080	0.069	16.0	0.012	0.013	0.010
6.5	0.067	0.070	0.060	16.5	0.012	0.013	0.010
7.0	0.058	0.061	0.052	17.0	0.011	0.012	0.009
7.5	0.052	0.054	0.046	17.5	0.010	0.011	0.009
8.0	0.046	0.048	0.041	18.0	0.010	0.011	0.008
8.5	0.041	0.043	0.036	18.5	0.009	0.010	0.008
9.0	0.037	0.039	0.032	19.0	0.009	0.009	0.007
9.5	0.034	0.035	0.029	19.5	0.008	0.009	0.007
10.0	0.031	0.032	0.027	20.0	0.008	0.009	0.007
10.5	0.028	0.030	0.024				

7.3 剪力墙截面设计及构造

剪力墙结构的混凝土强度等级不应低于 C20,带有筒体短肢剪力墙的剪力墙结构的混凝土强度等级不应低于 C25。钢筋混凝土剪力墙应进行平面内的斜截面受剪、偏心受压或偏心受拉、平面外轴心受压承载力计算。在集中荷载作用下,墙内无暗柱时还应进行局部受压承载力计算。

7.3.1 剪力墙截面尺寸

剪力墙的截面尺寸应满足下列要求:

(1) 按一、二级抗震等级设计的剪力墙的截面厚度,当两端有翼墙或端柱时,厚度不应小于层高的 1/20,且不应小于 160 mm;底部加强部位不应小于层高或剪力墙无支长度的 1/16,且不应小于 200 mm;当为无端柱或翼墙的一字形剪力墙时,其底部加强部位截面尚不应小于层高的 1/12;其他部位尚不应小于层高的 1/15,且不应小于 180 mm。

(2) 按三、四级抗震等级设计的剪力墙的截面厚度,底部加强部位不应小于层高或剪力墙无支长度的 1/20,且不应小于 160 mm;其他部位不应小于层高或剪力墙无支长度的 1/25,且不应小于 160 mm。

（3）非抗震设计的剪力墙，其截面厚度不应小于层高或剪力墙无支长度的 1/25，且不应小于 160 mm。

（4）当墙厚不能满足本条第（1）、（2）、（3）款的要求时，应计算墙体的稳定性。

（5）剪力墙井筒中，分隔电梯井或管道井的墙肢截面厚度可适当减小，但不宜小于 160 mm。

（6）为了避免剪力墙斜压破坏，要限制剪压比，为此，剪力墙的受剪截面应符合下列要求：

① 无地震作用组合时

$$V_w \leqslant 0.25\beta_c f_c b_w h_{w0} \tag{7-56}$$

② 有地震作用组合时

$$剪跨比\ \lambda > 2.5\ 时，\qquad V_w \leqslant \frac{1}{\gamma_{RE}}(0.20\beta_c f_c b_w h_{w0}) \tag{7-57}$$

$$剪跨比\ \lambda \leqslant 2.5\ 时，\qquad V_w \leqslant \frac{1}{\gamma_{RE}}(0.15\beta_c f_c b_w h_{w0}) \tag{7-58}$$

式中　V_w——剪力墙截面剪力设计值；

　　　λ——计算墙截面处的剪跨比，$\lambda = M^c/(V^c h_{w0})$，其中 M^c、V^c 应分别取与 V_w 同一组组合的、未进行调整的弯矩和剪力计算值；

　　　β_c——混凝土强度影响系数，见式（6-4）。

7.3.2　剪力墙正截面抗弯承载力计算

（1）一级抗震等级设计的剪力墙各截面弯矩设计值，应符合下列要求：

① 底部加强部位及其上一层应按墙底截面组合弯矩计算值采用；

② 其他部位可按墙肢组合弯矩计算值的 1.2 倍采用。

（2）如果双肢剪力墙中一个墙肢出现小偏心受拉，该墙肢可能会出现水平通缝而失去抗剪能力，则由荷载产生的剪力将全部转移到另一个墙肢，从而导致其抗剪承载力不足。当墙肢出现大偏心受拉时，墙肢易出现裂缝，使其刚度降低，剪力将在墙肢中重分配。因此，抗震设计的双肢剪力墙中，墙肢不宜出现小偏心受拉；当任一墙肢大偏心受拉时，另一墙肢的弯矩设计值应乘以增大系数 1.25。

（3）矩形、T 形、I 形截面偏心受压剪力墙（图 7.17）的正截面受压承载力可按《混凝土规范》的有关规定计算，也可按下列公式计算：

① 无地震作用组合时

$$N \leqslant A'_s f'_y - A_s \sigma_s - N_{sw} + N_c \tag{7-59}$$

$$N\left(e_0 + h_{w0} - \frac{h_w}{2}\right) \leqslant A'_s f'_y (h_{w0} - a'_s) - M_{sw} + M_c \tag{7-60}$$

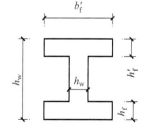

图 **7.17**　截面尺寸

当 $x > h'_f$ 时

$$N_c = \alpha_1 f_c b_w x + \alpha_1 f_c (b'_f - b_w) h'_f \tag{7-61}$$

$$M_c = \alpha_1 f_c b_w x \left(h_{w0} - \frac{x}{2}\right) + \alpha_1 f_c (b'_f - b_w) h'_f \left(h_{w0} - \frac{h'_f}{2}\right) \tag{7-62}$$

当 $x \leqslant h_{\mathrm{f}}'$ 时

$$N_{\mathrm{c}} = \alpha_1 f_{\mathrm{c}} b_{\mathrm{f}}' x \tag{7-63}$$

$$M_{\mathrm{c}} = \alpha_1 f_{\mathrm{c}} b_{\mathrm{f}}' x \left(h_{\mathrm{w0}} - \frac{x}{2}\right) \tag{7-64}$$

当 $x \leqslant \xi_{\mathrm{b}} h_{\mathrm{w0}}$ 时

$$\sigma_{\mathrm{s}} = f_{\mathrm{y}} \tag{7-65}$$

$$N_{\mathrm{sw}} = (h_{\mathrm{w0}} - 1.5x) b_{\mathrm{w}} f_{\mathrm{yw}} \rho_{\mathrm{w}} \tag{7-66}$$

$$M_{\mathrm{sw}} = \frac{1}{2} (h_{\mathrm{w0}} - 1.5x)^2 b_{\mathrm{w}} f_{\mathrm{yw}} \rho_{\mathrm{w}} \tag{7-67}$$

当 $x > \xi_{\mathrm{b}} h_{\mathrm{w0}}$ 时

$$\sigma_s = \frac{f_{\mathrm{y}}}{\xi_{\mathrm{b}} - \beta_1} \left(\frac{x}{h_{\mathrm{w0}}} - \beta_1\right) \tag{7-68}$$

$$N_{\mathrm{sw}} = 0 \tag{7-69}$$

$$M_{\mathrm{sw}} = 0 \tag{7-70}$$

$$\xi_{\mathrm{b}} = \frac{\beta_1}{1 + \dfrac{f_{\mathrm{y}}}{E_{\mathrm{s}} \varepsilon_{\mathrm{cu}}}} \tag{7-71}$$

式中　a_{s}'——剪力墙受压区端部钢筋合力点到受压区边缘的距离;

　　　b_{f}'——T 形或 I 形截面受压区翼缘宽度;

　　　e_0——偏心距,$e_0 = M/N$;

　　　f_{y}、f_{y}'——分别为剪力墙端部受拉、受压钢筋强度设计值;

　　　f_{yw}——剪力墙墙体竖向分布钢筋强度设计值;

　　　f_{c}——混凝土轴心抗压强度设计值;

　　　h_{f}'——T 形或 I 形截面受压区翼缘的高度;

　　　h_{w0}——剪力墙截面有效高度,$h_{\mathrm{w0}} = h_{\mathrm{w}} - a_{\mathrm{s}}'$;

　　　ρ_{w}——剪力墙竖向分布钢筋配筋率;

　　　ξ_{b}——界限相对受压区高度;

　　　α_1——受压区混凝土矩形应力图的应力与混凝土轴心抗压强度设计值的比值:当混凝土强度等级不超过 C50 时取 1.0;当混凝土强度等级为 C80 时取 0.94;当混凝土强度等级在 C50～C80 之间时,可按线性内插取值;

　　　β_1——随混凝土强度提高而逐渐降低的系数:当混凝土强度等级不超过 C50 时取 0.8;当混凝土强度等级为 C80 时取 0.74;当混凝土强度等级在 C50～C80 之间时,可按线性内插取值;

　　　ε_{cu}——混凝土极限压应变,应按《混凝土规范》第 7.1.2 条的有关规定采用。

　　② 有地震作用组合时,公式(7-59)、(7-60)右端均应除以承载力抗震调整系数 γ_{RE},γ_{RE} 取 0.85。

（4）矩形截面偏心受拉剪力墙的正截面承载力可按下列近似公式计算：

① 无地震作用组合

$$N \leqslant \frac{1}{\dfrac{1}{N_{0u}} + \dfrac{e_0}{M_{wu}}} \tag{7-72}$$

② 有地震作用组合

$$N \leqslant \frac{1}{\gamma_{RE}} \frac{1}{\dfrac{1}{N_{0u}} + \dfrac{e_0}{M_{wu}}} \tag{7-73}$$

式中，N_{0u} 和 M_{wu} 可按下列公式计算：

$$N_{0u} = 2A_s f_y + A_{sw} f_{yw} \tag{7-74}$$

$$M_{wu} = A_s f_y (h_{w0} - a'_s) + A_{sw} f_{yw} \frac{(h_{w0} - a'_s)}{2} \tag{7-75}$$

式中　A_{sw}——剪力墙腹板竖向分布钢筋的全部截面面积。

7.3.3　剪力墙斜截面抗剪承载力计算

（1）抗震设计时，为体现强剪弱弯的原则，剪力墙底部加强部位的剪力设计值按一、二、三级的不同要求乘以增大系数。

剪力墙底部加强部位墙肢截面的剪力设计值，一、二、三级抗震等级时应按下式调整，四级抗震等级及无地震作用组合时可不调整。

$$V = \eta_{vw} V_w \tag{7-76}$$

9 度设防烈度的一级抗震等级剪力墙尚应符合

$$V = 1.1 \frac{M_{wua}}{M_w} V_w \tag{7-77}$$

式中　V——考虑地震作用组合的剪力墙墙肢底部加强部位截面的剪力设计值；

　　　V_w——考虑地震作用组合的剪力墙墙肢底部加强部位截面的剪力计算值；

　　　M_{wua}——考虑承载力抗震调整系数 γ_{RE} 后的剪力墙墙肢正截面抗弯承载力，应按实际配筋面积、材料强度标准值和轴向力设计值确定，有翼墙时应考虑两侧各一倍翼墙厚度范围内的纵向钢筋；

　　　M_w——考虑地震作用组合的剪力墙墙肢截面的弯矩设计值；

　　　η_{vw}——剪力增大系数，一级为 1.6，二级为 1.4，三级为 1.2。

（2）偏心受压剪力墙的斜截面受剪承载力应按下列公式进行计算：

① 无地震作用组合时

$$V \leqslant \frac{1}{\lambda - 0.5} \left(0.5 f_t b_w h_{w0} + 0.13 N \frac{A_w}{A} \right) + f_{yh} \frac{A_{sh}}{s} h_{w0} \tag{7-78}$$

② 有地震作用组合时

$$V \leqslant \frac{1}{\gamma_{RE}} \left[\frac{1}{\lambda - 0.5} \left(0.4 f_t b_w h_{w0} + 0.1 N \frac{A_w}{A} \right) + 0.8 f_{yh} \frac{A_{sh}}{s} h_{w0} \right] \tag{7-79}$$

式中 N——剪力墙的轴向压力设计值;抗震设计时,应考虑地震作用效应组合;当 N 大于 $0.2f_cb_wh_w$ 时,应取 $0.2f_cb_wh_w$;

A——剪力墙截面面积;

A_w——T 形或 I 形截面剪力墙腹板的面积,矩形截面时应取 A;

λ——计算截面处的剪跨比;计算时,当 λ 小于 1.5 时应取 1.5,当 λ 大于 2.2 时应取 2.2;当计算截面与墙底之间的距离小于 $0.5h_{w0}$ 时,λ 应按距墙底 $0.5h_{w0}$ 处的弯矩值与剪力值计算;

s——剪力墙水平分布钢筋间距。

(3) 偏心受拉剪力墙的斜截面受剪承载力应按下列公式进行计算:

① 无地震作用组合时

$$V \leqslant \frac{1}{\lambda - 0.5}(0.5f_tb_wh_{w0} - 0.13N\frac{A_w}{A}) + f_{yh}\frac{A_{sh}}{s}h_{w0} \tag{7-80}$$

上式右端的计算值小于 $f_{yh}\dfrac{A_{sh}}{s}h_{w0}$ 时,取等于 $f_{yh}\dfrac{A_{sh}}{s}h_{w0}$。

② 有地震作用组合时

$$V \leqslant \frac{1}{\gamma_{RE}}\left[\frac{1}{\lambda - 0.5}(0.4f_tb_wh_{w0} - 0.1N\frac{A_w}{A}) + 0.8f_{yh}\frac{A_{sh}}{s}h_{w0}\right] \tag{7-81}$$

上式右端方括号内的计算值小于 $0.8f_{yh}\dfrac{A_{sh}}{s}h_{w0}$ 时,取等于 $0.8f_{yh}\dfrac{A_{sh}}{s}h_{w0}$。

7.3.4 施工缝抗滑移验算

按一级抗震等级设计的剪力墙,要防止水平施工缝处发生滑移。考虑了摩擦力的有利影响后,要验算通过水平施工缝的竖向钢筋是否足以抵抗水平剪力,已配置的端部和分布竖向钢筋不够时,可设置附加插筋,附加插筋在上、下层剪力墙中都要有足够的锚固长度。

按一级抗震等级设计的剪力墙,其水平施工缝处的抗滑移能力宜符合下列要求:

$$V_{wj} \leqslant \frac{1}{\gamma_{RE}}(0.6f_yA_s + 0.8N) \tag{7-82}$$

式中 V_{wj}——水平施工缝处考虑地震作用组合的剪力设计值;

A_s——水平施工缝处剪力墙腹板内竖向分布钢筋、竖向插筋和边缘构件(不包括两侧翼墙)纵向钢筋的总截面面积;

f_y——竖向钢筋抗拉强度设计值;

N——水平施工缝处考虑地震作用组合的不利轴向力设计值,压力取正值,拉力取负值。

7.3.5 剪力墙稳定计算

(1) 剪力墙墙肢应满足平面的稳定要求,根据压杆的欧拉公式由下式计算:

$$N \leqslant \frac{\pi^2 E_c I}{l_0^2} \tag{7-83}$$

作用于墙顶的竖向均布荷载为：

$$q = \frac{N}{b} \leqslant \frac{\pi^2 E_c \frac{bt^3}{12}}{b l_0{}^2} = \frac{\pi^2}{12} \frac{E_c t^3}{l_0^2} \tag{7-84}$$

考虑到墙体上压应力的不均匀性、墙体施工质量缺陷和一定的保证率，剪力墙墙肢应满足下式的出平面稳定要求：

$$q \leqslant \frac{E_c t^3}{10 l_0^2} \tag{7-85}$$

式中　q——作用于墙顶的竖向均布荷载设计值；

E_c——剪力墙混凝土弹性模量；

t——剪力墙墙肢截面厚度；

i_0——剪力墙墙肢计算长度，应按式(7-86)确定。

（2）剪力墙墙肢计算长度应按下式采用：

$$l_0 = \beta h \tag{7-86}$$

式中　β——墙肢计算长度系数，应按本条第（3）款确定；

h——墙肢所在楼层的层高。

（3）墙肢计算长度系数 β 应根据墙肢的支承条件按下列公式计算：

① 单片独立墙肢（两边支承）应按下式采用：

$$\beta = 1.00 \tag{7-87}$$

② T形、工字形剪力墙的翼缘墙肢（三边支承）应按下式计算，当计算结果小于 0.25 时，取 0.25；

$$\beta = \frac{1}{1 + \left(\frac{h}{3b_f}\right)^2} \tag{7-88}$$

③ T形剪力墙的腹板墙肢（三边支承），应按式(7-88)计算，但应将公式(7-88)中的 b_f 代以 b_w；

④ 工字形剪力墙的腹板墙肢（四边支承）应按下式计算，当计算结果小于 0.20 时，取 0.20。

$$\beta = \frac{1}{1 + \left(\frac{h}{b_w}\right)^2} \tag{7-89}$$

式中　b_f——T形、工字形剪力墙的单侧翼缘截面高度；

b_w——T形、工字形剪力墙的腹板截面高度。

7.3.6　剪力墙配筋要求

（1）矩形截面独立墙肢的截面高度 h_w 不宜小于截面厚度 b_w 的 5 倍。一、二、三级抗震等级的剪力墙其底部加强部位的墙肢轴压比，不宜大于表 7.5 的限值。

表7.5　剪力墙轴压比限值

轴压比	一级(9度)	一级(7、8度)	二、三级
$\dfrac{N}{f_c A}$	0.4	0.5	0.6

注:N为重力荷载代表值作用下剪力墙墙肢的轴向压力设计值;A为剪力墙墙肢截面面积;f_c为混凝土轴心抗压强度设计值。

（2）高层建筑剪力墙中竖向和水平分布钢筋,不应采用单排配筋。当剪力墙截面厚度b_w不大于400 mm时,可采用双排配筋;当b_w大于400 mm,但不大于700 mm时,宜采用三排配筋;当b_w大于700 mm时,宜采用四排配筋。受力钢筋可均匀分布成数排。各排分布钢筋之间的拉接筋间距不应大于600 mm,直径不应小于6 mm,在底部加强部位,约束边缘构件以外的拉接筋间距尚应适当加密。

（3）为了防止混凝土墙体在受弯裂缝出现后立即达到极限抗弯承载力,配置的竖向分布钢筋必须大于或等于最小配筋百分率。同时为了防止斜裂缝出现后发生脆性的剪拉破坏,规定了水平分布钢筋的最小配筋百分率。

剪力墙分布钢筋的配置应符合下列要求:

① 一般剪力墙竖向和水平分布筋的配筋率,一、二、三级抗震设计时均不应小于0.25%,四级抗震设计和非抗震设计时均不应小于0.20%;

② 一般剪力墙竖向和水平分布钢筋间距均不应大于300 mm;分布钢筋直径均不应小于8 mm。

（4）剪力墙竖向、水平分布钢筋的直径不宜大于墙肢截面厚度的1/10,且不应小于8 mm,竖向分布钢筋直径不宜小于10 mm。

（5）房屋顶层剪力墙以及长矩形平面房层的楼梯间和电梯间剪力墙、端开间的纵向剪力墙、端山墙的水平和竖向分布钢筋的最小配筋率不应小于0.25%,钢筋间距不应大于200 mm。

（6）剪力墙钢筋锚固和连接应符合下列要求:

① 非抗震设计时,剪力墙纵向钢筋最小锚固长度应取l_a;抗震设计时,剪力墙纵向钢筋最小锚固长度应取l_{aE}。l_{aE}应按下列要求取值:

一、二级抗震　　　　$l_{aE} = 1.15 l_a$　　　　　　　　（7-90）

三级抗震　　　　　　$l_{aE} = 1.05 l_a$　　　　　　　　（7-91）

四级抗震　　　　　　$l_{aE} = 1.00 l_a$　　　　　　　　（7-92）

② 剪力墙竖向及水平分布钢筋的搭接连接（图7.18）,一级、二级抗震等级剪力墙的加强部位,接头位置应错开,每次连接的钢筋数量不宜超过总数量的50%,错开净距不宜小于500 mm,其他情况剪力墙的钢筋可在同一部位连接。

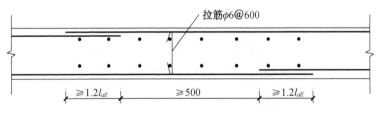

图7.18　墙内分布钢筋的连接
注:非抗震设计时图中l_{aE}应取l_a

非抗震设计时,分布钢筋的搭接长度不应小于$1.2l_a$;抗震设计时,不应小于$1.2l_{aE}$。

③ 暗柱及端柱内纵向钢筋连接和锚固要求宜与框架柱相同。

7.3.7 其他要求

(1) 一、二、三级抗震等级的剪力墙,在重力荷载代表值作用下,当墙肢底截面轴压比大于表 7.6 规定时,其底部加强部位及其上一层的墙肢端部应按第(5)条的要求设置约束边缘构件;当墙肢轴压比不大于表 7.6 规定时,其底部加强部位及其上一层的墙肢端部应按第(6)条的要求设置构造边缘构件。

表 7.6 剪力墙设置构造边缘构件的最大轴压比

轴压比	一级(9 度)	一级(7 度、8 度)	二、三级
$\dfrac{N}{f_c A}$	0.1	0.2	0.3

(2) 部分框支剪力墙结构中一、二、三级抗震等级的落地剪力墙的底部加强部位及以上一层的墙肢两端宜设置翼墙或端柱,并按第(5)条的规定设置约束边缘构件;不落地的剪力墙,应在其底部加强部位及其上一层的墙肢两端设置约束边缘构件。

(3) 一、二、三级抗震等级的剪力墙的一般部位的剪力墙以及四级抗震等级的剪力墙,应按第(6)条的规定设置构造边缘构件。

(4) 对框架-核心筒结构,一、二、三级抗震等级的核心筒角部墙体的边缘构件尚应按下列要求加强:底部加强部位墙肢约束边缘构件的长度宜取墙肢截面高度的 1/4,且约束边缘构件范围内宜全部采用箍筋;底部加强部位以上宜按第(6)条的要求设置构造边缘构件。

(5) 剪力墙约束边缘构件的主要措施是加大边缘构件的长度 l_c 及其体积配箍率 ρ_v,体积配箍率 ρ_v 由配箍特征值 λ_v 计算。剪力墙约束边缘构件(图 7-19)的设计应符合下列要求:

① 约束边缘构件沿墙肢方向的长度 l_c 和箍筋配箍特征值 λ_v 宜符合表 7.7 的要求,且一级抗震设计时箍筋间距分别不宜大于 100 mm,二、三级抗震设计时箍筋间距不宜大于 150 mm。箍筋的配筋范围如图 7.19 中的阴影面积所示,其体积配箍率 ρ_v 应按式(7-93)计算:

$$\rho_v = \lambda_v \frac{f_c}{f_{yv}} \tag{7-93}$$

式中 λ_v——约束边缘构件配箍特征值;

f_c——混凝土轴心抗压强度设计值;

f_{yv}——箍筋或拉筋的抗拉强度设计值,超过 360 MPa 时,应按 360 MPa 计算。

② 约束边缘构件纵向钢筋的配筋范围不应小于图 7.19 中阴影面积,其纵向钢筋最小截面面积,一、二、三级抗震设计时分别不应小于图中阴影面积的 1.2%、1.0% 和 1.0% 并分别不应小于 $6\phi16$、$6\phi14$ 和 $6\phi14$。

按公式(7-93),在不同混凝土强度和不同箍筋或拉筋的抗拉强度设计值,当 $\lambda_v = 0.2$ 时体积配箍率 ρ_v 如表 7.8 所列。

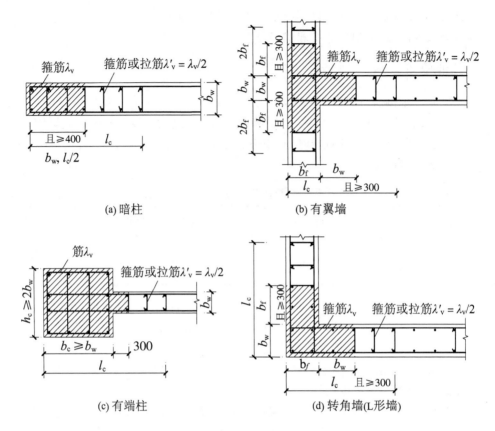

图 7.19　剪力墙的约束边缘构件

表 7.7　约束边缘构件的长度 l_c 和箍筋配箍特征值 λ_v

抗震等级（设防烈度）		一级（9 度）		一级（7 度、8 度）		二、三级	
轴压比		$\leqslant 0.2$	> 0.2	$\leqslant 0.3$	> 0.3	$\leqslant 0.4$	> 0.4
λ_v		0.12	0.20	0.12	0.20	0.12	0.20
l_c（mm）	暗柱	$0.20h_w$	$0.25h_w$	$0.15h_w$	$0.20h_w$	$0.15h_w$	$0.20h_w$
	端柱、翼墙或转角墙	$0.15h_w$	$0.20h_w$	$0.10h_w$	$0.15h_w$	$0.10h_w$	$0.15h_w$

注：1. h_w 为剪力墙墙肢的长度；

2. l_c 为约束边缘构件沿墙肢方向的长度，不应小于表中数值、墙厚和 400 mm 三者的较大值，当有端柱、翼墙或转角墙时，尚不应小于翼墙厚度或端柱沿墙肢方向截面高度加 300 mm；

3. 两侧翼墙长度小于其厚度 3 倍或端柱截面边长小于墙厚的 2 倍时，视为无翼墙或无端柱。

表 7.8　体积配箍率 ρ_v（%）值

钢筋种类	混凝土强度等级							
	C25	C30	C35	C40	C45	C50	C55	C60
HPB235	1.133	1.362	1.590	1.819	2.019	2.200	2.410	2.619
HRB335	0.793	0.953	1.113	1.273	1.413	1.540	1.687	1.833
HRB400			0.930	1.060	1.180	1.280	1.410	1.530

为了发挥约束边缘构件的作用，约束边缘构件箍筋的长边不大于短边的 3 倍，用相邻两个箍筋应至少相互搭接 1/3 长边的距离(图 7.20)。

(6) 剪力墙构造边缘构件的设计宜符合下列要求：

① 构造边缘构件的范围和计算纵向钢筋用量的截面面积 A_c 宜取图 7.21 中的阴影部分；

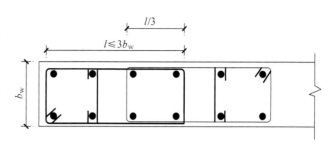

图 7.20　约束边缘构件箍筋

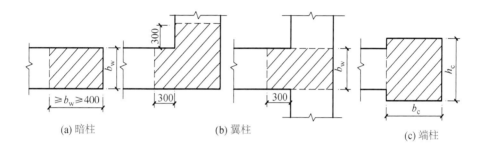

(a) 暗柱　　　　　　　(b) 翼柱　　　　　　　(c) 端柱

图 7.21　剪力墙的构造边缘构件

② 构造边缘构件的纵向钢筋应满足受弯承载力要求；

③ 抗震设计时,构造边缘构件的最小配筋宜符合表 7.9 的规定,箍筋的无支长度不应大于 300 mm,拉筋的水平间距不应大于纵向钢筋间距的 2 倍。当剪力墙端部为端柱时,端柱中纵向钢筋及箍筋宜按框架柱的构造要求配置；

④ 非抗震设计时,剪力墙端部应按构造配置不少于 4 根 12 mm 或 2 根 16 mm 的纵向钢筋,沿纵向应配置不少于直径为 6 mm、间距为 250 mm 的拉筋。

表 7.9　剪力墙构造边缘构件的配筋要求

抗震等级	底部加强部位			其他部位		
	纵向钢筋最小量（取较大值）	箍筋(拉筋)		纵向钢筋最小量（取较大值）	箍筋(拉筋)	
		最小直径（mm）	最大间距（mm）		最小直径（mm）	最大间距（mm）
一级	$0.01A_c$，$6\phi16$	8	100	$0.008A_c$，$6\phi14$	8	150
二级	$0.008A_c$，$6\phi14$	8	150	$0.006A_c$，$6\phi12$	8	200
三级	$0.006A_c$，$6\phi12$	6	150	$0.005A_c$，$4\phi12$	6	200
四级	$0.005A_c$，$4\phi12$	6	200	$0.004A_c$，$4\phi12$	6	250
非抗震	—	—	—	$4\phi12$ 或 $2\phi16$	6	250

注:1. A_c 为图 7.21 中的阴影部分面积,符号 ϕ 表示钢筋直径；

　　2. 对转角墙的暗柱,表中拉筋宜采用箍筋；

　　3. 当端柱承受集中荷载时,应满足框架柱的配筋要求。

【例 7-3】 已知剪力墙 $b=180$ mm，$h=4\ 020$ mm，采用混凝土强度等级为 C25，$f_c=11.9$ N/mm^2。配有竖向分布钢筋 $2\phi8@250$ mm，$f_{yv}=210$ N/mm^2。墙肢两端 200 mm 范围内配置纵向钢筋，采用 HRB335 级钢筋，$f_y=300$ kN/mm^2，$\xi_b=0.55$。作用在墙肢计算截面上的内力设计值为 M$=1\ 600$ kN·m，N$=4\ 370$ kN（压）。试确定墙肢内的纵向钢筋截面面积 A_s、A_s'。

【解】 （1）确定计算数据

已知纵向钢筋集中配在两端的 200 mm 范围内，故合力中心点到边缘的距离 $a_s=a_s'=100$ mm，则

$$h_0=h-a_s=4\ 020-100=3\ 920\ (\text{mm})$$

沿截面腹部均匀配置竖向分布钢筋区段的长度为：

$$h_{sw}=h_0-a_s'=3\ 920-100=3\ 820\ (\text{mm})$$

$$\omega=\frac{h_{sw}}{h_0}=\frac{3\ 820}{3920}=0.974$$

竖向钢筋的排数 $n=\dfrac{4\ 020-2\times200}{250}+1=15.48$，取 16 排，则：

$$A_{sw}=2\times16\times50.3=1\ 610\ (\text{mm}^2)$$

竖向分布钢筋的配筋率 $\rho=\dfrac{1\ 610}{3\ 820\times180}=0.002\ 34>\rho_{min}=0.002$

满足构造要求。

（2）求偏心距

$$e_0=\frac{M}{N}=\frac{1\ 600\times10^6}{4\ 370\times10^3}=366\ (\text{mm})<0.3h_0=1\ 176(\text{mm})$$

$$e_a=\frac{4\ 020}{30}=134\ (\text{mm})$$

$$e_1=e_0+e_a=366+134=500\ (\text{mm})，取\ \eta=1$$

$$\eta e_1=500\ (\text{mm})$$

$$e=\eta e_1+\frac{h}{2}-a_s=500+\frac{4\ 020}{2}-100=2\ 410\ (\text{mm})$$

（3）判断大小偏心受压

采用对称配筋：

$$\xi=\frac{N-f_{yw}A_{sw}(1-\frac{2}{\omega})}{\alpha_1 f_c bh_0+\frac{f_{yw}A_{sw}}{0.5\beta_1\omega}}=\frac{4\ 370\ 000-210\times1\ 610\times(1-\frac{2}{0.974})}{1\times11.9\times180\times3\ 920+\frac{210\times1\ 610}{0.5\times0.8\times0.974}}$$

$$=0.510<\xi_b=0.55$$

为大偏心受压。

（4）校核 ξ 值

$$\frac{2a'_s}{h_0} = 2(1-\omega) = 2 \times (1-0.974) = 0.052 < \xi = 0.511$$

（5）求 M_{sw}

$$M_{sw} = \left[0.5 - \left(\frac{\xi - \beta_1}{\beta_1 \omega}\right)^2\right] f_{yw} A_{sw} h_{sw} = \left[0.5 - \left(\frac{0.51 - 0.8}{0.8 \times 0.974}\right)^2\right] \times 210 \times 1\,610 \times 3\,820$$
$$= 466.9 \times 10^6 \ (\text{N/mm}^2)$$

（6）求 A_s，A'_s。

$$A_s = A'_s = \frac{Ne - \alpha_1 f_c b h_0^2 \xi(1-0.5\xi) - M_{sw}}{f_y(h_0 - a'_s)}$$
$$= \frac{4\,370\,000 \times 500 - 1 \times 11.9 \times 180 \times 3920^2 \times 0.51 \times (1-0.5 \times 0.51) - 466.9 \times 10^6}{300 \times (3\,920 - 100)}$$
$$= -9\,413.5(\text{mm}^2)$$

$$A_s = A'_s < 0$$

按构造配筋：

选用 $4\phi12$ 的钢筋 $A_s = A'_s = 452\ \text{mm}^2$，满足要求。

7.4　连梁设计及构造

钢筋混凝土连梁是影响剪力墙的强度、刚度、延性等性能的重要构件。连梁的线刚度与墙肢的线刚度的相对比值越大，剪力墙的整体性越好，抗侧刚度和强度也越大。另一方面，连梁的性能又是决定剪力墙抗震性能的关键。

7.4.1　连梁截面设计和构造要求

（1）连梁承受反复弯矩作用，剪跨比很小，剪切变形大，非常容易剪坏。通常在剪跨比大于1的连梁中，在保证强剪弱弯的设计后，纵筋可以先屈服，但很难避免剪坏，这种破坏是屈服后的剪坏，其承载力取决于受弯承载力，但是延性很小。为改善其延性，连梁的剪力设计值 V_b 应按下列规定计算：

① 无地震作用组合以及有地震作用组合的四级抗震等级时，应取考虑水平风荷载或水平地震作用组合的剪力设计值；

② 9度抗震设计时应符合

$$V_b = \frac{1.1(M^l_{bua} + M^r_{bua})}{l_n} + V_{Gb} \tag{7-94}$$

③ 其他情况

$$V_b = \eta_{vb} \frac{M_b^l + M_b^r}{l_n} + V_{Gb} \tag{7-95}$$

式中 M_b^l、M_b^r——分别为梁左、右端顺时针或反时针方向考虑地震作用组合的弯矩设计值；对一级抗震等级且两端均为负弯矩时，绝对值较小一端的弯矩应取零；

M_{bua}^l、M_{bua}^r——分别为梁左、右端顺时针或反时针方向实配的受弯承载力所对应的弯矩值，应按实配钢筋面积计入受压钢筋和材料强度标准值，并考虑承载力抗震调整系数计算；

l_n——连梁的净跨；

V_{Gb}——梁在考虑地震作用组合的重力荷载代表值（9 度时还应包括竖向地震作用标准值）作用下，按简支梁计算的梁端截面剪力设计值；

η_{vb}——连梁剪力增大系数，对于普通箍筋连梁，一级取 1.3、二级取 1.2、三级取 1.1，四级取 1.0；配置有对角斜筋的连梁，取 1.0。

（2）连梁截面配筋计算

抗弯承载力验算，按普通受弯构件的抗弯承载力公式进行计算。

连梁的斜截面受剪承载力，应按下列公式计算：

① 无地震作用组合时

$$V_b \leqslant 0.7 f_t b_b h_{b0} + f_{yv} \frac{A_{sv}}{s} h_{b0} \tag{7-96}$$

② 有地震作用组合时

跨高比大于 2.5 时，$\quad V_b \leqslant \dfrac{1}{\gamma_{RE}} \left(0.42 f_t b_b h_{b0} + f_{yv} \dfrac{A_{sv}}{s} h_{b0} \right) \tag{7-97}$

跨高比不大于 2.5 时，$V_b \leqslant \dfrac{1}{\gamma_{RE}} \left(0.38 f_t b_b h_{b0} + 0.9 f_{yv} \dfrac{A_{sv}}{s} h_{b0} \right) \tag{7-98}$

同时，为了不使斜裂缝过早出现，或混凝土过早破坏，剪力墙连梁的截面尺寸不应太小，应符合下列要求：

（1）无地震作用组合时

$$V_b \leqslant 0.25 \beta_c f_c b_b h_{b0} \tag{7-99}$$

（2）有地震作用组合时

跨高比大于 2.5 时，$\quad V_b \leqslant \dfrac{1}{\gamma_{RE}} (0.20 \beta_c f_c b_b h_{b0}) \tag{7-100}$

跨高比不大于 2.5 时，$\quad V_b \leqslant \dfrac{1}{\gamma_{RE}} (0.15 \beta_c f_c b_b h_{b0}) \tag{7-101}$

式中 V_b——连梁剪力设计值；

b_b——连梁截面宽度；

h_{b0}——连梁截面有效高度；

β_c——混凝土强度影响系数，应按式（6-13）采用。

（3）当剪力墙的连梁不满足以上第②条的要求时，可作如下处理：

① 减小连梁截面高度；

② 抗震设计的剪力墙中连梁弯矩及剪力可进行塑性调幅，以降低其剪力设计值。但在内力计算时已经按规定降低了刚度的连梁，其调幅范围应当限制或不再继续调幅。当部分连梁降低弯矩设计值后，其余部位连梁和墙肢的弯矩设计值应相应提高；

③ 当连梁破坏对承受竖向荷载无明显影响时，可考虑在大震作用下该连梁不参与工作，按独立墙肢进行第二次多遇地震作用下结构内力分析，墙肢应按两次计算所得的较大内力进行配筋设计。

（4）连梁配筋构造

连梁配筋（图7.22）应满足下列要求：

① 连梁顶面、底面纵向受力钢筋伸入墙内的锚固长度，抗震设计时不应小于 l_{aE}，非抗震设计时不应小于 l_a，并且任何情况下不应小于 600 mm；

② 抗震设计时，沿连梁全长箍筋的构造应按框架梁端加密区箍筋的构造要求采用；非抗震设计时，沿连梁全长的箍筋直径不应小于 6 mm，间距不应大于 150 mm；

③ 顶层连梁纵向钢筋伸入墙体的长度范围内，应配置间距不大于 150 mm 的构造箍筋，箍筋直径应与该连梁的箍筋直径相同；

④ 墙体水平分布钢筋应作为连梁的腰筋在连梁范围内拉通连续配置；当连梁截面高度大于 700 mm时，其两侧面沿梁高范围设置的纵向构造钢筋（腰筋）的直径不应小于 10 mm，间距不应大于 200 mm；对跨高比不大于 2.5 的连梁，梁两侧的纵向构造钢筋（腰筋）的面积配筋率不应小于 0.3%；

⑤ 一、二级剪力墙底部加强部位跨高比不大于2.0，墙厚≥200 mm 的连梁，可采用斜向交叉配筋。以改善连梁的延性，每方向的斜筋面积按下式计算（图7.23）：

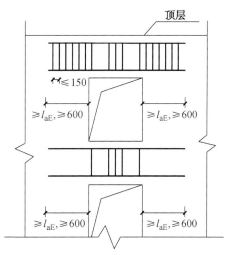

图 7.22 连梁配筋构造示意

注：非抗震设计时图中 l_{aE} 应取 l_a

非抗震设计时

$$A_s \geqslant \frac{V_b}{2f_y \sin \alpha} \tag{7-102}$$

有抗震设防时

$$A_s \geqslant \frac{V_b \gamma_{RE}}{2f_y \sin \alpha} \tag{7-103}$$

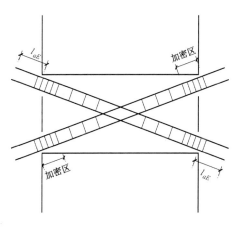

图 7.23 剪力墙短连梁配斜筋

式中 V_b——连梁剪力设计值；

f_y——斜筋的抗拉强度设计值；

α——斜筋与连梁轴线夹角；

γ_{RE}——承载力抗震调整系数,取 0.85。

（5）其他要求

当开洞较小,在整体计算中不考虑其影响时,应将切断的分布钢筋集中在洞口边缘补足,以保证剪力墙截面的承载力。连梁是剪力墙中的薄弱部位,应重视连梁中开洞后的截面抗剪验算和加强措施。

剪力墙墙面开洞和连梁开洞时,应符合下列要求:

① 当剪力墙墙面开有非连续小洞口(其各边长度小于 800 mm),且在整体计算中不考虑其影响时,应将洞口处被截断的分布筋量分别集中配置在洞口上、下和左、右两边(图 7.24a),且钢筋直径不应小于 12 mm;

② 穿过连梁的管道宜预埋套管,洞口上、下的有效高度不宜小于梁高的 1/3,且不宜小于200 mm,洞口处宜配置补强钢筋,被洞口削弱的截面应进行承载力验算(图 7.24b)。

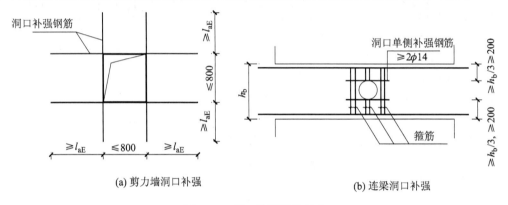

(a) 剪力墙洞口补强

(b) 连梁洞口补强

图 7.24 洞口补强配筋示意
注:非抗震设计时,图中锚固长度取 l_a

7.4.2 延性连梁

研究和震害分析都表明,对于跨高比小于 2 的普通连梁,其抗弯线刚度是较大的,其破坏往往是剪切型的,属脆性破坏。因此地震区设防要求较高时不宜采用钢筋混凝土普通连梁。下面简单介绍几种延性耗能连梁。

1）开缝混凝土连梁

开缝连梁如图 7.25 所示。对于跨高比较小的连梁,在连梁腹板上沿跨度方向预留一条或两条缝或槽,将连梁沿梁高方向分成几根跨高比较大的梁,在大震作用下发生延性较好的弯曲破坏。

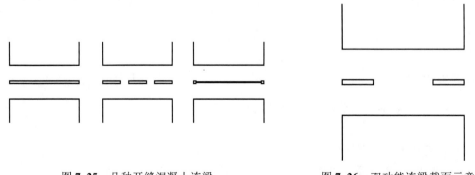

图 7.25 几种开缝混凝土连梁

图 7.26 双功能连梁截面示意图

从结构控制的观点出发提出的双功能连梁,属于开缝混凝土连梁的一种。双功能连梁的常见截面形式如图7.26所示,两端沿水平纵轴预留通缝,中部沿水平纵轴在截面两侧设凹槽。试验研究表明:在风载和中、小地震下,连梁基本处于整体工作状态或弹塑性工作阶段,具有较大的刚度,可为墙肢提供较强的约束作用,保证剪力墙具有较好的整体性和足够的抗侧能力;而在强震作用下,连梁沿整截面腹中水平纵轴裂开,形成上、下两个构件,由刚变柔,避免强震时连梁发生脆性的剪切破坏,使之具有较强的变形能力和足够的延性来耗散地震能量,减轻结构的地震反应,提高剪力墙的抗剪能力。在前一状态中,连梁的刚度大,保证了剪力墙有较好的整体性;在后一状态中,连梁形成了耗能机构,使连梁在两种不同情况下具有两种不同的结构功能,从而可解决连梁的刚度与延性的矛盾。

由林同炎教授设计的马那瓜美洲银行大楼(图7.27),因经受住了罕遇强烈地震的考验而举世闻名。该设计采用了先进的概念设计的思想,设置了多道防线,刚柔结合。为了预防未知的罕遇强烈地震,林同炎教授在连梁的中部开了较大的孔洞,一方面可以用来穿越通风管道,减少楼层的结构高度;另一方面是有意识地形成该结构总体系中的预定薄弱环节,在未来遭遇罕遇地

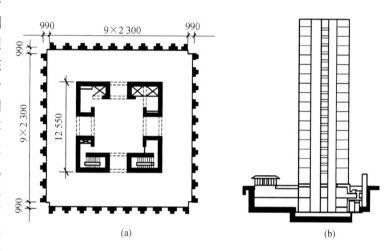

图7.27 马那瓜美洲银行大楼平\立面图

震时,通过控制首先在连梁开洞处开裂、屈服、出现塑性铰,从而变成具有延性和耗能力的结构体系。这里的连梁设计就是运用了双功能连梁的概念。

2) 交叉配筋和菱形配筋连梁

交叉配筋和菱形配筋连梁的配筋如图7.28所示。利用交叉斜筋来抵抗地震作用下不断改变方向的剪力,有效地限制了裂缝的开展。

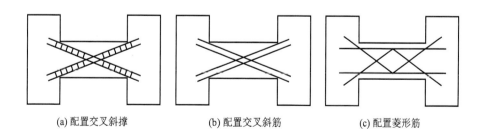

(a) 配置交叉斜撑   (b) 配置交叉斜筋   (c) 配置菱形筋

图7.28 交叉配筋连梁的几种形式

3) 钢板混凝土连梁

钢板混凝土连梁是在混凝土连梁中配置钢板,由钢板抵抗剪力、钢筋混凝土与钢板共同抵

抗弯矩。钢板提高了连梁的抗剪承载力,防止连梁发生脆性剪切破坏;同时,钢板在连梁中有效地防止了斜裂缝的产生和发展,在梁墙交界处有效地防止了反复荷载作用下的弯曲滑移。钢板有良好的塑性变形能力,可以减少箍筋用量,给施工带来便利。

思考题

7-1 什么是剪力墙结构体系?

7-2 剪力墙结构的特点是什么?

7-3 对于剪力墙结构,平面及竖向结构布置有哪些基本要求?

7-4 剪力墙的厚度在设计中是如何要求的?

7-5 剪力墙结构对混凝土强度等级有何要求?

7-6 剪力墙分为哪几类,依据是什么?

7-7 剪力墙墙体开洞时,有哪些基本要求?

7-8 剪力墙结构设计中,采取什么措施保证其延性?

7-9 连梁性能对剪力墙破坏形式、延性性能有些什么影响?

7-10 连梁的设计和构造有哪些要求?

7-11 已知某剪力墙结构的底层有一整片剪力墙,其厚 $b = 180$ mm,长 $h = 3\ 090$ mm,高 $H = 4\ 900$ mm,承受的最不利组合内力设计值为地震组合,$M = 1\ 039$ kN·m,$N = 1\ 317$ kN,$V = 52$ kN。结构抗震等级为二级。试对此剪力墙进行截面设计。

8　框架-剪力墙结构设计

8.1　水平荷载下的内力与位移计算

在水平力(风荷载、水平地震作用)作用下的内力与位移计算,假定楼板在自身平面内的刚度为无限大,平面外的弯曲刚度不考虑。因此剪力墙与框架之间按变形协调原则分配内力。简化计算时,在不同形式荷载作用下的位移,框架与剪力墙之间的剪力分配以及剪力墙的弯矩值可应用图表进行计算。

高层框剪简化计算时,可把整个结构看作由若干平面框架和剪力墙等抗侧力结构所组成。在平面正交布置的情况下,假定每一方向的水平力只由该方向的抗侧力承担,垂直水平力方向的抗侧力结构,在计算中不予考虑。当结构单元中框架和剪力墙与主轴方向成斜交时,在简化计算中可将柱和剪力墙的刚度转换到主轴方向上再进行计算。

采用侧移法计算框-剪结构在水平力作用下的内力与位移时,所有框架合并成总框架,各道剪力墙先计算出各自的等效刚度,然后把所有剪力墙的等效刚度合并成总剪力墙刚度。

8.1.1　计算简图

框-剪结构计算简图可以分为铰接体系和刚接体系两种。

1) 铰接体系

当墙肢与墙肢没有连梁或墙肢之间的连梁截面高度小,使连梁对墙肢的约束作用很小(例如,剪力墙的整体性系数 $\alpha<1.0$),以及当墙肢与框架柱之间没有连梁相连时(图8.1),则总框架和总剪力墙之间只靠楼面连接协同工作。根据这个基本假定,可得到铰接计算简图(图 8.2),以图中横向抗侧力构件为例,4 榀框架可以合并成一个总框架,6 片剪力墙合并为一个总的剪力墙。总框架和总剪力墙的刚度分别为各单个构件刚度之和。由于楼板在其平面外抗弯刚度很小而一般常被忽略不计。因此,楼板在这种结构体系中,不对框架和剪力墙产生约束作用,可以简化成铰接的连杆。

2) 刚接体系

当墙肢之间有连梁($\alpha\geqslant1.0$)以及墙肢与框架柱之间有连梁相连时,连梁会对墙肢和框架柱产生约束作用(图8.3)。此时宜采用刚接的计算简图(图8.4)。图中总框架包括 5 榀框架,总剪力墙则代表了 4 片剪力墙。总连杆(代表了与剪力

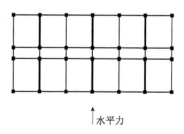

图 8.1　框架-剪力墙结构平面图

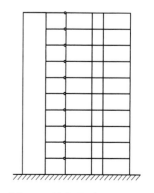

图 8.2　铰接体系计算简图

161

墙相连的 2 根连梁和楼面)的一端与总剪力墙刚接,另一端与总框架相铰接(假定)。因此,在总连杆中包含了 4 个刚接端,其中,每根连梁各有 2 个刚接端。总框架、剪力墙和总连杆的刚度分别为各单个结构刚度之和。

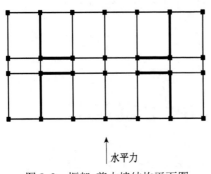

图 8.3　框架-剪力墙结构平面图

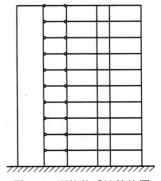

图 8.4　刚接体系计算简图

8.1.2　侧移法计算水平荷载作用下的内力和位移

　　框架-剪力墙结构简化计算采取了连续化的方法。把总框架和总剪力墙之间的总连杆分散到房屋全高度中,化成连续的杆件,再将此杆件切开,从而暴露杆件的未知内力,然后对已被分离了的总框架和总剪力墙计算侧移。利用两者侧移应相等的空间协同条件,求得此杆件中的内力。继而可得总框架各层的剪力,剪力墙各截面处的弯矩、剪力和侧移量以及总连杆的弯矩。框剪结构采用侧移法计算内力和位移时,可以将水平地震作用按顶层集中力和倒三角形分布荷载考虑,风荷载按均匀荷载考虑(图 8.5)。

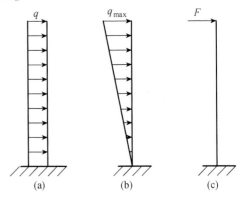

图 8.5　水平力作用

　　1) 铰接体系

　　如图 8.6 所示,将铰接体系中的连杆切开,建立协同工作微分方程,计算简图如图 8.6b。此时总剪力墙是一个竖向受弯构件(图 8.6c),为静定结构,受外荷载 $p(x)$ 和框架反力 $p_f(x)$ 作用。剪力墙上任一截面的转角、弯矩及剪力的正负号采用梁中通用的规定,图 8.7 所示方向为其正方向。把总剪力墙当做悬臂梁,其内力与弯曲变形的关系如下:

$$EI_w \frac{\mathrm{d}^4 y}{\mathrm{d}x^4} = p(x) - p_f(x) \tag{8-1}$$

式中　EI_w——总剪力墙的等效弯曲刚度。

　　由楼盖在平面刚度无限大假定可知,总框架和总剪力墙有相同的侧移曲线,取总框架为脱离体,可以给出 $p_f(x)$ 与侧移 $y(x)$ 之间的关系。

　　定义:框架在楼层间产生单位位移角所需的水平剪力为 C_f,称为框架的总刚度。可采用 D 值法计算,$C_f = \overline{\overline{D}} h$,各柱的 D 值可按式(6-20)计算。

　　则当总框架剪切变形为 $\theta = \mathrm{d}y/\mathrm{d}x$ 时,由定义可得总框架层间剪力为:

$$V_f = C_f \theta = C_f \frac{dy}{dx} \qquad (8-2)$$

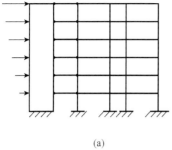 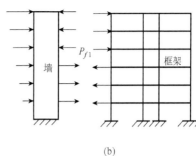

(a)   (b)

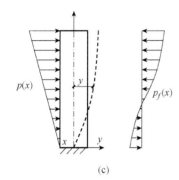 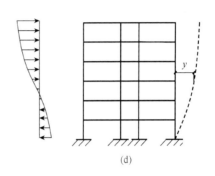

(c)   (d)

图 8.6 铰接体系计算简图

对式(8-2)微分得:

$$\frac{dV_f}{dx} = -p_f(x) = C_f \frac{d^2 y}{dx^2} \qquad (8-3)$$

将式(8-3)代入(8-1),整理后得:

$$\frac{d^4 y}{dx^4} - \frac{C_f}{EI_w} \frac{d^2 y}{dx^2} = \frac{p(x)}{EI_w} \qquad (8-4)$$

引入符号 $\xi = \dfrac{x}{H}$ (8-5)

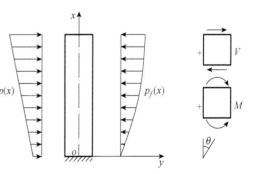

图 8.7 总剪力墙脱离体及符号规则

式中 H——剪力墙总高。

令

$$\lambda = H \sqrt{\frac{C_f}{EI_w}} \qquad (8-6)$$

λ 称为结构刚度特征值。

式(8-6)可写为:$\lambda^2 = \dfrac{C_f H}{\dfrac{EI_w}{H}}$,可见,式中分子是框架发生 H 转角所需的力,或框架总刚度

的 H 倍，分母是剪力墙的线刚度，所以 λ 是反映总框架和总剪力墙刚度之比的一个参数，对框架剪力墙结构的受力和变形状态及外力分配都有很大影响。

将式(8-5)、(8-6)代入式(8-4)得：

$$\frac{\mathrm{d}^4 y}{\mathrm{d}\xi^4} - \lambda^2 \frac{\mathrm{d}^2 y}{\mathrm{d}\xi^2} = \frac{H^4}{EI_w} p(\xi) \tag{8-7}$$

上式是一个四阶常系数非齐次线性微分方程，它的解包括两部分，一部分是相应齐次方程的通解，另一部分是该方程的一个特解。

（1）通解 y_1

方程(8-7)的特征方程为

$$r^4 - \lambda^2 r^2 = 0 \tag{8-8}$$

特征方程的解为

$$r_1 = r_2 = 0,\ r_3 = \lambda,\ r_4 = -\lambda$$

因此，齐次方程的通解为

$$y_1 = C_1 + C_2 \xi + C_3 \operatorname{sh}(\lambda\xi) + C_4 \operatorname{ch}(\lambda\xi) \tag{8-9}$$

（2）特解 y_2

方程(8-7)的特解 y_2 取决于外荷载的形式，可用待定系数法求解。

① 均布荷载

设均布荷载分布密度为 q，则有 $p(\xi)=q$，另外，特解方程中 $r_1=r_2=0$，故可设

$$y_2 = a\xi^2 \tag{8-10}$$

可得到

$$\frac{\mathrm{d}^2 y}{\mathrm{d}\xi^2} = 2a,\ \frac{\mathrm{d}^4 y}{\mathrm{d}\xi^4} = 0 \tag{8-11}$$

代入式(8-7)得

$$2a\lambda^2 = -\frac{H^4}{EI_w} p(\xi) \tag{8-12}$$

整理，并将式(8-6)代入上式得

$$a = -\frac{qH^4}{2\lambda^2 EI_w} = -\frac{qH^2}{2C_f} \tag{8-13}$$

将上式代入式(8-10)得

$$y_2 = -\frac{qH^2}{2C_f}\xi^2 \tag{8-14}$$

② 倒三角形分布荷载

设倒三角形分布荷载最大分布密度为 q，则任意高度 ξ 处的分布密度为 $p(\xi)=q\xi$，由 $r_1 = r_2 = 0$

可假设

$$y_2 = a\xi^3 \tag{8-15}$$

代入式(8-7)可得

$$-6a\lambda^2\xi = \frac{H^4}{EI_w}p(\xi) = \frac{H^4}{EI_w}q\xi \tag{8-16}$$

因此有

$$a = -\frac{H^4}{6\lambda^2 EI_w}q = -\frac{qH^2}{6C_f} \tag{8-17}$$

代入式(8-15)得到特解

$$y_2 = -\frac{qH^2}{6C_f}\xi^3 \tag{8-18}$$

③ 顶部集中荷载

顶部作用有集中荷载 P 时,$p(\xi)=0$,特解为

$$y_2 = 0 \tag{8-19}$$

综合以上推导,可得微分方程(8-7)的解为

$$y_1 = C_1 + C_2\xi + C_3\,\mathrm{sh}(\lambda\xi) + C_4\,\mathrm{ch}(\lambda\xi)$$

$$= \begin{cases} \dfrac{qH^2}{2C_f}\xi^2 (均布荷载) & (8\text{-}20a) \\[3mm] \dfrac{qH^2}{6C_f}\xi^3 (倒三角分布荷载) & (8\text{-}20b) \\[3mm] 0 \quad (顶部集中荷载) & (8\text{-}20c) \end{cases}$$

(3) 确定通解中积分常数

取剪力墙脱离体,其 4 个边界条件分别为:

① 当 $\xi=0$(即 $x=0$)时,结构底部位移 $y=0$;

② 当 $\xi=0$ 时,结构底部转角 $\theta = \dfrac{\mathrm{d}y}{\mathrm{d}\xi} = 0$;

③ 当 $\xi=1$(即 x=H)时,结构顶部弯矩为 0,即 $\dfrac{\mathrm{d}^2 y}{\mathrm{d}x^2} = 0$;

④ 当 $\xi=1$ 时,结构顶部总剪力 $V = V_w + V_f = \begin{cases} 0(均布荷载) \\ 0(倒三角形分布荷载) \\ P(顶部集中荷载) \end{cases}$

下面以均布荷载为例来确定积分常数 C_1、C_2、C_3、C_4。

式(8-20)给出框剪结构的侧移,由此位移函数可确定剪力墙任意截面处的转角 θ、弯矩 M_w 和剪力 V_w:

$$\theta = \frac{\mathrm{d}y}{\mathrm{d}x} = \frac{1}{H}\frac{\mathrm{d}y}{\mathrm{d}\xi} \tag{8-21}$$

$$M_w = EI_w\frac{\mathrm{d}\theta}{\mathrm{d}x} = EI_w\frac{\mathrm{d}^2 y}{\mathrm{d}x^2} = \frac{EI_w}{H^2}\frac{\mathrm{d}^2 y}{\mathrm{d}\xi^2} \tag{8-22}$$

$$V_w = -\frac{dM_w}{dx} = -EI_w\frac{d^3y}{dx^3} = -\frac{EI_w}{H^3}\frac{d^3y}{d\xi^3} \qquad (8-23)$$

而

$$V_f = C_f\frac{dy}{dx} = \frac{C_f}{H}\frac{dy}{d\xi} \qquad (8-24)$$

对式(8-20a)的均布荷载公式逐次求导,有

$$\frac{dy}{d\xi} = C_2 + C_3\operatorname{ch}(\lambda\xi) + C_4\operatorname{sh}(\lambda\xi) - \frac{qH^2}{C_f}\xi \qquad (8-25)$$

$$\frac{d^2y}{d\xi^2} = C_3\lambda^2\operatorname{sh}(\lambda\xi) + C_4\lambda^2\operatorname{ch}(\lambda\xi) - \frac{qH^2}{C_f} \qquad (8-26)$$

$$\frac{d^3y}{d\xi^3} = C_3\lambda^3\operatorname{ch}(\lambda\xi) + C_4\lambda^3\operatorname{sh}(\lambda\xi) \qquad (8-27)$$

由边界条件①及式(8-20a)可得

$$C_1 + C_4 = 0 \qquad (8-28)$$

由边界条件②及式(8-25)可得

$$C_2 + C_3\lambda = 0 \qquad (8-29)$$

由边界条件③及式(8-26)可得

$$C_3\lambda^2\operatorname{sh}\lambda + C_4\lambda^2\operatorname{ch}\lambda - \frac{qH^2}{C_f} = 0 \qquad (8-30)$$

当 $\xi=1$ 时,在结构受均布外荷载下,结构顶部无集中外荷载,所以

$$V_w + V_f = 0 \qquad (8-31)$$

将式(8-23)及式(8-24)代入上式可得

$$\frac{EI_w}{H^3}\frac{d^3y}{d\xi^3} = \frac{C_f}{H}\frac{dy}{d\xi} \qquad (8-32)$$

即

$$\lambda^2\frac{dy}{d\xi} = \frac{d^3y}{d\xi^3} \qquad (8-33)$$

把式(8-25)、(8-27)代入上式,整理后得

$$C_2 = \frac{qH^4}{C_f} \qquad (8-34)$$

由式(8-28)、(8-29)、(8-30)和式(8-34)可确定出另 3 个积分系数

$$C_1 = -\frac{qH^2}{C_f\lambda^2}\left(\frac{\lambda\operatorname{sh}\lambda + 1}{\operatorname{ch}\lambda}\right) \qquad (8-35)$$

$$C_3 = -\frac{qH^4}{C_f\lambda} \qquad (8-36)$$

$$C_4 = \frac{qH^4}{C_f\lambda^2}\frac{(\lambda\,\mathrm{sh}\lambda+1)}{\mathrm{ch}\lambda} \tag{8-37}$$

同理,用同样的方法可以确定三角形分布荷载和顶部集中荷载作用下侧移曲线的 4 个积分常数。将 3 种荷载作用下的积分常数 C_1、C_2、C_3、C_4 分别代入(8-20)式,得到微分方程(8-7)的解如下:

$$y = \begin{cases} \dfrac{qH^4}{EI_w\lambda^4}\left\{\dfrac{1+\lambda\,\mathrm{sh}\lambda}{\mathrm{ch}\lambda}\left[\mathrm{ch}(\lambda\xi)-1\right]-\lambda\,\mathrm{sh}(\lambda\xi)+\lambda^2\xi\left(1-\dfrac{\xi}{2}\right)\right\} & \text{(均布荷载)} \tag{8-38a}\\[4mm] \dfrac{qH^4}{EI_w\lambda^2}\left[\dfrac{\mathrm{ch}(\lambda\xi)-1}{\mathrm{ch}\lambda}\left(\dfrac{\mathrm{sh}\lambda}{2\lambda}-\dfrac{\mathrm{sh}\lambda}{\lambda^3}+\dfrac{1}{\lambda^2}\right)+\left(\xi-\dfrac{\mathrm{sh}(\lambda\xi)}{\lambda}\right)\left(\dfrac{1}{2}-\dfrac{1}{\lambda^2}\right)-\dfrac{\xi^2}{6}\right] \\ \hfill \text{(倒三角形分布荷载)} \tag{8-38b}\\[4mm] \dfrac{pH^3}{EI_w\lambda^3}\left\{\dfrac{\mathrm{sh}\lambda}{\mathrm{ch}\lambda}\left[\mathrm{ch}(\lambda\xi)-1\right]-\mathrm{sh}(\lambda\xi)+\lambda\xi\right\} & \text{(顶部集中荷载)} \tag{8-38c} \end{cases}$$

式(8-38)就是框架剪力墙结构在均布、三角形分布和顶部集中荷载作用下的位移计算公式,将侧移公式(8-38)代入式(8-22)、(8-23),即可得到总剪力墙在以上 3 种典型水平荷载作用下的内力 M_w 和 V_w:

$$M_w = \begin{cases} \dfrac{qH^2}{\lambda^2}\left[\dfrac{\lambda\,\mathrm{sh}\lambda+1}{\mathrm{ch}\lambda}\mathrm{ch}(\lambda\xi)-\lambda\,\mathrm{sh}(\lambda\xi)-1\right] & \text{(均布荷载)} \tag{8-39a}\\[4mm] \dfrac{qH^2}{\lambda^2}\left[\left(1+\dfrac{1}{2}\lambda\,\mathrm{sh}\lambda-\dfrac{\mathrm{sh}\lambda}{\lambda}\right)\dfrac{\mathrm{ch}(\lambda\xi)}{\mathrm{ch}\lambda}-\left(\dfrac{\lambda}{2}-\dfrac{1}{\lambda}\right)\mathrm{sh}(\lambda\xi)-\xi\right] \\ \hfill \text{(倒三角形分布荷载)} \tag{8-39b}\\[4mm] PH\left[\dfrac{\mathrm{sh}\lambda}{\lambda\,\mathrm{ch}\lambda}\mathrm{ch}(\lambda\xi)-\dfrac{1}{\lambda}\mathrm{sh}(\lambda\xi)\right] & \text{(顶部集中荷载)} \tag{8-39c} \end{cases}$$

$$V_w = \begin{cases} \dfrac{qH}{\lambda}\left[\lambda\,\mathrm{ch}(\lambda\xi)-\dfrac{\lambda\,\mathrm{sh}\lambda+1}{\mathrm{ch}\lambda}\mathrm{sh}(\lambda\xi)\right] & \text{(均布荷载)} \tag{8-40a}\\[4mm] \dfrac{qH}{\lambda^2}\left[\left(1+\dfrac{1}{2}\lambda\,\mathrm{sh}\lambda-\dfrac{\mathrm{sh}\lambda}{\lambda}\right)\dfrac{\lambda\,\mathrm{sh}(\lambda\xi)}{\mathrm{ch}\lambda}-\left(\dfrac{\lambda}{2}-\dfrac{1}{\lambda}\right)\lambda\,\mathrm{ch}(\lambda\xi)-1\right] \\ \hfill \text{(倒三角形分布荷载)} \tag{8-40b}\\[4mm] P\left[\mathrm{ch}(\lambda\xi)-\dfrac{\mathrm{sh}\lambda}{\mathrm{ch}\lambda}\mathrm{sh}(\lambda\xi)\right] & \text{(顶部集中荷载)} \tag{8-40c} \end{cases}$$

由式(8-38)、(8-39)、(8-40)可知,通过以上 3 式来计算总剪力墙的位移 y、内力 M_w 和 V_w 比较繁琐,为方便计算,图 8-8～图 8-16 给出在以上 3 种典型荷载作用下 y、M_w、V_w 的计算图表,设计时可以直接查用。

图 8-8～图 8-16 给出了位移系数 $y(\xi)/f_H$、弯矩系数 $M_w(\xi)/M_0$ 和剪力系数 $V_w(\xi)/V_0$。此处的 f_H 是剪力墙单独承受水平荷载时在顶点产生的侧移,M_0、V_0 为水平荷载在剪力墙底部产生的总弯矩和总剪力。以上 3 种不同情况的荷载所对应的 f_H、M_0、V_0 分别示于不同图中。在计算内力时,先根据结构刚度特征值 λ 及所求截面的相对坐标在图 8-8～图 8-16 中分别查出各系数,再按照式(8-41)求得该截面处的位移 y 及内力 M_w、V_w。

$$
\begin{cases}
y = \left[\dfrac{y(\xi)}{f_{\mathrm{H}}}\right]f_{\mathrm{H}} \\[3mm]
M_{\mathrm{w}} = \left[\dfrac{M_{\mathrm{w}}(\xi)}{M_0}\right]M_0 \\[3mm]
V_{\mathrm{w}} = \left[\dfrac{V_{\mathrm{w}}(\xi)}{V_0}\right]V_0
\end{cases}
\tag{8-41}
$$

总框架的剪力可直接由总剪力减去剪力墙的剪力得到：

$$
V_{\mathrm{f}} = V_{\mathrm{p}}(\xi) - V_{\mathrm{w}}(\xi) =
\begin{cases}
(1-\xi)qH - V_{\mathrm{w}}(\xi)\,(\text{均布荷载}) & \tag{8-42a} \\[2mm]
\dfrac{1}{2}(1-\xi^2)qH - V_{\mathrm{w}}\,(\text{倒三角形分布荷载}) & \tag{8-42b} \\[2mm]
P - V_{\mathrm{w}}(\xi)\,(\text{顶部集中荷载}) & \tag{8-42c}
\end{cases}
$$

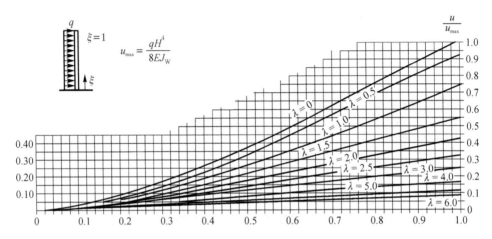

图 8.8 均布荷载侧移系数

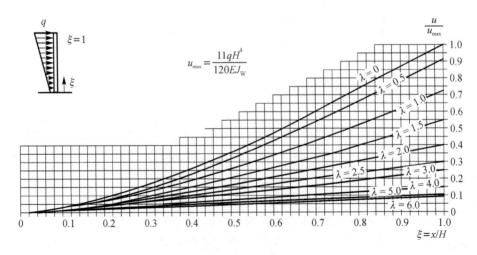

图 8.9 倒三角荷载侧移系数

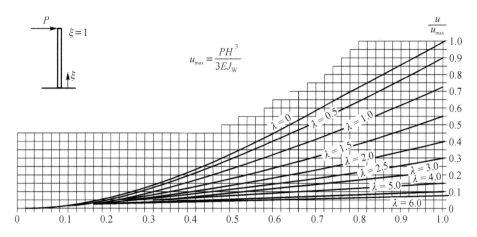

图 8.10 集中荷载侧移系数

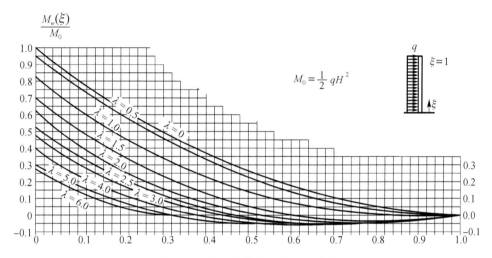

图 8.11 均布荷载剪力墙弯矩系数

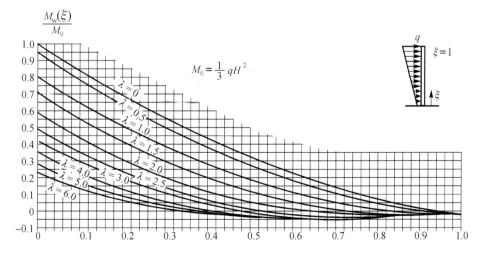

图 8.12 倒三角荷载墙弯矩系数

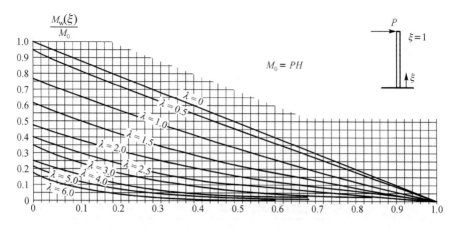

图 **8.13** 集中荷载墙弯矩系数

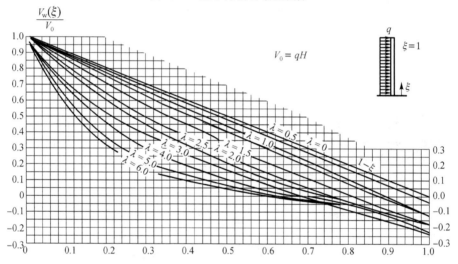

图 **8.14** 均布荷载剪力墙剪力系数

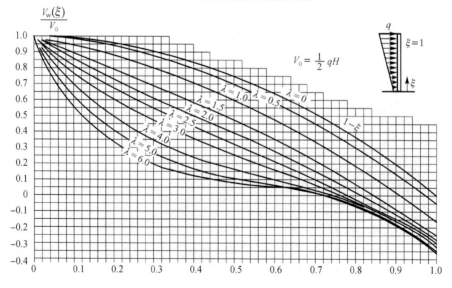

图 **8.15** 倒三角荷载墙剪力系数

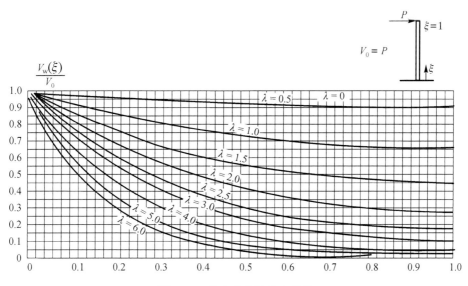

图 8.16　集中荷载墙剪力系数

由以上的侧移系数图可得出以下结论：

(1) 结构顶部有转角，由式(8-2)知，框架顶部有剪力，即有剪力墙传来的集中力；

(2) 结构底部无转角，由式(8-2)知，框架底部无剪力，全部结构底部的剪力由剪力墙承受；结构底部转角为零是边界条件②给定的，实际结构中，因框架与剪力墙间的连梁在一层顶，与连续化假定不符，而底层是有侧移的，所以底层框架柱也是有剪力的，但底层剪力墙的侧移较小，所以底层框架柱的剪力也较小；

(3) 由(1)、(2)可知，在结构顶部框架帮助剪力墙，而在底部剪力墙帮助框架；

(4) 一般框-剪结构的变形曲线是弯剪型的，反弯点处斜率最大，由式(8-2)知，框架在反弯点处剪力最大；

(5) 随着 λ 的增大，框架越来越多，剪力墙不变，所以变形越来越小；

(6) 随着 λ 的增大，变形曲线由弯曲型向剪切型转化；

(7) 一般框—剪结构的变形曲线是弯剪型的，接近一条直线，由式(8-2)知，框架剪力上下基本一致，为框架设计提供了方便；

(8) 框架顶部的集中力不是由图(8.6b)中的 $p_f(x)$ 经一定高度的积分而得，而是通过顶点刚性连杆(高度趋于零，轴向刚度无限大)传递的集中力。

2) 刚接体系

在框架-剪力墙刚接体系中，将连杆切开后，连杆中除有轴向力外还有剪力和弯矩。将剪力和弯矩对总剪力墙墙肢截面形心轴取矩，得到对墙肢的约束弯矩 M_i。连杆轴向力 P_{fi} 和约束弯矩 M_i 都是集中力，作用在楼层处，计算时沿层高连续化，这样便得到图 8.17 所示的计算简图。

在框架-剪力墙结构刚接体系中，形成刚接连杆的有两种，连接墙肢与墙肢的连梁 A 与连接墙肢与框架的连梁 B，这两种连梁都可以简化为带刚域的梁。

假设连梁两端均为刚域(图 8-18)，当梁端有单位转角时，梁端产生约束弯矩 m，约束弯矩表达式如下：

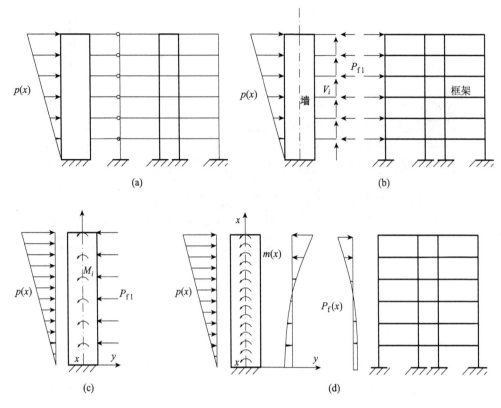

图 8-17 刚接体系计算简图

$$\begin{cases} m_{12} = \dfrac{1+a-b}{(1+\beta)(1-a-b)^3}\dfrac{6EI}{L} \\[4mm] m_{21} = \dfrac{1-a+b}{(1+\beta)(1-a-b)^3}\dfrac{6EI}{L} \end{cases} \qquad (8\text{-}43)$$

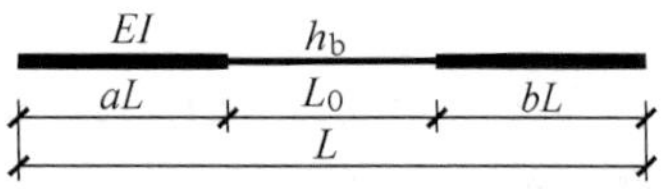

图 8-18 带刚域的杆

在以上两式中令 $b=0$，则可得到仅有一端带刚域的梁端弯矩系数为：

$$\begin{cases} m_{12} = \dfrac{1+a}{(1+\beta)(1-a)^3}\dfrac{6EI}{L} \\[4mm] m_{21} = \dfrac{1-a}{(1+\beta)(1-a)^3}\dfrac{6EI}{L} \end{cases} \qquad (8\text{-}44)$$

式中 $\quad \beta = \dfrac{12\mu EI}{GAL_0^2}$ ——考虑剪切变形时的影响系数，如果不考虑剪切变形的影响，可令 $\beta=0$。

由式(8-43)、(8-44)计算出连梁的弯矩往往较大，按此弯矩配筋时所需钢筋量较多，为减少配筋，在工程设计中允许考虑连梁的塑性变形能力，对梁进行塑性调幅。一般采取降低连梁刚度予以调幅，在式(8-43)和(8-44)中用 $\beta_h EI$ 代替 EI，这里 β_h 的取值不宜小于 0.5。

由梁端约束弯矩系数的定义可知，当梁端有转角 θ 时，梁端约束弯矩为：

$$\begin{cases} M_{12} = m_{12}\theta \\ M_{21} = m_{21}\theta \end{cases} \qquad (8\text{-}45)$$

以上两式给出的梁端约束弯矩为集中弯矩,为便于用微分方程求解,将其简化为沿层高 h 均布的分布弯矩:

$$m_i(x) = \frac{M_{abi}}{h} = \frac{m_{abi}}{h}\theta(x) \tag{8-46}$$

某一层内总约束弯矩为:$m = \sum_{i=1}^{n} m_i(x) = \sum_{i=1}^{n} \frac{m_{abi}}{h}\theta(x)$ (8-47)

式中 n——同一层内连梁总数;

$\sum_{i=1}^{n} \frac{m_{abi}}{h}$——连梁总约束刚度,简记为 C_b;

m_{ab}——a、b 分别代表 1 或 2,即当连梁两端与墙肢相连时 m_{ab} 是指 m_{12}、m_{21}。

如果框架部分的层高及杆件截面沿结构高度不变化,则连梁的约束刚度是常数,但实际结构中各层的 m_{ab} 是不同的,这时候应取各层约束刚度的加权平均值。

在图 8-17d 所示的刚接体系计算简图中,连梁线性约束弯矩在总剪力墙 x 高度的截面处产生的弯矩为

$$M_m = -\int_x^H m\,\mathrm{d}x \tag{8-48}$$

产生此弯矩所对应的剪力和荷载分别为

$$V_m = -\frac{\mathrm{d}M_m}{\mathrm{d}x} = -m = -\sum_{i=1}^{n} \frac{m_{abi}}{h}\theta(x) = -\sum_{i=1}^{n} \frac{m_{abi}}{h}\frac{\mathrm{d}y}{\mathrm{d}x} \tag{8-49}$$

$$p_m(x) = -\frac{\mathrm{d}V_m}{\mathrm{d}x} = \sum_{i=1}^{n} \frac{m_{abi}}{h}\frac{\mathrm{d}^2 y}{\mathrm{d}x^2} \tag{8-50}$$

式中 V_m、$p_m(x)$——等代剪力与等代荷载,分别代表刚性连梁的约束弯矩作用所承受的剪力和荷载。

在连梁约束弯矩影响下,总剪力墙内力与弯曲变形的关系可参照铰接体系的式(8-1)写为:

$$EI_w\frac{\mathrm{d}^4 y}{\mathrm{d}x^4} = p(x) - p_f(x) + p_m(x) \tag{8-51}$$

式中 $p(x)$——外荷载;

$p_f(x)$——总框架与总剪力墙之间的相互作用力,将式(8-3)、(8-50)代入式(8-51),得

$$EI_w\frac{\mathrm{d}^4 y}{\mathrm{d}x^4} = p(x) + C_f\frac{\mathrm{d}^2 y}{\mathrm{d}x^2} + \sum_{i=1}^{n} \frac{m_{abi}}{h}\frac{\mathrm{d}^2 y}{\mathrm{d}x^2} \tag{8-52}$$

整理后可得
$$\frac{\mathrm{d}^4 y}{\mathrm{d}x^4} - \frac{(C_f + \sum_{i=1}^{n} \frac{m_{abi}}{h})}{EI_w}\frac{\mathrm{d}^2 y}{\mathrm{d}x^2} = \frac{p(x)}{EI_w} \tag{8-53}$$

同铰接体系,引入记号 $\qquad\qquad \xi = \frac{x}{H} \qquad\qquad$ 同(8-5)

173

令

$$\lambda = H \sqrt{\frac{C_{\mathrm{f}} + \sum_{i=1}^{n} \frac{m_{abi}}{h}}{EI_{\mathrm{w}}}} \tag{8-54}$$

则方程(8-53)可化为

$$\frac{\mathrm{d}^4 y}{\mathrm{d}\xi^4} - \lambda^2 \frac{\mathrm{d}^2 y}{\mathrm{d}\xi^2} = \frac{p(\xi)H^4}{EI_{\mathrm{w}}} \tag{8-55}$$

上式即为刚接体系的微分方程,此式与铰接体系所对应的微分方程完全相同,因此,铰接体系微分方程的解此处也适用。

从以上两种简化计算公式推导式(8-6)、式(8-51)中我们可发现框架-剪力墙结构刚度特征值 λ 可按下列公式计算:

连梁与剪力墙铰接
$$\lambda_1 = H \sqrt{\frac{C_{\mathrm{f}}}{EI_{\mathrm{w}}}} \qquad 同(8-6)$$

连梁与剪力墙刚接
$$\lambda_2 = H \sqrt{\frac{C_{\mathrm{f}} + C_{\mathrm{b}}}{EI_{\mathrm{w}}}} \tag{8-56}$$

式中　　H——框剪结构总高度(m);

C_{f}——框架的剪切刚度(kN);

C_{b}——连梁总刚度(kN), $C_{\mathrm{b}} = \sum_{i=1}^{n} \frac{m_{abi}}{h}$;

EI_{w}——剪力墙总等效抗弯刚度($kN \cdot m^2$)。

由以上两式可知,当剪力墙刚度增大时,λ 值变小;反之,随剪力墙刚度变小,框架刚度和连梁刚度加大时,λ 值变大。纯框架结构是框架-剪力墙结构当 $\lambda = \infty$ 的一种特例。比较式(8-56)和式(7-18)知,纯剪力墙结构是框架-剪力墙结构当 $C_{\mathrm{f}} = 0$ 的一种特例,这时 $\lambda = H \sqrt{\frac{C_{\mathrm{b}}}{EI_{\mathrm{w}}}} = \alpha_1$,所以,$\alpha_1$ 是剪力墙结构的刚度特征值。

8.1.3　水平荷载作用下内力计算分析步骤

为简化计算,同一楼层标高处的框架、剪力墙的侧移量均相同,则就可将该同一区段内的所有框架及所有剪力墙各自综合在一起,分别合并成总框架和总剪力墙。然后,根据它们侧移相等的这一变形协调条件,将侧向力在总框架和总剪力墙之间进行分配。由此,可进而求出总框架和总剪力墙的内力及其侧移。这样,每根柱子的水平剪力,按各根柱子的抗侧刚度进行再分配;每个剪力墙的内力,按各个剪力墙的等效抗弯刚度再进行分配。

框架-剪力墙结构内力的计算分析流程图如图 8-19。

框架-剪力墙结构的受力图如图 8-20 所示。

1) 框架内力计算

按照上述计算步骤,根据框架-剪力墙结构的协同工作原则,计算出总框架的剪力 V_{f} 后,当考虑与剪力墙相连的框架连梁总等效刚度 C_{b} 时,按下列公式计算框架总剪力和连梁的楼层平均总约束弯矩。

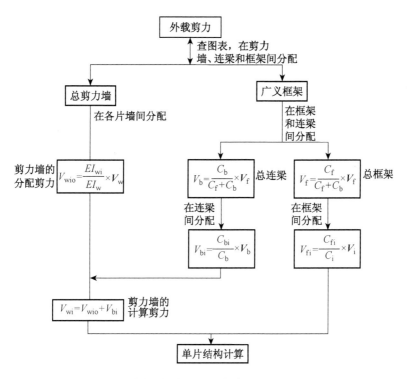

图 8-19 框架-剪力墙结构内力的计算分析流程

框架总剪力：

$$V'_f = \frac{C_f}{C_f + C_b}V_f \qquad (8-57)$$

连梁的楼层平均总约束弯矩：

$$m = \frac{C_b}{C_f + C_b}V_f = V_f - V'_f \qquad (8-58)$$

式中　V_f——由协同工作基本分配给框架(包括
连梁)的剪力值；

C_f、C_b——框架总刚度和与剪力墙相连
的框架连梁总等效刚度；

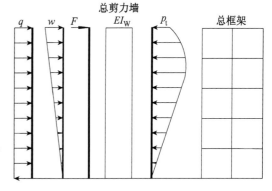

图 8-20 框架-剪力墙结构的受力图

框架有了总剪力 V'_f(或不考虑连梁总等效刚度时，按协同工作计算得到总剪力 V'_f)后，框架梁柱内力可按前述方法计算。

2) 剪力墙内力计算

剪力墙有了总剪力 V_w 后，各道剪力墙之间剪力和弯矩的分配以及各道剪力墙墙肢的内力计算，可按下列方法计算：

(1) 整个墙和整体小开口墙将各楼层剪力 V_i 和弯矩 M_i 分配到各道剪力墙

$$V_j = \frac{EI_{eqj}}{EI_w}V_i \qquad (8-59)$$

$$M_j = \frac{EI_{eqj}}{EI_w} M_i \qquad (8\text{-}60)$$

式中 EI_{eqj}——第 j 道墙的等效刚度各层平均值；

EI_w——总刚度，$EI_w = \sum\limits_{j=1}^{m} EI_{eqj}$；

（2）整体小开口各墙肢内力

弯矩 $\qquad M_j = 0.85M\dfrac{I_j}{I} + 0.15M\dfrac{I_j}{\sum I_j} \qquad (8\text{-}61)$

轴力 $\qquad N_j = 0.85M\dfrac{A_j y_j}{I} \qquad (8\text{-}62)$

剪力 $\qquad V_j = \dfrac{V}{2}\left(\dfrac{A_j}{\sum A_j} + \dfrac{I_j}{\sum I_j}\right) \qquad (8\text{-}63)$

式中 M、V——道墙某楼层的总弯矩和总剪力设计值；

$\quad I$——道墙截面组合惯性矩；

$\quad I_j$——第 j 墙肢截面惯性矩；

$\quad A_j$——第 j 墙肢截面面积；

$\quad y_j$——第 j 墙肢截形心距组合截面形心轴的距离；

$\quad \sum I_j$——各墙肢截面惯性矩之各；

$\quad \sum A_j$——各墙肢截面面积之和；

连梁的剪力为上层和相邻下层墙肢的轴力差。剪力墙多数墙肢基本均匀，又符合整体小开口墙的条件。当有个别细小墙肢时，仍可按整体小开口墙计算内力。上墙肢端宜按下列计算附加局部弯曲的影响：

$$M_j = M_{j0} + \Delta M_j \qquad (8\text{-}64)$$

$$\Delta M_j = V_j \frac{h_0}{2} \qquad (8\text{-}65)$$

式中 M_{j0}——按整体小开口墙计算的墙肢弯矩；

$\quad \Delta M_j$——由于小墙肢局部弯曲增加的弯矩；

$\quad CV_j$——第 j 墙肢剪力；

$\quad h_0$——洞口高度；

3）连梁内力计算

框架连梁得到总约束弯矩 m 后，连梁的内力按下列公式计算（连梁弯矩图如图 8-21 所示）：

每根连梁的楼层平均约束弯矩

$$m' = \frac{m_{ij}}{\sum m_{ij}} m \qquad (8\text{-}66)$$

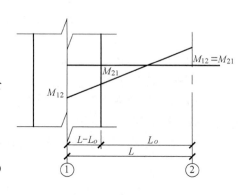

图 8-21 连梁弯矩图

每根连梁在墙中处弯矩

$$M_{12} = m'h \tag{8-67}$$

每根连梁在墙边的弯矩

$$M'_{12} = \left(\frac{2L}{L_0} - 1\right)M_{12} \tag{8-68}$$

连梁端剪力

$$V_b = \frac{M'_{12} + M_{21}}{L_0} \tag{8-69}$$

当连梁在框架端约束取为零时,每根连梁在墙边的左由公式(8-78)变为:

$$M'_{12} = \frac{L_0}{L}M_{12} \tag{8-70}$$

式中 m_{ij}——每根连梁端的约束变矩系数;

h——层高。

4) 双肢墙的连梁内力及墙肢的弯矩和轴力计算

(1) 按照剪力图形面积相等的原则,将双肢墙曲线形剪力图近似简化成直线形剪力图。并分解为顶点集中荷载和均布荷载作用下两种剪力图的叠加(图 8-22)。

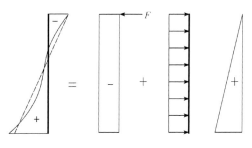

图 **8-22** 双肢墙剪力图形分解

(2) 连梁的剪力

$$V_b = V_{b1} + V_{b2} \tag{8-71}$$

$$V_{b1} = V_{01}\,\mathrm{sh}\,\frac{\phi_1}{I} \tag{8-72}$$

$$V_{b2} = V_{02}\,\mathrm{sh}\,\frac{\phi_{21}}{I} \tag{8-73}$$

式中 V_{b1}、V_{b2}——分别为连梁在顶部反向集中力 F 作用下及均匀连续分布荷载 q 作用下的剪力值;

V_{01}、V_{02}——分别为顶部反向集中力 F、均匀连续荷载 q 作用下剪力墙的基底剪力;

$$S = \frac{L}{\dfrac{1}{A_1} + \dfrac{1}{A_2}} \tag{8-74}$$

$$I = I_1 + I_2 + LS \tag{8-75}$$

式中 A_1、A_2——分别为双肢剪力墙墙肢 1、墙肢 2 的截面面积;

I_1、I_2——分别为墙肢 1、墙肢 2 的截面惯性矩;

h——层高;

L——两墙肢截面形心间的距离;

ϕ_1、ϕ_2——分别为顶部反向集中力 F、均匀连续分布荷载作用下连梁的剪力系数,其值为：

$$\phi_1 = 1 - \frac{\text{ch}\alpha(1-\xi)}{\text{ch}\alpha} \tag{8-76}$$

$$\phi_2 = \frac{\text{sh}\alpha - \alpha}{\alpha\,\text{ch}\alpha}\text{ch}\alpha(1-\xi) - \frac{\text{sh}\alpha(1-\xi)}{\alpha} + (1-\xi) \tag{8-77}$$

式中　α——整体性系数，可由公式求得。

（3）连梁的弯矩

$$M_b = \frac{1}{2}V_b L_0 \tag{8-78}$$

（4）墙肢的轴向力

$$N_{1i} = -N_{2i} = \sum_i^n V_b \tag{8-79}$$

式中　L_0——连梁的净跨度；

N_{1i}、N_{2i}——分别为第 i 层墙肢 1、2 轴向拉力和压力；

V_b——连梁的剪力。

（5）墙肢的弯矩

$$M_i = M_{pi} - \sum_i^n M'_b \tag{8-80}$$

$$M'_b = \frac{1}{2}V_b L \tag{8-81}$$

$$M_{1i} = \frac{I_1}{I_1 + I_2}M_i \tag{8-82}$$

$$M_{2i} = \frac{I_2}{I_1 + I_2}M_i \tag{8-83}$$

式中　M_i——双肢墙第 i 层弯矩；

M_{pi}——双肢墙由水平力产生的第 i 层弯矩；

M'_b——连梁由水平力引起的约束弯矩。

（6）墙肢的剪力

$$V_{1i} = \frac{I_{1eqi}}{I_{1eqi} + I_{2eqi}}V_i \tag{8-84}$$

$$V_{2i} = \frac{I_{2eqi}}{I_{1eqi} + I_{2eqi}}V_i \tag{8-85}$$

$$I_{jeq} = \frac{I_j}{1 + \dfrac{9\mu I_j}{A_j H^2}} \quad (j = 1, 2) \tag{8-86}$$

式中　V_i——双肢剪力墙由水平力产生的第 i 层剪力；

　　　I_j——墙肢 1 或墙肢 2 的截面惯性矩；

　　　A_j——墙肢 1 或墙肢 2 的截面积；

　　　I_{jeq}——墙肢 j 的等效惯性矩；

　　　H——双肢剪力墙总高度；

　　　μ——截面形状系数，矩形截面 $\mu=1.2$；I 形截面 $\mu=\dfrac{A}{A_w}$，A 为全截面面积；A_w 为腹板面积。

8.2　地震作用下的内力调整

目前，不论是采用手算方法还是机算方法，计算中都采用了楼板平面刚度无限大的假定，即认为楼板在自身平面内是不变形的。但是，在框架－剪力墙结构中，作为主要侧向支撑的剪力墙间距相当大。实际上楼板是会变形的，变形的结果将会使框架部分的水平位移大于剪力墙的水平位移。相应的，框架实际上承受的水平力大于采用刚性模板假定的计算结果。更重要的是，剪力墙刚度大，承受了大部分水平力，因而在地震作用下，剪力墙会首先开裂，刚度降低。从而，使一部分地震作用向框架转移，框架受到的地震作用会明显增加。

由内力分析可知，框架－剪力墙结构中的框架，受力情况不同于纯框架结构中的框架，它下部楼层的计算剪力很小，到底部接近零。显然，直接按照计算的剪力进行配筋使不安全的。必须做适当的调整，使框架具有足够的抗震能力，使框架成为框架－剪力墙结构的第二道防线。

在地震作用下，通常都是剪力墙先开裂，剪力墙刚度降低后，框架内力会增加。规则的框架－剪力墙结构中，按协同工作分析所得的框架各层剪力 V_f，应按下列方法调整：

(1) 如果是满足(8-87)式要求的楼层，其框架总剪力标准值不必调整；

(2) 如果是不满足(8-87)式要求的楼层，其框架总剪力标准值应按 $0.2V_0$ 和 $1.5V_{f,max}$ 二者的较小值计算。

$$V_f \geqslant 0.2V_0 \tag{8-87}$$

式中　V_0——对框架数量从下至上基本不变的规则建筑，取地震作用产生的结构底部总剪力标准值；对框架柱数量从下至上分段有规律变化的结构，取每段最下一层结构的地震总剪力标准值；

　　　V_f——为地震作用产生的，未经调整的各层（或某一段内各层）框架所承担的地震总剪力标准值；

　　　$V_{f,max}$——对框架柱从下至上基本不变的规则建筑，应取未经调整的各层框架所承担的地震总剪力标准值中的最大值；对框架柱数量从下至上分段有规律变化的结构，应取每段中未经调整的各层框架所承担的地震总剪力标准值中的最大值。

如果建筑为阶梯形沿竖向刚度变化较大时，不能直接用上述方法求框架所承担的最小地震剪力，可近似把各变刚度层作为相邻上部一段楼层的基底，然后再按上述方法分段计算各楼层的最小地震剪力值。

按振型分解反应谱法计算地震作用时,内力调整可在振型组合之后进行。各层框架所承担的地震总剪力标准调整后,应按调整前、后总剪力标准值的比值调整框架各梁的剪力及端部弯矩标准值,框架柱的轴力标准值可不予调整。当屋面突出部分采用框剪结构时,突出部分框架的总剪力取该层框架按协同工作承担剪力值的 1.5 倍。因为小塔楼框架柱不多,仍按标准层进行调整将会使小塔楼的抗剪设计相当危险。框架-剪力墙结构的调整是在结构进行内力计算后,为提高框架部分承载力的一种人为的措施。它是调整截面设计用的内力设计值。所以调整后,节点弯矩和剪力不再保持平衡,也不必再分配节点弯矩。

在实际工程中,按此法计算的联系梁弯矩往往较大,配筋很多。因此,《高规》中规定:在内力与位移计算中,抗震设计的框架—剪力墙中的连梁刚度可予以折减,折减系数不宜小于 0.50。

8.3 框架-剪力墙结构协同工作

框-剪结构由框架和剪力墙两种不同的抗侧力构件组成,这两种构件的受力特点和变形性质是不同的。在水平力作用下,剪力墙是竖向悬臂弯曲构件,其变形曲线呈弯曲型(图 8.23a),在一般剪力墙结构中,由于所有抗侧力构件都是剪力墙,在水平力作用下各道墙的侧向位移曲线相类似。楼层剪力在各道剪力墙之间是按其等效抗弯刚度 EI_{eq} 的比例进行分配的。楼层越高水平位移增长速度越快,顶点水平位移值与高度是四次方关系:

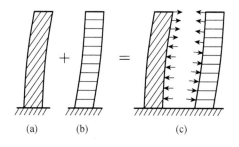

图 8.23 框架-剪力墙结构变形特点

均布荷载时
$$u = \frac{qH^4}{8EI} \tag{8-88}$$

倒三角形荷载时
$$u = \frac{11q_{max}H^4}{120EI} \tag{8-89}$$

式中 H——总高度;

   EI——弯曲刚度。

纯框架结构在水平力作用下,其变形曲线为剪切型(图 8.23b),楼层越高水平位移增长越慢,在纯框架结构中,各榀框架的变形曲线类似。楼层剪力按框架柱的抗推刚度 D 值比例进行分配。

框-剪结构,既有框架,又有剪力墙,它们之间通过平面内刚度无限大的楼板连接在一起,在水平力作用下,使它们水平位移协调一致,在不考虑扭转影响时,同一楼层的水平位移相同,因此,框-剪结构在水平力作用下的变形曲线呈反 S 形的弯剪型位移曲线(图 8.24)。从图中我们可以看出,框剪结构在水平力作用下,由于框架与剪力墙协同工作,在下部楼层,因为剪力墙位移

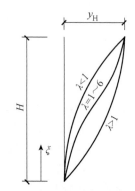

图 8.24 框架-剪力墙结构变形曲线和刚度特征值关系曲线

小,它拉着框架,使剪力墙承担了大部分剪力,而上部楼层则相反,剪力墙的位移越来越大,框架的变形反而小,所以,框架除负担水平力作用下的那部分剪力以外,还要负担拉回剪力墙变形的附加剪力,因此中上部楼层即使水平力产生的楼层剪力很小,而框架中仍有相当数值的剪力。在水平力作用下,框架与剪力墙之间楼层剪力的分配比例和框架各楼层剪力分布情况,是随着楼层所处高度而变化的,与结构刚度特征值 λ 直接相关(图 8.24)。当 λ 值很小时,如 $\lambda \leqslant 1$,即总框架的抗侧移刚度比总剪力墙的等效抗弯刚度小很多时,结构侧移曲线比较接近于剪力墙结构的侧移曲线,即曲线凸向原始位置。反之,当 λ 较大时,如 $\lambda \geqslant 6$ 时,总框架的抗侧移刚度比总剪力墙的等效抗弯刚度大很多时,结构侧移曲线比较接近于框架结构的侧移曲线,此时,曲线凹向原始位置。

从图 8.25 可知,框剪结构中的框架底部剪力为零,全部水平荷载由剪力墙承受,因此,在框剪结构底部是剪力墙帮助框架协同工作;从图中顶部来看,框架顶部受有集中力,而外荷载为线荷载,结构顶部没有集中力,所以,该集中力来自剪力墙,即在框剪结构顶部是框架帮助剪力墙工作。剪力控制部位在房屋高度的中部甚至在上部,而纯框架最大的剪力在底部。因此,当实际布置有剪力墙(如楼梯间墙,电梯井道墙、设备管道井墙等)的框架结构,必须按框剪结构协同工作计算内力,不应简单按纯框架分析,否则不能保证框架部分上部楼层构件的安全。

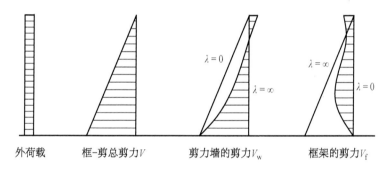

图 8.25 框-剪结构受力特点

框剪结构在水平力作用下,水平位移是由楼层层间位移与层高之比 $\Delta u/h$ 控制,而不是顶点水平位移进行控制。层间位移最大值发生在 $(0.4 \sim 0.8)H$ 范围的楼层,H 为建筑物总高度。具体位置应按均布荷载或倒三角形分布荷载,可以按侧移法计算表中查出框架楼层剪力分布分配系数 ψ_f 或 ψ_f' 最大值位置确定。

在水平力作用下,该结构体系剪力取用值比较接近,梁、柱的弯矩和剪力值变化小,使得梁、柱构件规格减少,有利于施工。

8.4　框架-剪力墙结构布置

框-剪力墙结构的组成形式一般有:

(1) 框架与剪力墙(单片墙、联肢墙或较小井筒)分开布置,各自形成抗侧力结构;

(2) 在框架结构的若干跨度内嵌入剪力墙(有边框剪力墙);

(3) 在单片抗侧结构内布置框架和剪力墙;

(4) 上述两种或几种形式的混合;

（5）板柱结构中设置部分剪力墙（板柱-剪力墙结构）。

框架-剪力墙结构的最大适用高度、高宽比和层间位移限值应符合第 2 章的有关规定。框架-剪力墙结构的结构布置除应符合本章的规定外,其框架和剪力墙的布置尚应分别符合第 5 章和第 6 章的有关规定。

框架-剪力墙结构应设计成双向抗侧力体系,主体结构构件之间不宜采用铰接。抗震设计时,两主轴方向均应布置剪力墙。梁或柱与剪力墙的中线重合,框架的梁与柱中线之间的偏心距不宜大于柱宽的 1/4。

8.4.1 框架-剪力墙结构中剪力墙的布置

（1）剪力墙的合理数量。

多次地震灾害的情况表明,在钢筋混凝土结构中,剪力墙数量越多,地震灾害减轻越多。日本在分析十胜冲地震和福井地震的钢筋混凝土建筑物震害结果发现这样一条规律:墙越多,震害越轻。在 1978 年的罗马尼亚地震和 1988 年前苏联亚美尼亚地震都揭示出框架结构抗震在强震中大量破坏、倒塌,而剪力墙结构震害轻微。

一般说来,多设剪力墙对结构抗震是有利的,但是剪力墙设置过多却又是不经济的。剪力墙设置过多,虽然提高了结构的抗震能力,但也使得结构刚度太大,周期太短,地震作用加大,不仅使上部结构材料增加,而且带来基础设计的困难。此外,框剪结构中,框架的设计水平剪力有最低限值,为了满足上述剪力墙数量的要求,结构刚度特征值 λ 宜不大于 2.4。在此限值之外,剪力墙再增多,框架消耗的材料也不会再减少。所以在综合考虑了抗震和经济性的基础上,剪力墙应有一定的合理数量。在结构设计中,剪力墙的合理数量选取可参照表 8.1 决定。

（2）框架-剪力墙结构中剪力墙的布置宜符合下列要求:

① 剪力墙宜均匀地布置在建筑物的周边附近、楼电梯间、平面形状变化、恒载较大的部位;在伸缩缝、沉降缝、防震缝两侧不宜同时设置剪力墙。

② 平面形状凹凸较大时,宜在凸出部分的端部附近布置剪力墙。

③ 剪力墙布置时,如因建筑使用需要,纵向或横向一个方向无法设置剪力墙时,该方向采用壁式框架、斜支撑等抗侧力构件,但是,两方向在水平力作用下的位移值应接近。壁式框架的抗震等级应按剪力墙的抗震等级考虑。

表 8.1 不同墙率比值的框架剪力比值

比值	层 数						
	9	10	12				16
α_1/α_2	1.53	1.59	1.59	1.95	2.52	4.78	1.48
V_{f1}/V_{f2}	0.92	0.88	0.92	0.91	0.90	0.75	0.96

注:墙率 $\alpha_1 = EI_{w1}/A$;框架相应分配剪力为 V_n;墙率 $\alpha_2 = EI_{w2}/A$;框架相应分配剪力为 V_{f2};A 为楼层面积。

④ 剪力墙的布置宜分布均匀,各道墙的刚度宜接近,长度较长的剪力墙宜设置洞口和连梁形成双肢墙或多肢墙,单肢墙或多肢墙的墙肢长度不宜大于 8 m。单片剪力墙底部承担水平力产生的剪力不宜超过结构底部总剪力的 40%。

⑤ 纵向剪力墙宜布置在结构单元的中间区段内。房屋纵向长度较长时,不宜集中在两端布置纵向剪力墙,否则在平面中适当部位应设置施工后浇缝以减少混凝土硬化过程中的收缩

应力影响,同时应加强屋面保温以减少温度变化产生的影响。

⑥ 楼电梯间、竖井等造成连续楼层开洞时,宜在洞边设置剪力墙,且尽量与靠近的抗侧力结构结合,不宜孤立地布置在单片抗侧力结构或柱网以外的中间部分。

⑦ 剪力墙间距不宜过大,应满足楼盖平面刚度的需要,否则应考虑楼面平面变形的影响。

(3) 剪力墙的间距

在长矩平面或平面有一向较长的建筑中,其剪力墙的布置宜符合下列要求。

① 横向剪力墙沿长方向的间距宜满足表 8.2 的要求,当这些剪力墙之间的楼盖有较大开洞时,剪力墙的间距应予减小。

② 纵向剪力墙不宜集中布置在两尽端。

(4) 框剪结构中的剪力墙宜设计成周边有梁柱(或暗梁柱)的带边框剪力墙。纵横向相邻剪力墙宜连接在一起形成 L 形、T 形及口形等(图 8.26),以增大剪力墙的刚度和抗扭能力。

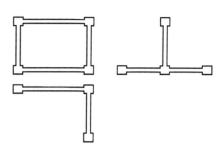

图 8.26 相邻剪力墙的布置方式

表 8.2 剪力墙间距　　　　　　　　　　　　　　单位:m

楼盖形式	非抗震设计(取最小值)	抗震设防烈度		
		6 度、7 度(取较小值)	8 度(取较小值)	9 度(取较小值)
现浇	≤5.0B, 60	≤4.0B, 50	≤3.0B, 40	≤2.0B, 30
装配整体	≤3.5B, 50	≤3.0B, 40	≤2.5B, 30	——
板柱-剪力墙	≤3.0B, 36	≤2.5B, 30	≤2.0B, 24	
框支层	≤3.0B, 36	底部 1~2 层,≤2B, 24;3 层及 3 层以上≤1.5B, 20		——

注:1. B——楼面宽度;
2. 装配整体式楼盖指装配式楼盖上设有配筋现浇层,现浇层应符合高层建筑结构设计的基本规定;
3. 现浇部分厚度大于 60 mm 的预应力叠合楼板可作为现浇板考虑。

(5) 有边框剪力墙的布置除应满足以上第(2)条外,尚应符合下列要求:

① 墙端处的柱(框架柱)应予保留,柱截面应与该片框架其他柱的截面相同。

② 剪力墙平面的轴线宜与柱截面线重合。

③ 与剪力墙重合的框架梁可保留,梁的配筋按框架梁的构造要求配置。该梁亦可做成宽度与墙厚相同的暗梁,暗梁高度可取墙厚的 2 倍。

④ 剪力墙上洞口宜布置在截面中部,避免开在端部或紧靠柱边,洞口至柱边的距离不宜小于墙厚的 2 倍,开洞面积不宜大于墙面积的 1/6,洞口宜上下对齐,上下洞口间的高度(包括梁)不宜小于层高的 1/5(图 8-27)。

⑤ 剪力墙宜贯通建筑物全高,沿高度墙的厚度宜逐渐减薄,避免刚度突变。当剪力墙不能全部贯通时,相邻楼层刚度的减弱不宜大于 30%,在刚度突变的楼层板应按转换层楼板的要求加强构造措施。

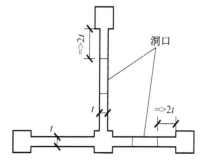

图 8.27 剪力墙的洞口布置

⑥ 框剪结构中,当取基本振型分析框架部分承受的地震倾覆力矩大于结构总地震倾覆力矩的 50% 时,框架的抗震等级应按框架结构考虑。

⑦ 当框架结构中仅设置少量剪力墙时,剪力墙的布置应符合以上第(2)条的要求,在计算分析中考虑该剪力墙与框架的协同工作。

8.4.2 板柱-剪力墙结构及结构布置

板柱-剪力墙结构指数层平面除周边框架间有梁、楼梯间有梁,内部多数柱之间不设置梁,抗侧力构件主要为剪力墙或核心筒。当楼层平面周边框架柱间有梁,内部设有核心筒及仅有一部分主要承受竖向荷载而不设梁的柱,此类结构属于框架-核心筒结构。板柱-剪力墙结构布置应符合如下要求:

(1) 板柱-剪力墙结构应布置成双向抗侧力体系,两主轴方向均应设置剪力墙。

(2) 房屋的顶层及地下一层顶板宜采用梁板结构。

(3) 横向及纵向剪力墙应能承担该方向全部地震作用,板柱部分仍应能承担相应方向地震作用的 20%。

(4) 抗震设计时,楼盖周边不应布置外挑板并应设置周边柱间框架梁。

(5) 楼盖有楼、电梯间等较大开洞时,洞口周围宜设置框架梁,洞边设边梁。

(6) 抗震设计时,纵横柱轴线均应设置暗梁,暗梁宽可取与柱宽相同。

(7) 无梁板可采用无柱帽板,当板不能满足冲切承载力要求且建筑许可时可采用平托板式柱帽,平托板的长度和厚度按冲切要求确定,且每方向长度不宜小于板跨度的 1/6,其厚度不小于 1/4 无梁板的厚度;平托板处总厚度不应小于 16 倍柱纵筋的直径。不能设平托板式柱帽时可采用剪力架。

(8) 楼板跨度在 8 m 以内时,可采用钢筋混凝土平板。跨度较大而采用预应力楼板用抗震设计时,楼板的纵向受力钢筋应以非预应力低碳钢筋为主,部分预应力钢筋主要用作提高楼板刚度和加强板的抗裂能力。

8.4.3 框架-剪力墙结构中梁的设计

如图 8.28 所示,框架-剪力墙结构中的梁可以分为 3 种:第一种是剪力墙之间的、两端均与墙肢相连的连梁 A,第二种是一端与剪力墙相连,另一端与框架柱相连接的连梁 B,第三种是两端均和框架柱相连的框架梁 C。三者设计原则如下:

(1) A 梁按双肢或多肢剪力墙的连梁设计,C 梁按框架梁设计。

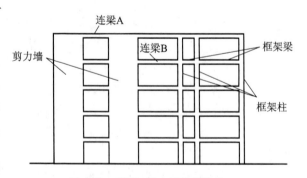

图 8.28 框架-剪力墙结构构件

(2) B 梁一端与墙相连,墙肢刚度很大;另一端与框架柱相连,柱刚度较小。B 梁在水平力作用下,会由于弯曲变形很大而出现很大的弯矩和剪力,首先开裂、屈服,进入弹塑性工作状态。因此,B 梁应设计为强剪弱弯,保证在剪切破坏前已屈服而产生了塑性变形。

(3) 在进行内力和位移计算时,由于 B 梁可能弯曲屈服进入弹塑性工作状态,B 梁的刚度应乘以折减系数 β 予以降低。为防止裂缝开展过大,避免破坏,β 值不宜小于 0.5。如果配筋困难,还可以在刚度足够,满足水平位移限值的条件下,降低连梁的高度而减小刚度,降低内力。

8.5 刚度计算

8.5.1 框架总刚度计算

框架总刚度
$$C_f = \bar{D}\bar{h} \tag{8-90}$$

其中
$$\bar{D} = \sum_{i=1}^{n} \frac{D_i h_i}{H} \tag{8-91}$$

框架各层 D_i 值
$$D_i = \sum \frac{12\alpha_c i_c}{h_i^2} \tag{8-92}$$

框架的平均层高
$$\bar{h} = \sum_{i=1}^{n} \frac{h_i}{n} = \frac{H}{n} \tag{8-93}$$

式中 h_i'——第 i 层层高；

n——框架层数；

H——结构总高度；

D_i——框架第 i 层所有柱 D 值之和；

$\bar{D}$——框架沿高度平均抗推刚度；

α_c——柱刚度修正系数，见表 8.3。

表 8.3 柱刚度修正系数 α_c 值

楼层	带刚域杆件刚度值		K	α_c	附注
一般层	(1) $K_2=C_{Ai2}$, K_C, $K_4=C_{Ai4}$	(2) $K_1=C_{Bi1}$, $K_2=C_{Ai2}$, K_C, $K_3=C_{Bi3}$, $K_4=C_{Ai4}$	情况(1) $K=\dfrac{k_2+k_4}{2k_c}$ 情况(2) $K=\dfrac{k_1+k_2+k_3+k_4}{2k_c}$	$\alpha_c=\dfrac{k}{2+k}$	$i=\dfrac{EI_i}{l_i}$ 为梁未考虑刚域修正前的刚度
底层	(1) $K_2=C_{Ai2}$, K_C	(2) $K_1=C_{Bi2}$, $K_2=C_{Ai2}$, K_C	情况(1) $K=\dfrac{k_2}{k_c}$ 情况(2) $K=\dfrac{k_1+k_2}{k_c}$	$\alpha_c=\dfrac{0.5+k}{2+k}$	

8.5.2 剪力墙总刚度计算

剪力墙的总刚度为

$$EI_w = \sum (EI_w)_j \qquad (8\text{-}94)$$

式中 $(EI_w)_j$——第 j 道剪力墙的等效刚度,可根据剪力墙的类型取其各自的等效刚度;当墙的刚度沿竖向有变化时,可采用各层刚度的加权平均值:

$$EI_w = \sum_{i=1}^{n} [(EI_w)_j]_i \frac{h_i}{H} \qquad (8\text{-}95)$$

单肢墙、整截面墙、整体小开口墙、联肢墙的等效刚度计算见第 6 章。

8.5.3 壁式框架刚度计算

墙肢大小均匀的联肢墙和壁式框架,均可转换成带刚域杆件的壁式框架(图 8.29),采用 D 值法进行抗侧力简化计算。

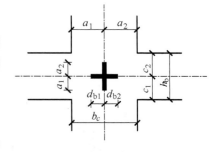

图 8.29 节点区刚域(改 d_{c1})

(1) 刚域的范围按下列公式确定

$$d_{b1} = a_1 - \frac{h_b}{4} \qquad (8\text{-}96)$$

$$d_{b2} = a_2 - \frac{h_b}{4} \qquad (8\text{-}97)$$

$$d_{c1} = C_1 - \frac{b_c}{4} \qquad (8\text{-}98)$$

$$d_{c2} = C_2 - \frac{b_c}{4} \qquad (8\text{-}99)$$

当计算的刚域长度小于零时,不考虑刚域的影响。

(2) 带刚域杆件刚度计算见式(8-49)

(3) 壁式框架柱反弯点高度比按下式计算

$$y = a + Sy_0 + y_1 + y_2 + y_3 \qquad (8\text{-}100)$$

式中

$$a = \frac{ah}{h} \qquad (8\text{-}101)$$

$$S = \frac{h'}{h} \qquad (8\text{-}102)$$

y_0——标准反弯点高度比,由上下带刚域梁的平均相对刚度与壁式框架柱相对刚度的比值,从附表 1、附表 2 查得;

$$\bar{K} = \frac{K_1 + K_2 + K_3 + K_4}{2i_c} S^2 \qquad (8\text{-}103)$$

y_1——上下梁刚度变化的修正值,由上下带刚域梁刚度比值 $\alpha_1 = \dfrac{K_1 + K_2}{K_3 + K_4}$ 及 $\bar{K}$ 查附表 3
得到;

y_2——上层层高变化的修正值,由上层层高对该层层高的比值 $\alpha_2 = \dfrac{h_{\text{上}}}{h}$ 及 $\bar{K}$ 查附表 4
得到;

y_3——下层层高变化的修正值,由下层层高对该层层高的比值 $\alpha_3 = \dfrac{h_{\text{下}}}{h}$ 及 $\bar{K}$ 查附表 4
得到。

壁式框架柱标准反弯点高度比为 $a + Sy_0$,而框架的标准反弯点高度比为 y_0。

8.5.4 连梁刚度计算

框架与剪力墙之间连梁的等效剪切刚度按下式计算:

$$C_{\text{b}} = \frac{1}{h} \sum (m_{12} + m_{21}) \tag{8-104}$$

在框架与剪力墙之间的连梁,一端连在剪力墙,带有刚域,长度为 aL;另一端连在框架柱,不带刚域。连梁两端的约束弯矩系数按式(8-44)计算。

8.5.5 其他结构构件刚度计算

板柱-剪力墙结构在地震作用下按等代平面框架分析时,其等代梁的宽度宜采用框架方向跨度的 3/4 或垂直于等代平面框架方向柱距的 50%,二者的较小值。

板柱-剪力墙结构在竖向荷载作用下的计算见有关手册。

8.6 扭转影响的近似计算

在前面讨论的框架、剪力墙及框架-剪力墙结构的计算中,我们都假定水平荷载合力的作用线通过结构的刚度中心,因而结构没有绕竖轴的扭转产生。房屋建筑在风荷载或地震作用下,当结构平面的刚度中心与水平力的作用中心不合时,必将产生平面扭转。其楼层的扭转影响,不仅与本层的刚度中心和质量中心有关,而且还与该层以上各层的刚度中心和质量中心有关。

考虑结构扭转时,结构不仅有横向的平移,还会有绕刚心的扭转,因此就增加了结构受力的复杂性,也给计算增添了一些麻烦。为此,在结构计算时作一些假定。

8.6.1 扭转影响近似计算的基本假定

(1) 楼盖在自身平面内刚度为无限大,把它看成一刚片,各点之间没有相对变形,仅产生同步平移和转动。

(2) 抗侧结构的刚度 D 作为假想面积,此时假想面积的形心就是刚度中心。

(3) 根据假定(1),有水平力作用下如果没有扭转现象,某楼层刚度中心的侧向位移值作为该层各抗侧力结构的位移值,而且大小都相等。

（4）先按无扭转影响计算各楼层抗侧力结构的内力,然后再考虑扭转影响,用修正系数 α 调整按无扭转影响时计算所得的内力值。

8.6.2 扭转近似计算的步骤

按平面示意图（图 8.30）纵横向分别标出各楼层柱、剪力墙的抗推刚度值 D_c 和 D_w,按协同工作分配所得的剪力值 V_c 和 V_w,柱和剪力墙由本层荷载（不计上层传重）产生的轴向力 N,并将同一轴线上各构件的 D 和 N 值叠加在一起用表格表示。

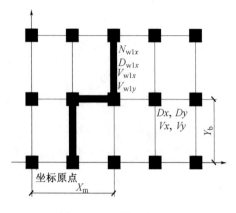

$$D_{cij} = \frac{V_{cij}}{\delta_i} \qquad (8-105)$$

$$D_{wij} = \frac{V_{wij}}{\delta_i} \qquad (8-106)$$

图 8.30 平面示意图

式中 V_{cij}、V_{wij}——第 i 层第 j 柱和第 j 墙的剪力值（kN）;

δ_i——第 i 层的相对层间位移值（m）,同一楼层的柱和墙相对层间位移值相同。

（1）选取坐标轴

一般可把坐标原点设在结构单元的左下角图 7.30;

（2）计算各楼层的水平力作用中心位置

第 i 层的地震效应 F_i 作用中心即为第 i 层的质量中心,其位置可按该层柱、墙的轴向力 N 由下式确定:

$$\left. \begin{aligned} X_{mi} &= \frac{\sum N_{ij} x_y}{\sum N_{ij}} \\ Y_{mi} &= \frac{\sum N_{ij} y_y}{\sum N_{ij}} \end{aligned} \right\} \qquad (8-107)$$

式中 X_{mi}、Y_{mi}——第 i 层质量中心距坐标轴 Y、X 的距离（m）;

N_{ij}——第 i 层 j 柱和 j 墙的轴向力（kN）;

x_y、y_y——第 i 层 j 柱和 j 墙的形心距坐标轴 y、x 的距离;

（3）求下列为计算扭转影响的有关值

$$\left. \begin{aligned} I_x &= \sum \left(D_x y_j^2 - \sum D_x \overline{Y^2} \right) \\ I_y &= \sum \left(D_y y_j^2 - \sum D_y \overline{X^2} \right) \end{aligned} \right\} \qquad (8-108)$$

刚度中心位置距 X 轴和 Y 轴的距离为:

$$\left. \begin{aligned} \overline{X} &= \frac{\sum (D_y x_j)}{\sum D_y} \\ \overline{Y} &= \frac{\sum (D_x y_i)}{\sum D_x} \end{aligned} \right\} \qquad (8-109)$$

式中　D_x、D_y——柱和墙抵抗 Y 方向和 X 方向水平力的抗推刚度值(kN/m)；

x_j、y_i——j 柱和 j 墙形心距 Y 轴和 X 轴的距离(m)。

（4）水平力作用中心与刚度中心的偏心距计算

r 层由于本层和以上各层 F_i 产生的偏心距,可通过 F_i 对 r 层取用地坐标轴求力矩的方法求得。r 层及其以上各层 F_i 作用点在 r 层的投影点至坐标轴的距离分别为:e'_{xn-1}、e'_{xr}、e'_{yn}、e'_{yn-1}、e'_{yr},因此,F_i 对 r 层坐标轴的力矩为

$$
\left.\begin{aligned}
M_{xr} &= \sum_{i=r}^{n} F_{yi} \times e'_{xi} \\
M_{yr} &= \sum_{i=r}^{n} F_{xi} \times e'_{yi}
\end{aligned}\right\} \tag{8-110}
$$

r 层和 r 层以上各层 F_i 在 r 层投影合力作用点距坐标轴的距离为

$$
\left.\begin{aligned}
e''_{xr} &= \frac{M_{xr}}{\sum\limits_{i=r}^{n} F_{yi}} = \frac{M_{xr}}{V_{yr}} \\
e''_{yr} &= \frac{M_{yr}}{\sum\limits_{i=r}^{n} F_{xi}} = \frac{M_{yr}}{V_{xr}}
\end{aligned}\right\} \tag{8-111}
$$

水平力作用中心与刚度中心的偏心距为

$$
\left.\begin{aligned}
e_{xor} &= |\overline{X_r} - e''_{xr}| \\
e_{yor} &= |\overline{Y_r} - e''_{yr}|
\end{aligned}\right\} \tag{8-112}
$$

式中　V_{yr}、V_{xr}——第 r 层沿 Y 和 X 方向的楼层剪力值(kN)；

$\overline{X_r}$、$\overline{Y_r}$——第 r 层刚度中心距坐标轴的距离,由公式(8-109)求得。

（5）计算柱和墙考虑扭转影响后剪力修正系数 α_{xj}、α_{yj} 为

$$
\left.\begin{aligned}
\alpha_{xj} &= 1 + \frac{\sum D_x e_x}{I_x + I_y} y'_j \\
\alpha_{yj} &= 1 + \frac{\sum D_y e_x}{I_x + I_y} x'_j
\end{aligned}\right\} \tag{8-113}
$$

式中　e_x、e_y——由公式(8-111)求得某楼层 X 方向和 Y 方向的偏心距；

I_x、I_y——按公式(8-108)求得；

x'_j、y'_j——X 方向和 Y 方向的 j 柱、j 墙距刚度中心的距离；

$\sum D_x$、$\sum D_y$——柱和墙抵抗 Y 方向及 X 方向水平力的抗推刚度总和。

计算扭转影响时,只考虑增加剪力的那部分抗侧力构件。因此,当确定了刚度中心位置以后,即可判断距刚度中心较远一侧需要考虑扭转影响而增加剪力的柱和剪力墙是哪些。

（6）考虑扭转影响后,柱和墙的剪力值按下式计算

$$
V'_j = V_j \alpha \tag{8-114}
$$

式中　V_j——j 柱和 j 墙未考虑扭转影响时的剪力值；

α——按公式(8-113)计算的剪力修正系数。

8.7 截面构造及设计

框架-剪力墙(板柱-剪力墙)结构由框架(板柱框架)和剪力墙组成,因此要分别符合这两类构件的设计要求。但是,由于这两类结构中,剪力墙周边都有梁柱,形成带边框剪力墙,是抗侧力的主要构件,承担较大的水平力,其构造要求略有不同。

框剪结构的截面设计和构造措施,除本规定者外,应按第 5 章采用。高层框剪结构的剪力墙宜采用现浇。有抗震设防的高层框剪结构截面设计,应首先注意使结构具备良好的延性,使位移延性系数达到 4~6 的要求。延性的要求是通过控制构件的轴压比、剪压比、强剪弱弯、强柱弱梁、强底层柱下端、强底部剪力墙、强节点等验算和一系列构造措施实现的。

8.7.1 带边框架的剪力墙的构造要求

(1) 带边框剪力墙的截面厚度应符合下列规定:

① 抗震设计时,一、二级剪力墙的底部加强部位不应小于 200 mm,且不应小于层高的 1/16;

② 除第①项以外的其他情况下不应小于 160 mm,且不应小于层高的 1/20。

(2) 带边框剪力墙的混凝土强度等级宜与边框柱相同。

(3) 与剪力墙重合的框架梁可保留,亦可做成宽度与墙厚相同的暗梁,暗梁截面高度可取墙厚的 2 倍或与该片框架梁截面等高。边框梁(包括暗梁)的纵向钢筋配筋率应按框架梁纵向受拉钢筋支座的最小配筋百分率,梁纵向钢筋上下相等且连通全长,梁的箍筋按框架梁加密区构造配置,全跨加密。

(4)剪力墙边框柱的纵向钢筋除按计算确定外,应符合第五章关于一般框架结构柱配筋的规定:剪力墙端部的纵向受力钢筋应配置在边柱截面内,边框柱箍筋间距应按加密区要求,且柱全高加密。

8.7.2 剪力墙的配筋要求

剪力墙墙板的配筋,非抗震设计时,水平和竖向分布钢筋的配筋率均不应小于 0.2%,直径不应小于 8 mm,间距不大于 300 mm;有抗震设防时,水平和竖向分布钢筋的配筋率均不应小于 0.25%,直径不应小于 8 mm,间距不大于 300 mm。墙板钢筋应双排双向配置,双排钢筋之间应设置直径不小于 6 mm,间距不大于 600 mm 的拉接筋,拉接筋应与外皮水平钢筋钩牢。水平钢筋应全部锚入边柱内,锚固长度不应小于 l_a(非抗震设计)或 l_{aE}(抗震设计)。

8.7.3 板柱-剪力墙结构中板的构造要求

(1) 抗震设计时,无梁板中所设置的沿纵横柱轴线的暗梁,应按下列规定配置钢筋:

① 暗梁上下纵向钢筋均取柱上板带上、下钢筋总截面积的 50%,且均拉通全跨,其直径可大于暗梁以外板钢筋的直径,但不宜大于柱截面相应边长度的 1/20,暗梁一侧钢筋不宜小于上部的 1/2。

② 暗梁的箍筋,在无梁板的柱边如需用作剪力架时,除应按抗剪承载力确定外,在构造上应配置四肢箍,直径不小于 8 mm,间距不大于 300 mm。

（2）抗震设计时，柱上板带暗梁以外的支座纵向钢筋宜有不少于 1/3 拉通全跨。与暗梁相垂直方向的板下钢筋应搁置于暗梁下部钢筋之上。

（3）当设置平托板时，平托板底部宜布置构造钢筋。计算柱上板带的支座钢筋时，可以考虑平托板的厚度。

（4）抗震设防 8 度时宜采用有托板或柱帽的板柱节点，托板或柱帽根部的厚度（包括板厚）不宜小于柱纵筋直径的 16 倍。柱板或柱帽的边长每方向不宜小于板跨度的 1/6 和不宜小于 4 倍板厚及相应柱截面边长之和，二者的较大值。

（5）剪力墙上当有非连续不洞口时，且其各边长度小于 800 mm，应将在洞口处被截断的钢筋按等截面面积配置在洞口四边。此外强钢筋锚固长度为洞边起 40 倍直径（图 8.31）。

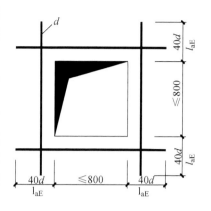

图 8-31　洞口配筋示意图

8.7.4　整体小开口剪力墙

当洞口边长大于 800 mm 时，洞口周边的加筋可按下列方法计算：

1）单洞（图 8.32）

洞口竖边每边拉力为

$$T_v = \frac{h_0}{2(L-l_0)}V'_w \qquad (8\text{-}115)$$

洞口水平边每边拉力为

$$T_H = \frac{h_0}{2(H-l_0)}\frac{H}{L}V'_w \qquad (8\text{-}116)$$

每边配筋所需截面面积为

$$A_s = \frac{T_v(T_H)r_{RE}}{f_y} \qquad (8\text{-}117)$$

当洞边距柱边 $b_< 1\dfrac{h_0}{4}$，且相邻跨无剪力墙时，则只能考虑剪力墙较宽一侧起作用，其较窄一侧可按构造配筋。

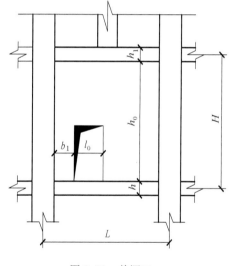

图 8.32　单洞口

式中　V'_w——考虑洞口影响后的墙剪力设计值，$V'_w = rV_w$；

　　　V_w——剪力墙的剪力设计值；

　　　r——洞口对抗剪承载力的降低系数，取值为：

$$\left.\begin{array}{l} r_1 = 1 - \dfrac{l_0}{L} \\[2mm] r_2 = 1 - \sqrt{\dfrac{A_{0p}}{A_f}} \end{array}\right\} \text{取两者较小值}$$

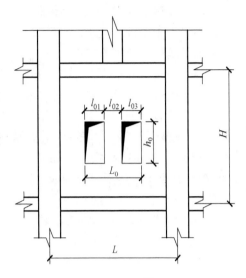

A_{0p}——墙面洞口面积，$A_{0p}=l_0h_0$；

A_f——墙面面积，$A_f=LH$；

f_y——钢筋抗拉强度设计值。

2) 水平并排洞（图 8.33）

(1) $l_0'\leqslant 0.75h_0$ 时，不考虑小墙垛，按两个洞口合并为一个洞口考虑，小墙垛两侧配筋按构造。

(2) $l_0'>0.75h_0$ 时，按两个洞口考虑，洞口抗剪承载力的降低系数为：

$$\left.\begin{array}{l} r_1=1-\dfrac{l_{01}+l_{02}}{L} \\[2mm] r_2'=1-\sqrt{\dfrac{(l_{01}+l_{02})h_0}{LH}} \end{array}\right\} \text{取两者较小值}$$

$$\sqrt{\dfrac{A_{0p}}{A_f}}\leqslant 0.4,\ A_{0p}=(l_{01}+l_{02})h_0,\ A_f=LH$$

图 8.33 水平并排洞口

洞口竖边每边拉力为

$$T_v=\frac{h_0}{2(L-l_{01}-l_{02})}V_w' \tag{8-118}$$

洞口水平每边拉力为

$$T_H=\frac{h_0}{2(H-h_0)}\times\frac{H}{L}V_w' \tag{8-119}$$

3) 竖向并列洞口（图 8.34）

(1) $l'\leqslant 0.75l_0$ 时，按两个洞口合并成一个洞口考虑，洞口对抗剪承载力降低系数为

$$\left.\begin{array}{l} r_1'=1-\dfrac{l_0}{L} \\[2mm] r_2'=1-\sqrt{\dfrac{A_{0p}}{A_f}} \end{array}\right\} \text{取两者的较小值}$$

$$A_{0p}=l_0(l_{01}+l_{02}),\ A_f=LH$$

$$\sqrt{\dfrac{A_{0p}}{A_f}}\leqslant 0.4$$

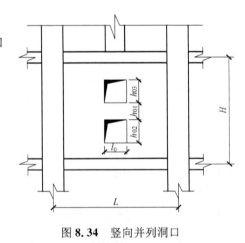

图 8.34 竖向并列洞口

(2) $l_0'>0.75l_0$ 时，按两个洞口考虑，竖向并列洞口每边拉力分别为

$$T_v=\frac{h_0\ 或\ h_{02}}{2(L-l_0)}V_w' \tag{8-120}$$

$$T_H=\frac{l_0}{2(H-h_{01}-h_{02})}\frac{H}{L}V_w' \tag{8-121}$$

水平并排洞和竖向并列洞每边所需钢筋截面面积的计算均按公式(8-117)。

【例 8-1】 某 12 层住宅楼,建筑尺寸及结构布置如 8.35、图 8.36(仅画出一半,另一半为对称)所示。设计烈度为 8 度,地震分组为第二组,Ⅰ类场地。计算横向地震作用下框架-剪力墙的内力和位移。结构基本自振周期 1.37 s。

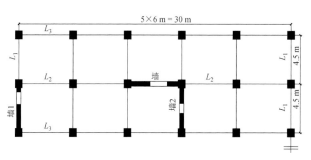

图 8.35 结构平面简图

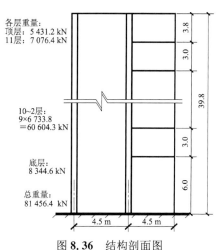

图 8.36 结构剖面图

【解】:

(1) 梁柱截面特性计算结果列于表 8.4 中

表 8.4 梁柱截面特性计算

层数	截面	混凝土等级	$I_c(cm^6)$	$I_c/h(cm^4)$	$I_c=EI_c/h(kN \cdot m)$
12	45×45	C20	$3.42×10^5$	$\dfrac{3.42}{3.8}×10^3=900$	$0.90×2.55×10^4=2.3×10^4$
8~11	45×45	C20	$3.42×10^5$	$\dfrac{3.42}{8.00}×10^3=1\,140$	$1.14×2.55×10^4=2.91×10^4$
4~7	45×45	C30	$3.42×10^5$	$\dfrac{3.42}{8.00}×10^3=1\,140$	$1.14×2.95×10^4=3.36×10^4$
2~3	45×45	C40	$3.42×10^5$	$\dfrac{3.42}{8.00}×10^3=1\,140$	$1.14×3.25×10^4=3.7×10^4$
1	50×50	C40	$5.21×10^5$	$\dfrac{5.21}{6.00}×10^3=867$	$0.87×3.25×10^4=2.82×10^4$

梁 25 cm×25 cm,C20 级混凝土

$$I_b = 25×55^3×1.2/12 = 4.16×10^5 \, (cm^4)(1.2 \text{ 为考虑 T 形截面乘的系数})$$

$$I_b = EI_b/l = 2.55×10^4 \text{ MPa}×4.16×10^5 \text{ cm}^4/450 \text{ cm} = 2.36×10^4 kN \cdot m$$

(2) 框架刚度计算

用 D 值法计算;中柱 7 根,边柱 18 根。

标准层:$a = K/(2+K)$, $K = \sum i_b/2i_c$,

底层:$a = (0.5+K)/(2+K)$, $K = \sum i_b/i_c$,

框架刚度:$C_f = Dh = \sum 12ai_c/h$。

计算结果列于表 8.5。

表 8.5　框架刚度计算

楼层	中柱			边柱			总刚度 $C_f(kN)$ $\times10^5$
	K	a	$C(kN)$	K	a	$C(kN)$	
12	$\dfrac{4\times2.36\times10^4}{2\times2.30\times10^4}=$ 2.05	$\dfrac{2.05}{2+2.05}=$ 0.506	$7\times0.506\times2.3$ $\times10^4\times\dfrac{12}{3.8}=$ 2.57×10^5	$\dfrac{2\times2.36}{2\times2.30}=$ 1.025	$\dfrac{1.025}{3.025}=$ 0.339	$18\times0.339\times$ $2.3\times10^4\times$ $\dfrac{12}{3.8}=4.4\times$ 10^5	7.0
8~11	1.622	0.448	3.65×10^5	0.811	0.289	6.06×10^5	9.17
4~7	1.404	0.413	3.88×10^5	0.702	0.260	6.29×10^5	10.17
2~3	1.276	0.390	4.04×10^5	0.638	0.242	6.45×10^5	10.49
1	$\dfrac{2\times2.36}{2.82}=$ 1.672	$\dfrac{0.5+1.67}{3.672}=$ 0.591	2.33×10^5	0.836	$\dfrac{0.5+0.84}{2.836}=$ 0.471	4.78×10^5	7.11

平均总刚度

$$C_f=\frac{7.0\times3.8+9.71\times12+10.17\times12+10.49\times6+7.11\times6}{39.8}\times10^5$$
$$=93.16\times10^4\ kN$$

（3）剪力墙刚度计算

剪力墙厚度均取为 12 cm，混凝土等级与柱相同，剪力墙截面见图 8.37。

墙 1：有效翼缘宽度取为 2.0 m

首层：$I_w=3.92\ m^4$

$E_wI_w=3.92\times3.25\times10^7=12.7\times10^7\ kN\cdot m^2$

2~3 层：$I_w=3.44\ m^4$　$E_wI_w=11.1\times10^7\ kN\cdot m^2$

4~7 层：$I_w=3.44\ m^4$　$E_wI_w=10.1\times10^7\ kN\cdot m^2$

8~12 层 $I_w=3.44\ m^4$　$E_wI_w=8.7\times10^7\ kN\cdot m^2$

平均：$E_wI_w=10.08\times10^7\ kN\cdot m^2$

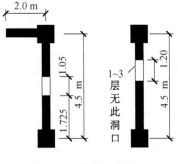

图 8.37　剪力墙详图

墙 2：

首层：$I_w=3.18\ m^4$

$E_wI_w=3.18\times3.25\times10^7=10.3\times10^7\ kN\cdot m^2$

2~3 层：$I_w=2.71\ m^4$　$E_wI_w=8.8\times10^7\ kN\cdot m^2$

4~7 层：$I_w=2.36\ m^4$　$E_wI_w=6.96\times10^7\ kN\cdot m^2$

8~12 层：$I_w=2.36\ m^4$　$E_wI_w=6.02\times10^7\ kN\cdot m^2$

平均：$E_wI_w=7.37\times10^7\ kN\cdot m^2$

墙1、墙2各两片，

总剪力墙刚度：$\sum E_{\text{w}} I_{\text{w}} = 34.9 \times 10^7 \text{ kN} \cdot \text{m}^2$

（4）地震作用计算

查表可知：$T_{\text{g}} = 0.3 \text{ s}$，$\alpha_{\max} = 0.16$。

按铰接体系（不考虑梁的约束弯矩）计算地震作用，已知计算自振周期1.37 s，修正周期：

$$T_1 = 0.8 \times 1.37 = 1.1(\text{s})$$

阻尼比为0.05，由反映谱曲线可知：

$$\alpha_1 = \left(\frac{T_{\text{g}}}{T}\right)^{0.9} \cdot \alpha_{\max} = \left(\frac{0.3}{1.1}\right)^{0.9} \times 0.16 = 0.05$$

结构的底部剪力（总地震荷载）为：

$$F_{\text{EK}} = \alpha_1 \cdot G_{\text{Eq}} = 0.05 \times 0.85 \times 81\,456.4 = 3\,461.9(\text{kN})$$

顶层附加地震力，查表查出顶部附加地震作用系数，附加地震作用为：

$$\Delta F_{\text{n}} = (0.08T_1 + 0.07)F_{\text{EK}} = 0.158 \times 3461.9 = 547(\text{kN})$$

地震力沿高度分布，

$$F_i = \frac{(F_{\text{EK}} - \Delta F_{\text{n}})G_i h_i}{\sum G_i h_i} = 2\,915 \frac{G_i h_i}{\sum G_i h_i}$$

F_i、V_i、$F_i h_i$值计算见表7.6（其中顶点地震荷载为$F_i + \Delta F_{\text{n}}$）：

表8.6 F_i、V_i、$F_i h_i$值计算

层数	h_i (m)	G (kN)	$G_i h_i \times 10^5$ (kN·m)	$\dfrac{G_i h_i}{\sum G_i h_i}$	F_i (kN)	V_i (kN)	$F_i h_i \times 10^3$ (kN)
12	39.8	5 431.2	2.16	0.120 5	898.0	898.0	35.74
11	36	7 076.4	2.54	0.141 7	413.1	1 311.0	14.89
10	33	6 733.8	2.22	0.123 9	361.1	1 672.2	11.91
9	30	6 733.8	2.02	0.112 7	328.4	2 000.6	9.84
8	27	6 733.8	1.82	0.101 5	295.5	2 296.1	7.98
7	24	6 733.8	1.62	0.040 9	263.4	2 559.5	6.32
6	21	6 733.8	1.41	0.079 0	230.5	2 790.0	4.84
5	18	6 733.8	1.21	0.067 5	196.6	2 986.6	3.54
4	15	6 733.8	1.01	0.056 4	164.3	3 150.9	2.47
3	12	6 733.8	0.808	0.045 1	131.3	3 282.2	1.58
2	9	6 733.8	0.605	0.033 8	98.3	3 379.5	0.88
1	6	8 344.6	0.500	0.028 0	81.4	3 461.9	0.49
Σ		81 456.4	17.92		3 461.9		100.45

按基底等弯矩将楼层集中力折算成倒三角形分布荷载，计算如下：

$$M_0 = 100.45 \times 10^3 = \frac{1}{3}qH^2$$

$$q = \frac{3M_0}{H^2} = \frac{3 \times 100.45 \times 10^3}{39.8^2} = 190.2(\text{kN/m})$$

$$V_0 = \frac{qH}{2} = \frac{1}{2} \times 190.2 \times 39.8 = 3786(\text{kN})$$

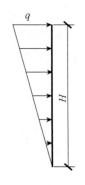

图 7.38 倒三角形
分布荷载

（5）框架-剪力墙协同工作计算

① 由 λ 值及荷载类型查图表计算内力：

a. 各层剪力墙底截面内力 M_w、V_w，倒三角形分布荷载下的系数查图 7-15；

b. 表 5-13 中框架层剪力按下式计算，系数 $\frac{V'_f}{V_0}$ 由下式中括号内数据计算：

$$V'_f = \frac{V'_f}{V_0} \times V_0 = V - V_w = \frac{qH(1-\xi^2)}{2} - V_w = \left[(1-\xi^2) - \frac{V_w}{V_0}\right] \times V_0$$

c. 各层总框架柱剪力 V_f 应由上、下楼层处 V'_f 值平均计算：

$$V_{fi} = \frac{(V'_{fi-1} + V'_{fi})}{2}$$

计算结果见表 7.7（弯矩 M：kN·m；剪力 V：kN）

表 8.7 计 算 结 果

层数	标高 x(m)	$\xi = \frac{x}{H}$	$\frac{M_w}{M_0}$	$M_w \times 10^3$	$\frac{V_w}{V_0}$	$V_w \times 10^3$	$\frac{V'_f}{V_0}$	$V'_f \times 10^3$	$V_f \times 10^3$
12	39.8	1.0	0	0	−0.34	−1.29	0.34	1.29	1.31
11	36	0.905	−0.035	−3.52	−0.17	−0.64	0.35	1.33	1.33
10	33	0.829	−0.045	−4.52	−0.04	−0.15	0.352	1.33	1.35
9	30	0.754	−0.04	−4.02	0.07	0.26	0.36	1.36	1.38
8	27	0.679	−0.03	−3.01	0.17	0.64	0.37	1.40	1.42
7	24	0.603	−0.01	1.0	0.26	0.98	0.38	1.44	1.44
6	21	0.528	0.03	3.01	0.34	1.29	0.38	1.44	1.42
5	18	0.452	0.07	7.03	0.43	1.63	0.37	1.40	1.35
4	15	0.377	0.13	13.1	0.52	1.97	0.34	1.29	1.22
3	12	0.302	0.19	19.1	0.61	2.31	0.30	1.14	1.06
2	9	0.226	0.26	26.1	0.69	2.61	0.26	0.98	0.87
1	6	0.151	0.34	34.1	0.78	2.95	0.20	0.76	0.38
	0		0.55	55.2	1.0	3.78	0	0	……

② 位移计算：

$$\lambda = 2.06$$

$$f_H = \frac{11}{120} \frac{qH^4}{E_w I_w} = \frac{11 \times 190.2 \times 39.8^4}{120 \times 34.9 \times 10^7} = 0.125(\text{m})$$

顶点位移

当 $x = H$ 时，

$$\frac{y_H}{f_H} = 0.39$$

$$y_H = 48.7 \text{ mm}$$

7 层
$$\frac{x}{H} = 0.603, \frac{y_7}{f_H} = 0.2$$

8 层
$$\frac{x}{H} = 0679, \frac{y_8}{f_H} = 0.24$$

层间位移

$$\delta_{max} = (0.24 - 0.2) \times 125 = 5(mm)$$

$$\left(\frac{\delta}{h}\right)_{max} = \frac{0.5}{300} = \frac{1}{600} > \frac{1}{800}$$

8.8　中心支撑设计

8.8.1　中心支撑类型

带有中心支撑的钢框架是高层钢结构的主要结构形式之一。中心支撑体系包括十字交叉支撑、单斜杆支撑、人字形或 V 形支撑、K 形支撑，如图 8.38 所示。

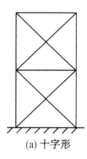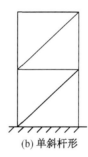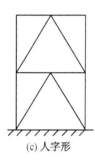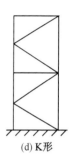

(a) 十字形　　(b) 单斜杆形　　(c) 人字形　　(d) K形

图 8.38　中心支撑的常用形式

高层民用建筑钢结构的中心支撑宜采用：十字交叉斜杆（图 8.38a），单斜杆（图 8.38b），人字形斜杆（图 8.38c）或 V 形斜杆体系。中心支撑斜杆的轴线应交汇于框架梁柱的轴线上。抗震设计的结构不得采用 K 形斜杆体系（图 8.38d）。当采用只能受拉的单斜杆体系时，应同时设不同倾斜方向的两组单斜杆（图 8.39），且每层中不同方向单斜杆的截面面积在水平方向的投影面积之差不得大于 10%。

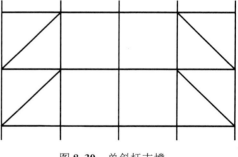

图 8.39　单斜杆支撑

8.8.2　中心支撑的设计

支撑常用的截面形式有：单角钢、双角钢、单槽钢、双槽钢、H 型钢和焊接 H 型钢。支撑宜采用双轴对称截面，超过 12 层的框架，宜采用轧制 H 型钢，两端与框架刚性连接。不超过 12 层的框架，可采用单轴对称截面，如双角钢组成的 T 形截面，这种截面形式具有连接方便的优点，但应采取防止杆件扭转屈曲的构造措施。

　　1）支撑杆件的内力

在多遇地震效应组合作用下，人字形支撑和 V 形支撑的斜杆内力应乘以增大系数 1.5。十字交叉支撑和单斜杆支撑的斜杆内力应乘以增大系数 1.3，以提高支撑斜杆的承载能力，使其在多遇地震作用下保持弹性。

2）支撑杆件受压承载力验算

在循环往复荷载作用下，支撑斜杆反复受压、受拉，且受压屈曲后变形增长很大，转为受拉时不能完全拉直，这就造成再次受压时承载力降低，即出现退化现象，长细比越大，退化现象越严重。这种现象需要在计算支撑斜杆时予以考虑。

在多遇地震效应组合作用下，支撑斜杆的受压承载力应按下式验算 :

$$\frac{N}{\phi A_{br}} \leqslant \frac{\psi f}{\gamma_{RE}} \qquad (8\text{-}122)$$

$$\lambda_n = \frac{\lambda}{\pi}\sqrt{\frac{f_y}{E}} \qquad (8\text{-}123)$$

$$\psi = \frac{1}{1+0.35\lambda_n} \qquad (8\text{-}124)$$

式中　　φ——按支撑长细比 λ 确定的轴心受压构件稳定系数，按现行国家标准《钢结构设计规范》(GB 50017)确定；

A_{br}——支撑斜杆的毛截面面积；

E——支撑杆件钢材的弹性模量；

ψ——受循环荷载时的设计强度降低系数；

λ、λ_n——支撑斜杆的长细比和正则化长细比；

f、f_y——支撑斜杆钢材的抗压强度设计值和屈服强度；

γ_{RE}—— 中心支撑屈曲稳定承载力抗震调整系数，按《高层民用建筑钢结构技术规程》(JGJ 99—2015)第4.6.1条采用。

按8度及8度以上抗震设防的高层钢结构，可以采用带有消能装置的中心支撑体系。此时，支撑斜杆的承载力应为消能装置滑动或屈服时承载力的1.5倍。

3）支撑杆件的长细比

支撑杆件在轴向往复荷载作用下，抗拉和抗压承载力均有不同程度的降低，在弹塑性屈曲后，支撑杆件的抗压承载能力退化更为严重。支撑杆件的长细比是影响其耗能性能的主要因素，长细比较小的杆件其耗能性能更好一些。但支撑的长细比并非越小越好，如果支撑在大震时仍保持弹性，既不屈曲，也不屈服，则支撑系统没有耗能能力。支撑杆件的长细比应满足表8.8的要求。

两端与梁柱节点固结的支撑杆件，在其平面内的计算长度可取为由节点内缘算起的支撑杆件全长的一半。

表8.8　支撑杆件的长细比限值

楼层		烈度		
		6度、7度	8度	9度
不超过12层	按压杆设计	150	120	120
	按拉杆设计	200	150	150
超过12层		120	90	60

注：表列值适用于 Q235 钢，当钢材为其他牌号时，应乘以 $\sqrt{235/f_y}$。

4）支撑杆件板件宽厚比

板件局部失稳影响支撑斜杆的承载力和耗能能力,其宽厚比需要加以限制。板件宽厚比应比塑性设计要求更小一些,这样对支撑抗震有利。支撑杆件的板件宽厚比应满足表 8.9 的要求。

表 **8.9** 钢结构中心支撑板件宽厚比限值

板件名称	一级	二级	三级	四级、非抗震设计
翼缘外伸部分	8	9	10	13
H 字形截面腹板	25	26	27	33
箱型截面腹板	18	20	25	30
圆管外径与壁厚比	38	40	40	42

注:表列值适用于 Q235 钢,当钢材为其他牌号时,应乘以 $\sqrt{235/f_y}$。

与支撑一起组成支撑系统的横梁、柱及其连接,应具有承受支撑斜杆传来内力的能力。中心支撑框架采用人字形支撑或 V 形支撑时,需考虑支撑斜杆受压屈曲后产生的特殊问题。人字形支撑在受压斜杆屈曲时,楼板要下陷;V 形支撑在受压斜杆屈曲时,楼板要上隆。为了防止这种情况出现,与人字形支撑、V 形支撑相交的横梁,在柱间的支撑连接处应保持连续。横梁设计除应考虑设计内力外,还应按中间无支座的简支梁验算楼面荷载作用下的承载力,但在横梁支撑处可考虑支撑受压屈曲提供的与楼面荷载方向相反的反力作用,该反力可取受压支撑屈曲压力竖向分量的 30%。

5）支撑杆件的要求

V 形和人字形支撑框架应符合下列规定:

（1）与支撑相交的横梁,在柱间应保持连续。

（2）在确定支撑跨的横梁截面时,不应考虑支撑在跨中的支承作用。横梁除承受大小等于重力荷载代表值的竖向荷载之外,还要承受跨中节点处两根支撑斜杆分别受拉、受压所引起的不平衡竖向分力的作用。在该不平衡力中,支撑的受压力和受拉力分别按 $3.0\varphi Af$ 及 Af 考虑。为了减小竖向不平衡力引起的梁截面过大,可采用跨层 X 型支撑,如图 8.40(a),或采用"拉链柱"如图 8.40(b)。注:顶层和出屋面房间的梁可不执行此条。

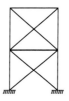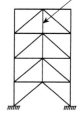

（a）跨层 X 型支撑　（b）拉链柱

图 **8.40** 人字支撑的加强

（3）在支撑与横梁相交处,梁的上下翼缘应设置侧向支承,该支承应设计成能承受在数值上等于 0.02 倍的相应翼缘承载力 $f_yb_ft_f$ 的侧向力的作用（f_y、b_f、t_f 分别为钢材的屈服强度、翼缘板的宽度和厚度）。当梁上为组合楼盖时,梁的上翼缘可不必验算。

当中心支撑构件为填板连接的组合截面时,填板的间距应均匀,每一构件中填板数不得少于 2 块。且应符合下列规定:

（1）如支撑屈曲后会在填板的连接处产生剪力时,两填板之间单肢杆件的长细比不应大于组合支撑杆件控制长细比的 0.4 倍。填板连接处的总受剪承载力设计值至少应等于单肢杆件的受拉承载力设计值。

（2）当支撑屈曲后不在填板连接处产生剪力时,两填板之间单肢杆件的长细比不应大于组合支撑杆件控制长细比的 0.75 倍。

一、二、三级抗震等级的钢结构,可以采用带有耗能装置的中心支撑体系。此时,支撑斜杆的承载力应为耗能装置滑动或屈服时承载力的 1.5 倍。

8.9　偏心支撑设计

偏心支撑框架是指支撑偏离梁柱节点的钢结构框架,其设计思想是:在罕遇地震作用下通过消能梁段的屈服消减地震能量,以达到保护其他结构构件不破坏和防止结构整体倒塌的目的。

抗弯框架具有良好的延性和耗能能力,但结构较柔,弹性刚度较差;中心支撑框架在弹性阶段刚度大,但延性和耗能能力小,支撑受压屈曲后易使结构丧失承载力而破坏。偏心支撑框架比起中心支撑框架和普通抗弯框架,有相对较小的侧向位移和更均匀的层间位移分布。偏心支撑框架的自重比抗弯框架轻 25%～30%,比中心支撑框架轻 18%～20%。

8.9.1　偏心支撑的基本性能

偏心支撑框架中的支撑斜杆,应至少有一端与梁连接,并在支撑与梁交点和柱之间或支撑同一跨内另一支撑与梁交点之间形成消能梁段(图 8.41)。超过 50 m 的钢结构采用偏心支撑框架时,顶层可采用中心支撑。

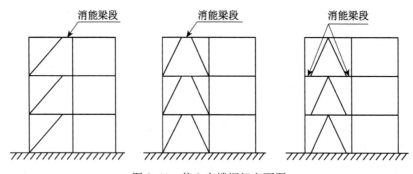

图 8.41　偏心支撑框架立面图

偏心支撑框架的设计原则是强柱、强支撑和弱消能梁段,即在大震时消能梁段屈服形成塑性铰,具有稳定的滞回性能,即使消能梁段进入应变硬化阶段,柱、支撑和其他梁段仍保持弹性。偏心支撑框架弹性阶段的刚度接近于中心支撑框架,弹塑性阶段的延性和耗能能力接近于抗弯框架,是一种性能良好的抗震结构。

高层钢结构采用偏心支撑框架时,顶层可不设消能梁段,因为顶层地震作用较小,能满足承载力要求的支撑不会屈曲。设置偏心支撑的框架,当首层的弹性承载力为其余各层承载力的 1.5 倍及以上时,首层可采用中心支撑。

8.9.2　消能梁段的设计

1) 消能梁段的受剪承载力
(1) 承载力验算公式
消能梁段的受剪承载力应符合下列要求:
当 $N \leqslant 0.15Af$ 时

$$V \leqslant \phi V_1 \quad\quad (8-125)$$

当 $N > 0.15Af$ 时

$$V \leqslant \phi V_{1c} \tag{8-126}$$

式中 N——消能梁段的轴力设计值；

V——消能梁段的剪力设计值；

α——消能梁段的长度；

ϕ——系数,可取 0.9；

V_1、V_{1c}——分别为消能梁段不计入轴力影响和计入轴力影响的受剪承载力,可按《高层民用建筑钢结构技术规程》(JGJ 99-2015)第 7.6.3 条的规定计算。

有地震作用组合时,式(8-125)和(8-126)的右端应按《高层民用建筑钢结构技术规程》(JGJ 99—2015)第 4.6.1 条规定除以 γ_{RE}。

（2）承载力计算公式

消能梁段的受剪承载力可按下列规定计算：

当 $N \leqslant 0.15Af$ 时

$$\left. \begin{array}{l} V_1 = \min\left(0.58A_w f_y, \dfrac{2M_{1p}}{a}\right) \\ A_w = (h - 2t_f)t_w \\ M_{1p} = fW_{np} \end{array} \right\} \tag{8-127a}$$

当 $N > 0.15Af$ 时

$$V_{1c} = \min\left[0.58A_w f_y\sqrt{1 - \left(\dfrac{N}{fA}\right)^2},\ 2.4M_{1p}1 - \left(\dfrac{N}{fAa}\right)\right] \tag{8-127b}$$

式中 V_1——消能梁段不计入轴力影响的受剪承载力；

V_{1c}——消能梁段计入轴力影响的受剪承载力；

M_{1p}——消能梁段的全塑性受弯承载力；

a、h、t_w、t_f——分别为消能梁段的净长、截面高度、腹板厚度和翼缘厚度；

A_w——消能梁段腹板截面面积；

A——消能梁段的截面面积；

W_{np}——消能梁段对其截面水平轴的塑性净截面模量；

f、f_y——分别为消能梁段钢材的抗压强度设计值和屈服强度值。

2）消能梁段的受弯承载力

（1）承载力验算公式

消能梁段的受弯承载力应符合下列要求：

当 $N \leqslant 0.15Af$ 时

$$\frac{M}{W} + \frac{N}{A} \leqslant f \tag{8-128}$$

当 $N > 0.15Af$ 时

$$\left(\frac{M}{h}+\frac{N}{2}\right)\frac{1}{b_f t_f}\leqslant f \qquad (8-129)$$

式中　M——消能梁段的弯矩设计值；

　　　　N——消能梁段的轴力设计值；

　　　　W——消能梁段的截面模量；

　　　　A——消能梁段的截面面积；

　　　　h、b_f、t_f——分别为消能梁段的截面高度、翼缘宽度和翼缘厚度。

有地震作用组合时，式(8-128)和(8-129)的右端应按《高层民用建筑钢结构技术规程》(JGJ 99-2015)第4.6.1条的规定除以 γ_{RE}。

（2）消能梁段外的构件内力设计值

有地震作用组合时，偏心支撑框架中除消能梁段外的构件内力设计值应按下列规定调整：

① 支撑的轴力设计值

$$N_{br}=\eta_{br}\frac{V_1}{V}N_{br,com} \qquad (8-130)$$

② 位于消能梁段同一跨的框架梁的弯矩设计值

$$M_b=\eta_b\frac{V_1}{V}M_{b,com} \qquad (8-131)$$

③ 柱的弯矩、轴力设计值

$$M_c=\eta_c\frac{V_1}{V}M_{c,com} \qquad (8-132)$$

$$N_c=\eta_c\frac{V_1}{V}N_{c,com} \qquad (8-133)$$

式中　N_{br}——支撑的轴力设计值；

　　　　M_b——位于消能梁段同一跨的框架梁的弯矩设计值；

　　　　M_c、N_c——分别为柱的弯矩、轴力设计值；

　　　　V_1——消能梁段不计入轴力影响的受剪承载力，取式(8.127a)中的较大值；

　　　　V——消能梁段的剪力设计值；

　　　　$N_{br,com}$——对应于消能梁段剪力设计值 V 的支撑组合的轴力计算值；

　　　　$M_{b,com}$——对应于消能梁段剪力设计值 V 的位于消能梁段同一跨框架梁组合的弯矩计算值；

　　　　$M_{c,com}$、$N_{c,com}$——分别为对应于消能梁段剪力设计值 V 的柱组合的弯矩、轴力计算值；

　　　　η_{br}——偏心支撑框架支撑内力设计值增大系数，其值在一级时不应小于1.4，二级时不应小于1.3，三级时不应小于1.2，四级时不小于1.0；

　　　　η_b、η_c——分别为位于消能梁段同一跨的框架梁的弯矩设计值增大系数和柱的内力设计值增大系数，其值在一级时不应小于1.3，二、三、四级时不应小于 1.2。

（3）偏心支撑斜杆的轴向承载力

偏心支撑斜杆的轴向承载力应符合下式要求：

$$\frac{N_{\mathrm{br}}}{\varphi A_{\mathrm{br}}} \leqslant f \qquad\qquad (8\text{-}134)$$

式中:N_{br}——支撑的轴力设计值;

$\quad\;\; A_{\mathrm{br}}$——支撑截面面积;

$\quad\;\; \varphi$——由支撑长细比确定的轴心受压构件稳定系数;

$\quad\;\; f$——钢材的抗拉、抗压强度设计值。

有地震作用组合时,式(8-134)的右端应按《高层民用建筑钢结构技术规程》(JGJ 99-2015)第4.6.1条的规定除以 γ_{RE}。

偏心支撑框架梁和柱的承载力,应按现行国家标准《钢结构设计规范》(GB 50017)的规定进行验算;有地震作用组合时,钢材强度设计值应按《高层民用建筑钢结构技术规程》(JGJ 99—2015)第 4.6.1 条的规定除以 γ_{RE}。

8.10　钢板剪力墙设计

8.10.1　钢板剪力墙的设计要点

在高层民用建筑钢结构中,钢板剪力墙的设计应遵循下列要求:

(1) 钢板剪力墙是用厚钢板或带加劲肋的较厚钢板制成的。

(2) 钢板剪力墙嵌置于钢框架的梁、柱框格内(图8.42)。

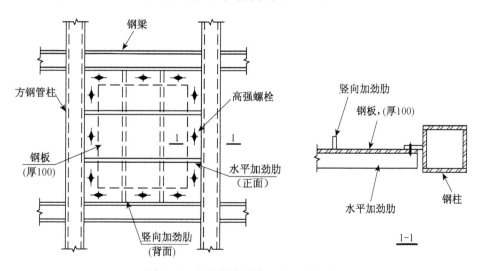

图 8.42　钢板剪力墙嵌置于钢框架中

(3) 钢板剪力墙与钢框架的连接构造,应能保证钢板剪力墙仅参与承担水平剪力,而不参与承担重力荷载及柱压缩变形引起的压力。

(4) 非抗震设防或按6度抗震设防的高层建筑钢结构,采用钢板剪力墙可不设置加劲肋;按7度及7度以上抗震设防的高层建筑钢结构,宜采用带纵向和横向加劲肋的钢板剪力墙,且加劲肋宜两面设置。

（5）纵、横加劲肋可分别设置于钢板剪力墙的两面，即在钢板剪力墙的两面非对称设置（图 8.43a）；必要时，钢板剪力墙的两面均对称设置纵、横加劲肋，即在钢板剪力墙的两面对称设置（图 8.43b）。

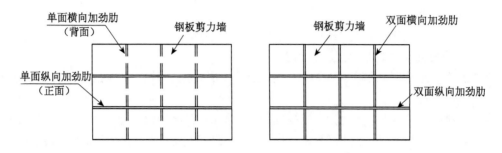

图 **8.43**　钢板剪力墙加劲肋设置方式

8.10.2　钢板剪力墙的承载力验算

1）无肋钢板剪力墙的承载力

对不设加劲肋的钢板剪力墙，其抗剪强度及稳定性可按下列公式计算：

抗剪强度 $$\tau \leqslant f_v \tag{8-135}$$

抗剪稳定性 $$\tau \leqslant \tau_{cr} = \left[123 + \frac{93}{(l_1 + l_2)^2} \right] \left(\frac{100t}{l_2} \right)^2 \tag{8-136}$$

式中　f_v——钢材抗剪强度设计值，抗震设防的结构应除以承载力抗震调整系数 0.8；

　　　τ、τ_{cr}——钢板剪力墙的剪应力和临界剪应力；

　　　l_1、l_2——验算的钢板剪力墙所在楼层梁和柱所包围区格的长边和短边尺寸；

　　　t—钢板剪力墙的厚度。

对非抗震设防的钢板剪力墙，当有充分根据时可利用其屈曲后强度；在利用钢板剪力墙的屈曲后强度时，钢板屈曲后的张力应能传递至框架梁和柱，且设计梁和柱截面时应计入张力场效应。

2）有肋钢板剪力墙的承载力

对设有纵向和横向加劲肋的钢板剪力墙（图 8.44），应按以下公式验算其强度和稳定性：

抗剪强度

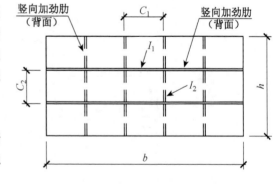

图 **8.44**　带纵横加劲肋的钢板剪力墙

$$\tau \leqslant \alpha f_v \tag{8-137}$$

局部稳定性

$$\tau \leqslant \alpha \tau_{cr,p} \tag{8-138}$$

$$\tau_{\mathrm{cr,p}}=\left[100+75\left(\frac{c_2}{c_1}\right)^2\right]\left(\frac{100t}{c_2}\right)^2 \tag{8-139}$$

式中　α——调整系数,非抗震设防时取 1.0,抗震设防时取 0.9;

　　　$\tau_{\mathrm{cr,p}}$——由纵向和横向加劲肋分割成的区格内钢板的临界应力;

　　　c_1、c_2——分别为区格的长边和短边尺寸。

整体稳定性

$$\tau_{\mathrm{crt}}=\frac{3.5\pi^2}{h_{\mathrm{t}}^2}D_1^{1/4}\cdot D_2^{3/4}\geqslant\tau_{\mathrm{cr,p}} \tag{8-140}$$

$$D_1=\frac{EI_1}{c_1},\ D_2=\frac{EI_2}{c_2} \tag{8-141}$$

式中　τ_{crt}——钢板剪力墙的整体临界应力;

　　　D_1、D_2——两个方向加劲肋提供的单位宽度弯曲刚度,数值大者为 D_1,小者为 D_2。

8.10.3　楼层倾斜率计算

采用钢板剪力墙的钢框架结构,其楼层倾斜率可按下式计算:

$$\gamma=\frac{\tau}{G}+\frac{e_{\mathrm{c}}}{b} \tag{8-142}$$

式中　e_{c}——剪力墙两边的框架柱在水平力作用下轴向伸长和压缩之和;

　　　b——设有钢板剪力墙的开间宽度。

思考题

8-1　试简述框架-剪力墙结构的受力特点?

8-2　框架-剪力墙结构协同工作计算的目的是什么? 总剪力在各榀抗侧力结构间的分配
　　　与纯剪力墙结构、纯框架结构有什么根本区别?

8-3　怎么区分铰接体系和刚接体系?

8-4　D 值和 C_{f} 值物理意义有什么不同? 它们有什么联系?

8-5　什么是刚度特征值 λ? 它对内力分配、侧移变形有什么影响?

8-6　为什么说很难精确计算扭转效应? 在设计时应采取什么措施减小扭转可能产生的
　　　不良后果?

8-7　一幢 40 层的框架-剪力墙结构,已知其基底总剪力为 100 kN,框架最大剪力为 15
　　　kN,试求底部框架和底部剪力墙各承担的剪力设计值?

8-8　框架结构、剪力墙结构和框架-剪力墙结构的结构特性的联系与区别?

9　筒体结构、底部大空间剪力墙结构、带转换层的高层结构简介

9.1　筒体结构分类和受力特点

如第二章所述,筒体结构分为 6 种:框筒结构、筒中筒结构、框架-筒体结构、多重筒结构、束筒结构、底部大空间筒体结构。我国所用形式大多为框架-核心筒结构和筒中筒结构。

外框筒在水平力作用下,不仅平行于水平力作用方向的框架(称为腹板框架)起作用,而且垂直于水平力方向的框架(称为翼缘框架)也共同受力。

剪力墙组成的薄壁内筒,在水平力作用下更接近薄壁杆受力状况,产生整体弯曲和扭转。

框筒结构在受力时的一个特点就是剪力滞后,关于剪力滞后现象的概念,在本书第 2.2 节中已经介绍,这里不再赘述。

9.2　一　般　规　定

研究表明,筒中筒结构的空间受力性能与其高宽比有关,当高宽比小于 3 时,就不能较好地发挥结构的空间作用。因此,筒体结构的高度不宜低于 80 m。对高度不超过 60 m 的框架核心筒结构,可按框架剪力墙结构设计。

由于筒体结构的层数多、重量大,混凝土强度等级不宜过低,以免柱的截面过大,影响建筑的有效使用面积,筒体结构的混凝土强度等级不宜低于 C30。

当相邻层的柱不贯通时,应设置转换梁等构件。转换梁的高度不宜小于跨度的 1/6。底部大空间为 1、2 层的筒体结构,沿竖向的结构布置应符合以下要求:

(1) 必须设置落地筒;

(2) 在竖向结构变化处应设置具有足够刚度和承载力的转换层;

(3)当转换层设置在 1、2 层时,可近似采用转换层与其相邻上层结构的等效剪切刚度比 γ_{el} 表示转换层上、下层结构刚度的变化,γ_{el} 宜接近 1,非抗震设计时 γ_{el} 不应小于 0.4,抗震设计时 γ_{el} 不应小于 0.5。γ_{el} 可按下列公式计算:

$$r = \gamma_{el} = \frac{G_1 A_1}{G_2 A_2} \times \frac{h_2}{h_1} \tag{9-1}$$

$$A_i = A_{wi} + C_i A_{ci} \quad (i=1,2) \tag{9-2}$$

$$C_i = 2.5\left(\frac{h_{ci}}{h_i}\right)^2 \quad (i=1,2) \tag{9-3}$$

式中　G_1、G_2——底层和转换层上层的混凝土剪变模量；

　　　A_1、A_2——底层和转换层上层的折算抗剪截面面积，可按上述公式计算；

　　　A_{wi}——第 i 层全部剪力墙在计算方向的有效截面面积（不包括翼缘面积）；

　　　A_{ci}——第 i 层全部柱的截面面积；

　　　h_i——第 i 层的层高；

　　　h_{ci}——第 i 层柱沿计算方向的截面高度。

当第 i 层各柱沿计算方向的截面高度不相等时，可分别计算各柱的折算抗剪截面面积。

楼盖结构应符合下列要求：

（1）楼盖结构应具有良好的水平刚度和整体性，以保证各抗侧力结构在水平力作用下协同工作；当楼面开有较大洞口时，洞的周边应予以加强。

（2）楼盖结构的布置宜使竖向构件受荷均匀。

（3）要保证刚度及承载力的条件下，楼盖结构宜采用较小的截面高度，以降低建筑物的层高和减轻结构自重。

（4）楼盖可根据工程具体情况选用现浇的肋形板、双向密肋板、无黏结预应力混凝土平板，核心筒或内筒的外墙与外框柱间的中距，非抗震设计大于 15 m、抗震设计大于 12 m 时，宜采取增设内柱等或采用预应力混凝土楼盖等措施。

角区楼板双向受力，梁可以采用 3 种布置方式：

（1）角区布置斜梁，两个方向的楼盖梁与斜梁相交，受力明确。此种布置，斜梁受力较大，梁截面高，不便机电管道通行；楼盖梁的长短不一，种类多。

（2）单向布置，结构简单，但有一根主梁受力大。单向平板布置，角部沿一方向设扁宽梁，必要时设部分预应力筋。

（3）双向交叉梁布置，此种布置结构高度较小，有利降低层高。

楼盖外角板面宜设置双向或斜向附加钢筋，防止角部面层混凝土出现裂缝。附加钢筋的直径不应小于 8 mm，间距不宜大于 150 mm。

筒体墙的正截面承载力宜按双向偏心受压构件计算；截面复杂时，可分解为若干矩形截面，按单向偏心受压计算；斜截面承载力可取腹板部分，按矩形截面计算；当承受集中力时，尚应验算局部受压承载力。

筒体墙的配筋和加强部位，以及暗柱等设置，与剪力墙相同。一级和二级框架-核心筒结构的核心筒、筒中筒结构的内筒，其底部加强部位在重力荷载作用下的墙体平均轴压比不宜超过下表的规定，并应按规定设置约束边缘构件或构造要求的边缘构件。

表 9.1　剪力墙最大平均轴压比

轴压比	一级（9 度）	一级（7、8 度）	二、三级
N/f_cA	0.4	0.5	0.6

注：1. N 为重力荷载作用下剪力墙肢的轴力设计值；

　　2. A 为剪力墙墙肢截面面积；

　　3. f_c 为混凝土轴心抗压强度设计值。

核心筒或内筒的外墙不宜连续开洞。个别小墙肢的截面高度不宜小于 1.2 m,其配筋构造应按柱进行。

结构的角柱承受大小相近的双向弯矩,其承载力按双向偏心受压构件计算较为合理。由于角柱在结构整体受力中起重要作用,计算内力有可能小于实际受力情况,为安全计算,角柱的纵向钢筋面积宜乘以增大系数 1.3。

在筒体结构中,大部分水平剪力由核心筒或内筒承担,框架柱或框筒柱所受剪力远小于框架结构的剪力,由于剪跨比明显增大,其轴压比限值可适当放松。抗震设计时,框筒柱和框架柱的轴压比限值可沿用框架-剪力墙结构的规定。

楼盖梁搁置在核心筒或内筒的连梁上,会使连梁产生较大剪力和扭矩,容易产生脆性破坏,宜尽量避免。

9.3 框筒的计算方法

框筒是一种空间结构,通常必须用三维空间结构方法用计算机计算,把框筒中的梁柱看成带刚域杆件,内筒可用剪力墙的各种简化模型处理。

也有一些十分粗略的手算近似方法,例如考虑剪力滞后,将矩形框筒简化为两个槽形,槽形的翼缘宽度不大于腹板高度的 1/2,也不大于建筑高度的 1/10(图 9.1)。其他形状的框筒可用类似方法取成不同的简化平面,其第 i 个柱内轴力及第 j 个梁内剪力可由下式作初步估算:

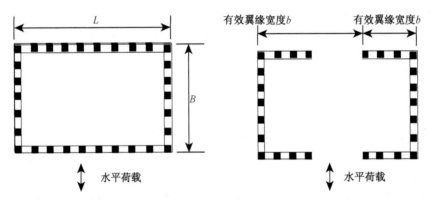

图 9.1 有效翼缘宽度

$$N_{ci} = \frac{M_p c_i}{I_c} A_{ci} \tag{9-4}$$

$$V_{Lj} = \frac{V_p S_j}{I_c} h \tag{9-5}$$

式中　M_p、V_p——水平荷载产生的弯矩及剪力;

　　　　I_c——框筒简化平面对框筒中性轴的惯性矩,是简化平面所有柱面积乘以柱中心到中性轴距离平方之和;

　　　　A_{ci}——i 柱面积;

　　　　h——层高;

　　　　S_j——第 j 个梁中心以外的平面面积对中性轴的面积距。

9.4 框架-核心筒结构、框架-核心筒-伸臂结构

框架—核心筒结构与筒中筒结构在平面上可能相似,但受力性能却有很大区别。在水平荷载作用下,密柱深梁框筒的翼缘框架柱承受较大的轴力,当柱距加大、裙梁的跨高比加大时,剪力滞后严重,柱轴力将随着框架柱距的加大而减小,但它们仍然会有一些轴力,也就是还有一定的空间作用。正是由于这一特点,有时把柱距较大的周边框架称为"稀柱筒体"。不过当柱距增大到与普通框架类似时,除角柱外,其他柱子的轴力将很小,由量变到质变,通常可忽略沿翼缘框架传递轴力的作用,就直接称之为框架以区别于框筒。框架-核心筒结构抵抗水平荷载的受力性能与筒中筒结构有很大的不同,它更接近于框架-剪力墙结构。由于周边框架柱数量少、柱距大,框架分担的剪力和倾覆力矩都少,核心筒成为抗侧力的主要构件,所以框架-核心筒结构必须通过采取措施才能实现双重抗侧力体系。

核心筒宜贯通建筑物全高。核心筒的宽度不宜小于筒体总高的 1/12,当筒体结构设置角筒、剪力墙或增强结构整体刚度的构件时,核心筒的宽度可适当减小。

核心筒应具有良好的整体性,并满足下列要求:

(1) 墙肢宜均匀、对称布置;

(2) 筒体角部附近不宜开洞;

(3) 核心筒的外墙厚度,对一、二级抗震等级的底部加强部位不应小于层高的 1/16 及 200 mm,对其余情况不应小于层高的 1/20 及 200 mm,配筋不应少于双排;在满足承载力以及轴压比限值(仅对抗震设计)时,核心筒内墙可适当减薄,但不应小于 160 mm;

(4) 抗震设计时,核心筒的连梁可通过配置交叉暗柱、设水平缝或减小梁的高跨比等措施来提高连梁的延性。

实践证明,纯无梁楼盖会影响框架—核心筒结构的整体刚度和抗震性能,因此,在采用无梁楼盖时,仍应在各层楼盖设置周边柱间框架梁。

抗震设计时,筒体结构的框架部分按侧向刚度分配的楼层地震剪力标准值应符合下列规定:

(1) 框架部分分配的楼层地震剪力标准值的最大值不宜小于结构底部总地震剪力标准值的 10%。

(2) 当框架部分分配的地震剪力标准值的最大值小于结构底部总地震剪力标准值的 10%时,各层框架部分承担的地震剪力标准值应增大到结构底部总地震剪力标准值的 15%;此时,各层核心筒墙体的地震剪力标准值宜乘以增大系数 1.1,但可不大于结构底部总地震剪力标准值,墙体的抗震构造措施应按抗震等级提高一级后采用,已为特一级的可不再提高。

(3) 当框架部分分配的地震剪力标准值小于结构底部总地震剪力标准值的 20%,但其最大值不小于结构底部总地震剪力标准值的 10%时,应按结构底部总地震剪力标准值的 20%和框架部分楼层地震剪力标准值中最大值的 1.5 倍二者的较小值进行调整。

按上述第(2)款或第(3)款调整框架柱的地震剪力后,框架柱端弯矩及与之相连的框架梁端弯矩、剪力应进行相应调整。

有加强层时,本条框架部分分配的楼层地震剪力标准值的最大值不应包括加强层及其上、下层的框架剪力。

框架-核心筒结构中常常在某些层设置伸臂,连接内筒与外柱,以增强其抗侧刚度,称为框架-核心筒-伸臂结构。

一般情况下,框架-核心筒结构的楼盖跨度较大,需要设置楼板梁,那么设置伸臂后,就可以减小楼板梁高度,可采用预应力梁或减小梁间距等各种方法以满足竖向荷载要求,这样有利于减小层高或增加净空。

伸臂对结构受力性能影响是多方面的,增大框架中间柱轴力、增加刚度、减小侧移、减小内筒弯矩是其主要优点,是设置伸臂的主要目的。但伸臂使得内力沿高度发生突变,内力的突变不利于抗震,尤其对柱不利。

9.5   筒中筒结构

研究表明,筒中筒结构的空间受力性能与其平面形状和构件尺寸等因素有关,选用圆形和正多边形等平面,能减小外框筒的"剪力滞后"现象,使结构更好地发挥空间作用,矩形和三角形平面的"剪力滞后"现象相对较严重,矩形平面的长宽比大于 2 时,外框筒的"剪力滞后"更突出,应尽量避免;三角形平面切角后,空间和性质也会相应改善。

筒中筒结构的平面外形宜选用圆形、正多边形、椭圆形或矩形等,内筒宜居中,设计时要尽可能增大建筑使用面积,内外筒之间一般不设柱,若跨度过大也可设柱以减小水平构件跨度。矩形平面的长宽比不宜大于 2。内筒的边长一般为外筒边长(或直径)的 1/2 左右,为高度的 1/15~1/12,如有另外的角筒和剪力墙时,内筒平面尺寸还可适当减小。内筒宜贯通建筑物全高,竖向刚度宜均匀变化。三角形平面宜切角,外筒的切角长度不宜小于相应边长的 1/8,其角部可设置刚度较大的角柱或角筒;内筒的切角长度不宜小于相应边长的 1/10,切角处的筒壁宜适当加厚。

除形状外,外框筒的空间作用的大小还与柱距、墙面开洞率,以及洞口高宽比及层高与柱距之比等有关矩形平面框筒的柱距越接近层高、墙面开洞率越小,洞口高宽比与层高柱距比越接近,外框筒的空间作用越强;由于外框筒的侧向荷载作用下的"剪力滞后"现象,使角柱的轴向力约为邻柱的 1~2 倍,为了减小各层楼盖的翘曲,角柱的截面可适当放大。外框筒应符合下列要求:

(1) 柱距不宜大于 4 m,框筒柱的截面长边应沿筒壁方向布置,必要时可采用 T 形截面;

(2) 洞口面积不宜大于墙面面积的 60%,洞口高宽比宜与层高与柱距之比值相似;

(3) 角柱截面面积可取为中柱的 1~2 倍,必要时可采用 L 形角墙或角筒。

筒中筒结构的外框筒墙面上洞口尺寸,对整体工作关系极大,为发挥框筒的筒体效能,外框筒柱一般不宜采用正方形和圆形截面,因为在相同梁柱截面面积情况下,采用正方形截面,梁柱的受力性能远远差于扁宽梁柱(表 9.2)。

为了不使斜裂缝过早出现,或混凝土过早破坏,外框筒梁和内筒连梁的截面尺寸同剪力墙连梁一样,应符合一定的要求,见公式(7-9)~(7-101)。

连梁的构造配筋应符合下列要求:

(1) 非抗震设计时,箍筋直径不应小于 6 mm;抗震设计时,箍筋直径不应小于 10 mm;

(2) 非抗震设计时,箍筋间距不应大于 150 mm;抗震设计时,箍筋间距沿梁长不变,且不应大于 100 mm,当梁内设置交叉暗撑时,箍筋间距不应大于 150 mm;

（3）框筒梁上、下纵向钢筋的直径均不应小于 16 mm，腰筋的直径不应小于 10 mm，腰筋间距不应大于 200 mm。

表 **9.2** 框筒受力性能与梁、柱截面形状的关系比较

柱和裙梁的截面形状和尺寸(mm)	柱梁均为长方形，长宽(高)分别为 1 000 和 250	柱采用 T 形 (750,250,250)梁长高分别为 1 000 和 250	柱宽 250,长 500，梁长高分别为 1 000 和 250	柱梁均为正方形，边长为 500
类型	1	2	3	4
开孔率(%)	44	50	55	89
框筒顶水平位移	100	142	232	313
轴力比 N_1/N_2	4.3	4.9	6.0	14.1

注：N_1 为角柱轴力；N_2 为中柱轴力；N_1/N_2 越大剪力滞后越明显，结构难以发挥空间整体作用；也就是说，我们如果要充分发挥筒体的空间整体作用，我们尽可能使轴力比 N_1/N_2 小点，不要过大。

跨高比不大于 2 的框筒梁和内筒连梁宜采用交叉暗撑；跨高比不大于 1 的框筒梁和内筒连梁应采用交叉暗撑，且应符合下列规定：

（1）梁的截面宽度不宜小于 300 mm。

（2）全部剪力应由暗撑承担。每根暗撑应由 4 根纵向钢筋组成，纵筋直径不应小于 14 mm，其总面积 A_s 应按公式(7-102)、(7-103)计算。

（3）两个方向的斜筋均应用矩形箍筋或螺旋箍筋绑扎成小柱，箍筋直径不应小于 8 mm，加密区长度不应大于 200 mm 及 $b_b/2$（梁截面宽度的一半）；端部加密区的箍筋间距不应大于 100 mm，加密区长度不应小于 600 mm 及 $2b_b$（梁截面宽度的 2 倍）。

（4）纵筋伸入竖向构件的长度 l_{a1}，非抗震设计时 l_{a1} 可取 l_a；抗震设计时 l_{a1} 宜取 $1.15l_a$。

（5）梁内普通箍筋的配置应符合框架结构梁的构造要求。

下面是关于框架-核心筒结构与筒中筒结构的简单比较。

与筒中筒相比，框架-核心筒结构的自振周期长，顶点侧移及层间位移都大，框架-核心筒的抗侧刚度远远小于筒中筒结构。

框架-核心筒翼缘框架的柱子不仅轴力小，柱数量又较少，翼缘框架承受的总轴力要比框筒小得多，轴力形成的倾覆力矩也小得多。框架-核心筒结构中实腹筒成为主要的抗侧力部分，而筒中筒结构中抵抗剪力以实腹筒为主，抵抗倾覆力矩则以外框筒为主。

一般情况下，筒中筒结构的外框筒都能承担较多剪力和倾覆力矩，筒中筒结构都可以达到双重抗侧力体系的要求，因此现行《高规》中没有再提出框筒与实腹筒剪力分配比例的要求。但对于框架-核心筒结构，当外框架的柱距大，或柱子数量很少时，框架分担的剪力和倾覆力矩都很小，往往不能达到双重抗侧力体系的要求，这就是为什么《高规》中要对框架-核心筒提出剪力分配比例要求的原因。

9.6 底层大空间剪力墙结构设计的基本要求

9.6.1 结构类型

底部大空间剪力墙结构，系指上部剪力墙结构，底部数层为落地剪力墙或筒体和支承上部

剪力墙的框架(简称框支)组成的协同工作结构体系。这种结构类型由于底部有较大的空间,能适用于各种建筑的使用功能要求,因此,目前已被广泛应用于底部为商店、餐厅、车库、机房等用途,上部为住宅、公寓、饭店和综合楼等的高层建筑。

由于这种结构的侧向刚度在底层楼盖处发生突变,在地震作用下,底层框架易遭受较大震害。为改善结构的受力性能,提高抗震性能,在结构平面布置中可以将一部分剪力墙落地,并贯通至基础,称为落地剪力墙;而另一部分剪力墙则在底层改为框架,底层为框架的剪力墙称为框支剪力墙。这种体系在水平力作用下,可形成落地剪力墙与框支剪力墙协同工作的体系。借助于框支剪力墙,可形成较大的使用空间;依靠落地剪力墙,可以增强和保证水平荷载的传递,增强抗震能力。

图 9.2 和图 9.3 为框支剪力墙和落地剪力墙协同工作体系的底层结构平面示意图和协同工作体系的计算简图。

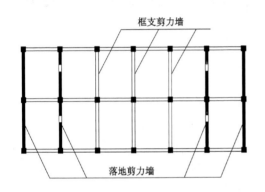

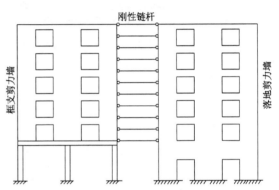

图 9.2 框支剪力墙与落地剪力墙
底层结构平面示意图

图 9.3 框支剪力墙与落地剪力墙
底层结构立面示意图

底部大空间剪力墙结构,从底部平面布置可分为下列 3 种类型:

(1) 上部楼层和底部大空间建筑外形尺寸基本一致的一般底部大空间剪力墙结构;

(2) 上部楼层和底部大空间建筑平面外形尺寸不一致,底部在高层主楼的一侧或两边具有多层裙房的底部大空间剪力墙结构;

(3) 底部为多层裙房,上部有两个或多个高层塔楼的大底盘大空间剪力墙结构。

底部大空间剪力墙结构,从剪力墙布置可分为下列 3 类:

(1) 底部由落地剪力墙或筒体和框架组成大空间,上部为一般剪力墙、鱼骨式(仅有内纵墙而外墙预制)剪力墙的底部大空间剪力墙结构;

(2) 底部由落地筒体、少数横墙和框架组成大空间,上部为筒体、小开间或大开间横墙、少纵墙组成的底部大空间上部少纵墙剪力墙结构;

(3) 底部为高层部分的落地剪力墙、筒体、框架和裙房的框架、剪力墙组成底部大底盘大空间,上部塔楼一般剪力墙的大底盘剪力墙结构。

9.6.2 一般规定

在高层建筑结构的底部,当上部楼层分竖向构件(剪力墙、框架柱)不能直接连续贯通落地时,应设置结构转换层,在结构转换层布置转换结构构件。转换结构构件可采用梁、桁架、空腹桁架、箱形结构、斜撑等。非抗震设计和 6 度抗震设计时转换构件可采用厚板,7、8 度抗震设计的地下室的转换构件可采用厚板。

底部大空间部分框支剪力墙高层建筑结构在地面以上的大空间层数,8 度时不宜超过 3 层,7 度时不宜超过 5 层,6 度时其层数可适当增加;底部带转换层的框架-核心筒结构和外筒为密柱框架的筒中筒结构,其转换层位置可适当提高。

底部带转换层的高层建筑结构的布置应符合以下要求:

(1) 落地剪力墙和筒体底部墙体应加厚;

(2) 转换层上部结构与下部结构的侧向刚度比应符合《高规》附录 E 的规定;当转换层设置在第二层以上时,其转换层上、下层结构等效剪切刚度比 γ_{e2} 宜接近 1,非抗震设计时 γ_{e2} 不应小于 0.5,抗震设计时 γ_{e2} 不应小于 0.8。

(3) 框支层周围楼板不应错层布置;

(4) 落地剪力墙和筒体的洞口宜布置在墙体的中部;

(5) 框支剪力墙转换梁上一层墙体内不宜设边门洞,不宜在中柱上方设门洞;

(6) 长矩形平面建筑中落地剪力墙的间距 l 宜符合以下规定:

非抗震设计:

$l \leqslant 3B$ 且 $l \leqslant 36$ m

抗震设计:

底部为 1~2 层框支层时:$l \leqslant 2B$ 且 $l \leqslant 24$ m

底部为 3 层及 3 层以上框支层时:$l \leqslant 1.5$ 且 $l \leqslant 20$ m

其中 B——楼盖宽度。

(7) 落地剪力墙与相邻框支柱的距离,1~2 层框支层时不宜大于 12,3 层及 3 层以上框支层时不宜大于 10 m。

底部带转换层的高层建筑结构,其剪力墙底部加强部位的高度可取框支层加上框支层以上两层的高度及墙肢总高度的 1/8 二者的较大值。

底部带转换层的高层建筑结构的抗震等级应符合《高规》表 3.9.3 的规定。对框支剪力墙结构,当转换层的位置设置在 3 层及 3 层以上时,其框支柱、剪力墙底部加强部位的抗震等级尚宜按《高规》表 3.9.3 和表 3.9.4 的规定提高一级采用,已为特一级时不再提高。

带转换层的高层建筑结构,其薄弱层的地震剪力应乘以 1.15 的增大系数。特一、一、二级转换结构构件的水平地震作用计算内力应分别乘以增大系数 1.9、1.6、1.3。转换结构构件应按《高规》第 1.3.2 条的规定考虑、竖向地震作用。

带转换层的高层建筑结构,其框支柱承受有地震剪力标准值应按下列规定采用:

(1) 至少每层框支柱的数目不多于 10 根的场合,当框支层为 1~2 层时,每根柱所受的剪力应至少取基底剪力的 2%;当框支层为 3 层及 3 层以上时,每根柱所受的剪力应至少取基底剪力的 3%。

(2) 每层框支柱的数目多于 10 根的场合,当框支层为 1~2 层时,每层框支柱承受剪力之和应取基底剪力的 20%;当框支层为 3 层及 3 层以上时,每层框支柱承受剪力之和应取基底剪力的 30%。

在剪力墙结构中,不允许将全部或大部分剪力墙设计成框支,必须有一定数量的落地剪力墙,形成底部大空间剪力墙结构,也就是说,落地剪力墙可以弥补框支剪力墙的软弱。一方面,设置了落地剪力墙后,结构在框支层的变形很小;另一方面,通过转换层以上数层楼板的传递,框支剪力墙的大部分剪力转移到落地剪力墙上,从而避免软弱层引起的震害。在我国,底部大空间剪力墙结构应用十分广泛,是具有中国特色的一种结构体系。

剪力墙直接支承在柱子上形成框支剪力墙,它的转换层形式很简单,框支柱上一层的剪力墙就是转换部位,但是这部分墙的应力分布十分复杂,通常取出一层剪力墙高度,称为转换层(实际的内力传递范围并不一定局限在这一层),转换层全部或部分高度将剪力墙加厚,称为"托梁"。"托梁"不是一般概念的梁,剪力墙内应力向支承柱传递的应力传力流与"拱"相似,必须有"拉杆"平衡它向外的推理力,因此"拱"和"拉杆"就存在于转换部位中,"托梁"是转换部位中的加强部分(加厚),以承受拉应力为主。

框支剪力墙转换部位是应力分布复杂的部位,结构分析时将转换层简化为杆件不能得到其真实的应力,要求对该转换部位进行局部的平面有限元补充分析,并要求进行特殊设计。

框支剪力墙是最典型的具有软弱层的结构,上部剪力墙的抗侧刚度很大,而底部柱子抗侧刚度很小,上、下刚度相差悬殊,在水平荷载作用下底部框架的层间变形将很大,通常都在底部柱两端出现塑性铰,地震作用产生的层间侧移会很大,框架柱不可能承受如此大的变形而常常破坏。凡是采用了框支剪力墙结构的建筑在大地震中基本遭受了严重破坏。

下面再介绍一下主要的设计概念:

(1) 加强框支层刚度,要求转换层及其上、下楼层层刚度基本均匀。应当有一定比例的、贯穿上下直至基础的落地剪力墙(或实腹筒),需要时,可适当加大落地剪力墙下部厚度或提高其混凝土等级,以增加下部各层刚度,使转换层上、下结构整体抗侧刚度接近;如下部抗侧刚度仍然不足,可另外布置一些筒体或剪力墙,使转换层以下的结构具有足够的抗侧刚度,以减小层间位移。

(2) 提高框支层构件的承载力,避免出现薄弱层。除了上、下楼层刚度要求基本均匀外,转换层以下的框支柱和剪力墙的承载力和延性都要加强,避免造成刚度又小、承载力也没有富余而形成的薄弱层,因此,对于框支剪力墙和落地剪力墙还需要采取特殊设计措施,以保证其承载力和延性。

在弹性阶段,在转换层以上框支剪力墙承受的剪力和落地剪力墙接近,转换层以下大部分剪力转移到落地剪力墙上,使得落地剪力墙底部承受很大剪力,而框支柱承受的剪力很小。框支剪力墙承受的倾覆力矩不转移,因此框支柱承受的轴向力仍然很大。在弹塑性阶段,一般是落地剪力墙首先出现裂缝或出现塑性铰,落地剪力墙刚度降低,框支柱承受的剪力将会增大,因此,规程规定框支柱的设计剪力要进行调整,剪力和弯矩都相应加大。

由于框支柱上、下端都与刚度很大的构件连接(上端与转换梁、下端与基础连接),柱端部容易出现水平裂缝和斜裂缝,在构造上必须注意柱箍筋的配置,一般采用复式箍筋,对于底层或两层框支剪力墙,则要求框支柱全高都加密箍筋,多层框支柱的最上层和最低层应全层加密箍筋。抗震要求较高的结构宜采用钢骨混凝土柱,若采用空腹桁架做转换构件,可改善柱端的不利条件。

9.6.3 框支梁

框支梁受力复杂,宜在结构整体计算后,按有限元进行详细分析,由于框支梁与上部墙体的混凝土强度等级及厚度的不同,竖向应力在柱上方集中,并产生大的水平拉应力,详细分析结果说明,框支梁一般为偏心受拉构件,并承受较大的剪力。当加大框支梁的刚度时能有效地减小墙体的拉应力。

框支梁设计应符合下列要求:

(1) 梁上、下部纵向钢筋的最小配筋率,非抗震设计时分别不应小于0.30%;抗震设计时特一、一和二级分别不应小于0.60%、0.50%和0.40%。

(2) 偏心受拉的框支梁,其支座上部纵向钢筋至少应有50%沿梁全长贯通,下部纵向钢筋应全部直通到柱内,沿梁高应配置间距不大于200 mm、直径不小于16 mm的腰筋。

(3) 框支梁支座处(离柱边1.5倍梁截面高度范围内)箍筋应加密,加密区箍筋直径不应小于10 mm,间距不应大于100 mm。加密区箍筋最小面积含箍率,非抗震设计时不应小于$0.9f_t/f_{yv}$;抗震设计时,特一、一和二级分别不应小于$1.3f_t/f_{yv}$、$1.2f_t/f_{yv}$和$1.1f_t/f_{yv}$。框支墙门洞下方梁的箍筋也应按上述要求加密。

(4) 框支梁与框支柱截面中线宜重合。

(5) 框支梁截面宽度不宜大于框支柱相应方向的截面宽,不宜小于其上墙体截面厚度的2倍,且不宜小于400 mm;当梁上托柱时,尚不应小于梁宽方向的柱截面宽度。梁截面高度,不应小于计算跨度的1/8;框支梁可采用加腋梁。

(6) 框支梁截面组合的最大剪力设计值应符合下列要求:

无地震作用组合时
$$V \leqslant 0.20\beta_c f_c bh_0 \tag{9-6}$$

有地震作用组合时
$$V \leqslant \frac{1}{\gamma_{RE}}(0.15\beta_c f_c bh_0) \tag{9-7}$$

(7) 当框支梁上部的墙体开有门洞或梁上托柱时,该部位框支梁的箍筋应加密配置;当洞口靠近框支梁端部且梁的受剪承载力不满足要求时,可采用框支梁加腋或增大框支墙洞口连梁刚度等措施。

(8) 梁纵向钢筋接头宜采用机械连接,同一截面内接头钢筋截面面积不应超过全部纵筋截面面积的50%,接头位置应避开上部墙体开洞部位,梁上托柱部位及受力较大部位。

(9) 当梁上部配置多排纵向钢筋时,其内排钢筋锚入柱内的长度可适当减小,但不应小于钢筋锚固l_a长度(非抗震设计)或l_{aE}(抗震设计)。

(10) 框支梁不宜开洞,若需开洞时,洞口位置宜远离框支柱边,上、下弦杆应加强抗剪配筋,开洞部位应配置加强钢筋,或用型钢加强,被洞削弱的截面应进行承载力计算。

9.6.4 框支柱

转换层上部的竖向抗侧力构件(墙、柱)宜直接落在转换层的主结构上。当结构竖向布置复杂,框支主梁承托剪力墙并承托转换次梁及其主剪力墙时,应进行应力分析,按应力校核配筋,并加强配筋构造措施。B级高度框支剪力墙高层建筑的结构转换层,不宜采用。框支柱设计应符合下列要求:

(1) 柱内全部纵向钢筋配筋率应符合《高规》第6.4.3条的规定;

(2) 抗震设计时,框支柱箍筋应采用复合螺旋箍或井字复合箍,箍筋直径不应小于10 mm,箍筋间距不应大于100 mm和6倍纵向钢筋直径的较小值,并应沿柱全高加密;

(3) 抗震设计时,柱加密区的配箍特征值应比《高规》表6.4.7规定的数值增加0.02,且柱加密区箍筋体积配箍率不应小于1.5%。

框支柱截面的组合最大剪力设计值应符合下列要求:

(1) 框支柱设计尚应符合下列要求

无地震作用组合时
$$V \leqslant 0.20\beta_c f_c bh_0 \tag{9-8}$$

有地震作用组合时

$$V \leqslant \frac{1}{\gamma_{RE}}(0.15\beta_c f_c bh_0)$$

(9-9)

（2）柱截面宽度，非抗震设计时不宜小于 400 mm，抗震设计时不应小于 450 mm；柱截面高度，非抗震设计时不宜小于框支梁跨度的 1/15，抗震设计时不宜小于框支梁跨度的 1/12。

（3）一、二级转换柱由地震作用产生的轴力应分别乘以增大系数 1.5、1.2，但计算柱轴压比时可不考虑该增大系数。

（4）与转换构件相连的一、二级转换柱的上端和底层柱下端截面的弯矩组合值应分别乘以增大系数 1.5、1.3，其他层转换柱柱端弯矩设计值应符合《高规》第 6.2.1 条的规定。

（5）纵向钢筋间距，抗震设计时不宜大于 200 mm；非抗震设计时，不宜大于 250 mm，且均不应小于 80 mm。抗震设计时柱内全部纵向钢筋配筋率不宜大于 4.0%；框支柱在上部墙体范围内的纵向钢筋应伸入上部墙体内不少于一层，其余柱筋应锚入梁内或板内。锚入梁内的钢筋长度，从柱边算起不应小于 l_{aE}（抗震设计）或 l_a（非抗震设计）；非抗震设计时，框支柱宜采用复合螺旋箍或井字复合箍，箍筋体积配箍率小宜小于 0.8%，箍筋直径不宜小于 10 mm，箍筋间距不宜大于 150 mm。

9.7　带转换层高层建筑结构简介

随着现代化高层建筑功能多样化的要求，在建筑竖向布置上，通常要求上部某些结构构件（如柱、剪力墙）不落地，而需要设置巨大的横梁或桁架以支撑这些不落地的柱或剪力墙，有时甚至需改变竖向承重体系，这时就需设置转换层，将上下两种不同的结构体系进行转换、过渡。

9.7.1　转换层结构按功能的分类

1）上层和下层结构类型转换

这种转换层广泛用于剪力墙结构和框架—剪力墙结构的层间转换，它将上部的剪力墙结构转换为下部的框架，以便使得下部获得较大的自由空间。北京南洋饭店（24 层，$H=85$ m），第 5 层为转换层，剪力墙的托梁高 4.5 m，底柱最大直径为 1.6 m

2）上、下层柱网、轴线改变

转换层上、下的结构形式没有改变，但通过转换层使下层柱的柱距放大，形成大柱网，并常用于外框筒的下层以形成较大的入口。香港新鸿基中心（51 层，$H=178.6$ m）筒中筒结构，5 层以上为办公室，1~4 层为商业用房。外框筒柱距为 2.4 m，无法安置底层入口，采用 2.0 m×5.5 m 的预应力大梁进行结构轴线转换，将下层柱距扩大为 16.8 m 和 12 m。

3）同时转换结构形式和结构轴线布置

上部楼层部分剪力墙结构通过转换层改变为框架时，柱网轴线与上部楼层轴线也错开，形成上下结构形式不一，轴线也不对齐的布置。深圳华侨大酒店（28 层，$H=103.1$ m），6 层以上为客房，大开间剪力墙结构，纵向四轴线内廊式布置，而下部 5 层则改变为单跨框架，纵向双轴线。

9.7.2　转换层的结构形式

为将上部巨大的竖向荷载和水平作用有效的传递到下部的结构构件，转换层一般需要具有很大的刚度和整体性。工程中常用转换层的结构形式有梁式、箱式、板式及桁架式、空腹桁架式。

梁式转换层应用较为广泛，它设计、施工简单、受力明确，一般用于底部大空间剪力墙结构。当需要纵横墙同时转换时，可采用双向梁布置方式。

单向托梁、双向托梁如果连同上下层较厚的楼板共同工作，可以形成刚度很大的箱形转换层。

当上下柱、轴线错开较多，难以用梁承托时，可以做成厚板，形式板式承台转换层。板式转换层的下层柱网可以灵活布置，无须与上层结构对齐，当自重很大，材料用量较多。

9.7.3 箱式、板式、桁架式转换的基本规定

箱形转换结构上、下楼板厚度均不宜小于 180 mm，应根据转换柱的布置和建筑功能要求设置双向横隔板；上、下板配筋设计应同时考虑板局部弯曲和箱形转换层整体弯曲的影响，横隔板宜按深梁设计。

厚板设计应符合下列规定：

(1) 转换厚板的厚度可由抗弯、抗剪、抗冲切截面验算确定。

(2) 转换厚板可局部做成薄板，薄板与厚板交界处可加腋；转换厚板亦可局部做成夹心板。

(3) 转换厚板宜按整体计算时所划分的主要交叉梁系的剪力和弯矩设计值进行截面设计，并按有限元法分析结果进行配筋校核；受弯纵向钢筋可沿转换板上、下部双层双向配置，每一方向总配筋率不宜小于 0.6%；转换板内暗梁的抗剪箍筋面积配筋率不宜小于 0.45%。

(4) 厚板外周边宜配置钢筋骨架网。

(5) 转换厚板上、下部的剪力墙、柱的纵向钢筋均应在转换厚板内可靠锚固。

(6) 转换厚板上、下一层的楼板应适当加强，楼板厚度不宜小于 150 mm。

采用空腹桁架转换层时，空腹桁架宜满层设置，应有足够的刚度。空腹桁架的上、下弦杆宜考虑楼板作用，并应加强上、下弦杆与框架柱的锚固连接构造；竖腹杆应按强剪弱弯进行配筋设计，并加强箍筋配置以及与上、下弦杆的连接构造措施。

思考题

9-1 筒体的高宽比、平面长宽比、立面开洞等情况有哪些要求？为什么要提出这些要求？

9-2 框筒体结构的翼缘展开法有哪些基本规定？

9-3 什么是剪力滞后效应？什么是负剪力滞后效应？为什么会出现这些现象？对筒体结构的受力有什么影响？

10 钢结构节点设计

10.1 节点设计的基本原则

节点连接是确保高层民用建筑钢结构结构安全的重要部位,对结构整体受力性能有着重要的影响,因此节点设计是高层民用建筑钢结构设计的重要环节。高层民用建筑钢结构节点的受力状况较为复杂,构造要求严格。

高层民用建筑钢结构节点设计一般应遵循以下设计原则:

(1)节点受力明确,减少应力集中,避免材料三向受拉;在节点连接中将同一力传至同一连接件上时,不允许同时采用两种方法的连接(如栓-焊组合连接)。

(2)为了避免因连接较弱而使结构发生破坏,节点连接应采用强连接弱构件的原则。

(3)构件的拼接应采用与构件等强或比等强度更高的设计原则,一般采用摩擦型高强度螺栓连接或焊接连接。

(4)高层民用建筑钢结构的连接,非抗震设计的结构应按现行国家标准《钢结构设计规范》(GB 50017)的有关规定执行。抗震设计时,构件按多遇地震作用下内力组合设计值选择截面;连接设计应符合构造措施要求,按弹塑性受力设计,连接的极限承载力应大于构件的全塑性承载力。

(5)高层钢框架抗侧力构件的梁与柱连接应符合下列基本要求:

① 梁与 H 形柱(绕强轴)刚性连接以及梁与箱形柱或圆管柱刚性连接时,弯矩由梁翼缘和腹板受弯区的连接承受,剪力由腹板受剪区的连接承受。

② 梁与柱的连接宜采用翼缘焊接和腹板高强度螺栓连接的形式。一、二级时梁与柱宜采用加强型连接或骨式连接。非抗震设计和三、四级时,梁与柱的连接可采用全焊接连接。

③ 梁腹板用高强度螺栓连接时,应先确定腹板受弯区的高度,并对设置于连接板上的螺栓进行合理布置,再分别计算腹板连接的受弯承载力和受剪承载力。

(6)高层钢框架梁柱及支撑的安装一般采用分段拼装实施,钢柱分段高度一般宜按三层一段,拼接点位置宜设置在主梁顶面以上 1.0～1.3 m。

(7)高层钢框架抗侧力结构构件的连接系数 α 按表 10.1 的规定采用。

表 10.1 钢构件连接的连接系数 α

母材牌号	梁端连接时		支撑连接/构件拼接		柱脚	
	焊接		螺栓连接			
Q235	1.40	1.45	1.25	1.30	埋入式	1.2(1.0)
Q345	1.30	1.35	1.20	1.25	外包式	1.2(1.0)
Q345GJ	1.25	1.30	1.15	1.20	外露式	1.0

注:1. 屈服强度高于 Q345 的钢材,按 Q345 的规定采用;
    2. 屈服强度高于 Q345GJ 的 GJ 钢材,按 Q345GJ 的规定采用;
    3. 括号内的数字用于箱形柱和圆管柱;
    4. 外露式柱脚是指刚接柱脚,只适用于房屋高度 50 m 以下。

（8）对较为重要的或受力较复杂的节点，当按所传递的内力进行连接设计时，宜使连接的承载力留有 $10\%\sim15\%$ 的富余量。

（9）对高空施工现场条件较为困难的现场焊缝，其承载力应乘以 0.9 的折减系数。

（10）多层钢框架结构的梁柱连接节点以及柱脚节点应设计为刚接节点；支撑与钢柱结构体系中的梁柱连接节点可设计成为铰接节点。

（11）梁与柱刚性连接时，梁翼缘与柱的连接、框架柱的拼接、外露式柱脚的柱身与底板的连接以及如伸臂桁架等重要受拉构件的拼接，均应采用一级全熔透焊缝，其他全熔透焊缝为二级。非熔透的角焊缝和部分熔透的对接与角接组合焊缝的外观质量标准应为二级。现场一级焊缝宜采用气体保护焊。

（12）为了便于节点加工、安装时易于就位和调整，应简化节点构造。

10.2 节点的抗震设计

在进行高层民用建筑钢结构抗震设计时，连接的极限承载力应高于构件的屈服承载力。连接节点抗震设计的目的主要在于保证构件产生充分的塑性变形时节点不致破坏。为此，高层民用建筑钢框架结构中梁与柱的连接节点应验算：弹性阶段的承载力设计值和弹塑性阶段的节点连接极限承载力。

10.2.1 节点连接的极限承载力

钢框架结构出现塑性部分应为从梁柱连接节点处开始，随后逐步向构件扩展。为了使梁柱构件充分发展塑性，进而在截面上形成塑性铰，构件之间的连接节点应有充分的承载能力。在梁柱连接中，钢梁端部（若为柱贯通式连接节点，则应为柱端部）连接的极限承载力应高于构件的屈服承载力。同样，对钢梁与钢柱拼接节点、抗侧力支撑节点以及钢柱柱脚节点，均需要连接极限承载力高于相应构件的屈服承载力。

为了保证高层民用建筑钢结构节点连接能够满足强连接弱构件原则，节点连接的极限承载力应能符合表 10.2 要求：

表 10.2　节点连接极限承载力的要求

内容	受力状态		极限承载力计算公式		符 号 说 明
梁与柱连接节点	受弯		$M_u \geqslant 1.2M_p$	(10-1)	M_u——节点连接的极限受弯承载力； V_u——梁腹板连接的极限受剪承载力； M_p——被连接构件全截面塑性受弯承载力； M_{pc}——构件有轴向力时截面的全塑性受弯承载力； N_{ubr}——螺栓连接和节点板连接在支撑轴线方向的极限承载力； l_n——钢梁的净跨； A_n——支撑的截面净面积； h_w、t_w——分别为构件截面腹板的高度和厚度； f_y——钢材的屈服强度。
	受剪		$V_u \geqslant 1.3(2M_p/l_n)$ 且 $V_u \geqslant 0.58h_w t_w f_y$	(10-2) (10-3)	
梁与柱拼接节点	受弯	无轴力	$M_u \geqslant 1.2M_p$	(10-4)	
		有轴力	$M_u \geqslant 1.2M_{pc}$	(10-5)	
	受剪		$V_u \geqslant 0.58h_w t_w f_y$	(10-6)	
钢柱脚连接节点			$M_u \geqslant 1.2M_{pc}$	(10-7)	
抗侧力支撑连接节点			$N_{ubr} \geqslant 1.2A_n f_y$	(10-8)	

10.2.2 受弯构件和压弯构件的塑性受弯承载力

当梁柱连接采用钢梁贯通型连接时,钢梁与钢柱连接除受到弯矩外,还受到柱轴压力;且钢柱的受弯承载力随着轴压力的增加而减少。此时,式(10-1)和(10-2)中 M_p 应采用 M_{pc} 来替代。

受弯构件和压弯构件全截面塑性时的受弯承载力可按表 10.3 中相应公式计算。

表 10.3 受弯构件和压弯构件的塑性受弯承载力

构件	截面形式	受力条件	塑性受弯承载力计算公式	符 号 说 明
受弯构件	H 形截面和箱形截面		$M_p = W_p f_y$ (10-9)	M_p——构件无轴力时截面的全塑性受弯承载力;
压弯构件	H 形截面(绕强轴)和箱形截面	$\dfrac{N}{N_y} \leqslant 0.13$	$M_{pc} = M_p$ (10-10)	M_{pc}——构件有轴力时截面的全塑性受弯承载力;
		$\dfrac{N}{N_y} > 0.13$	$M_{pc} = 1.15\left(1 - \dfrac{N}{N_y}\right) M_p$ (10-11)	N——构件轴力设计值;
	H 形截面(绕弱轴)和箱形截面	$\dfrac{N}{N_y} \leqslant \dfrac{A_w}{A}$	$M_{pc} = M_p$ (10-12)	$N_y = A_n f_y$——构件的轴向屈服承载力;
		$\dfrac{N}{N_y} > \dfrac{A_w}{A}$	$M_{pc} = \left[1 - \left(\dfrac{N - A_w f_y}{N_y - A_w f_y}\right)^2\right] M_p$ (10-13)	A——构件的截面面积; A_w——柱构件的截面腹板面积;
	圆形空心截面	$\dfrac{N}{N_y} \leqslant 0.20$	$M_{pc} = M_p$ (10-14)	f_y——构件腹板钢材的屈服强度。
		$\dfrac{N}{N_y} > 0.20$	$M_{pc} = 1.25\left(1 - \dfrac{N}{N_y}\right) M_p$ (10-15)	

10.2.3 焊缝和高强度螺栓连接的极限承载力

(1)焊缝连接的极限承载力

焊缝连接的极限承载力可按下列公式进行计算:

① 受拉对接焊缝的极限承载力 N_u

$$N_u = A_f^w f_{min} \tag{10-16}$$

② 受剪角焊缝的极限承载力 V_u

$$V_u = 0.58 A_f^w f_{min} \tag{10-17}$$

式中 A_f^w——焊缝的有效受力面积;

     f_{min}——母材构件的抗拉强度最小值。

(2)高强度螺栓连接的极限承载力

高强度螺栓的受剪极限承载力 N_{vu}^b 可按下式进行计算:

$$N_{vu}^b = \min\left(0.58 n_f A_e^b f_u^b, d \sum t f_{cu}^b\right) \tag{10-18}$$

式中 n_f——螺栓连接的剪切面数量;

     A_e^b——螺栓螺纹处的有效截面面积;

     d——螺栓杆的直径;

     $\sum t$——同一受力方向的钢板厚度之和;

     f_u^b——螺栓钢材的抗拉强度最小值;

f_{cu}^b——螺栓连接板的极限承压强度,取 $1.5\,f_{min}$。

10.3　梁柱连接节点

在高层钢结构中,钢梁与钢柱连接节点设计是整个设计的关键环节。根据钢梁对钢柱的约束刚度大小,可将梁柱连接节点分成 3 种类型:刚性连接和半刚性连接和铰接连接。梁柱刚性连接设计要求节点具有足够的刚度,连接的极限承载力不小于被连接构件的屈服承载力;梁柱半刚性连接设计要求节点除了能传递梁端剪力外,还能传递一定数量的梁端弯矩,一般约为梁端截面所能承担弯矩的 25%;梁柱铰接连接设计要求节点只能承受很小的弯矩,梁端无线位移,且可以转动。

在实际工程中,为了简化计算,通常假定梁柱节点为完全刚接或完全铰接。但大量的梁柱节点试验研究结果表明:节点的弯矩和其对应转角的关系曲线一般呈非线性连接状态,即多数节点为半刚性连接。钢梁与钢柱节点的不同连接形式所对应的弯矩 M 和转角 θ 关系曲线如图 10.1 所示。

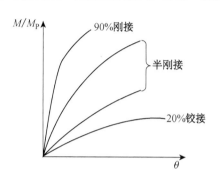

图 10.1　梁柱节点不同连接形式的 $M\text{-}\theta$

10.3.1　梁柱刚性连接

根据梁柱连接节点的构造要求,钢梁与钢柱刚性节点的连接形式主要分为三种:

(1)全焊缝连接节点,钢梁的上、下翼缘均采用全熔透坡口焊缝,腹板采用角焊缝与钢柱的翼缘进行连接;

(2)栓焊混合连接节点,钢梁的上、下翼缘采用全熔透坡口焊缝与钢柱翼缘连接,腹板采用高强度螺栓与钢柱翼缘上的连接板进行连接;

(3)全螺栓连接节点,钢梁的上、下翼缘以及腹板借助 T 形连接件采用高强度螺栓与钢柱翼缘进行连接。

国内外已有的钢梁与钢柱连接节点足尺试验结果表明,全焊接节点比栓焊混合节点的滞回曲线更丰满,具有较高的耗能特性较好的延性,但栓焊混合节点也能够较好地满足工程结构抗震要求,且此节点施工便捷。为此,钢梁与钢柱栓焊混合连接节点在实际工程普遍采用,尤其在高层建筑钢结构中此节点已成为典型的节点连接方式。

钢梁与钢柱刚性连接时,节点设计应需要验算以下各项内容:

(1)梁柱的连接承载力;

(2)在梁上、下翼缘的拉力和压力作用下,柱腹板的受压承载力和柱翼缘板的刚度;

(3)梁柱连接的节点域抗剪承载力。

1)梁柱刚性节点连接承载力计算

(1)节点连接承载力

① 抗震设计

抗震设计时,钢梁与钢柱刚性连接节点承载力可按下式分别进行计算:

$$M_u^j \geqslant \alpha M_p \qquad (10-19a)$$

$$V_u^j = 1.2\left(\frac{2M_p}{l_n}\right) + V_{Gb} \qquad (10-19b)$$

式中　M_u^j——钢梁与钢柱节点连接的极限受弯承载力；

　　　M_p——钢梁的全塑性受弯承载力（加强型节点连接时应按未扩大的原截面计算），当考虑轴力影响时，可按表 10.3 中的 M_{pc} 计算；

　　　V_u^j——与极限受弯承载力对应的钢梁与钢柱节点连接的受剪承载力；

　　　V_{Gb}——钢梁在重力荷载代表值（9 度尚应包括竖向地震作用标准值）作用下，按简支梁分析获得的梁端截面剪力设计值；

　　　l_n——钢梁的净跨；

　　　α——连接系数，可按表 10.1 确定。

② 非抗震设计

非抗震设计时，钢梁与钢柱刚性连接的受弯承载力应按下式进行计算：

$$M_j = W_e^j f \qquad (10-20a)$$

钢梁与 H 形钢柱（绕强度）连接时

$$W_e^j = \frac{2I_e}{h_b} \qquad (10-20b)$$

钢梁与箱形或圆管截面钢柱连接时

$$W_e^j = \frac{2}{h_b}\left[I_e - \frac{1}{12}t_{wb}(h_{0b} - 2h_m)^3\right] \qquad (10-20c)$$

式中　M_j——钢梁与钢柱节点连接的受弯承载力；

　　　W_e^j——连接的有效截面模量；

　　　I_e——扣除焊孔的钢梁端部有效截面惯性矩；当梁腹板采用高强度螺栓连接时，为扣除螺栓孔和梁翼缘与连接板之间间隙后的截面惯性矩；

　　　h_b、h_{0b}——分别为钢梁截面和腹板的高度；

　　　h_m——钢梁腹板的有效受弯高度，如图 10.2 所示，可按式（10-22）计算确定；

　　　t_{wb}——钢梁腹板的厚度；

　　　f——钢梁的抗拉、抗压和抗弯强度设计值。

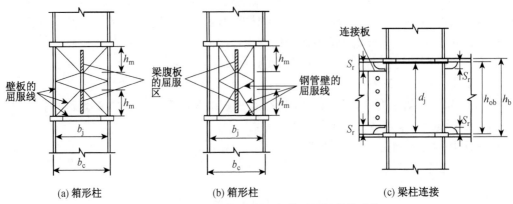

图 **10.2**　工字形钢柱与箱形钢柱或圆钢管柱连接

（2）连接的极限受弯承载力

工字形钢梁与箱形钢柱或圆钢管柱的连接如图 10.2 所示。钢梁与钢柱节点连接的极限受弯承载力可按以下方法计算确定。

（1）梁端连接的极限受弯承载力 M_u^j：

$$M_u^j = M_{uf}^j + M_{uw}^j \tag{10-21a}$$

（2）梁翼缘连接的极限受弯承载力 M_{uf}^j：

$$M_{uf}^j = A_f (h_b - t_{fb}) f_{ub} \tag{10-21b}$$

（3）梁腹板连接的极限受弯承载力 M_{uw}^j，其受力性能详如图 10.3 所示：

$$M_{uw}^j = m W_{wpe} f_{yw} \tag{10-21c}$$

$$W_{wpe} = \frac{1}{4} (h_b - 2t_{fb} - 2S_r)^2 t_{wb} \tag{10-21d}$$

式中　W_{wpe}——钢梁腹板有效截面的塑性截面模量；

　　　A_f——钢梁的翼缘截面面积；

　　　m——钢梁腹板连接的受弯承载力系数，可按式（10-24）计算确定；

　　　t_{fb}——钢梁翼缘的厚度；

　　　S_r——钢梁腹板过焊孔高度，高强度螺栓连接时为剪力板和钢梁翼缘间间隙的距离，如图 10.2（c）所示；

　　　f_{ub}——钢梁翼缘钢材的抗拉强度最小值。

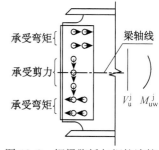

图 **10.3**　钢梁腹板与钢柱连接时高强度螺栓连接的内力分配

（3）钢梁腹板有效受弯高度

钢梁腹板的有效受弯高度 h_m 应按下式进行计算：

① H 形钢柱（绕强轴）

$$h_m = \frac{h_{0b}}{2} \tag{10-22a}$$

② 箱形柱

$$h_m = \frac{b_j}{\sqrt{\dfrac{b_j t_{wb} f_{yb}}{t_{fc}^2 f_{yc}} - 4}} \tag{10-22b}$$

③ 圆管柱

$$h_m = \frac{b_j}{\sqrt{0.5 k_1 k_2 \sqrt{1.5 k_1} - 4}} \tag{10-22b}$$

且有效受弯高度 h_m 尚需满足以下条件：

当 $h_m < S_r$ 时　　　　　　　　$h_m = S_r$ $\tag{10-23a}$

当截面为箱形截面，且 $h_m > 0.5 d_j$ 或 $b_j t_{wb} f_{yb} / (t_{fc}^2 f_{yc}) \leqslant 4$ 时

$$h_m = 0.5 d_j \tag{10-23b}$$

当截面为圆管截面，且 $h_m>0.5d_j$ 或 $k_2\sqrt{1.5k_1}\leqslant4$ 时

$$h_m=0.5d_j \tag{10-23c}$$

式中　h_m——与箱形或圆管钢柱连接时，钢梁腹板（一侧）的有效受弯高度；

d_j——箱形钢柱壁板上下加劲肋内侧之间的距离；

$b_j=b_c-2t_{fc}$——箱形柱壁板屈服区的宽度；

b_c——箱形柱壁板宽度或圆管柱的外径；

t_{fc}——箱形柱壁板的厚度；

f_{yb}——钢梁钢材的屈服强度，当钢梁腹板采用高强度螺栓连接时，为钢柱连接板钢板的屈服强度；

f_{yc}——钢柱钢材的屈服强度；

$k_1=b_j/t_{fc}$、$k_2=t_{wb}f_{yb}/(t_{fc}f_{yc})$——分别为与圆管钢柱相关截面和承载力指标。

（4）钢梁腹板连接的受弯承载力系数

钢梁腹板连接的受弯承载力系数 m 应按下式进行计算：

① H 形钢柱（绕强轴）

$$m=1.0 \tag{10-24a}$$

② 箱形柱

$$m=\min\left\{1,4\frac{t_{fc}}{d_j}\sqrt{\frac{b_jf_{yc}}{t_{wb}f_{yw}}}\right\} \tag{10-24b}$$

③ 圆管柱

$$m=\min\left\{1,\frac{8}{\sqrt{3}k_1k_2r}\left(\sqrt{k_2\sqrt{1.5k_1}-4}+r\sqrt{0.5k_1}\right)\right\} \tag{10-24b}$$

式中　$r=d_j/b_j$——圆管截面钢柱上下横隔板之间的距离与钢管内径的比值；

f_{yw}——钢梁腹板钢材的屈服强度。

（5）钢梁腹板与钢柱连接计算

① 高强度螺栓连接

当钢梁腹板与钢柱采用高强度螺栓连接时，图 10.4(a)所示，受弯区和受剪区的螺栓数应分别按弯矩在受弯区引起的水平力和剪力在受剪区作用时需要的螺栓数，图 10.3 所示，进行计算，且计算时应考虑连接的不同破坏模式，计算结果取不同破坏模式中的较小值。

对受弯区：

$$\alpha V_{uM}^j\leqslant N_u^b=\min\{n_1N_{vu}^b,\ n_1N_{cu1}^b,\ N_{cu2}^b,\ N_{cu3}^b,\ N_{cu4}^b\} \tag{10-25a}$$

对受剪区：

$$\alpha V_{uV}^j\leqslant n_2\min\{N_{vu}^b,\ N_{cu1}^b\} \tag{10-25b}$$

式中　n_1、n_2——分别为受弯区（一侧）和受剪区需要的螺栓数；

V_{uM}^j、V_{uV}^j——分别为弯矩引起的受弯区水平剪力和剪力引起的受剪区竖向剪力；

α——连接系数，按表 10.1 取值；

N_{vu}^b、N_{cu1}^b、N_{cu2}^b、N_{cu3}^b、N_{cu4}^b——可按《高层民用建筑钢结构技术规程》(JGJ 99)附录 A 的规定计算确定。

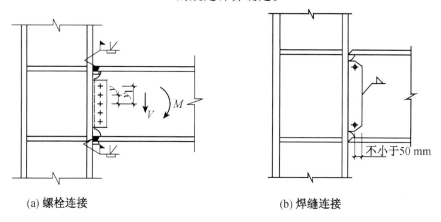

(a) 螺栓连接   (b) 焊缝连接

图 **10.4** 钢梁腹板与钢柱连接

② 焊缝连接

当钢梁腹板与钢柱采用焊缝连接时,图10.4(b)所示,应在连接处设置一定数量的定位螺栓。腹板受弯区内应验算弯曲应力与剪应力组合的折算应力,受剪区可仅按所分担的剪力进行受剪承载力验算。

同时,钢梁腹板与 H 型钢柱(绕强轴)、箱形或圆管钢柱的连接,应符合下列设计要求:
a. 连接板应采用与钢梁腹板相同材质的钢材制作,且其厚度应比钢梁腹板厚度要大 2 mm。
b. 连接板与钢柱之间应采用双面角焊缝连接;在强震区,连接焊缝的端部应围焊,且焊缝的厚度要求应同钢梁腹板与钢柱的焊缝要求。

2) 钢柱腹板的受压承载力和翼缘板的刚度验算

钢梁的上下翼缘与钢柱连接处,且钢柱腹板两侧对应翼缘位置处未设置水平加劲肋时,由于钢梁弯矩在梁端上下翼缘中产生的内力作为钢柱的水平集中力,因此钢梁与钢柱连接处必须进行局部应力的验算。钢梁翼缘传来的压力或拉力形成的局部应力,往往导致钢柱可能发生两类破坏:①钢柱腹部局部受压屈曲破坏,钢梁受压翼缘的压力作用造成钢柱腹板屈曲破坏;②钢柱翼缘刚度不足,钢梁受力翼缘的拉力作用,造成钢柱翼缘与腹板处的焊缝裂开,进而导致钢柱翼缘产生过大的弯曲变形。为此,对钢梁与钢柱连接节点需开展钢柱腹板受压承载力和翼缘刚度的验算。

(1) 钢柱腹板受压承载力

在钢梁受压翼缘的作用下,钢柱腹板由于局部屈曲会产生破坏。在进行柱腹板的受压承载力验算过程中,一般假定钢梁受压翼缘屈服时传来的压力将以1∶2.5的角度均匀地传递到腹板角焊缝的边缘,如图10.5所示。

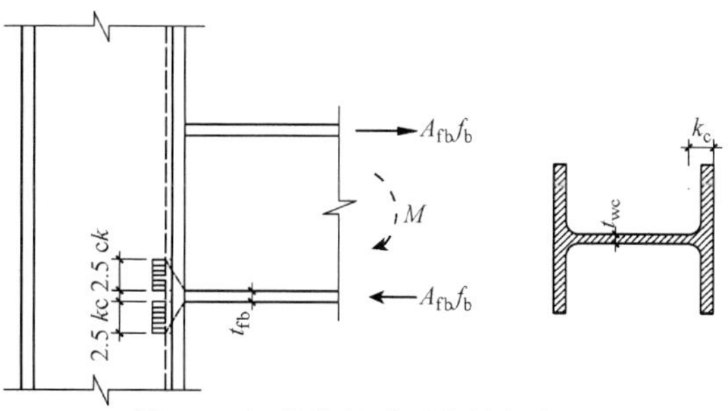

图 **10.5** 钢柱腹板受压有效宽度

① 钢梁受压翼缘屈服时的压力

$$N_{bc} = A_{fb} f_b \qquad (10\text{-}26a)$$

式中　N_{bc}——钢梁受压翼缘屈服时的压力；

　　　A_{fb}——钢梁受压翼缘的截面面积；

　　　f_b——钢梁钢材的抗拉、抗压强度设计值。

②钢柱腹板局部受压的有效宽度 b_e

$$b_e = t_{fb} + 5k_c \tag{10-26b}$$

式中　t_{fb}——钢梁翼缘的厚度；

　　　k_c——钢柱翼缘外侧至腹板倒角根部或角焊缝焊趾的距离；

③柱腹板厚度 t_{wc} 在钢梁受压翼缘作用下的要求

$$t_{wc} \geqslant \max\left(\frac{N_{bc}}{b_e f_c}, \frac{h_c}{30}\sqrt{\frac{f_{yc}}{235}}\right) \tag{10-26c}$$

式中　h_c——钢柱腹板的高度；

　　　f_c——钢柱钢材的抗拉、抗压强度设计值；

　　　f_{yc}——钢柱钢材的屈服强度值。

当钢柱腹板厚度不能满足式(10-26c)的要求时，应将钢柱的腹板加厚或设置钢柱腹板水平加劲肋。设置的加劲肋需满足下列要求：

$$A_s \geqslant (A_{fb} - t_{wc}b_e)\frac{f_b}{f_c} \tag{10-26d}$$

$$\frac{b_s}{t_s} \leqslant 9\sqrt{\frac{235}{f_y}} \tag{10-26e}$$

式中　A_s——加劲肋的总面积；

　　　b_s——加劲肋的宽度；

　　　t_s——加劲肋的厚度。

(2)钢柱翼缘板的刚度验算

根据等强度原则，柱翼缘的厚度 t_{fc} 应满足下式：

$$t_{fc} \geqslant 0.4\sqrt{\frac{N_{bc}}{f_c}} \tag{10-26f}$$

3)梁柱刚性节点域的抗剪承载力验算

在钢梁与钢柱刚性节点连接处，柱与梁上、下翼缘对应位置应设置水平加劲肋，由水平加劲肋和柱翼缘相包围形成柱节点域。在很大的剪力作用下，节点域板可能首先发生屈服，因此在设计过程中，需对节点域的抗剪强度和屈服承载力进行验算。

(1)节点域腹板的抗剪强度验算

节点域的剪力和弯矩如图10.6所示，节点域腹板的抗剪强度可按下式计算：

$$\frac{M_{b1} + M_{b2}}{V_p} \leqslant \frac{4}{3}f_v \tag{10-27}$$

式中　M_{b1}、M_{b2}——节点域两侧钢梁端部的弯矩设计值；

　　　f_v——钢材的抗剪强度设计值。

　　　V_p——节点域的体积，可按下列方法进行计算：

工字形截面钢柱(绕强轴)：　$V_p = h_{b1}h_{c1}t_p$

工字形截面钢柱(绕强轴)：　$V_p = 2h_{b1}bt_f$

箱形截面钢柱：
$$V_p = \frac{16}{9} h_{b1} h_{c1} t_p$$

圆管截面钢柱：
$$V_p = \frac{\pi}{2} h_{b1} h_{c1} t_p$$

十字形截面钢柱,如图 10.7 所示：
$$V_p = \varphi h_{b1} (h_{c1} t_p + 2bt_f)$$
$$\varphi = \frac{\alpha^2 + 2.6(1 + 2\beta)}{\alpha^2 + 2.6}$$
$$\alpha = \frac{h_{b1}}{b}, \beta = \frac{A_f}{A_w}, A_f = bt_f, A_w = h_{c1} t_p$$

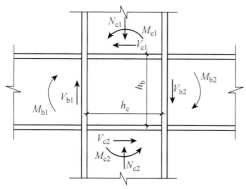

图 10.6　节点域处的内力图

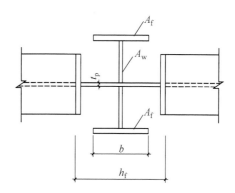

图 10.7　十字形钢柱的节点体积

式中　h_{b1}——钢梁翼缘中心间的距离；

$\quad\quad h_{c1}$——工字形截面柱翼缘中心间的距离、箱形截面壁板中心间的距离和圆管截面柱管
壁中线的直径；

$\quad\quad t_p$——钢柱腹板和节点域补强板厚度之和,或局部加厚时的节点域厚度,箱形柱时为一
块腹板的厚度,圆管柱为壁厚；

$\quad\quad t_f$——钢柱的翼缘厚度；

$\quad\quad b$——钢柱的翼缘宽度。

（2）节点域的屈服承载力验算

节点域的屈服承载力应符合下式要求,当不能满足要求时,应进行补强或局部加大腹板厚度。

$$\psi \frac{M_{pb1} + M_{pb2}}{V_p} \leqslant \frac{4}{3} f_v \tag{10-28}$$

式中　M_{pb1}、M_{pb2}——分别为节点域两侧钢梁的全塑性受弯承载力；

$\quad\quad \psi$——为折减系数,对钢框架抗震等级为三级、四级时,取 $\psi = 0.6$；钢框架抗震等级为一
级、二级时,取 $\psi = 0.7$；

$\quad\quad f_{yv}$——钢材的屈服抗剪强度,可取钢材屈服强度的 0.58 倍。

（3）节点域腹板的厚度

在高层钢结构的钢梁与钢柱连接处,钢梁上下翼缘对应位置应设置钢柱的水平加劲肋或
隔板。加劲肋（或隔板）与钢柱翼缘所包围的节点域腹板厚度 t_p 应满足下式要求：

$$t_p \geqslant \frac{h_{0b} + h_{0c}}{90} \tag{10-29}$$

式中 t_p ——钢柱节点域腹板的厚度,当为箱形截面钢柱时,取一块腹板的厚度;

　　　h_0b、h_0c——分别为钢梁腹板和钢柱腹板的高度。

10.3.2　梁柱半刚性连接

钢梁与钢柱半刚性节点的连接形式可采用 T 形连接件连接或端板连接。T 形连接件连接的梁柱节点如图 10.8(a)所示,其转动刚度在很大程度上取决于螺栓预拉力和 T 形连接件翼缘的抗弯能力;此类节点在地震作用下难以满足刚接要求,同时在非抗震设计时也应考虑节点的柔性。端板连接的梁柱节点如图 10.8(b)所示,端板焊接于钢梁端部,并采用高强度螺栓与钢柱翼缘连接;此类节点一般为半刚性连接,当端板厚度较小且变形较大时,端板受到撬开的作用,出现附加撬力和弯曲变形,其受力性能与 T 形连接节点相似。

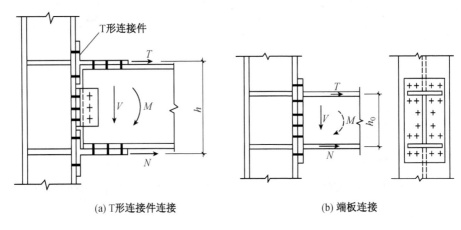

(a) T形连接件连接　　　　　　　　　　　　(b) 端板连接

图 10.8　梁柱半刚性连接节点

1) 梁-柱 T 形连接件连接

在进行梁-柱 T 形连接件连接的节点设计时,通常可近似地假定:梁端的弯矩仅由钢梁翼缘的 T 形连接件传递,梁端的剪力仅由腹板与柱的连接节点板传递。此类节点试验研究结果表明:梁端的剪力对整个节点性能影响较小,梁端剪力也可近似认为通过 T 形连接件与钢柱翼缘间的摩擦力传递。

T 形连接件与钢柱翼缘之间高强度螺栓的抗拉承载力 N_t^b 可按下式计算:

$$N_\mathrm{t}^\mathrm{b} = \frac{M}{n_1 h} + Q \leqslant 0.8P \tag{10-30a}$$

T 形连接件与钢梁上下翼缘之间高强度螺栓的抗剪承载力 N_v^b 可按下式计算:

$$N_\mathrm{v}^\mathrm{b} = \frac{M}{n_2 h} \leqslant [N_\mathrm{v}^\mathrm{b}] \tag{10-30b}$$

式中 M——钢梁端部的弯矩设计值;

　　　P——高强度螺栓的预拉力;

　　　n_1——T 形连接件与钢柱翼缘之间受拉高强度螺栓的数目;

　　　n_2——T 形连接件与钢梁上下翼缘之间受拉高强度螺栓的数目;

　　　Q——T 形连接件翼缘板的撬力;

　　　$[N_\mathrm{v}^\mathrm{b}]$——单个高强度螺栓的抗剪承载力;

h——T形连接件翼缘板间距离。

T形连接件与刚性构件连接节点的受力状态如图10.9所示,图中端板的撬力为 Q,螺栓的外加拉力为 T。一般情况,端板撬力 Q 与端板的厚度、螺栓直径与排列、螺栓的材料性能等因素有关。当端板在螺栓轴线处被拉开时,螺栓受力应满足下式要求:

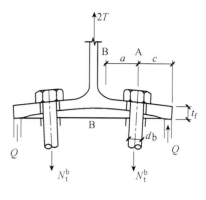

$$N_t^b = Q + T \leqslant 0.8P \quad (10\text{-}31a)$$

$$M_A \geqslant Qc \quad (10\text{-}31b)$$

$$M_B \geqslant N_t^b a - Q(c+a) \quad (10\text{-}31c)$$

式中 M_A——截面 A-A 处(扣除孔洞)的塑性抵抗矩;

图10.9 T形连接节点端板螺栓的撬力

M_B——截面 B-B 处的塑性抵抗矩。

在T形连接件设计时,可按以下步骤进行:① 任意选取端板撬力 Q,使其满足式(10-31a)～(10-31b),一般情况下选取 $Q=0.1\sim0.2T$;② 由式(10-31a)计算所需的螺栓直径;③ 再由式(10-31b)和式(10-31c)所确定的弯矩,计算 T 形连接件的翼缘厚度,取两个公式计算结果的较大值,且 T 形连接件的翼缘厚度一般宜略大于螺栓直径,当忽略撬力时,要求翼缘厚度应不小于2倍螺栓直径。

2) 梁-柱端板连接

对梁-柱端板连接节点,根据端板的受力与变形分析可知,端板上、下两部受力应自相平衡,可将端板上下两端完全分离出来,形同两个 T 形连接件。因此,梁-柱端板的受力性能同 T 形连接相似。

在梁-柱端板连接节点中,端板尺寸和连接螺栓直径均会影响节点的承载能力。因此,随着端板和螺栓刚度的强弱变化,连接节点会呈现三种不同的破坏机构:① 端板与连接螺栓同时失效(破坏)机构,如图 10.10(a) 所示;此种破坏通常发生在端板和连接螺栓等刚度时,两者的承载力均可充分利用,计算时两者的变形均应考虑。② 端板失效(破坏)机构,如图 10.10(b) 所示;此种破坏通常发生在连接螺栓刚度大于端板抗弯刚度时,常以端板出现塑性铰而失效,计算时忽略螺栓的弹性变形,按端板的塑性承载力计算。③ 螺栓拉断失效机构,如图 10.10(c) 所示;此种破坏通常发生在端板抗弯刚度大于连接螺栓刚度时,常发生在端板厚度大于等于2倍螺栓直径时,计算时假定端板绝对刚性且不考虑端板撬力。在梁-柱端板连接的设计中,通常按第二种破坏机构来考虑。

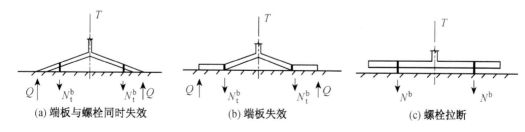

图10.10 端板连接的失效机构

10.3.3 梁柱铰接连接

钢梁与钢柱的铰接连接是通过连接板来实现钢梁的腹板与钢柱的翼缘连接,而钢梁的翼缘与钢柱翼缘无连接。连接板与钢柱的翼缘连接一般采用双面角焊缝连接,连接板与钢梁腹板是通过高强度螺栓连接,如图 10.11 所示。此时,节点连接除了承受钢梁端部的剪力 V 外,还需承受偏心所产生的附加弯矩 $M_e = Ve$。节点的连接设计可按下列方法确定。

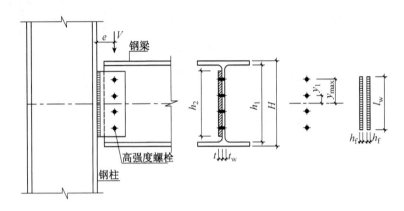

图 10.11 钢梁与钢柱铰接连接计算简图

(1) 连接板与柱翼缘的角焊缝计算

连接板与柱翼缘的角焊缝可按下列公式计算(图 10.11 所示):

$$\tau_v = \frac{V}{2 \times 0.7 h_f l_w} \tag{10-32a}$$

$$\sigma_M = \frac{M_e}{W_w} \tag{10-32b}$$

$$\sigma_{fs} = \sqrt{(\tau_V)^2 + \left(\frac{\sigma_M}{\beta_f}\right)^2} \leqslant f_f^w \tag{10-32c}$$

(2) 连接板与梁腹板的高强度螺栓计算

在梁端剪力 V 作用下,一个高强度螺栓所受的力:

$$N_v = \frac{V}{n} \tag{10-33a}$$

在梁端偏心弯矩 M_e 作用下,边行受力最大的一个高强度螺栓所受的力:

$$N_M = \frac{M_e y_{max}}{\sum y_i^2} \tag{10-33b}$$

在梁端剪力 V 和偏心弯矩 M_e 共同作用下,边行受力最大的一个高强度螺栓所受的力:

$$N_{smax} = \sqrt{(N_v)^2 + (N_M)^2} \leqslant N_v^{bH} \tag{10-33c}$$

式中 N_v^{bH}—— 一个高强度螺栓的单面抗剪承载力设计值。

(3) 连接板厚度

钢梁与钢柱连接通常情况下是采用单侧连接板连接,连接板的厚度 t 可按下式计算:

$$t = \frac{t_w h_1}{h_2} + 2 \sim 4 \text{ mm} \quad \text{且不宜小于 8 mm} \tag{10-34}$$

式中 t_w——钢梁腹板的厚度；

h_1——钢梁腹板的高度；

h_2——连接板在垂直方向上的长度。

10.3.4 梁柱连接形式与构造要求

在高层建筑钢结构中,钢梁与钢柱刚性连接节点应满足下列构造要求：

(1) 钢框架梁与钢柱的连接宜采用柱贯通型。若相互垂直的两个方面钢柱与钢梁均为刚性连接时,宜采用箱形截面柱;当箱形截面钢柱壁板厚度小于 16 mm 时,不宜采用熔化嘴电渣焊焊接隔板。

(2) 钢柱采用冷成型箱形截面时,应在钢梁上下翼缘对应位置处设置横隔板,可采用钢梁贯通式连接。钢柱段与横隔板的连接应采用全熔透对接焊缝,如图 10.12 所示。横隔板宜采用 Z 向性能钢,其对应外伸长度 e 宜为 25～30 mm,以便将相邻焊缝热影响区隔开。

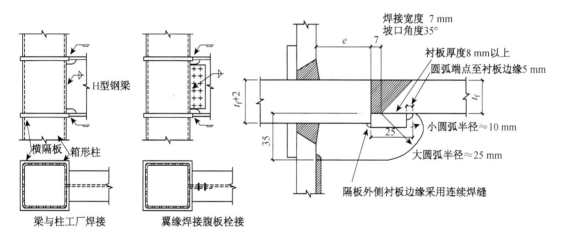

图 10.12 框架梁与冷成型箱形柱隔板的连接

(3) 当钢梁与钢柱在现场焊接连接时,钢梁与钢柱连接的过焊孔,可采用下列两种连接方式:① 常规形,如图 10.13(a)所示;② 改进形,如图 10.13(b)所示。当采用常规型时,钢梁腹板上下端应作扇性切角,下端的切角高度应稍大一些,与钢梁翼缘相连处应作成半径 10～15 mm 的圆弧,其端部与钢梁翼缘的全熔透焊缝应避开 10 mm 以上;下翼缘焊接衬板的反面与柱翼缘的连接处,应沿衬板全长采用角焊缝连接,焊脚尺寸宜取 6 mm。当采用改进形时,钢梁翼缘与钢柱的连接焊缝应采用气体保护焊。

(4) 对钢梁腹板(连接板)与钢柱翼缘的连接焊缝,当板厚小于 16 mm 时,可采用双面角焊缝,焊缝的有效截面高度应符合受力要求,且不得小于 5 mm;当腹板厚度等于或大于 16 mm 时,应采用 K 形坡口焊缝;对 7 度(0.15 g)及以上地区的钢结构,钢梁腹板与钢柱的连接焊缝应采用围焊。

(5) 当钢梁与钢柱采用加强型连接或骨式连接时,其具体形式主要为:①钢梁翼缘扩翼式连接;②钢梁翼缘局部加宽式连接;③钢梁翼缘盖板式连接;④钢梁翼缘板式连接;⑤钢梁骨式连接。各节点连接形式分别如图 10.14(a)～(e)所示。当有相当可靠的依据时,也可采用其他连接形式。

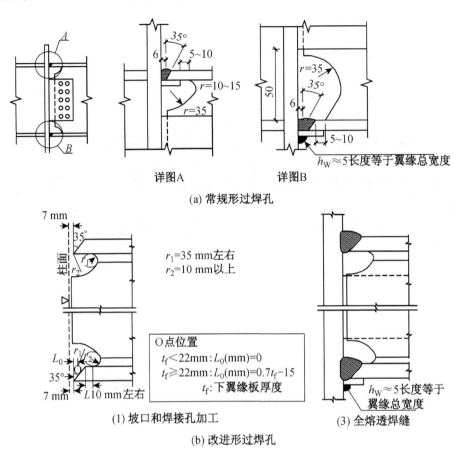

图 10.13　钢梁与钢柱连接的过焊孔构造

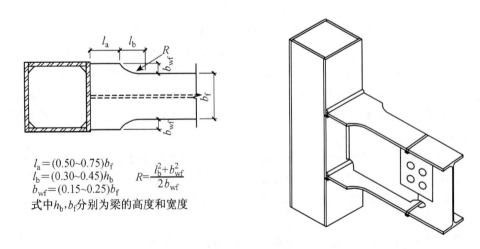

(a) 梁翼缘扩翼式连接

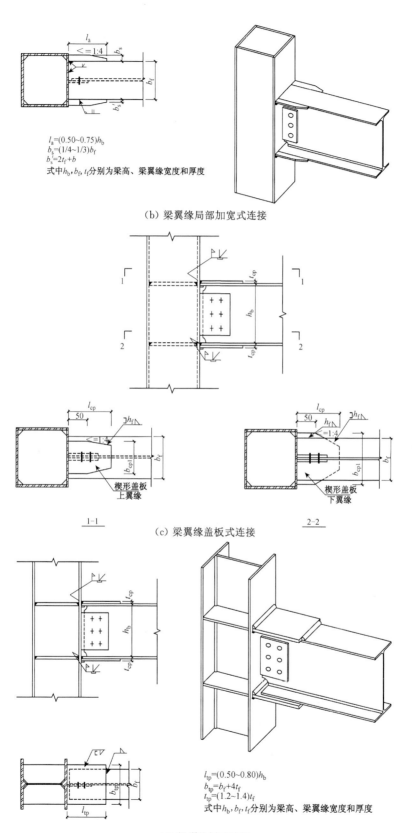

$l_a = (0.50 \sim 0.75)h_b$
$b_s = (1/4 \sim 1/3)b_f$
$b_s' = 2t_f + b$
式中 h_b、b_f、t_f 分别为梁高、梁翼缘宽度和厚度

(b) 梁翼缘局部加宽式连接

楔形盖板
上翼缘

楔形盖板
下翼缘

1-1   (c) 梁翼缘盖板式连接   2-2

$l_{tp} = (0.50 \sim 0.80)h_b$
$b_{tp} = b_f + 4t_f$
$t_{tp} = (1.2 \sim 1.4)t_f$
式中 h_b、b_f、t_f 分别为梁高、梁翼缘宽度和厚度

(d) 梁翼缘板式连接

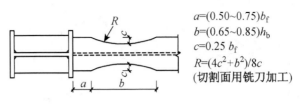

$$a=(0.50\sim0.75)b_{\mathrm{f}}$$
$$b=(0.65\sim0.85)h_{\mathrm{b}}$$
$$c=0.25\,b_{\mathrm{f}}$$
$$R=(4c^2+b^2)/8c$$
（切割面用铣刀加工）

(e) 梁骨式连接

图 10.14 钢梁与钢柱的加强型连接或骨式连接

（6）当与钢柱连接两侧的钢梁高度不相等时，若两钢梁高度相差大于或等于 150 mm，可在对应每个钢梁的翼缘位置均应设置水平加劲肋，如图 10.15(a)所示。若两钢梁高度相差小于 150 mm，需调整梁端的高度或可将截面高度较小的梁端部高度局部加大，加腋翼缘的坡度不应大于 1∶3，如图 10.15(b)所示；也可采用斜加劲肋，加劲肋的倾斜度不应大于 1∶3，如图 10.15(c)所示。当与钢柱相连的钢梁在两个相互垂直方向的高度不相等，且高度差值大于或等于 150 mm 时，也应分别设置钢柱的水平加劲肋，如图 10.15(d)所示。

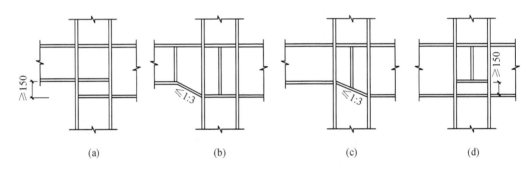

图 10.15 钢柱两侧钢梁不等高时的水平加劲肋设置

（7）当钢梁与钢柱刚性连接时，在钢梁的上下翼缘对应的位置需设置钢柱的水平加劲肋（横隔板）。对抗震设计的结构，水平加劲肋（横隔板）的厚度不应小于钢梁翼缘的厚度加 2 mm，且钢材强度不得低于钢梁翼缘的钢材强度，其外侧应与钢梁翼缘外侧对齐，如图 10.16 所示。对非抗震设计的结构，水平加劲肋（横隔板）应能传递钢梁翼缘的集中力，厚度需通过计算确定；当内力较小时，其厚度不应小于 1/2 钢梁翼缘厚度，且符合板件宽厚比限值；水平加劲肋宽度应从钢柱边缘后退 10 mm。

（8）当钢梁与 H 形钢柱（绕弱轴）刚性连接时，加劲肋应伸至钢柱翼缘以外 75 mm，并以变宽度形式伸至钢梁翼缘，且与翼缘采用全熔透对接焊缝连接，如图 10.17 所示。加劲肋应两面设置，翼缘加劲肋厚度应大于钢梁翼缘厚度。钢梁腹板与钢柱连接板采用高强度螺栓连接。

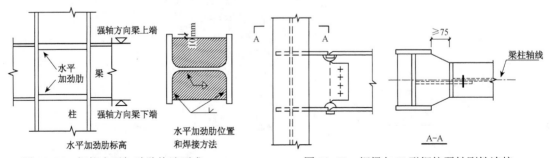

图 10.16 钢柱水平加劲肋构造要求　　图 10.17 钢梁与 H 形钢柱弱轴刚性连接

(9)当钢梁与钢柱连接节点域厚度不满足规范要求时,对 H 形组合柱宜将腹板在节点域局部加厚,如图 10.18(a)所示。腹板加厚的范围应伸出钢梁上下翼缘外不小于 150 mm,对轧制 H 形钢柱可贴焊补强板加强,如图 10.18(b)所示。

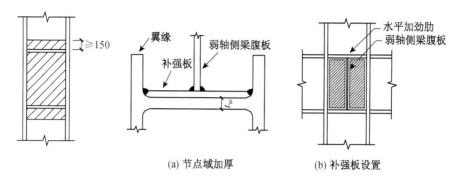

(a) 节点域加厚   (b) 补强板设置

图 **10.18** 钢梁与钢柱节点域加强

10.4 柱与柱连接节点

10.4.1 柱与柱连接节点的形式

钢柱与钢柱连接节点的形式主要有以下 2 种:

(1) 对箱形或圆管形截面柱的连接节点采用全熔透的坡口对接焊缝连接,分别如图 10.19 (a)和 10.19(b)所示;

(2) 对 H 形截面柱的翼缘板通常采用全熔透的坡口对接焊缝连接,而腹板采用摩擦型高强度螺栓连接,如图 10.20(a)所示;翼缘板和腹板均采用摩擦型高强度螺栓连接,如图 10.20 (b)所示。

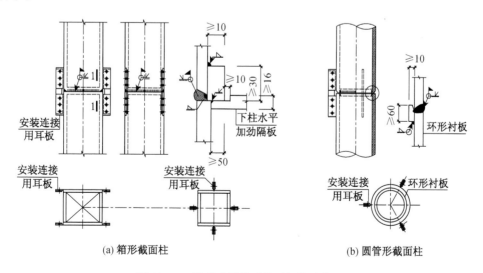

(a) 箱形截面柱   (b) 圆管形截面柱

图 **10.19** 箱形或圆管形截面钢柱连接节点

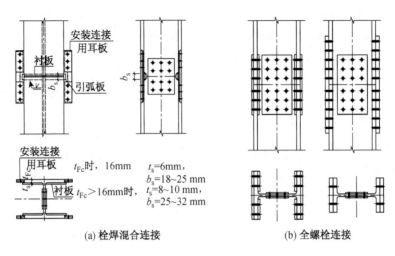

(a) 栓焊混合连接　　　　　(b) 全螺栓连接

图 10.20　H 形截面钢柱连接节点

10.4.2　柱的截面形式

在高层建筑钢结构中,钢框架柱截面宜选用 H 形、箱形或圆管截面。当柱采用钢骨混凝土时,钢骨截面宜采用 H 形截面或十字形截面。

H 形柱可采用型钢截面或三块钢板焊接的组合截面。

箱形柱宜采用由四块钢板组成的焊接截面,其四个角部的组装焊缝应符合下列条件:

(1) 角部组装焊缝一般应采用 V 形坡口部分熔透焊缝。当箱形截面钢柱壁板的 Z 向性能有保证,且通过工艺试验证实钢板不会产生层状撕裂时,可采用单边 V 形坡口焊缝。

(2) 箱形截面钢柱与钢梁连接时,应将未设置组装焊缝的一侧置于主要受力方向,与钢框架梁连接。

(3) 组装焊缝的熔透深度不小于板厚的 1/3,且不应小于 6 mm;对抗震设计,焊缝厚度不应小于板厚的 1/2,如图 10.21(a)所示。

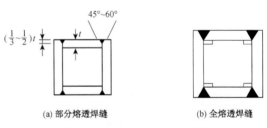

(a) 部分熔透焊缝　　　(b) 全熔透焊缝

图 10.21　箱形截面钢柱角部组装焊缝

(4) 当框架梁与钢柱为刚性连接时,在框架柱(包括板域)上下各 500 mm 范围内,应采用全熔透焊缝,如图 10.21(b)所示;当钢柱宽度大于 600 mm 时,应在框架梁翼缘的上下 600 mm 范围内采用全熔透焊缝,如图 10.21(b)所示。

十字形截面钢柱可由钢板组合或由两个 H 型钢组合而成,其截面应符合下列条件:

(1) 当截面采用 H 型钢组合时,先将一个 H 型钢沿轴线剖开,再与另一个 H 型钢焊接,如图 10.22 所示。

(2) 组装焊缝均应采用部分熔透的 K 形坡口焊缝,每边焊缝的熔透深度不应小于板厚的 1/3。

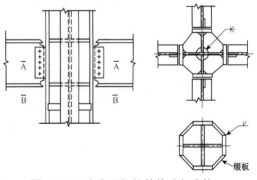

图 10.22　十字形钢柱的构造与连接

（3）应采用三角形水平加劲肋代替横隔板（图10.22中A-A剖面），且沿钢柱长度方向每隔约0.75 m设置一道翼缘缀板（图10.22中B-B剖面），以加强钢柱截面的局部稳定。

10.4.3　柱与柱连接节点的基本规定

钢柱与钢柱连接节点应遵循以下基本规定：

（1）对抗震设计的钢框架柱，拼接节点应采用全熔透坡口焊缝，对非抗震设计的钢柱，拼接节点可采用部分熔透焊缝。框架柱采用部分熔透焊缝进行拼接连接时，应对拼接节点进行承载力验算。当拼接节点内力较小时，节点设计弯矩不得小于钢柱截面全塑性弯矩的1/2。

（2）钢框架柱的拼接节点位置应设置在矩钢梁顶面的1.2～1.3 m，或柱净高的一半，一般取两者的较小值。

（3）钢柱工地拼接节点处应设置安装耳板，耳板的厚度应根据阵风和其他施工荷载来确定，且不得小于10 mm；耳板宜仅在钢柱一个方向的两侧设置。

（4）对非抗震设计的高层民用建筑钢结构，当柱截面弯矩作用较轴力小且在截面上不产生拉力时，可通过上下钢柱接触面直接传递25%的轴力和弯矩，此时钢柱的上下端应铣平顶紧，并与柱轴线垂直。部分熔透剖口焊缝的有效深度 t_e 不宜小于板厚的1/2，如图10.23所示。

（5）对H形截面钢柱的工地拼接节点，弯矩应由翼缘和腹板连接承受，剪力应由腹板连接承受，轴力应由翼缘和腹板连接共同分担。翼缘连接宜采用全熔透坡口焊缝，腹板可采用高强度螺栓连接。当采用全焊接连接时，上柱翼缘应开设V形坡口。腹板应开设K形坡口。

（6）对箱形截面钢柱的工地拼接节点，应全部采用焊接连接。为了保证焊缝熔透，其坡口应采用图10.24所示形式。下节箱形钢柱的上端应设置横隔板，边缘应柱口截面一起刨平，且应与钢柱端口齐平，厚度不宜小于16 mm。在上节箱形钢柱安装单位的下部附近，也应设置上柱横隔板，其厚度不宜小于10 mm。在钢柱拼接节点上下侧各100 mm范围内，截面的组装焊缝应采用全熔透坡口焊缝。

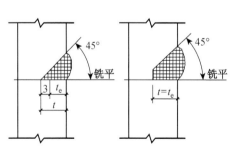

图10.23　钢柱拼接节点的部分熔透焊缝

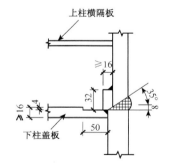

图10.23　箱形截面钢柱工地焊接

（7）当钢柱需要变截面时，应遵循下列原则与要求：

① 可保持钢柱截面高度不变，仅改变其翼缘的厚度。

② 若需要改变钢柱截面高度时，对边钢柱，为了不影响外挂墙板，可采用图10.24(a)所示的做法，但在计算时应考虑上下钢柱偏心所产生的附加弯矩；对中钢柱，可采用图10.24(b)所示的做法。箱形截面钢柱变截面区段的上下端应设置横隔板，且在现场拼接时应将上下端铣平，并采用周边坡口焊接。

③ 钢柱的变截面区段一般宜设置于梁柱连接节点的位置。当变截面区段长度小于钢梁

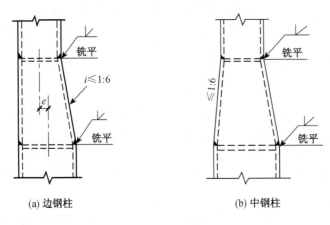

(a) 边钢柱　　　　　　　　　　　(b) 中钢柱

图 10.24　钢柱变截面的连接大样

截面高度时,变截面段可位于钢梁截面高度范围之内,如图 10.25(a)所示;当变截面区段长度大于钢梁截面高度时,变截面段应位于钢梁截面高度范围之外,且距钢梁上下翼缘均需留不小于150 mm 的距离,以防止钢梁翼缘与钢柱焊接焊缝影响变截面段的连接焊缝,如图 10.25(b)所示。

④ 当钢柱变截面段采用钢梁贯通式节点连接,可通过在钢梁上下改变钢柱截面尺寸来实现,如图 10.26 所示。

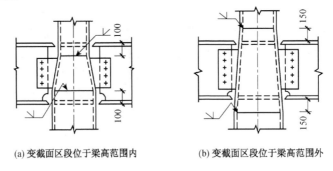

(a) 变截面区段位于梁高范围内　　　　　(b) 变截面区段位于梁高范围外

图 10.25　变截面钢柱与钢梁连接节点(柱贯通式)

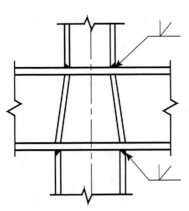

图 10.26　变截面钢柱与钢梁连接节点(梁贯通式)

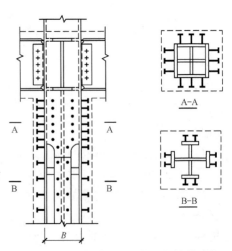

图 10.27　十字形钢柱与箱形钢柱的连接

（8）当十字形钢柱与箱形钢柱连接时,在两种截面的过渡区段中,十字形钢柱的腹板应伸入箱形钢柱内,伸入长度不应小于钢柱截面宽度加 200 mm,如图 10.27 所示。过段区段的钢柱截面应为田字形,如图 10.27 中 A-A 剖面所示,过渡段应位于钢梁下且紧靠着钢梁。与上部钢结构相连的钢骨混凝土柱,沿其全高应设置栓钉,栓钉间距和列距在过渡段内宜采用 150 mm,最大不得超过 200 mm。

10.5 梁与梁连接节点

10.5.1 钢梁的拼接节点

1) 钢梁拼接节点的连接形式

钢梁与钢梁拼接节点的连接形式主要有以下 3 种：

（1）钢梁的翼缘板采用全熔透的坡口对接焊缝连接,而腹板采用摩擦型高强度螺栓连接,如图 10.28(a)所示;

（2）钢梁的翼缘板和腹板均采用摩擦型高强度螺栓连接,如图 10.28(b)所示;

（3）钢梁的翼缘板和腹板均采用全熔透的坡口对接焊缝连接,如图 10.28(c)所示。

对抗震等级为三级、四级或非抗震设计的框架梁,可采用全截面焊接连接实现拼接。

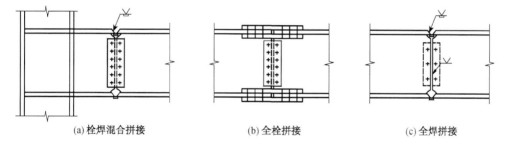

(a) 栓焊混合拼接　　　(b) 全栓拼接　　　(c) 全焊拼接

图 **10.28** 钢梁的拼接形式

2) 钢梁拼接节点的受弯承载力

钢梁拼接节点的受弯极限承载力应按下式计算确定。

$$M_{ub,sp}^l \geqslant \alpha M_p \tag{10-35}$$

式中　$M_{ub,sp}^l$——钢梁拼接节点的极限受弯承载力;

　　　M_p——钢梁的全塑性受弯承载力(加强型节点连接时应按未扩人的原截面计算),当考虑轴力影响时,可按表 10.3 中的 M_{pc} 计算;

　　　α——连接系数,可按表 10.1 确定。

钢梁拼接节点当全截面采用高强度螺栓连接时,按弹性方法计算确定截面的翼缘弯矩和腹板弯矩应符合下列公式要求。

$$M_f + M_w \geqslant M_j \tag{10-36a}$$

$$M_f \geqslant \frac{I_0 - \psi I_w}{I_0} M_j \tag{10-36b}$$

$$M_w \geqslant \frac{\psi I_w}{I_0} M_j \tag{10-36c}$$

式中　M_f、M_w——分别为拼接节点处钢梁翼缘和腹板的弯矩设计值；

　　　M_j——拼接节点处钢梁的弯矩设计值，原则上 $M_j = W_b f_y$；当拼接节点处弯矩值较小时，不应小于 $0.5 W_b f_y$；

　　　W_b——钢梁的截面塑性模量；

　　　I_w——钢梁腹板的截面惯性矩；

　　　I_0——钢梁的截面惯性矩；

　　　ψ——弯矩传递系数，一般取 0.4；

　　　f_y——钢材的屈服强度值。

在抗震设计时，钢梁拼接节点设计时应考虑轴力的影响；非抗震设计时，钢梁拼接节点可按实际内力进行设计，且腹板连接按承受全部剪力和部分弯矩计算，翼缘连接按所分配的弯矩进行计算。

10.5.2　次梁与主梁的连接

1) 次梁与主梁的连接形式

次梁与主梁的连接形式主要分为：简支铰接和刚接。

次梁与主梁的连接通常设计成为简支铰接。次梁的腹板与主梁的竖向加劲板之间通过高强度螺栓来连接，如图 10.29(a)、(b)所示；当次梁截面较小且内力不大时，也可直接将次梁的腹板连接到主梁的腹板上，如图 10.29(c)所示。

当次梁跨度较多、跨度较长、荷载较大时，也可将次梁与主梁的连接设计成为刚接，如图 10.30(a)、(b)所示。

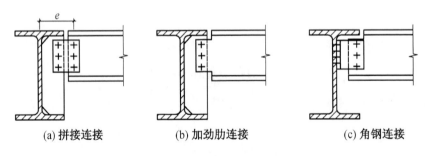

(a) 拼接连接　　　　　　(b) 加劲肋连接　　　　　　(c) 角钢连接

图 10.29　次梁与主梁的螺栓简支连接

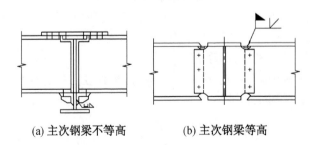

(a) 主次钢梁不等高　　　　　　(b) 主次钢梁等高

图 10.30　次梁与主梁的刚性连接

2) 次梁与主梁的简支铰接计算方法

次梁通过高强度螺栓与主梁实现简支铰接,如图10.31所示。其计算方法如下:

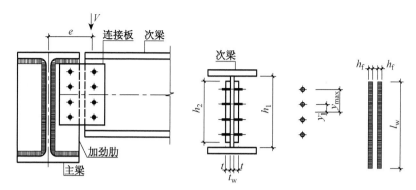

图 **10.31** 次梁与主梁连接的计算简图

(1) 高强度螺栓的计算

在次梁端部剪力 V 的作用下,一个高强度螺栓所受到的力:

$$N_v = \frac{V}{n} \tag{10-37a}$$

在次梁端部偏心弯矩 $M_e = Ve$ 的作用下,边行受力最大的一个高强度螺栓所受到的力:

$$N_M = \frac{M_e y_{max}}{\sum y_i^2} \tag{10-37b}$$

在剪力 V 和偏心弯矩 M_e 共同作用下,边行受力最大的一个高强度螺栓所受到的力:

$$N_{smax} = \sqrt{(N_v)^2 + (N_M)^2} \leqslant N_v^{bH} \tag{10-37c}$$

(2) 主梁加劲肋的连接焊缝计算

主梁加劲肋与主梁的连接焊缝一般采用双面直角角焊缝连接。假设焊缝焊脚尺寸为 h_f,计算长度为 l_w,则在剪力 V 和偏心弯矩 M_e 共同作用下其强度按下列公式计算:

$$\tau_v = \frac{V}{2 \times 0.7 h_f l_w} \tag{10-38a}$$

$$\sigma_M = \frac{M_e}{W_w} \tag{10-38b}$$

$$\sigma_{fs} = \sqrt{(\tau_V)^2 + (\sigma_M / \beta_f)^2} \leqslant f_f^w \tag{10-38c}$$

式中　W_w——角焊缝的截面抵抗矩;

(3) 连接板的厚度

连接板的厚度 t 可按下列方法确定:

当采用双剪连接时:　$t = t_w h_1 / (2h_2) + 1 \sim 3 \text{ mm}$ 且不宜小于 6 mm

当采用单剪连接时:　$t = t_w h_1 / h_2 + 2 \sim 4 \text{ mm}$ 且不宜小于 8 mm

式中　h_1——次梁腹板的高度;

　　　h_2——次梁腹板连接板垂直方向上的长度;

　　　t_w——次梁腹板的厚度。

10.5.3　主梁侧向隅撑

在进行抗震设计时,钢框架梁应在出现塑性铰(一般距柱轴线 1/8～1/10 梁跨或 2 倍梁的截面高度)截面的上下翼缘处均设置侧向隔撑。当楼板为钢筋混凝土且与主梁的上翼缘有可靠连接时,则可以仅在相互垂直框架梁固端的下翼缘(0.15 倍梁跨附近)设置侧向隔撑,如图10.32(a)所示。

当框架梁端部采用加强型连接或骨式连接,应在塑性区段外钢梁腹板上设置竖向加劲肋,且偏置 45°;侧向隔撑与竖向加劲肋在钢梁下翼缘附近连接,竖向加劲肋与钢梁翼缘不焊接,如图 10.32(b)所示。若钢梁下翼缘宽度局部加大,对钢梁下翼缘有加大的侧向约束,视情况也可不设置隔撑。

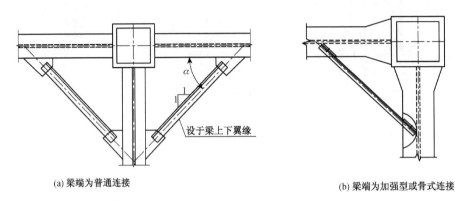

(a) 梁端为普通连接   (b) 梁端为加强型或骨式连接

图 **10.32** 主梁的侧向隔撑

侧向隔撑的设计可按下列公式进行计算:

(1)侧向隔撑的轴力 N_{cs}

$$N_{cs} = \frac{A_f f}{85\cos\alpha} \sqrt{\frac{f_y}{235}} \tag{10-39a}$$

式中 A_f——主钢梁的一侧翼缘的截面面积;

  f——主钢梁的钢材抗压强度设计值;

  f_y——主钢梁的钢材屈服强度设计值;

  α——隔撑与梁轴线的夹角,当梁相互垂直时可取 45°。

(2)隔撑的强度计算

$$\sigma_{cs} = \frac{N_{cs}}{\varphi A_{cs}} \leqslant f_{cs} \tag{10-39b}$$

式中 A_{cs}——隔撑的截面面积;

  φ——轴心受压杆件的稳定系数;

  f_{cs}——隔撑的钢材抗压强度设计值。

(3)隔撑的长细比

$$\lambda \leqslant 120\sqrt{\frac{235}{f_{csy}}} \tag{10-39c}$$

式中 f_{csy}——隔撑的钢材屈服强度设计值。

10.5.4　钢梁腹板开洞的补强措施

在实际工程中,钢框架梁常因设备管道等横向贯穿而需在梁腹板上开设洞口,应采取一定的措施对洞口进行补强处理。

1) 洞口补强设计原则

钢梁腹板开设洞口处的截面上作用弯矩应由翼缘承担,而剪力应由开洞腹板和补强板件共同承担。

2) 开设洞口的尺寸

钢梁腹板开设的洞口尺寸一般需根据设备管道工艺要求确定。若开设洞口为圆孔时,孔径 d_h 不应大于腹板高度的 $1/3$,即 $d_h \leqslant h_{wb}/3$。若开设洞口为矩形孔时,矩形孔的宽度(垂直方向)不宜大于 $h_{wb}/3$,孔的长度(水平方向)不宜大于 2 倍的孔宽。

3) 洞口补强措施

(1) 开设洞口处的钢梁腹板和补强板的截面面积之和应大于原腹板的截面面积,且补强板件应采用与原母材强度等级相同的钢材;

(2) 钢梁腹板上开设圆孔时的补强措施

① 当开孔位置距梁端 $1/10$ 跨度以外、$d_h \leqslant h_{wb}/5$ 且孔径小于 80 mm,孔与孔的中心距离大于或等于 3 倍孔径时,可不采用补强措施。

② 当 $h_{wb}/5 \leqslant d_h \leqslant h_{wb}/3$ 时,可采用套管补强,如图 10.33(a) 所示。套管的壁厚 t_R 应大于或等于梁腹板的厚度 t_{wb};套管的长度应略小于梁的宽度;套管与梁腹板的连接一般在梁腹板两侧采用角焊缝连接,焊脚尺寸取 $0.7 t_{wb}$。

③ 当 $d_h \leqslant h_{wb}/3$ 时,也可在腹板两侧成对设置环形板补强,如图 10.33(b) 所示。环形板的厚度不宜小于 $0.7 t_{wb}$;环形板的宽度可在 $75 \sim 125$ mm 范围内采用,一般为 100 mm;环形板与腹板的连接宜采用角焊缝,其焊脚尺寸为 $0.7 t_{wb}$。

④ 当 $d_h \leqslant h_{wb}/3$,且成规律布置时,可在腹板上一侧或两侧设置斜向加劲肋补强,加劲肋的厚度一般取 $0.7 t_{wb}$,如图 10.33(c) 所示;加劲肋的宽度不应大于其厚度的 15 倍,且加劲肋的总宽度应比梁宽度小;加劲肋与腹板的连接宜采用双面角焊缝,其焊脚尺寸为 0.7 倍加劲肋的厚度。

(3) 钢梁腹板上开设矩形孔时的补强措施

当钢梁腹板上开设矩形孔时,可同时采用纵向加劲肋和横向加劲肋进行补强,如图 10.33(d) 所示。纵向和横向加劲肋的厚度一般取 $0.7 t_{wb}$;加劲肋的宽度不应大于其厚度的 15 倍,且加劲肋的总宽度应比梁宽度小;加劲肋与腹板的连接宜采用双面角焊缝,其焊脚尺寸为 0.7 倍加劲肋的厚度。

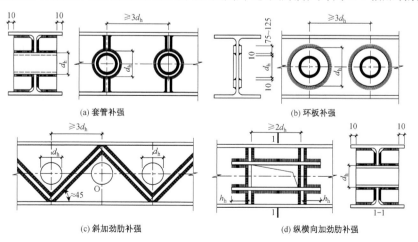

(a) 套管补强   (b) 环板补强

(c) 斜加劲肋补强   (d) 纵横向加劲肋补强

图 10.33 梁腹板开洞的补强措施

10.6 钢柱脚节点

10.6.1 钢柱脚的形式

钢柱脚的作用是将钢柱下端的轴力、弯矩和剪力传递给基础,使上部结构与基础有效地连接一起。由于高层建筑钢结构柱脚需要传递巨大的压力,在构造上应保证其柱脚连接牢固,且便于制造与安装。

按结构的受力特点的不同,钢柱脚节点可分为铰接连接柱脚和刚性固定连接柱脚两大类。铰接连接柱脚仅传递垂直力和水平力,刚性固定连接柱脚除了传递垂直力和水平力外还需传递弯矩。但是,在实际工程中,铰接柱脚并不是完全理想的铰,刚性柱脚也不是完全的刚固,常有介于上述两种柱脚之间的半刚性固定柱脚。

按柱脚构造形式的不同,刚性固定连接柱脚又可分为整体式柱脚和分离式柱脚。整体式柱脚又可分为外露式、埋入式和外包式三类柱脚,分别如图10.34(a)～(c)所示。通常情况下:实腹式钢柱应采用整体式柱脚,格构式钢柱宜采用分离式柱脚。

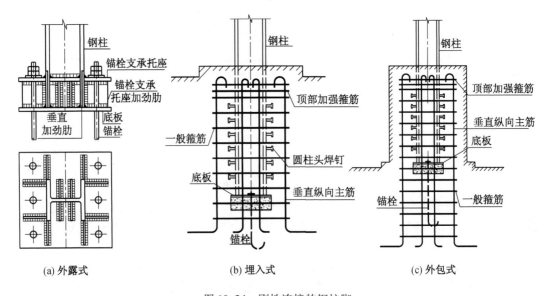

(a) 外露式　　　　　　　(b) 埋入式　　　　　　　(c) 外包式

图 10.34　刚性连接的钢柱脚

对高层民用建筑钢结构,当需进行抗震设计时,柱脚宜优先采用埋入式;当结构带有地下室时,柱脚宜采用外包式。

各类钢柱脚设计时均应进行受压、受弯和受剪承载力的计算,其轴力、弯矩和剪力的设计值均应取钢柱底部的相应截面内力设计值。

10.6.2 钢柱脚的构造要求

对高层民用建筑钢结构,各类钢柱脚在进行设计时应满足下列构造要求:

(1)外露式钢柱脚主要通过地脚锚栓将钢柱脚底板锚固于混凝土基础上,当框架抗震等级为三级或以上时,钢柱脚底部锚栓截面面积不宜小于钢柱下端截面面积的20%。

（2）埋入式钢柱脚是将柱脚埋入混凝土基础内,钢柱脚底板应设置地脚螺栓与下部混凝土连接。H 形截面钢柱的埋置深度不应小于钢柱截面高度的 2 倍;箱形截面钢柱的埋置深度不应小于钢柱截面边长的 2.5 倍;圆形钢管柱的埋置深度不应小于钢柱外径的 3 倍。埋入钢柱脚还需满足下列条件:

① 钢柱埋入部分的侧边混凝土保护层厚度应满足图 10.35(a) 的要求。其中,C_1 不应小于钢柱受弯方向截面高度的 1/2,且不小于 250 mm;C_2 不应小于钢柱受弯方向截面高度的 2/3,且不小于 400 mm。

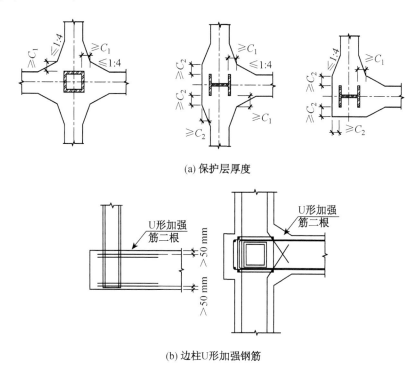

(a) 保护层厚度

(b) 边柱U形加强钢筋

图 10.35　埋入式钢柱脚的构造要求

② 钢柱埋入部分的四角应设置竖向钢筋,四周应配置箍筋,且箍筋直径不应小于 10 mm,间距不大于 250 mm。在边柱和角柱柱脚中,埋入部分的顶部和底部还需设置 U 形钢筋,U 形钢筋开口向内,用以抵抗柱脚剪力,如图 10.35(b) 所示。U 形钢筋的锚固长度应从钢柱内侧算起,锚固长度应满足现行国家标准《混凝土结构设计规范》(GB 50010) 中相关规定。

③ 钢柱埋入部分宜在表面设置栓钉。

④ 在混凝土基础顶部,钢柱应设置水平加劲肋。当箱形截面钢柱壁板宽厚比大于 30 时,应在埋入部分的顶部设置隔板;也可在箱形截面钢柱埋入部分填充混凝土,当混凝土填充至基础顶部以上 1 倍箱形截面高度时,埋入部分的顶部可不设置横隔板。

⑤ 埋入式钢柱脚不宜采用冷成型箱形截面柱。

（3）外包式钢柱脚是由钢柱脚和外包混凝土组成的,位于混凝土基础顶面以上,钢柱脚与基础的连接应采用抗弯连接。外包混凝土的高度不应小于钢柱截面高度的 2.5 倍,柱脚底板至外包层顶部箍筋的距离与外包混凝土宽度的比值不应小于 1.0。外包层内纵向受力钢筋在基础内的锚固长度应满足现行国家标准《混凝土结构设计规范》(GB 50010) 中相关规定。四角主钢筋的上、下部均应设置弯钩,弯钩投影长度不应小于 15d,外包层中应配置箍筋,箍筋直径、间距和配箍率应符合现行国家标准《混凝土结构设计规范》(GB 50010)中钢筋混凝土的要求。在外包层顶部箍筋应加密,不少于 3 道,间距不应大于 50 mm。外包部分的钢柱翼缘表面宜设置栓钉。

(4) 钢柱脚底板应采用抗弯连接,即通过地脚锚栓将底板与混凝土基础连接。地脚锚栓尚需满足下列条件:

① 柱脚锚栓应采用 Q235 钢和 Q345 钢制作,直径一般可采用 M24、M27、M30、M33、M36、M39、M42,但一般不宜小于 M24。

② 锚栓的锚固长度一般不宜小于 25d(d 为锚栓的直径),其下部端头应设置弯钩(一般为 4d),或锚板或锚梁,锚板厚度宜大于 1.3 倍锚栓直径。

③ 柱脚底板上的锚栓孔径,宜取 $d+5\sim10$ mm;锚栓垫板上的锚栓孔径,宜取 $d+2$ mm。锚栓垫板通常与底板等厚。

④ 锚栓四周与底部应具有足够厚度的混凝土,避免基础冲切破坏,且锚栓底部混凝土的厚度还需满足混凝土基础的保护层厚度要求。

⑤ 在钢柱安装校正完毕后,应将锚栓垫板四周与底板焊牢,焊脚尺寸不宜小于 10 mm。

⑥ 锚栓应采用双螺帽紧固,为防止螺母松动,螺母应与锚栓垫板点焊。

⑦ 柱脚底板与基础混凝土之间应填充强度等级为 C40 的细石混凝土或强度等级为 M50 的膨胀水泥砂浆找平,厚度不宜小于 50 mm。

⑧ 在埋设锚栓时,为了保证锚栓的定位准确,宜采用固定架和木模板来保证锚栓准确定位。

10.6.3　外露式钢柱脚设计

外露式钢柱脚的轴力由底板直接传至混凝土基础,按现行国家标准《混凝土结构设计规范》(GB 50010)验算柱脚底板下混凝土的局部承压,承压面积为底板面积。

柱脚锚栓在轴力和弯矩作用下的锚栓面积,可按下式进行验算。

$$M \leqslant M_1 \tag{10-40a}$$

式中　M——钢柱脚的弯矩设计值;

M_1——在轴力和弯矩作用下的钢柱脚受弯承载力,可按钢筋混凝土压弯构件截面设计方法计算确定;计算截面为柱脚底板面积,受拉区由锚栓承受拉力,受压区由混凝土基础承担压力,受压区锚栓不参加受力;锚栓和混凝土强度均取设计值。

在进行抗震设计时,在钢柱与柱脚连接处,钢柱可能出现塑性铰。因此,钢柱脚极限受弯承载力应大于钢柱的全塑性抗弯承载力,即

$$M_{pc} \leqslant M_u \tag{10-40b}$$

式中　M_{pc}——考虑轴力时钢柱的全塑性受弯承载力,可按表 10.3 公式计算确定;

M_u——考虑轴力时的钢柱脚受弯承载力,可按公式(10-40)中计算 M_1 的方法计算确定,但锚栓和混凝土强度均取标准值。

钢柱脚底板锚栓一般不宜用于承受柱脚底部的水平剪力。柱脚底部的水平剪力应由柱脚底板与其下部的混凝土或水泥砂浆之间的摩擦力来抵抗。柱脚抗剪承载力 V_{fb} 可按下式计算:

$$V \leqslant V_{fb} = \mu_{sc} N \tag{10-40c}$$

式中 μ_{sc}——为柱脚底板与其下部的混凝土或水泥砂浆之间的摩擦系数,一般取为 0.4。

当按式(10-42)计算不能满足要求时,可按图 10.36 所示的形式设置抗剪键(可采用角钢、槽钢、工字钢、H 型钢)来抵抗水平力。

当钢柱脚地脚锚栓承受拉力和剪力共同作用时,单根地脚锚栓的承载力应按下式进行计算。

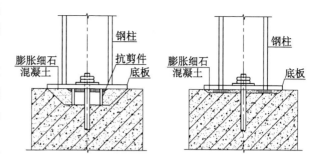

图 10.36 钢柱脚底部的抗剪连接件

$$\left(\frac{N_t}{N_t^a}\right)^2 + \left(\frac{V_v}{V_v^a}\right) \leqslant 1 \tag{10-40d}$$

式中 N_t、V_v——分别为单根锚栓承受的拉力设计值和剪力设计值;

$N_t^a = A_e f_t^a$——单根锚栓的受拉承载力;

$V_t^a = A_e f_v^a$——单根锚栓的受剪承载力;

A_e——单根锚栓截面面积;

f_t^a、f_v^a——分别为锚栓钢材的抗拉、抗剪强度设计值。

10.6.4 埋入式钢柱脚设计

埋入式钢柱脚的轴力由底板直接传至混凝土基础,按现行国家标准《混凝土结构设计规范》(GB 50010)验算柱脚底板下混凝土的局部承压,承压面积为底板面积。

在进行抗震设计时,钢柱在基础顶面出可能出现塑性铰,因此钢柱脚应验算在轴力和弯矩共同作用下的基础混凝土侧向抗弯极限承载力(即钢柱脚极限承载力),埋入钢柱范围内的混凝土侧向应力分布如图 10.37 所示。

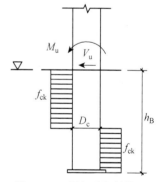

图 10.37 埋入式钢柱脚
混凝土侧向应力分布

埋入钢柱范围内的钢柱脚极限承载力不应小于考虑轴力时钢柱全塑性抗弯承载力,且与极限受弯承载力对应的剪力不应大于钢柱的全塑性抗剪承载力,可按下列公式进行验算。

$$M_u \geqslant \alpha M_{pc} \tag{10-41a}$$

$$V_u = \frac{M_u}{l} \leqslant 0.58 h_w t_w f_y \tag{10-41b}$$

$$M_u = f_{ck} B_c l\left[\sqrt{(2l+h_B)^2 + h_B^2} - (2l+h_B)\right] \tag{10-41c}$$

式中 M_u、V_u——分别为埋入部分钢柱脚的极限受弯承载力及与其对应受剪承载力;

M_{pc}——考虑轴力时钢柱的全塑性受弯承载力,可按表 10.3 公式计算确定;

l——基础顶面到钢柱反弯点的距离,可取钢柱脚所在层层高的 2/3;

B_c——与弯矩作用方向垂直的柱身宽度,对 H 形截面钢柱应取等效宽度;

h_B——钢柱脚的埋置深度;

h_w、t_w——分别为钢腹板的高度和厚度;

f_{ck}——基础混凝土抗压强度标准值；

f_y——钢材的屈服强度设计值；

α——连接系数，可按表 10.1 确定。

在进行抗震设计时，在基础顶面处钢柱可能出现塑性铰，为此边（角）钢柱的柱脚埋入混凝土基础部分的上、下部位均需设置 U 形钢筋加强，如图 10.35(b)所示。U 形钢筋的数量可按下列公式进行计算确定：

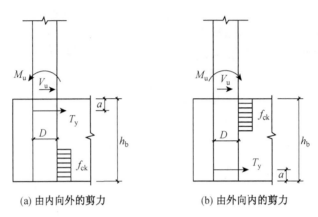

(a) 由内向外的剪力　　　　　　　　(b) 由外向内的剪力

图 **10.38**　埋入式钢柱脚 U 形钢筋计算简图

（1）当钢柱脚受到由内向外作用的剪力时，如图 10.38(a)所示

$$M_u \leqslant f_{ck} D_c l \left[\frac{T_y}{f_{ck} D_c} - l - h_B + \sqrt{(l+h_B)^2 - \frac{2T_y(l+a)}{f_{ck} D_c}} \right] \tag{10-42a}$$

（2）当钢柱脚受到由外向内作用的剪力时，如图 10.38(b)所示

$$M_u \leqslant -(f_{ck} D_c l^2 + T_y l) + f_{ck} D_c l \sqrt{l^2 + \frac{2T_y(l+h_B-a)}{f_{ck} D_c}} \tag{10-42b}$$

式中　M_u——埋入部分钢柱脚由 U 形加强钢筋提供的侧向极限受弯承载力，可取为 M_{pc}；

$T_y = A_t f_{yk}$——U 形加强钢筋的受拉承载力；

A_t——U 形加强钢筋的截面面积之和；

D_c——与弯矩作用方向平行的柱身尺寸；

h_B——钢柱脚的埋置深度；

l——基础顶面到钢柱反弯点的距离，可取钢柱脚所在层层高的 2/3；

a——U 形加强钢筋合力点至基础上表面或至钢柱底板下表面的距离；

f_{yk}——U 形加强钢筋的强度标准值；

f_{ck}——基础混凝土抗压强度标准值。

当采用箱形截面钢柱或圆形钢管柱时，埋入式钢柱脚的构造应符合下列要求：

（1）对有抗拔要求的埋入式钢柱脚，应在埋入部分的钢柱表面设置栓钉，如图 10.39(a)所示。

（2）对截面宽厚比或径厚比较大的箱形截面钢柱或圆形钢管柱，埋入部分应采取措施防止在混凝土侧向压力作用下而被压坏，常用的方法为填充混凝土、在基础附近设置内隔板或外隔板，分别如图 10.39(b)～(d)所示。

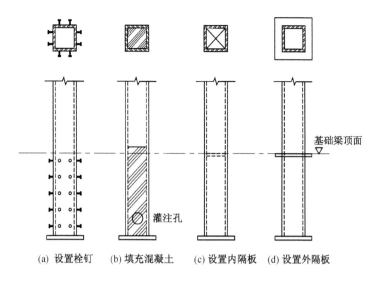

(a) 设置栓钉   (b) 填充混凝土   (c) 设置内隔板   (d) 设置外隔板

图 **10.39** 埋入式钢柱脚的抗压和抗拔构造

（3）内隔板和外隔板的厚度应按计算确定，且外隔板的外伸长度不应小于钢柱边长（或管径）的 1/10。

10.6.5 外包式钢柱脚设计

外包式钢柱脚的轴力由底板直接传至混凝土基础，按现行国家标准《混凝土结构设计规范》（GB 50010）验算柱脚底板下混凝土的局部承压，承压面积为底板面积。

外包式钢柱脚的弯矩和剪力主要是由外包层混凝土和钢柱脚共同承担，外包层的有效面积可参见图 10.40(a)所示。外包式钢柱脚的受弯承载力计算公式如下：

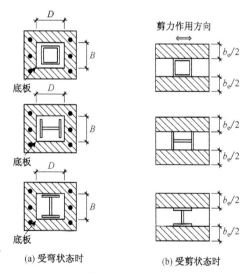

(a) 受弯状态时   (b) 受剪状态时

图 **10.40** 外包式钢柱脚外包混凝土的有效面积(阴影部分)

$$M \leqslant 0.9A_s f h_0 + M_1 \qquad (10\text{-}43)$$

式中　M——钢柱脚的弯矩设计值；

A_s——外包层混凝土中受拉侧的钢筋截面面积；

f——受拉钢筋抗拉强度设计值；

h_0——受拉钢筋合力点至混凝土受压区边缘的距离；

M_1——钢柱脚的受弯承载力，可按式（10-40a)方法计算确定。

在进行抗震设计时，在外包的混凝土顶部，钢柱可能出现塑性铰。因此，外包式钢柱脚的极限受弯承载力应大于钢柱的全塑性受弯承载力。外包式钢柱脚在极限受弯承载力时的受力状态如图 10.40 所示。外包式钢柱脚的极限受弯承载力应满足下列公式：

$$M_u \geqslant \alpha M_{pc} \qquad (10\text{-}44a)$$

$$M_u = \min(M_{u1}, M_{u2}) \tag{10-44b}$$

$$M_{u1} = \frac{M_{pc}}{1 - \frac{l_r}{l}} \tag{10-44c}$$

$$M_{u2} = 0.9A_s f_{yk} h_0 + M_{u3} \tag{10-44d}$$

式中　M_u——外包式钢柱脚的极限受弯承载力;

　　　M_{pc}——考虑轴力时钢柱的全塑性受弯承载力,可按表 10.3 公式计算确定;

　　　M_{u1}——考虑轴力影响,当外包混凝土顶部箍筋处钢柱弯矩达到全塑性受弯承载力 M_{pc} 时,按比例放大的外包混凝土底部弯矩;

　　　l——基础顶面(或钢柱底板)到钢柱反弯点的距离,可取钢柱脚所在层层高的 2/3;

　　　l_r——外包混凝土顶部箍筋至钢柱底板的距离;

　　　M_{u2}——外包钢筋混凝土的抗弯承载力与 M_{u3} 之和;

　　　M_{u3}——钢柱脚的极限受弯承载力,可按公式(10-40b)中 M_u 方法计算确定;

　　　A_s——外包层混凝土中受拉侧的钢筋截面面积;

　　　h_0——受拉钢筋合力点至混凝土受压区边缘的距离;

　　　f_{yk}——钢筋的抗拉强度标准值;

　　　α——连接系数,可按表 10.1 确定。

在外包式钢柱脚中,外包混凝土截面的受剪承载力应符合下式:

$$V \leqslant b_e h_0 (0.7 f_t + 0.5 f_{yv} \rho_{sh}) \tag{1-45a}$$

在进行抗震设计时,外包混凝土截面的受剪承载力上应满足下列要求:

$$V_u \geqslant \frac{M_u}{l_r} \tag{10-45b}$$

$$V_u \leqslant b_e h_0 (0.7 f_{tk} + 0.5 f_{yvk} \rho_{sh}) + \frac{M_{u3}}{l_r} \tag{10-45c}$$

式中　V——钢柱脚底部截面的剪力设计值;

　　　V_u——外包式钢柱脚的极限受剪承载力;

　　　b_e——外包层混凝土截面的有效宽度,可按图 10.40(b)确定;

　　　$\rho_{sh} = A_{sh}/b_e s$——水平箍筋的配箍率,当 $\rho_{sh} > 1.2\%$ 时,取 1.2%;

　　　A_{sh}——配置在同一截面内箍筋的截面面积;

　　　s——箍筋的间距;

　　　f_{tk}——混凝土轴心抗拉强度标准值;

　　　f_t——混凝土轴心抗拉强度设计值;

　　　f_{yv}——箍筋的抗拉强度设计值;

　　　f_{yvk}——箍筋的抗拉强度标准值。

10.7　抗侧力构件与钢框架连接节点

10.7.1　中心支撑与框架连接

1)中心支撑与框架连接或支撑拼接连接的设计承载力

　　中心支撑的重心线应通过钢梁与钢柱轴线的交点。当支撑受到构造条件的限制时,可存在有不大于支撑构件宽度的偏心,且在连接节点设计时应计入偏心所造成的附加弯矩。

　　在进行抗震设计时,中心支撑在框架连接处或自身拼接处的受拉承载力应符合下式:

$$N_{ubr}^{j} \geqslant \alpha A_{n} f_{y} \tag{10-46}$$

式中　N_{ubr}^{j}——中心支撑连接的极限受拉承载力;

　　　　A_{n}——支撑斜杆的净截面面积;

　　　　f_{y}——支撑斜杆钢材的屈服强度;

　　　　α——连接系数,可按表 10.1 确定。

　　当中心支撑强轴位于框架平面内方向,且采用支托式连接时,如图 10.41(a)和(b)所示,其平面外计算长度可取中心支撑轴线长度的 0.7 倍;当中心支撑弱轴位于框架平面内方向,如图 10.41(c)和(d)所示,其平面外计算长度可取中心支撑轴线长度的 0.9 倍。

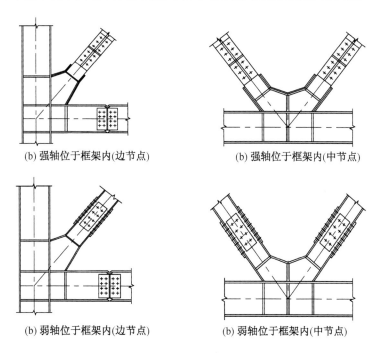

(b) 强轴位于框架内(边节点)　　　　(b) 强轴位于框架内(中节点)

(b) 弱轴位于框架内(边节点)　　　　(b) 弱轴位于框架内(中节点)

图 **10.41**　中心支撑与框架的连接方式

　　2) 中心支撑与框架连接处的构造要求

　　中心支撑与钢框架梁柱连接处应符合下列构造要求:

　　(1) H 形截面中心支撑翼缘与钢柱或钢梁连接处,应在钢柱或钢梁上设置加劲肋。加劲肋应按承受中心支撑翼缘分担的轴心力对钢柱或钢梁的水平或竖向分力计算。当 H 形截面支撑翼缘与箱形截面钢柱连接时,在钢柱壁板的相应位置应设置横隔板。

　　(2) H 形截面支撑翼缘端部与框架梁柱构件连接处,宜设计成圆弧形。

　　(3) 当中心支撑杆件为填板连接的组合截面时,可采用节点板进行连接,如图 10.42 所示。节点板边缘与中心支撑轴线的夹角不应小于 30°,且节点板的假设约束点连线应与支撑杆端平行,避免支撑受扭。为了保证支撑两端的节点板不发生出平面外失稳,在支撑端部与节点板假设约束点连线之间应预留 2 倍节点板厚度的间隙。

（4）在进行抗震设计时,中心支撑的截面宜采用轧制宽翼缘 H 型钢,不宜采用焊接组合 H 形截面,因为在反复荷载作用下中心支撑易于屈曲,常导致组合截面出现焊缝断裂。当采用焊接 H 形截面时,翼缘和腹板之间应采用坡口全熔透焊缝连接。在构造上,中心支撑两端应与梁柱刚性连接。

（5）为了便于节点的连接与构造处理,带支撑的梁柱节点通常采用钢柱外带悬臂梁段的连接方式,尽量使梁柱接头与支撑节点错开。

（6）在抗震设计时,中心支撑两端的工地拼接节点,翼缘和腹板均宜采用高强度螺栓连接。

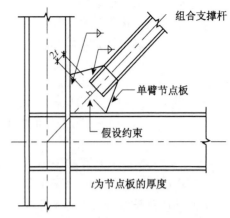

图 10.42 组合截面中心支撑与框架构件的节点板连接

10.7.2 偏心支撑与框架连接

1）偏心支撑的设计

偏心支撑的轴线往往与框架的梁或柱轴线不汇交于一点。偏心支撑的轴线与消能梁段轴线宜交于消能梁段的端点,或消能梁段内,但不得将交点设置于消能梁段外,如图 10.43 所示。

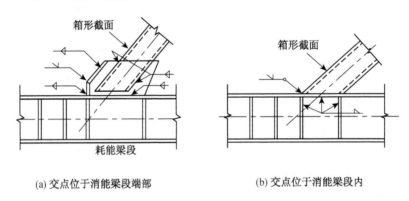

(a) 交点位于消能梁段端部　　　　　　(b) 交点位于消能梁段内

图 10.43 偏心支撑与消能梁段轴线交点的位置

同时,为了降低消能梁段和偏心支撑的轴力大小,应避免采用交角平缓的支撑,尽量采用较短的梁段,降低梁段传至支撑的弯矩值;偏心支撑与钢梁轴线的夹角应在 $40°\sim 50°$ 之间。

偏心支撑构件的长细比不应大于 $120\sqrt{235/f_y}$,板件宽厚比不应超过现行国家标准《钢结构设计规范》(GB 50017)规定的轴心受压构件在弹性设计时的宽厚比限值。

2）消能梁段的设计

（1）消能梁段板件宽厚比

对带有偏心支撑的钢框架梁,消能梁段的钢材屈服强度不应大于 345 N/mm²。消能梁段以及与消能梁段同一跨内的非消能梁段,其板件的宽厚比不应大于表 10.4 规定的限值。

（2）耗能梁段的净长

消能梁段的净长应符合下列要求:

① 当 $N \leqslant 0.16Af$ 时:

$$a \leqslant \frac{1.6M_{lp}}{V_1} \qquad (10-47a)$$

表 10.4 偏心支撑框架梁板件宽厚比限值

板件名称		宽厚比限值
翼缘外部部分		8
腹板	当 $N/(Af) \leqslant 0.14$ 时	$90[1-0.65N/(Af)]$
	当 $N/(Af) > 0.14$ 时	$33[2.3-N/(Af)]$

注明:上述表中数值仅适用于 Q235 钢材,当钢材为其他牌号时,应乘以 $\sqrt{235/f_y}$。

② 当 $N > 0.16Af$ 时:

当 $\rho(A_w/A) < 0.3$ 时:

$$a < \frac{1.6M_{lp}}{V_1} \tag{10-47b}$$

当 $\rho(A_w/A) \geqslant 0.3$ 时:

$$a \leqslant \left(1.15 - 0.5\rho \frac{A_w}{A}\right) \frac{1.6M_{lp}}{V_1} \tag{10-47c}$$

$$\rho = \frac{N}{V} \tag{10-47d}$$

式中 M_{lp}——消能梁段的全塑性受弯承载力;

V_1——消能梁段的受剪承载力;

N——消能梁段的轴力设计值;

V——消能梁段的剪力设计值;

A、A_w——分别为消能梁段的截面面积和腹板截面面积;

a——消能梁段的长度;

ρ——消能梁段的轴力设计值与剪力设计值之比;

f——消能梁段钢材的抗压强度设计值。

(3) 耗能梁段腹板上加劲肋

消耗梁段上加劲肋设置应满足下列要求,如图 10.44 所示:

① 消能梁段与支撑连接处,应在腹板两侧设置加劲肋;加劲肋的高度应为消能梁段腹板的高度,一侧加劲肋的宽度不应小于$(0.5b_f - t_w)$,厚度不应小于 $0.75 t_w$ 和 10 mm 的较大值。

② 当 $a \leqslant 1.6M_{lp}/V_1$ 时,中间加劲肋间距不大于$(30 t_w - 0.2 h)$;

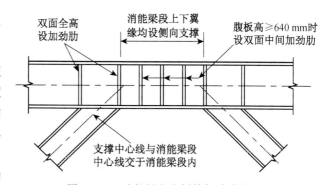

图 10.44 消能梁段腹板的加劲肋设置

③ 当 $2.6M_{lp}/V_1 < a \leqslant 5.0M_{lp}/V_1$ 时,应在距消能梁段端部 $1.5b_f$ 处设置中间加劲肋,且中间加劲肋间距不应大于$(52t_w - 0.2h)$;

④ 当 $1.6M_{lp}/V_1 < a \leqslant 2.6M_{lp}/V_1$ 时,中间加劲肋的间距可按上述②、③两条的线性插值。

⑤ 当 $a > 5.0M_{lp}/V_1$ 时,可不设置中间加劲肋。

⑥ 中间加劲肋应与消能梁段的腹板等高;当消能梁段截面的腹板高度不大于 640 mm

时,可单侧设置加劲肋;当消能梁段截面腹板高度大于 640 mm 时,应在两侧设置加劲肋,且一侧加劲肋的宽度不应小于$(0.5b_f-t_w)$,厚度不应小于 t_w 和 10 mm。

⑦ 加劲肋与消能梁段的腹板与翼缘之间可采用角焊缝连接,连接腹板角焊缝的受拉承载力不应小于 $A_{st}f$,连接翼缘角焊缝的受拉承载力不应小于 $A_{st}f/4$(A_{st} 为加劲肋的横截面面积)。

(4) 耗能梁段的其他要求

① 消耗能段的腹板上不得贴焊补强板,也不得开洞。

② 消能梁段与钢柱翼缘之间应采用坡口全熔透对接焊缝的刚性连接,消耗能段腹板与钢柱之间应采用角焊缝连接。

③ 当消能梁段与钢柱翼缘连接的一端采用加强型连接时,消能梁段的长度可从加强的端部算起,加强的端部梁腹板应设置加劲肋。

④ 支撑轴线与钢梁轴线的交点不得位于消能梁段之外。

⑤ 抗震设计时,支撑与消能梁段连接的承载力不得小于支撑的承载力。若支撑端部有弯矩,支撑与钢梁连接的承载力应按压弯构件设计。

⑥ 在消能梁段与支撑连接位置处,消能梁段上下翼缘应设置侧向支撑,且侧向支撑的轴力设计值不应小于消能梁段翼缘轴向极限承载力的 6%,即 $0.06f_yb_ft_f$(f_y 为消能梁段钢材的屈服强度,b_f、t_f 分别为消能梁段翼缘的宽度和厚度)。

⑦ 与消能梁段位于同一跨度内的钢框架梁,当其稳定性不能满足设计要求时,应在钢梁的上下翼缘设置侧向支撑,且侧向支撑的轴力设计值不应小于钢梁翼缘轴向承载力设计值的 2%,即 $0.02fb_ft_f$(f 为钢框架梁钢材的抗拉强度设计值,b_f、t_f 分别为钢框架梁翼缘的宽度和厚度)。

习 题

10-1 钢结构节点设计要遵循哪些原则?

10-2 钢框架梁柱刚接节点的计算内容包括哪些?

10-3 主次钢梁铰接节点的计算内容包括哪些?

10-4 钢框架梁、柱拼接节点的计算内容包括哪些?

10-5 埋入式柱脚节点的计算内容有哪些?

10-6 某钢框架梁边柱采用栓焊节点,如图所示,钢柱截面为 HW400×400,钢梁截面为 HM500×300,梁柱及连接板均采用 Q345 钢,已求得节点的弯矩设计值为 $M=450$ kN·m,剪力设计值为 $V=250$ kN,试进行该节点的设计。(采用 10.9 级 M20 摩擦型高强度螺栓,焊缝质量为二级)。

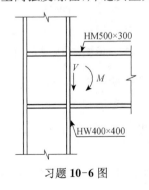

习题 10-6 图

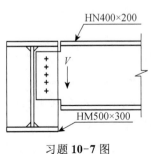

习题 10-7 图

10-7 试设计下图所示的主次梁铰接节点,主次梁截面分别为 HM500×300 和 HN400×200,钢梁及连接板均采用 Q345 钢,梁端剪力设计值为 $V=180$ kN,采用 10.9 级 M20 摩擦型高强度螺栓。

10-8 某高层钢框架采用埋入式柱脚,边柱为 600×500×25×25 的箱型柱,计算后得到边柱的内力基本组合值为 $N=4\ 000$ kN,$M=500$ kN·m,$V=150$ kN。试进行该节点的设计(钢材材质为 Q345B,钢筋采用 HRB400,基础混凝土强度等级为 C40)。

11 组合楼盖设计

11.1 组合楼板和非组合楼板设计

11.1.1 概述

高层建筑钢结构中的楼板,常常采用在压型钢板上浇筑混凝土形成的组合楼板和非组合楼板,如图 11.1 所示。这两种类型楼板的主要差别在于对压型钢板的使用功能上的不同。组合楼板中的压型钢板既作为永久性施工模板,又兼作为混凝土板的下部受拉钢筋,与混凝土共同工作;非组合楼板中的压型钢板仅用作永久性模板,不考虑其与混凝土共同工作。

1) 组合楼板和非组合楼板的共同特点

组合楼板和非组合楼在使用上各有其特点,但两者也具有以下共同特点:

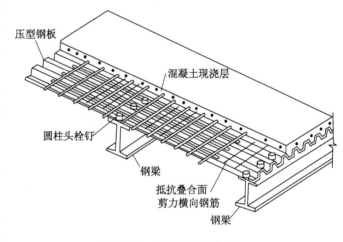

图 11.1 压型钢板组合板

(1) 压型钢板作为永久性模板,可节省大量临时性模板,节约劳力,改善施工条件;

(2) 压型钢板一般是通过圆柱头钢筋与钢梁连接,故压型钢板在施工阶段可对钢梁起侧向支承作用,同时又保证施工人员在压型钢板上的行走和操作安全;

(3) 具有保温、隔热、隔音及隔震等性能;

(4) 压型钢板作为模板直接支承在钢梁上,可为施工提供较为宽敞的工作平台,大大加快施工速度;

(5) 压型钢板在施工阶段可作为混凝土模板,一般情况下可不再设临时竖向支柱,直接由压型钢板承担未结硬的混凝土重量和施工荷载;

(6) 由于组合楼板和非组合楼板几何形状的特殊性,其具有较大的刚度,且省去许多受拉区的混凝土,使楼板自重减轻,对结构受力更为有利;

(7) 采用压型钢板后,尤其对组合楼板,下部压型钢板还需采用防火涂料,势必会大大增加结构的造价。

2) 组合楼板和非组合楼板的区别

组合楼板和非组合楼两者也具有以下一些区别：

（1）在使用阶段，非组合楼板的压型钢板不代替混凝土板的受拉钢筋，属于非受力钢板，楼板可按普通混凝土楼板计算其承载力；而组合楼板的压型钢板作为混凝土板的受拉钢筋，属受力钢板，可以减少钢筋的制作与安装工作。

（2）非组合楼板中的压型钢板不起混凝土板内的受拉钢筋作用，可不采用防火涂料，但宜采用具有防锈功能的镀锌板；组合楼板中的压型钢板起受力钢筋的作用，其板底应采用防火涂料，且宜采用镀锌量不多的压型钢板。

（3）非组合楼板的压型钢板与混凝土之间的叠合面可放松要求，不要求采用带有特殊波槽、压痕的压型钢板或采取其他措施；而组合楼板的压型钢板在使用阶段作为受拉钢筋使用，为了传递压型钢板与混凝土叠合面之间的纵向剪力，需采用圆柱头焊钉或齿槽以传递压型钢板与混凝土叠合面之间的剪力。

11.1.2 压型钢板的要求

1）压型钢板的材料要求

压型钢板的材料一般可采用 Q215 和 Q235 钢材，宜采用 Q235 钢材。作为非组合楼板或组合楼板的压型钢板宜采用镀锌钢板。

目前国产的压型钢板镀锌层（双面）厚度一般为 275 g/m²，但对需采用圆柱头焊钉穿透焊与钢梁连接的压型钢板，其镀锌量应小于 120 g/m²，并采用局部除锌措施，以便提高焊接质量。

2）压型钢板的尺寸要求

组合楼板的压型钢板厚度（不含镀锌层或饰面层厚度）应为 0.8～1.2 mm，长度宜为 8～12 m；非组合楼板的压型钢板厚度应不小于 0.50 mm。对浇注混凝土的压型钢板波槽平均宽度应不小于 50 mm。当槽内设置栓钉时，压型钢板的总高度应不大于 80 mm。

3）压型钢板受压翼缘的有效宽度

组合楼板或非组合楼板的压型钢板均是由薄钢板制作的腹板和翼缘组成的，翼缘与腹板之间是通过接触面上的纵向剪应力来传递应力的。翼缘横截面上的纵向应力一般分布不均匀，在与腹板交接处的应力最大，距腹板越远处应力越小，如图 11.2(a) 所示。为了简化计算，通常板翼缘的应力分布简化成在有效翼缘宽度上的均布应力，如图 11.2(b) 所示。

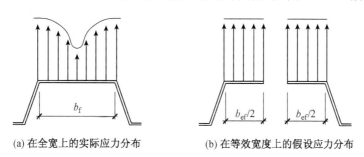

(a) 在全宽上的实际应力分布   (b) 在等效宽度上的假设应力分布

图 **11.2** 压型钢板有效宽度上应力分布

压型钢板受压翼缘有效宽度可按下式计算：

$$b_{ef} = 50t \tag{11-1}$$

式中　b_{ef}——压型钢板的受压翼缘有效宽度；

t——受压翼缘的钢板厚度。

4）压型钢板受压翼缘的刚度

为了增强压型钢板与混凝土的黏结力并加强薄钢板的刚度，一般在翼缘与腹板上压制成凸凹齿槽。翼缘上的齿槽经常是沿纵向通长压制，成为加强纵向刚度的加劲肋。

压制钢板受压翼缘带有纵向加劲肋时，加劲肋的刚度必须满足下列条件：

$$I \geqslant 3.66t^4 \sqrt{\left(\frac{b_f}{t}\right)^2 - \frac{25\,600}{f}} \qquad (11\text{-}2a)$$

且

$$I \geqslant \begin{cases} 18.4t^4 & b_f/t < 80 \\ 18.3t^3 b_f & b_f/t \geqslant 80 \end{cases} \qquad (11\text{-}2b)$$

式中　I——加劲肋截面对受压翼缘形心轴的惯性矩；

　　　b_f——加劲肋所在翼缘板的实际宽度；

　　　t——翼缘板的厚度；

　　　f——钢材强度设计值。

11.1.3　非组合楼板设计

非组合楼板的压型钢板仅作为永久性模板使用，承受施工荷载，其强边（顺肋）方向的正负弯矩和挠度可根据支承条件分别按简支或连续的单向板计算，弱边方向的正负弯矩可不考虑。

非组合楼板的设计应按施工阶段和使用阶段分别进行计算。

1）施工阶段

（1）施工阶段的荷载

在施工阶段，压型钢板上所作用的荷载主要为：

① 永久荷载：压型钢板、钢筋、湿混凝土的自重。当压型钢板的挠度 $v > 20$ mm 时，尚需考虑挠曲效应，应在全跨增加 $0.7v$ 厚度的混凝土均布荷载，或增设临时支撑；

② 可变荷载：施工荷载、堆放荷载以及管道等其他附加荷载，施工荷载一般取不小于1.5 kN/m^2。

（2）压型钢板的抗弯强度

压型钢板的抗弯强度可按弹性方法计算，对不设临时支撑的压型钢板可按下式计算，计算简图如图 11.3 所示。

$$\sigma_{s1} = \frac{M}{W_{s1}} \leqslant f \text{ 或 } \sigma_{s2} = \frac{M}{W_{s2}} \leqslant f \qquad (11\text{-}3)$$

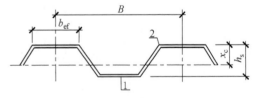

图 **11.3**　压型钢板计算截面

式中　M——压型钢板沿顺肋方向一个波宽 B 的弯矩设计值；

　　　σ_{s1}、σ_{s2}——分别为压型钢板沿顺肋方向一个波宽 B 范围内对 1 点和 2 点的弯曲应力；

　　　$W_{s1} = I_s/(h_s - x_c)$——压型钢板沿顺肋方向一个波宽 B 范围内对 1 点的截面抵抗矩；

　　　$W_{s2} = I_s/x_c$——压型钢板沿顺肋方向一个波宽 B 范围内对 2 点的截面抵抗矩；

　　　I_s——压型钢板沿顺肋方向一个波宽 B 范围内对截面形心轴的惯性矩，其中受压翼缘

的有效计算宽度可按式(11-1)确定;

x_c——压型钢板由受压翼缘边缘至形心轴的距离;

h_s——压型钢板截面的总高度。

（3）压型钢板的挠度

在施工阶段,仅考虑压型钢板的刚度,其变形仍按弹性方法计算。考虑到下料的不利情况,压型钢板可取两跨连续板或单跨简支板进行挠度验算,应满足下式要求:

两跨连续板
$$v = \frac{qL^4}{185EI_s} \leqslant [v] \tag{11-4a}$$

单跨简支板
$$v = \frac{5qL^4}{384EI_s} \leqslant [v] \tag{11-4b}$$

式中　q——压型钢板一个波宽 B 内的均布荷载标准值;

　　　EI_s——压型钢板一个波宽 B 内的弯曲刚度;

　　　L——压型钢板的计算跨度;

　　　$[v]$——压型钢板的允许挠度,一般取为 $L/180$(L 为跨度)和 20 mm 的较小值。

2）使用阶段

非组合楼板在使用阶段的设计可按常规的混凝土楼板的设计方法进行设计。

11.1.4　组合楼板设计

1）组合楼板的破坏模式

在承载能力极限状态下,压型钢板组合楼板可能发生的破坏模式主要有:纵向水平剪切粘贴破坏、正截面弯曲破坏、斜截面剪切破坏、局部冲切破坏、压型钢板局部失稳破坏等。

（1）纵向水平剪切黏结破坏

在组合楼板中,由于混凝土与压型钢板的叠合面上(图 11.4 中 I-I 截面)的抗剪粘贴强度不高,使两者之间的界面成为组合梁的薄弱截面,往往在组合楼板尚未达到其极限弯矩之前,此界面将丧失抗剪粘贴能力,使混凝土与压型钢板之间产生较大的滑移,失去了两者之间的组合效应,从而造成了组合楼板的破坏,称为纵向水平剪切粘贴破坏。这种破坏为组合楼板的主要破坏模式之一。

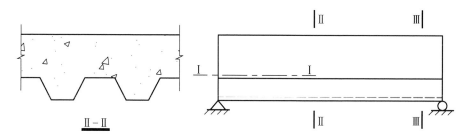

图 11.4　组合楼板的破坏截面

（2）正截面弯曲破坏

组合楼板中的混凝土和压型钢板之间若能可靠连接(完全剪切粘结),则组合楼板可能沿最大弯矩所在的垂直截面(图 11.4 中 II-II 截面)发生破坏,称为正截面弯曲破坏。

与钢筋混凝土楼板类似,组合楼板的正截面弯曲破坏也可能发生少筋、适筋和超筋三种破坏形式,不同的破坏形式主要取决于组合楼板中的受拉钢材(包括压型钢板与受拉钢筋)的含钢率 ρ 或混凝土受压区高度 x。若组合楼板中的含钢率 ρ 过小($\rho < \rho_{min}$,ρ_{min} 为板的最小配筋率),组合楼板发生少筋破坏,属于脆性破坏,其破坏截面上的应力和应变分布如图 11.5(a)所示。若组合楼板中的含钢率 ρ 适宜($\rho_{min} \leqslant \rho \leqslant \rho_{max}$,$\rho_{max}$ 为板的最大配筋率)或混凝土受压区高度 $x \leqslant \xi_b h_0$(ξ_b 为界限破坏时混凝土相对受压区高度系数),组合楼板发生适筋破坏,其破坏截面上的应力和应变分布如图 11.5(b)所示。若组合楼板中的含钢率 ρ 过大($\rho > \rho_{max}$)或混凝土受压区高度 $x > \xi_b h_0$,组合楼板发生超筋破坏,属于脆性破坏,其破坏截面上的应力和应变分布如图 11.5(c)所示。

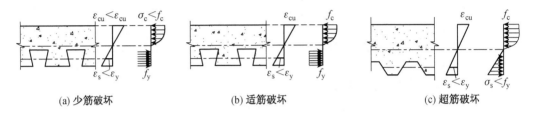

(a) 少筋破坏   (b) 适筋破坏   (c) 超筋破坏

图 **11.5** 组合楼板弯曲破坏的应力应变分布

（3）斜截面剪切破坏

一般情况下,混凝土楼板不易发生斜截面剪切破坏,但组合楼板却不同。当组合楼板在集中荷载作用时,或组合楼板的高跨比很大且荷载也较大时,往往容易在支座最大剪力处(图 11.4 中Ⅲ-Ⅲ截面)沿斜截面发生剪切破坏,称为组合楼板的斜截面剪切破坏。

对较厚的组合楼板,当其斜截面的抗剪承载力不够时,可在其混凝土内部设置一定量的箍筋来抗剪。

（4）局部冲切破坏

当组合楼板较薄,且在局部面积上作用有较大的集中荷载(如楼板放置机器设备)时,组合楼板可能沿与平板面大致成 45°倾角的锥面形成破坏锥体,最终导致组合楼板发生破坏,称为组合楼板的局部冲切荷载。

在实际设计过程中,当组合楼板的抗冲切承载力不能满足设计要求时,可在组合楼板上部适当增加配置分布钢筋,以便使集中荷载分布到更大范围上,或可在集中荷载作用区域的组合楼板中适当配置承受冲切剪力的附加箍筋或吊筋。

（5）压型钢板局部失稳破坏

在设计过程,组合楼板一般是按连续板来进行计算。因此,在连续板的中间支座处承受负弯矩作用,组合楼板下部的压型钢板处于受压状态;或者在组合楼板的跨中截面处,虽然压型钢板整体处于受拉状态,但当板中的含钢量过大,受压区高度较大,以致下部的压型钢板的上翼缘及部分腹板可能处于受压状态。而压型钢板为薄钢板制作而成,在受压状态很容易出现局部屈曲失稳,从而导致组合楼板丧失承载能力,发生破坏,称为组合楼板的压型钢板局部失稳破坏。

2）组合楼板上荷载与有效计算宽度

（1）组合楼板上的荷载

使用阶段组合楼板承受的荷载主要有:

① 永久荷载:压型钢板和混凝土的自重、面层和构造层(保温层、找平层、防水层、隔热层)

的自重、楼板下调挂的顶棚自重、管道自重等;

② 可变荷载:楼面上的使用活荷载和设备荷载。

(2) 组合楼板的有效计算宽度

组合楼板上作用有线荷载或集中荷载时,应考虑荷载分布的有效宽度,如图 11.6 所示。假设荷载按 $45°$ 角扩散传递,则荷载有效宽度可按下式计算:

$$b_{\mathrm{fl}} = b_{\mathrm{f}} + 2(h_{\mathrm{cl}} + h_{\mathrm{f}}) \qquad (11\text{-}5)$$

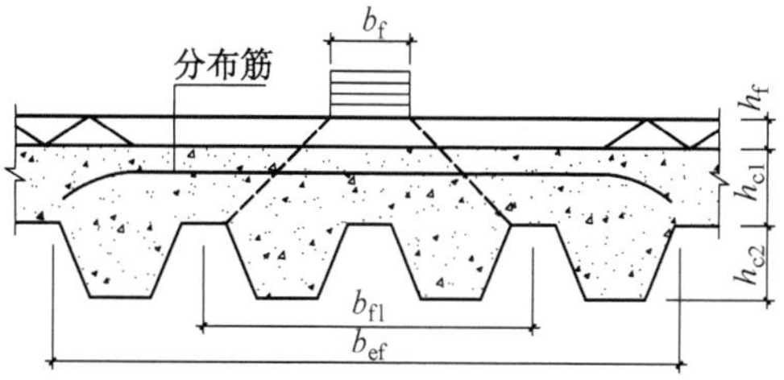

图 **11.6** 集中荷载位置的有效宽度

式中　b_{fl}——线荷载或集中荷载的分布有效宽度;

　　　b_{f}——线荷载或集中荷载的荷载作用宽度;

　　　h_{f}——组合楼板有饰面层时的构造层厚度;

　　　h_{cl}——组合楼板的压型钢板顶面以上的混凝土厚度。

组合楼板上作用有线荷载或集中荷载时(如图 11.6),其有效计算宽度应按下式计算:

① 抗弯承载力计算时:

简支板
$$b_{\mathrm{ef}} = b_{\mathrm{f}} + 2l_{\mathrm{p}}\left(1 - \frac{l_{\mathrm{p}}}{l}\right) \qquad (11\text{-}6\mathrm{a})$$

连续板
$$b_{\mathrm{ef}} = b_{\mathrm{f}} + \frac{4l_{\mathrm{p}}}{3}\left(1 - \frac{l_{\mathrm{p}}}{l}\right) \qquad (11\text{-}6\mathrm{b})$$

② 抗剪承载力计算时:

$$b_{\mathrm{ef}} = b_{\mathrm{f}} + l_{\mathrm{p}}\left(1 - \frac{l_{\mathrm{p}}}{l}\right) \qquad (11\text{-}6\mathrm{c})$$

式中　b_{ef}——线荷载或集中荷载时组合楼板的有效计算宽度;

　　　b_{f}——线荷载或集中荷载的分布有效宽度,可按式(11-5)计算确定;

　　　l_{p}——荷载作用点至组合楼板较近支座的距离;当跨内有多个集中荷载时,l_{p} 应取组合楼板较近支承点到产生较小 b_{ef} 值的荷载作用点的距离;

　　　l——组合楼板的跨度。

3) 组合楼板的计算方法与原则

(1) 计算方法

组合楼板的计算应分别按施工阶段和使用阶段进行。

① 施工阶段

当混凝土尚未达到其设计强度之前,楼板上的荷载(包括施工荷载)均由作为浇注混凝土底模的压型钢板来承担的阶段,称为组合楼板的施工阶段。

施工阶段只需验算压型钢板的强度和变形,可按弹性方法进行验算,可参见非组合楼板的计算。

② 使用阶段

当混凝土达到其设计强度之后,楼板上的正常使用荷载应由混凝土与压型钢板来共同承担,这一过程称为组合楼板的使用阶段。

组合楼板在使用阶段,应验算其正截面抗弯承载力(图 11.7 中 Ⅰ-Ⅰ 截面)、斜截面抗剪承载力(图 11.7 中Ⅲ-Ⅲ截面)、纵向抗剪承载力(图 11.7 中Ⅱ-Ⅱ截面),对板上有较大集中荷载作用时尚需进行局部荷载作用下的抗冲切承载力验算。同时,还需对使用阶段的组合楼板进行变形与裂缝验算。

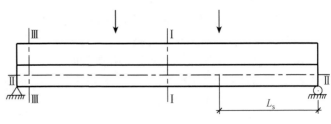

图 11.7 组合板临界破坏的截面

使用阶段的组合楼板的正截面承载能力一般是按塑性计算方法进行计算,但有时也可按弹性计算方法进行计算。由于弹性计算方法比较繁琐,限于篇幅,本节仅介绍组合楼板的塑性计算方法。

(2) 组合楼板的内力和挠度计算原则

由于压型钢板在一个方向有凸肋,所以组合楼板是明显的正交各向异性板。对于使用阶段的组合楼板,应按下列计算原则进行设计:

① 当压型钢板上的混凝土厚度为 50~100 mm 时

组合楼板的内力和挠度计算应满足:

a. 按简支单向板计算组合楼板强边(顺肋)方向的正弯矩和挠度;

b. 强边的负弯矩可按固端板进行计算确定;

c. 不考虑弱边(垂直于肋)方向的正、负弯矩值。

② 当压型钢板上的混凝土厚度大于 100 mm 时

组合楼板的内力计算应满足下列原则,但挠度计算仍应按强边方向的单向板进行计算。

a. 当 $0.5 < \lambda_e < 2.0$ 时,应按双向板计算内力;

b. 当 $0.5 \leqslant \lambda_e$ 或 $\lambda_e \geqslant 2.0$ 时,应按单向板计算内力。

其中 λ_e 可按下式计算:

$$\lambda_e = \frac{\mu l_x}{l_y} \tag{11-7}$$

式中　$\mu = (I_x/I_y)^{0.25}$——组合楼板的受力异向性系数;

l_x、l_y——分别为组合楼板的强边和弱边方向的跨度;

I_x、I_y——分别为组合楼板的强边和弱边方向的截面惯性矩,计算 I_y 时可只考虑压型钢板顶面以上的混凝土厚度 h_{c1}。

(3) 各向异性双向组合楼板的内力计算原则

对于各向异性双向组合楼板的弯矩计算,可将各向异性组合楼板的 λ_e 按式(11-7)进行修正,再视作各向同性板进行弯矩计算。计算原则如下:

① 各向异性双向组合楼板强边(顺肋)方向的弯矩:取等于弱边(垂直于肋)方向跨度乘以系数 μ 后所得各向同性组合楼板在短边方向上的弯矩,如图 11.8(a) 所示;

② 各向异性双向组合楼板弱边(垂直于肋)方向的弯矩:取等于强边(顺肋)方向跨度乘以系数 $1/\mu$ 后所得各向同性组合楼板在长边方向上的弯矩,如图 11.8(b) 所示。

4) 组合楼板承载力计算

(1) 组合楼板的正截面抗弯承载力

组合楼板的正截面抗弯承载力计算公式是建立在组合楼板发生适筋破坏的基础上。对组

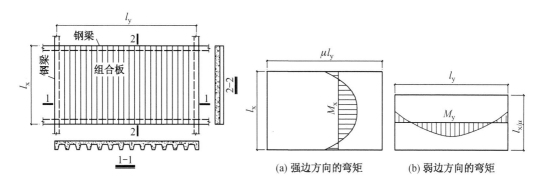

图 **11.8** 各向异性双向组合楼板的计算简图

合楼板的少筋和超筋破坏,在设计过程中是通过组合楼板受压区高度限制条件和构造措施来保证的。下面仅介绍组合楼板正截面抗弯承载力的塑性计算方法。

① 基本假定

a. 假设截面受拉区和受压区的材料均达到强度设计值,如图 11.9 所示;

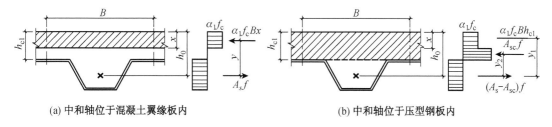

图 **11.9** 组合板截面抗弯强度塑性设计计算简图

b. 鉴于组合楼板下部作为受拉钢筋的压型钢板没有混凝土保护层,以及中和轴附近处的材料强度尚未充分发挥作用的原因,对压型钢板的钢材强度设计值 f 和混凝土的抗压强度设计值 f_c 均应乘以 0.8 的折减系数;

c. 由于混凝土的抗拉强度较低,因此可忽略受拉混凝土的作用;

d. 假设组合楼板中混凝土与压型钢板叠合面上有足够的纵向剪切粘贴力,两者叠合面上的滑移很小,跨中截面在弯矩作用下,混凝土与压型钢板始终保持共同工作,直至截面到达承载力极限状态,组合楼板截面均能较好地符合平截面假定。

② 组合板受弯承载力计算

a. 当 $A_s f \leqslant \alpha_1 h_{c1} B f_c$ 时,塑性中和轴位于压型钢板以上的混凝土翼缘内($x \leqslant h_{c1}$),如图 11.9(a) 所示,组合楼板的横截面抗弯承载力可按下式计算:

$$M \leqslant 0.8\alpha_1 x B f_c y \tag{11-8}$$

式中 M——组合楼板在全部荷载作用下的弯矩设计值;

α_1——受压区混凝土矩形应力图的应力值与混凝土轴心抗压强度设计值的比值,可按现行《混凝土结构设计规范》(GB 50010) 规定取值;

$x = A_s f/(\alpha_1 B f_c)$——组合楼板受压区高度,当 $x > 0.55 h_0$ 时,取 $x = 0.55 h_0$;

h_0——组合楼板的有效高度;

h_{c1}——压型钢板以上的混凝土的厚度;

B—— 压型钢板沿顺肋方向一个波宽；

$y=h_0-0.5x$—— 压型钢板截面应力合力至混凝土受压区截面应力合力的距离；

A_s—— 压型钢板沿顺肋方向一个波宽内的截面面积；

f—— 压型钢板钢材的抗拉强度设计值；

f_c—— 混凝土轴心抗压强度设计值。

b. 当 $A_sf>\alpha_1 h_{c1}Bf_c$ 时，塑性中和轴位于压型钢板内 $(x>h_{c1})$，如图 11.9(b) 所示，组合楼板的横截面抗弯承载力可按下式计算：

$$M\leqslant 0.8(\alpha_1 Bf_c h_{c1}y_1+A_{sc}y_2) \tag{11-9a}$$

$$A_{sc}=0.5(A_s-Bf_c h_{c1}/f) \tag{11-9b}$$

式中　A_{sc}—— 塑性中和轴以上的压型钢板波距 B 内的截面面积；

y_1、y_2—— 分别为压型钢板受拉区截面拉力合力至混凝土板截面和压型钢板截面压力合力的距离。

（2）组合楼板的抗剪承载力

① 斜截面抗剪承载力

组合楼板在均布荷载作用下的斜截面抗剪承载力可按下式计算

$$V\leqslant 0.7f_t Bh_0 \tag{11-10}$$

式中　V—— 组合楼板在一个波宽内的最大剪力设计值；

h_0—— 组合楼板的有效高度；

B—— 压型钢板沿顺肋方向一个波宽；

f_t—— 混凝土轴心抗拉强度设计值。

组合楼板在集中荷载单独作用下或集中荷载与均布荷载共同作用下，且集中荷载对支座截面或节点边缘截面所产生的剪力值占总剪力的 75% 以上时，斜截面抗剪承载力可按下式计算：

$$V\leqslant 0.044f_t b_{fl}h_0 \tag{11-11}$$

式中　V—— 在集中荷载作用下，组合楼板有效计算宽度 b_{ef} 范围内的最大剪力设计值；

b_{fl}—— 集中荷载的分布有效宽度，可按式（11-5）计算确定。

② 纵向的抗剪承载力

组合楼板的纵向单位长度上抗剪承载力可按下式计算：

$$V\leqslant V_u=a_0-a_1 l_v+a_2 bh_0+a_3 t \tag{11-12}$$

式中　V_u—— 组合楼板纵向单位长度上的抗剪承载力（kN/m）；

l_v—— 组合楼板的剪跨，取从支座至两点对称集中荷载系统中较近荷载点的距离，对均布荷载作用的简支梁，可取跨度的 1/4；

b—— 组合楼板的平均肋宽；

h_0—— 组合楼板的有效高度；

t—— 压型钢板的厚度；

a_0、a_1、a_2、a_3—— 剪力粘结系数，取值分别为 78.142、0.098、0.003 6、38.625。

（3）组合楼板的抗冲切承载力

组合楼板在集中荷载作用下(图11.10所示)的抗冲切承载力可按下式计算:

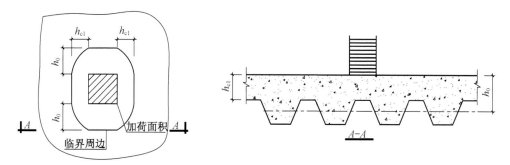

图 11.10　抗冲切验算的临界周边

$$V_l \leqslant 0.7 f_t \eta u_m h_0 \tag{11-13a}$$

$$\eta = \min\left(0.4 + \frac{1.2}{\beta_s}, 0.5 + \frac{\alpha_s h_0}{4 u_m}\right) \tag{11-13b}$$

式中　V_l——组合楼板在集中荷载作用下的抗冲切承载力;

　　　u_m——临界周边长度;

　　　h_0——组合楼板的有效高度;

　　　f_t——混凝土轴心抗拉强度设计值;

　　　β_s——局部荷载或集中荷载作用面积为矩形时的长边与短边尺寸的比值,β_s 不宜大于
4;当 $\beta_s < 2$ 时,取 $\beta_s = 2$;当面积为圆形时,取 $\beta_s = 2$;

　　　α_s——板柱结构中柱类型的影响系数:中柱,取 $\alpha_s = 40$;边柱,取 $\alpha_s = 30$;角柱,取 $\alpha_s = 20$。

5)组合楼板挠度与裂缝宽度计算

(1)组合楼板的变形计算

① 施工阶段

组合楼板在施工阶段的变形可按非组合楼板计算方法进行计算确定,即按式(11-4a)或
(11-4b)来计算。

② 使用阶段

组合楼板在使用阶段的变形不论实际支撑条件情况,均应按简支单向板计算其沿强边方
向的挠度,并分别按荷载标准组合和考虑长期作用影响的刚度等效计算,计算公式如下:

$$v = \frac{5 q l^4}{384 B_{s(l)}} \leqslant \frac{l}{360} \tag{11-14}$$

式中　q——荷载标准值或荷载准永久值;

　　　l——组合楼板的跨度;

　　　B_s、B_l——分别为荷载效应标准组合或考虑长期作用影响的等效刚度,可按下式计算:

短期效应组合　　　　　　　　　　　$B_s = E_s I \tag{11-15a}$

长期效应组合　　　　　　　　　　　$B_l = 0.5 E_s I \tag{11-15b}$

式中　E_s——压型钢板的弹性模量;

I—— 组合楼板全截面发挥作用时的等效截面刚度(如图 11.11 所示),可按下式计算;

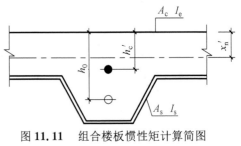

图 **11.11** 组合楼板惯性矩计算简图

$$I=\frac{1}{\alpha_E}\left[I_c+A_c\ (x'_n-h'_c)^2\right]+I_s+A_s\ (h_0-x'_n)^2 \tag{11-16a}$$

$$x'_n=\frac{A_c h'_c+\alpha_E A_s h_0}{A_c+\alpha_E A_s},\quad \alpha_E=\frac{E_s}{E_c} \tag{11-16b}$$

式中　$\alpha_E=E_s/E_c$—— 钢材弹性模量与混凝土模量比值;

I_s、I_c—— 分别为压型钢板和混凝土部分各自对自身形心的惯性矩;

A_s、A_c—— 分别为压型钢板和混凝土的截面面积;

x'_n—— 全截面有效时,组合楼板中和轴至受压边缘的距离;

h'_c—— 组合楼板受压边缘至混凝土部分重心之间的距离;

h_0—— 组合楼板的有效高度,即组合楼板受压边缘至压型钢板截面重心的距离。

(2) 组合楼板的裂缝宽度计算

对组合楼板负弯矩部位混凝土裂缝宽度的验算,可近似地忽略压型钢板的作用。组合楼板裂缝宽度的验算主要是验算连续组合楼板负弯矩区的最大裂缝宽度是否满足设计要求,目的为了控制此处的裂缝大小。

鉴于混凝土裂缝宽度分布的不均匀性及荷载效应的准永久组合的影响,组合楼板负弯矩区段的最大裂缝宽度 ω_{max},可按式(11-17) 计算:

$$\omega_{max}=2.1\psi\upsilon(54+10d)\frac{\sigma_{ss}}{E_s}\leqslant\left[\omega_{max}\right] \tag{11-17}$$

式中　ω_{max}—— 组合楼板负弯矩区段的最大裂缝宽度;

$\psi=1.1-65f_{tk}/\sigma_{ss}$—— 裂缝之间纵向受拉钢筋应变的不均匀系数;

f_{tk}—— 混凝土的轴心抗拉强度标准值;

$\sigma_{ss}=M_s/(0.87h'_0 A_s)$—— 按荷载效应的标准组合计算的纵向受拉钢筋的应力;

f_{tk}—— 荷载效应的标准组合时组合楼板的负弯矩设计值;

h'_0—— 位于压型钢板上翼缘以上的混凝土有效高度,取 $h'_0=h_c-20mm$;

h_c—— 压型钢板顶面以上的混凝土计算厚度;

A_s—— 组合楼板负弯矩区段纵向受拉钢筋的截面面积;

υ—— 纵向受拉钢筋的表面特征系数,对光面钢筋,取 $\upsilon=1.0$;对变形钢筋,取 $\upsilon=0.7$;

d_s—— 组合楼板负弯矩区段纵向受拉钢筋的直径;

E_s—— 组合楼板负弯矩区段纵向受拉钢筋钢材的弹性模量;

$\left[\omega_{max}\right]$—— 连续组合楼板的负弯矩区段的最大裂缝宽度的容许值。

(3) 组合楼板的自振频率

在实际工程中,对于有些场合(如化工车间设备上楼、纺织车间纺织机上楼)需要控制组合楼板的颤动,同时为了避免机器设备与组合楼板产生共振现象,也需要对组合楼板的自振频率进行控制和调整。建筑结构的不同功能对组合楼板的振动控制要求也是不相同地。对组合楼板比较理想的自振频率应控制在 20 Hz 以上,当组合楼板的自振频率在 12 Hz 以下时,楼板很

可能产生振动

组合楼板的自振频率可按下式计算:

$$f_z = \frac{1}{k\sqrt{f}} \geq 15Hz \tag{11-18}$$

式中　f_z——组合楼板的自振频率(Hz);

　　　f——仅考虑荷载效应标准组合下组合楼板的挠度(cm);

　　　k——组合楼板的支承条件系数,可按下列情况确定:两端简支的组合楼板,$k = 0.178$;一端简支、一端固定的组合楼板,$k = 0.177$;两端固定的组合楼板,$k = 0.175$。

6) 组合楼板的构造要求

(1) 压型钢板的构造要求

① 压型钢板浇注混凝土的槽宽 b_c 不应小于 50 mm,如图 11.12 所示。

② 压型钢板组合楼板的总厚度 h_s 不应小于 90 mm,压型钢板肋顶部混凝土厚度 h_{c1} 不应小于 50 mm。混凝土骨料的大小取决于需浇注混凝土的结构构件最小尺寸,且不应超过 $0.4h_{c1}$、$b_c/3$ 和 30 mm 三个数值中的最小值,如图 11.12 所示。

③ 组合楼板在钢梁上的支承长度不应小于 75 mm,其中压型钢板在钢梁上的支承长度不应小于 50 mm;组合楼板在钢筋混凝

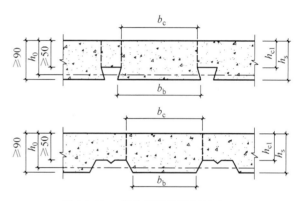

图 11.12　组合楼板的控制尺寸

土梁或砌体上的支承长度不应小于 100 mm,其中压型钢板的支承长度不应小于 75 mm。

④ 简支组合楼板的跨高比不宜大于 25,连续组合楼板的高跨比不宜大于 35。

⑤ 压型钢板上开孔宜采取加强措施,如图 11.13 所示。当压型钢板上开洞较大时,应在洞口周边配置附加钢筋,附加钢筋的总面积应不少于压型钢板被削弱的面积。

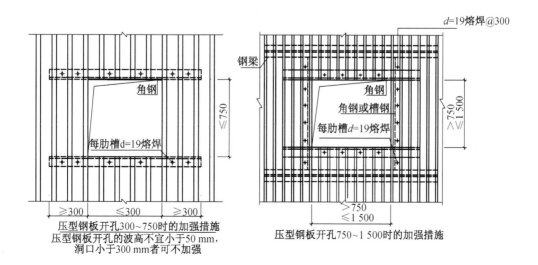

图 11.13　压型钢板洞口边补强措施

⑥ 压型钢板边缘节点做法参见图 11.14 所示。

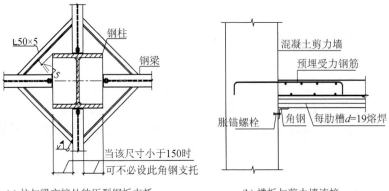

(a) 柱与梁交接处的压型钢板支托　　　　　(b) 楼板与剪力墙连接

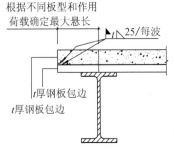

(c) 板肋与梁垂直且悬挑较长时

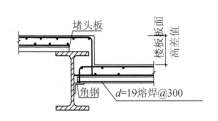

(d) 一般楼面降低标高作法

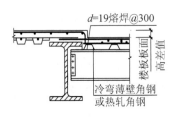

(e) 一般楼面降低标高作法

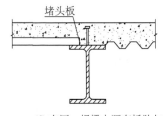

(f) 在同一根梁上既有板肋与
梁垂直又有板肋与梁平行时

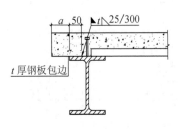

(g) 板肋与梁垂直且悬挑较短时

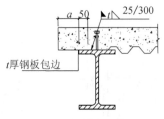

(h) 板肋与梁平行且悬挑较短时

图 11.14　压型钢板边缘节点图

（2）栓钉抗剪件的构造要求

① 栓钉的设置位置

组合楼板应在以下位置处设置栓钉：

a. 为了防止压型钢板与混凝土之间的滑移，在组合楼板的端部必须设置栓钉；

b. 在端支座处压型钢板凹肋处，应设置栓钉，且需穿透压型钢板焊接在钢梁的上翼缘上。

② 当栓钉抗剪件穿透压型钢板焊接到钢梁上翼缘时，应满足下列要求：

a. 钢梁上翼缘支承面上的油漆厚度不宜超过 $50~\mu m$；

b. 必须清除压型钢板底部在支承面处的油漆和塑料垫层；

c. 镀锌压型钢板的厚度不宜超过 1.25 mm；对尚未电镀的压型钢板，其厚度不宜超过1.5 mm。

③ 栓钉的直径要求

当栓钉穿透压型钢板焊接于钢梁时，栓钉的直径 $d \leqslant 19$ mm，同时栓钉的直径应满足下列条件：

a. 跨度 $l < 3$ m 时，栓钉直径宜采用 $d = 13 \sim 16$ mm；

b. 跨度 $l = 3 \sim 6$ m 时，栓钉直径宜采用 $d = 16 \sim 19$ mm；

c. 跨度 $l > 6$ m 时，栓钉直径宜采用 $d = 19$ mm。

④ 栓钉的间距要求

栓钉的间距 s 设置应符合下列的要求：

a. 沿钢梁轴线方向　　　　　　$s \geqslant 5d$（d 为栓钉的直径）

b. 垂直钢梁轴线方向　　　　　$s \geqslant 4d$（d 为栓钉的直径）

c. 距钢梁翼缘边的边距　　　　$s \geqslant 35$ mm

⑤ 栓钉高度及保护层厚度

a. 栓钉焊后高度应高出压型钢板顶面 30 mm 以上；

b. 栓钉顶面的混凝土保护层不应小于 15 mm。

（3）组合楼板混凝土部分的配筋要求

① 下列情况下，组合楼板混凝土部分需配置钢筋

a. 在集中荷载或开洞位置需配置分布钢筋；

b. 在连续或悬臂组合楼板的负弯矩区需配置连续负钢筋；

c. 为组合楼板储备承载力时，需设置附加抗拉钢筋；

d. 为提高组合楼板的组合作用，应在压型钢板上翼缘焊接横向钢筋，且横向钢筋在剪跨区段设置的间距应为 $150 \sim 300$ mm；

e. 为了改善组合楼板的防火性能，应在混凝土部分配置受拉钢筋。

② 组合楼板混凝土部分配置的钢筋直径、数量、保护层厚度等其他构造要求可参见《混凝土结构设计规范》(GB 50010) 及其他相关手册。

11.2　组合梁设计

组合梁是在钢梁上翼缘表面焊接抗剪连接件后，再浇注混凝土板而形成的一种钢筋混凝

土上翼缘板与钢腹板及下翼缘的一种结构形式。在组合梁的正弯矩区段,混凝土处于受压区,钢梁处于受拉区,两种不同材料均能充分地发挥各自的长处,且受力合理、节约材料。同时,钢梁上部的混凝土楼板平面内刚度较大,对钢梁的整体和局部稳定起到较好的约束作用。

11.2.1　组合梁的组成

组合梁通常情况下由钢筋混凝土翼缘板、托板、抗剪连接件和钢梁四部分组成的,如图11.15 所示。

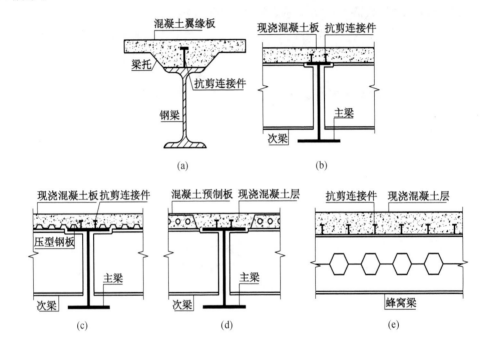

图 11.15　组合梁的常用形式

（1）钢筋混凝土翼缘板

钢筋混凝土翼缘板作为组合梁的受压翼缘,可保证钢梁的侧向整体稳定,一般可采用现浇或压型钢板组合的钢筋混凝土板,也可采用预制的钢筋混凝土板。当采用现浇板时,混凝土强度等级不应低于 C20；当采用预制板时,混凝土强度等级不宜低于 C30。采用混凝土强度等级越高,可更为合理、充分地利用材料,降低组合梁的用钢量。板中配置的钢筋可采用 HPB 或HRB 级钢筋。

在组合梁的正弯矩区,混凝土翼缘板起受压翼缘的作用,能与钢梁共同工作；在组合梁的负弯矩区,混凝土翼缘板中的混凝土由于开裂一般退出工作,板内纵向钢筋受拉,钢梁受压。

（2）托板

组合梁中的托板一般可设置或不设置,应根据工程的具体情况确定。在组合梁设计中宜优先采用带混凝土托板的组合梁,但在组合梁截面计算中,一般可不考虑其板托的作用。

在组合梁截面中,设置板托的作用：

① 可增加组合梁的截面高度,提高其抗弯和抗剪的承载能力,节约钢材,增大组合梁的高度和可靠度；

② 可改善钢筋混凝土翼缘板的横向受弯条件;

③ 当钢筋混凝土翼缘板厚度较薄,而抗剪连接件的高度较大时;设置板托可以为设置抗剪连接件提供必要的空间。

(3) 抗剪连接件

抗剪连接件是钢筋混凝土翼缘板与钢梁能否组合成整体而共同工作的重要保障,主要用来承受钢筋混凝土翼缘板与钢梁二者接触面上的纵向剪力,限制两者相对滑移;同时还需承受钢筋混凝土翼缘板与钢梁之间的掀起力,防止两者分离。

抗剪连接件宜采用栓钉,也可采用弯起钢筋、槽钢或由可靠连接保证的其他类型连接件,分别如图 11.16(a) ～ (b) 所示。其中,栓钉和弯筋属于柔性连接件,而槽钢属于刚性连接件。

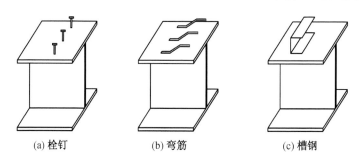

图 **11.16**　连接件的外形及设置方向

① 栓钉(圆柱头焊钉)连接件

主要利用栓杆抗剪来承受水平剪力、圆头来抵抗向上的掀起力。此连接件施工便捷,栓钉下端带有焊剂,且外套瓷环,采用专门电焊机接触焊。栓钉连接件一般宜采用普通碳素钢,其抗拉强度设计值可采用 $f_s = 200\text{N}/\text{mm}^2$。

② 弯起钢筋连接件

主要利用钢筋受拉来承受水平剪力和向上的掀起力,通过黏结力将拉力传给混凝土。弯起钢筋的倾倒方向与受力方向一致。弯起钢筋连接件一般采用 HPB235 级钢筋,当受到的水平剪力较大时,也可采用 HRB335 级钢筋。

③ 槽钢连接件

主要利用槽钢的抗剪承载力来抵抗水平剪力,利用槽钢的上翼缘来承受向上的掀起力。此连接件一般适用于无托板或托板高度较小的组合梁上。槽钢翼缘的肢尖应与水平剪力方向一致。槽钢连接件一般采用 Q235 钢轧制成的小型号槽钢。

11.2.2　组合梁荷载种类与荷载组合

(1) 荷载种类

组合梁上承受的荷载主要为:

① 永久荷载:楼板及其面层的自重、组合梁上的墙体自重、组合梁的自重以及楼板上的固定设备自重等;

② 可变荷载:楼面活荷载、屋顶雪荷载、风荷载、积灰荷载、施工荷载以及工厂运输设备活荷载等,可按《建筑结构荷载规范》(GB 50009)来确定;

③ 地震作用:可按《建筑抗震设计规范》(GB 50011)来确定;

④ 温度作用:对直接受热源影响或工作在露天条件下,且温差变化大于 15 ℃ 的组合梁,

计算过程中应考虑温度对组合梁的作用。温度作用 T_t 可按下式计算：

$$T_t = \frac{\alpha_t \Delta t}{\left(\dfrac{1}{E_c A_c} + \dfrac{1}{E_s A_s}\right) + \left(\dfrac{y_2}{E_c W_2} + \dfrac{y_3}{E_s W_3}\right)} \tag{11-20}$$

式中　E_c、E_s——分别为混凝土和钢材的弹性模量；

　　　A_c、A_s——分别为混凝土板（包括托板）和钢梁的截面面积；

　　　$W_2 = I_c/y_2$——混凝土板（包括托板）板底的截面模量；

　　　$W_3 = I_s/y_3$——钢梁上翼缘的截面模量；

　　　I_c、I_s——分别为混凝土板（包括托板）和钢梁绕自身截面的惯性矩；

　　　y_2——混凝土板（包括托板）重心线距板底的距离（图 11.17 所示）；

　　　y_3——钢梁重心线距上翼缘的距离（图 11.17 所示）；

　　　α_t——混凝土的线膨胀系数，一般取值为 1.0×10^{-5}；

　　　Δt——钢梁与混凝土板的温差。

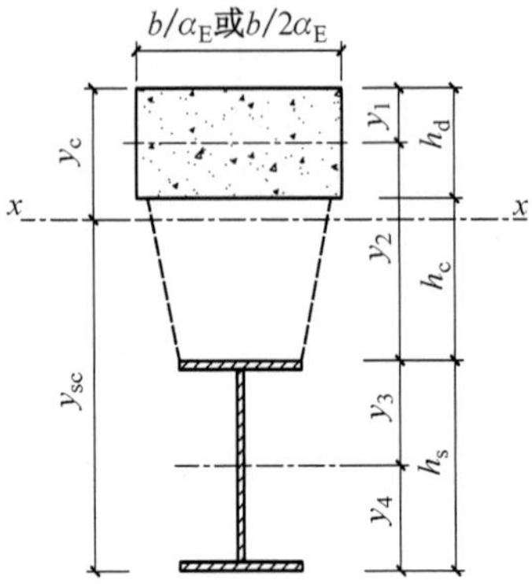

图 11.17　组合梁正应力计算简图

⑤ 混凝土收缩作用：温度作用是短期作用，而混凝土收缩是长期作用。混凝土收缩应力一般可忽略不计，对需考虑温度作用的组合梁才需同时考虑混凝土收缩应力。混凝土收缩作用 T_s 可按下式计算：

$$T_s = \frac{\varepsilon_{sh}}{\left(\dfrac{2}{E_c A_c} + \dfrac{1}{E_s A_s}\right) + \left(\dfrac{2y_2}{E_c W_2} + \dfrac{y_3}{E_s W_3}\right)} \tag{11-21}$$

式中　ε_{sh}——混凝土收缩应变，一般取值 0.000 12 ～ 0.000 2。

（2）组合梁的荷载组合

① 承载力极限状态：可按《建筑结构荷载规范》（GB 50009）来确定。

② 正常使用极限状态：由于组合梁上的混凝土在长期荷载作用下会产生徐变影响，故需按荷载标准值的短期效应和长期效应组合进行计算。

11.2.3 组合梁受力原理与破坏模式

1）组合梁的受力原理

组合梁组合工作的前提条件是：在钢梁的上翼缘设置足够的抗剪连接件并深入混凝土翼板内形成整体，阻止混凝土翼板与钢梁之间产生相对滑移，使两者的弯曲变形协调，共同承担荷载作用，这种梁称为组合梁。

按钢梁与混凝土翼板接触面上的滑移大小来分类，组合梁可分为：完全抗剪连接组合梁和部分抗剪连接组合梁。完全抗剪连接：组合梁叠合面上抗剪连接件的纵向水平抗剪承载力能保证最大弯矩截面上抗弯承载力能得以充分发挥。部分抗剪连接：在混凝土翼板与钢梁的接触面上，设置一定数量的抗剪连接件，且组合梁剪跨内抗剪连接件的数量小于完全抗剪连接所需的连接件数量。

组合梁的工作原理：

（1）完全抗剪连接组合梁

完全抗剪连接组合梁是通过抗剪连接件将混凝土翼板与钢梁紧密地连接在一起，两者成为一个整体共同工作。在荷载作用下，截面仅有一个中和轴，中和轴以上截面（主要为混凝土翼板）受压，中和轴以下截面（主要为钢梁）受拉。与非组合梁相比较，完全抗剪连接组合梁的抗弯承载力显著提高，截面刚度也较大，可以充分利用混凝土和钢材的各自强度。

在外荷载作用下，完全抗剪连接组合梁截面是通过混凝土翼板和钢梁共同承受弯矩，如图 11.18(a) 所示；在弯曲状态下截面的弹性应力分布和应变分布如图 11.18(b) 和(c) 所示。混凝土翼板除了承受弯矩外，其与钢梁上翼缘相连，可作为钢梁上翼缘的侧向支承，避免钢梁上翼缘的局部失稳。同时，在使用阶段，由于混凝土翼板具有较大的平面内刚度，可以保证钢梁的整体稳定性。

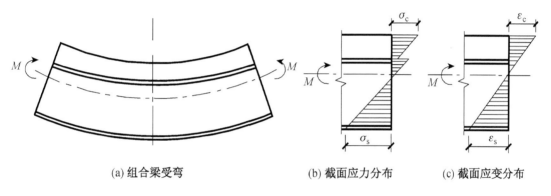

(a) 组合梁受弯　　　　(b) 截面应力分布　　　　(c) 截面应变分布

图 11.18　完全抗剪连接组合梁的受力状态

（2）部分抗剪连接组合梁

部分抗剪连接组合梁的受力状态是混凝土翼板和钢梁各自受弯，如图 11.19(a) 所示。在弯曲状态下，接触面上出现相对滑移，截面的应力分布和应变分布如图 11.19(b) 和(c) 所示。

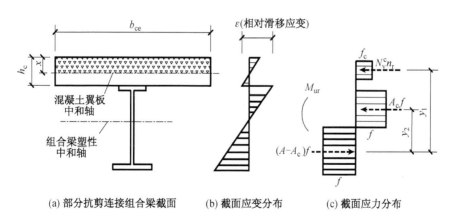

(a) 部分抗剪连接组合梁截面　　　(b) 截面应变分布　　　(c) 截面应力分布

图 11.19　部分抗剪连接组合梁的受力状态

2) 组合梁的受力全过程

组合梁在弯矩作用下,其截面的弯矩-挠度(M-f)曲线如图 11.20 所示。根据图 11.20 所示,可将组合梁从施加荷载到破坏的受力全过程分成 4 个阶段。

（1）第 I 阶段（弹性工作阶段,图11.20中OA段）

在加载初始阶段,截面弯矩较小,组合梁整体工作性能良好,弯矩-挠度曲线呈线性增长,卸载后的残余变形很小。

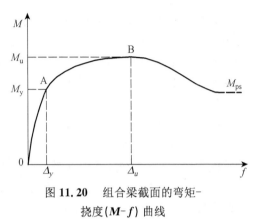

图 **11.20** 组合梁截面的弯矩-挠度(M-f)曲线

随着荷载增加,直至极限荷载的 75%（图 11.20 中 A 点）左右,钢梁的下翼缘开始屈服,其他部分尚处于弹性工作状态;随着荷载进一步的增加,混凝土翼板板底的应变已接近混凝土抗拉极限值,但尚未开裂,混凝土翼板顶面的应变很小,混凝土翼板处于弹性状态。此时,组合梁处于弹性工作状态,此阶段可作为组合梁弹性分析的依据。

（2）第 II 阶段（弹塑性工作阶段,图 11.20 中 AB 段）

当荷载超过极限荷载的 75%（图11.20 中 A 点）,组合梁弯矩进一步增加,混凝土翼板板底开裂,钢梁的应变增长速率加快,组合梁的变形增长速度大于外荷载的增长速度,弯矩－挠度曲线开始偏离原来的直线。当钢梁下翼缘的边缘应力达到钢材的屈服强度,组合梁截面中和轴上移,上部混凝土翼板的压应力继续增大,进入非线性阶段,并逐步趋向饱满状态,组合梁的挠度变形显著增大,组合梁进入弹塑性阶段。随着荷载的继续增加,钢梁自下向上逐渐屈服,混凝土翼板板底的裂缝宽度发展加快,受压区高度进一步减小,直至受压区被压碎,组合梁发生破坏。此阶段,组合梁的截面刚度下降,挠度的增长速率明显快于荷载的增加速率,截面内力产生重分布现象,弯矩－挠度曲线呈明显的非线性关系。

（3）第 III 阶段（塑性工作阶段）

当荷载超过极限荷载的90% 以上,组合梁跨中的挠度变形大幅度增长,弯矩－挠度曲线呈水平趋势发展,此时组合梁已进入塑性工作阶段。随着荷载的增加,受压区的混凝土塑性变形特征越来越明显,抗剪连接件的水平变形增大,但此时组合梁并没有突然破坏。

（4）第 IV 阶段（下降阶段,图11.20 中 B 点以后）

当荷载达到极限荷载（图 11.20 中 B 点）后,组合梁的承载力开始平缓地下降,而其挠度仍在持续发展,下部钢梁的受拉区可能进入强化阶段,经历了一个较长的发展过程,表明组合梁具有良好的延性。

3) 组合梁的破坏模式

根据组合梁的抗剪连接程度以及混凝土翼板中的横向钢筋配筋率的不同,组合梁在弯矩作用下可能发生 4 种不同的破坏形式,即:弯曲破坏、弯剪破坏、纵向剪切破坏以及纵向劈裂破坏。通常情况下,这 4 种破坏形式均是由于组合梁中混凝土翼板的不同破坏引起。

（1）弯曲破坏（图 11.21 所示）

当组合梁的抗剪连接程度较强,且混凝土翼板中的横向配筋率较大时,随着外荷载增大,钢梁的跨中截面下部受拉区首先达到屈服,最后混凝土翼板在跨中区域被压碎,且出现较多的横向裂缝,而在剪跨区仅出现细小的劈裂裂缝,裂缝分布如图 11.21 所示,这种仅有弯曲的破坏形式称为组合梁的弯曲破坏。

（2）弯剪破坏（图 11.22 所示）

当组合梁的抗剪连接程度一般，且混凝土翼板中的横向配筋率不太大时，随着外荷载增大，钢梁的跨中截面下部受拉区首先达到屈服，然后混凝土翼板在跨中区域被压碎，出现较多的横向裂缝，同时由于抗剪件对在剪跨区的混凝土剪切作用，使剪跨区的混凝土上表面出现纵向的剪切裂缝，裂缝分布如图 11.22 所示，这种既有弯曲又有剪切的破坏形式称为组合梁的弯剪破坏。

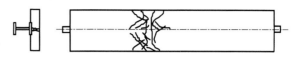

图 11.21 组合梁的弯曲破坏形式

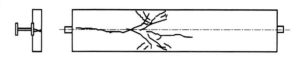

图 11.22 组合梁的弯剪破坏形式

（3）纵向剪切破坏（图 11.23 所示）

当组合梁的抗剪连接程度较小，且混凝土翼板中的横向配筋率不足时，随着外荷载增大，钢梁的跨中截面下部受拉区首先达到屈服，然后由于抗剪件对在剪跨区的混凝土

图 11.23 组合梁的纵向剪切破坏形式

纵向剪切作用，使剪跨区的混凝土上表面出现大量纵向的剪切裂缝，且几乎贯通，最终使跨中混凝土翼板压碎破坏，裂缝分布如图 11.23 所示，这种主要为剪切的破坏形式称为组合梁的纵向剪切破坏。

（4）纵向劈裂破坏

当组合梁混凝土翼板中的横向配筋率非常小时，在外荷载作用下，组合梁中的抗剪连接件将对其周围的混凝土翼板产生较大的集中力作用，且沿着板厚及板长的分布很不均匀。混凝土翼板在抗剪连接件附近区域存在着很大的不均匀压应力，随着离抗剪连接件的距离增加，压应力逐渐变得均匀，如图 11.24(a) 所示。但由于集中力的作用，混凝土翼板沿着与集中力垂直方向产生横向应力，且在抗剪连接件附近处为压应力，而离开抗剪件一定距离后则变成拉应力，如图 11.24(b) 所示。此拉应力的作用范围和最大拉应力数值均较大，使混凝土翼板沿纵向产生劈裂趋势，最终导致破坏，称为组合梁的纵向劈裂破坏。

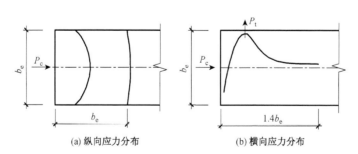

(a) 纵向应力分布　　　　　　　　(b) 横向应力分布

图 11.24 混凝土翼板在抗剪连接件集中力作用下应力分布

11.2.4 组合梁的计算方法与设计原则

1) 计算方法

组合梁的计算方法应遵循极限状态准则，一般包括弹性理论和塑性理论两种计算方法。对

直接承受动力荷载或钢梁截面受压板件不满足塑性设计要求的简支组合梁,承载力极限状态计算一般采用弹性理论方法,且荷载作用可按基本组合设计值计算;当需考虑组合梁上部混凝土的徐变影响时,荷载作用也可按准永久组合设计值进行计算。对不直接承受动力荷载的简支组合梁,一般采用塑性理论方法。对组合梁的正常使用极限状态计算,一般均采用弹性设计方法,其荷载作用可分别按荷载标准值的短期效应和长期效应进行验算。

组合梁的设计在多数情况下可按两阶段(施工阶段和使用阶段)进行设计,具体方法如下:

(1) 施工时钢梁上设置侧向临时支撑的组合梁

当施工阶段在组合梁钢梁上设置侧向临时支撑(梁跨度 $l > 7$ m 时,侧向支承点设置不宜少于 3 个;梁跨度 $l \leqslant 7$ m 时,侧向支承点可设置 $1 \sim 2$ 个;设置侧向支承点后,梁的跨度应小于 3.5 m) 时,则无论组合梁的截面设计采用弹性设计方法或塑性设计方法,在进行其截面承载力和挠度计算时可不分阶段,一律按使用阶段进行计算。同时,施工阶段钢梁的强度和侧向稳定性应按《钢结构设计规范》的相关规定进行设计与计算。

(2) 施工时钢梁上不设置侧向临时支撑的组合梁

对施工阶段钢梁上不设置侧向临时支撑的组合梁可按两阶段进行设计:

① 第一阶段(施工阶段)

在组合梁的混凝土翼缘板强度达到 75% 之前,组合梁的钢梁部分单独承受组合梁的自重以及作用在其上的全部施工荷载。钢梁的强度、稳定性和挠度均应按《钢结构设计规范》(GB 50017－2003) 进行设计与计算,但钢梁的跨中挠度不宜过大,一般不应超过 25 mm,以防止钢梁的下凹段带来混凝土的用量和自重的增加。

② 第二阶段(使用阶段)

当采用弹性设计方法时,施工阶段的荷载(扣除活荷载)是由钢梁承受,而组合梁的混凝土翼缘板强度达到 75% 之后所增加的荷载则全部由组合梁承受。此时,组合梁的钢梁应力应为两阶段的应力叠加,组合梁的混凝土翼缘板应力则仅为使用阶段所增加荷载引起的应力,组合梁的最终挠度应为施工阶段钢梁的挠度和使用阶段组合梁的整体挠度之和。

当采用塑性设计方法时,施工阶段和使用阶段的全部荷载(扣除施工活荷载)均应由组合梁整体截面来承担,再分别计算组合梁的强度和挠度。

由于使用阶段组合梁的混凝土翼缘板强度已到达 75%,因此此阶段钢梁的侧向稳定性可不进行验算。

2) 设计原则

(1) 简支组合梁的设计原则

简支组合梁设计过程中,应满足下列原则:

① 对不直接承受动力荷载的简支组合梁,一般采用塑性设计方法,且不考虑混凝土的徐变和收缩的影响;

② 组合梁在进行强度和变形计算时,为了简化计算,可不考虑板托截面的影响;

③ 组合梁截面设计时可不考虑受拉混凝土的作用,当组合梁的截面设计按弹性理论计算,且中和轴位于混凝土翼缘板内、翼缘板受拉部分较小时,为了简化计算,可以忽略中和轴以下翼缘的混凝土开裂的影响,按混凝土翼缘板的全截面进行计算;

④ 组合梁上混凝土有效翼缘板的设计可按《混凝土结构设计规范》(GB 50010) 进行设计;

⑤ 当组合梁截面按塑性设计方法计算时,钢材的强度设计值应乘以 0.9 的折减系数;

⑥ 组合梁挠度应分别按荷载标准值和准永久组合进行验算,且应满足挠度限制要求;

⑦ 组合梁抗剪连接件的极限状态设计方法,应采用与组合梁截面抗弯设计相对应的设计方法(弹性设计方法或塑性设计方法)。对直接承受动力荷载的组合梁,应对连接部位的结构和抗剪连接件进行疲劳验算。

(2) 连续组合梁的设计原则

对承受静力荷载或间接动荷载的多跨连续组合梁,其设计原则除与简支组合梁相同外,还应遵循以下原则:

① 多跨连续组合梁的内力分析一般可采用弹性计算法,可不考虑温度变化和混凝土收缩变形对内力的影响;

② 多跨连续组合梁的截面设计可采用塑性设计方法;

③ 组合梁的支座负弯矩处,受拉混凝土翼缘板由于开裂退出工作,但其有效宽度范围的纵向受拉钢筋仍可参与工作,同时应对支座附近处钢梁下翼缘的侧向稳定性进行验算;

④ 对组合梁上受拉混凝土板的最大裂缝宽度可按荷载标准组合进行验算,其最大裂缝宽度限制为:露天条件的组合梁为 0.2 mm;室内正常环境的组合梁为 0.3 mm;年平均湿度小于 60% 地区且活荷载与永久荷载比值大于 0.5 的组合梁为 0.4 mm。

(3) 组合梁混凝土翼缘板的有效计算宽度

组合梁混凝土翼缘板的有效计算宽度 b_{ce},如图 11.25 所示,可按下列公式计算,取其中计算结果的最小值。

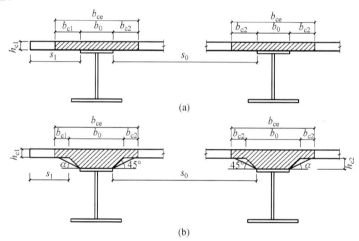

图 11.25 组合梁混凝土翼缘板的有效计算宽度简图

$$b_{ce} = \frac{l_0}{3} \tag{11-22a}$$

$$b_{ce} = b_0 + 12h_{c1} \tag{11-22b}$$

$$b_{ce} = b_0 + b_{c1} + b_{c2} \tag{11-22c}$$

式中 b_0——托板顶部的宽度,当托板倾角 $\alpha < 45°$ 时,可取 $\alpha = 45°$ 计算板托顶部的宽度,当无板托时则取钢梁上翼缘的宽度;

l_0——组合梁的计算跨度;

b_{c1}、b_{c2}——分别为梁外侧和内侧的混凝土翼缘板计算宽度,各取 $l/6$(l 为梁的跨度)和 $6h_{c1}$(h_{c1} 为混凝土板厚度)两者的较小值;此外,b_{c1} 尚不应超过混凝土板的

实际外伸长度 s_1，b_{c2} 不应超过 1/2 相邻梁板托间净距 s_0；当组合梁为中间梁时，式(11-22c)中 $b_{c1} = b_{c2}$；

h_{c1}—— 混凝土翼缘板的厚度，当采用压型钢板组合楼板时，h_{c1} 应等于组合板的总厚度减去压型钢板的肋高，但在计算混凝土翼缘的有效跨度，压型钢板混凝土组合板的翼缘厚度 h_{c1} 可取带肋处板的总厚度。

3）塑性设计方法的适用范围

由于弹性计算方法比较繁琐，工程设计中较少采用，且限于教材篇幅，本节仅介绍按塑性理论计算组合梁承载能力。

组合梁按塑性理论来进行承载力计算，有一定的适用范围，一般情况下，符合下列条件的组合梁，可按塑性理论进行截面设计。

（1）不直接承受动力荷载。

（2）组合梁截面应全截面塑性，且钢材的力学性能应满足以下三个条件：① 强屈比 f_u/f_y $\geqslant 1.2$；② 伸长率 $\delta_5 \geqslant 15\%$；③ 应变值 $\varepsilon_u \geqslant 20\varepsilon_y$。其中，$\varepsilon_y$ 和 ε_u 分别为钢材的屈服强度和极限强度对应的应变。

（3）组合梁中的钢梁，在出现全截面塑性之前，其受压翼缘和腹板不发生局部屈曲。

（4）组合梁中钢梁的整体稳定有保证。

（5）组合梁的塑性中和轴位于钢梁截面内，且钢梁受压翼缘和腹板的宽（高）厚比应能够满足表 11.1 的相关公式。

表 11.1　塑性理论计算时钢梁受压翼缘和腹板的宽(高)厚比

截面形式	翼　　缘	腹　　板
	$\dfrac{b}{t} \leqslant 9\sqrt{\dfrac{235}{f_y}}$	当 $N/(Af) < 0.37$ 时： $$\frac{h_0}{t_w}\left(\frac{h_1}{t_w}, \frac{h_2}{t_w}\right) \leqslant \left(72 - 100\frac{A_s f_{sy}}{Af}\right)\sqrt{\frac{235}{f_y}}$$ 当 $N/(Af) \geqslant 0.37$ 时： $$\frac{h_0}{t_w}\left(\frac{h_1}{t_w}, \frac{h_2}{t_w}\right) \leqslant 35\sqrt{\frac{235}{f_y}}$$
	$\dfrac{b_0}{t} \leqslant 30\sqrt{\dfrac{235}{f_y}}$	当 $N/(Af) < 0.37$ 时： $$\frac{h_0}{t_w} \leqslant \left(72 - 100\frac{A_s f_{sy}}{Af}\right)\sqrt{\frac{235}{f_y}}$$ 当 $N/(Af) \geqslant 0.37$ 时： $$\frac{h_0}{t_w} \leqslant 35\sqrt{\frac{235}{f_y}}$$

注：$N = A_s f_{sy}$—— 构件轴力设计值；

A_s、f_{sy}—— 分别为组合梁负弯矩截面中钢筋的截面面积和强度设计值；

A、f_y—— 分别为组合梁中钢梁的截面面积和钢材屈服强度；

f—— 按塑性理论计算时钢材的抗拉、抗压、抗弯强度设计值。

11.2.5 简支组合梁的承载力

在实际工程中,除了直接承受动力荷载的组合梁或钢梁宽厚比较大的组合梁外,一般均采用塑性理论方法来计算简支组合梁的承载力。

简支组合梁在施工阶段的计算同普通钢结构设计过程相同,这里不再赘述。下面仅介绍使用阶段简支组合梁的塑性理论计算。

1) 基本假定

简支组合梁采用塑性理论设计时,应符合以下基本假定:

(1) 混凝土翼缘板与钢梁之间应有可靠的抗剪连接,以充分发挥组合梁截面的抗弯承载能力;

(2) 位于塑性中和轴以下的受拉混凝土部分因开裂而不参与工作,计算过程中可忽略;

(3) 忽略组合梁中的混凝土板托作用以及混凝土翼板受压区的钢筋作用;

(4) 可不考虑施工过程中有无临时支撑、混凝土徐变与收缩以及温度的作用;

(5) 全部剪力均由钢梁的腹板承担,且不考虑剪力和弯矩之间的相互影响;

(6) 塑性中和轴以上混凝土截面的压应力分布图形为矩形,并达到 $\alpha_1 f_c$,其中 f_c 为混凝土轴心抗压强度设计值,α_1 为系数;

(7) 根据塑性中和轴位置的不同,钢梁可能全部受拉或部分受拉部分受压,但均为均匀受力,且分别到达塑性设计的抗压或抗拉强度设置值 f_p,一般 $f_p = 0.9f$(其中 f 为钢材强度设计值);

(8) 对承受正弯矩的组合梁截面或满足式(11-23)条件且承受负弯矩的组合梁截面可不考虑弯矩和剪力之间的相互影响。

$$A_{st} f_{stp} \geqslant 0.15 A_s f_p \tag{11-23}$$

式中　　A_{st}—— 负弯矩区混凝土翼缘板有效宽度范围内的纵向钢筋截面面积;

　　　　A_s—— 钢梁截面面积;

　　　　f_{stp}—— 钢筋抗拉塑性强度设计值,取 $0.9f_y$;

　　　　f_p—— 钢材的强度设计值,取 $0.9f$。

2) 组合梁截面分类

按塑性理论计算时,简支组合梁的截面可分为两大类:

(1) 第一类截面:组合梁的塑性中和轴位于混凝土翼缘板内,如图 11.26(a) 所示;

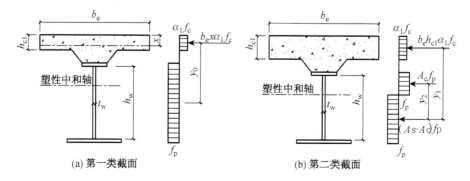

(a) 第一类截面　　　　(b) 第二类截面

图 **11.26**　组合梁塑性分析计算简图

（2）第二类截面：组合梁的塑性中和轴位于钢梁截面内，且钢梁的截面板件宽厚比满足表11.1中的相关要求，如图11.26（b）所示。

3）组合梁承载力计算

（1）完全抗剪连接组合梁

完全抗剪连接组合梁的抗弯和抗剪承载力的计算公式参见表11.2所示，其计算简图如图11.26所示。

表 11.2　塑性设计时组合梁的抗弯和抗剪承载力计算公式

截面类型	适用条件	塑性抗弯承载力 M_p	塑性抗剪承载力 V_p	备　注
第一类截面	$A_s f_p \leqslant \alpha_1 b_{ce} h_{c1} f_c$	$M \leqslant M_P = A_s f_p y_0 = \alpha_1 b_{ce} x f_c y_0$ （11-24a）	$V \leqslant V_P = t_w h_w f_{vp}$ （11-25）	$x = \dfrac{A_s f_p}{\alpha_1 b_{ce} f_c}$
第二类截面	$A_s f_p > \alpha_1 b_{ce} h_{c1} f_c$	$M \leqslant M_P = \alpha_1 b_{ce} h_{c1} f_c y_1 + A_{sc} f_p y_2$ （11-24b）		$A_{sc} = 0.5 (A_s - \alpha_1 b_{ce} h_{c1} f_c / f_p)$
符号说明	M——组合梁截面的弯矩设计值； V——组合梁截面的剪力设计值； y_0——钢梁截面应力合力至混凝土受压区应力合力间的距离； y_1——钢梁受拉一侧截面应力合力至混凝土翼缘板截面应力合力间的距离； y_2——钢梁受拉区截面应力合力至钢梁受压区截面应力合力间的距离； x——组合梁塑性中和轴至混凝土翼缘板表面的距离； α_1——系数，可根据现行《混凝土结构设计规范》确定； A_s——钢梁的截面面积；		A_{sc}——钢梁的受压面积； b_{ce}——混凝土翼缘的有效宽度； t_w——钢梁腹板厚度； h_w——钢梁腹板高度，可近似取钢梁全高； f_c——混凝土轴心抗压强度设计值； f_p——塑性设计时钢材的抗拉、抗压或抗弯强度设计值，一般取 $f_p = 0.9f$； f_{vp}——塑性设计时钢材的抗剪强度设计值，一般取 $f_{vp} = 0.9f_v$； f——钢材的抗拉、抗压或抗弯强度设计值； f_v——钢材的抗剪强度设计值。	

（2）部分抗剪连接组合梁

组合梁承受静荷载且集中力不大时，可采用部分抗剪连接组合梁，其跨度不应超过20 m。当钢梁为等截面梁时，其配置的连接件数量 n_1 不得小于完全抗剪连接时的连接件数量 n 的50%。

部分抗剪连接组合梁的计算基本假定：

① 抗剪连接栓钉全截面进入塑性状态；

② 混凝土翼缘板与钢梁之间产生相对滑移；

③ 混凝土翼缘板的剪力应取计算截面左右两个剪跨内的抗剪栓钉受剪承载力设计值之和的较小值。

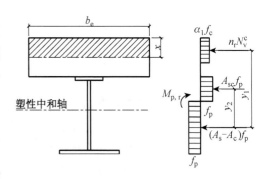

图 11.27　部分抗剪连线续组合梁计算简图

部分抗剪连接组合梁的抗弯承载力可按下列公式进行计算，计算简图如图11.27所示。

$$x = \frac{n_r N_v^b}{\alpha_1 b_{ce} f_c} \tag{11-26a}$$

$$A_{sc} = \frac{A_s f_p - n_r N_v^b}{2f_p} \tag{11-26b}$$

$$M \leqslant M_{P,r} = n_r N_v^b y_1 + 0.5(A_s f_p - n_r N_v^b) y_2 \tag{11-26c}$$

式中　　x——混凝土翼缘板的受压区高度；

$M_{p,r}$—— 部分抗剪连接组合梁的截面抗弯承载力;

n_r—— 部分抗剪连接时一个剪跨区的抗剪连接件数目;

N_v^b—— 单个抗剪连接件的抗剪承载力。

11.2.6 连续组合梁的承载力

1) 基本假定与适用条件

(1) 基本假定

采用塑性理论计算连续组合梁承载力时,作遵循下列基本假定:

① 不考虑温差作用及混凝土收缩作用对连续组合梁的承载力影响;

② 不考虑施工阶段钢梁下有无设置临时支撑对连续组合梁的承载力影响;

③ 连续组合梁的截面剪力仅由钢梁腹板承受,不考虑混凝土翼板及其托板参与抗剪;

④ 连续组合梁负弯矩区段的受拉混凝土翼板有效宽度 b_{ce},取等于连续组合梁正弯矩区段的混凝土翼板有效宽度 b_{ce},可按式(11-22a) ~ (11-22c)计算;

⑤ 连续组合梁负弯矩区段混凝土翼板有效宽度 b_{ce} 范围内的钢筋参与工作,与下部钢梁共同承受负弯矩,且钢筋端部应有可靠的锚固。

(2) 适用条件

连续组合梁按塑性理论来进行承载力计算,除了满足一般组合梁按塑性理论计算的条件外,还应满足下列条件:

① 连续组合梁相邻两跨的跨度差不应超过短跨的 45%;

② 边跨的跨度不得小于邻跨跨度的 70%,也不得大于邻跨跨度的 115%;

③ 在每跨的 1/5 跨度范围内,集中作用的荷载值不得大于此跨度总荷载的 1/2;

④ 连续组合梁中间支座截面的材料总强度比 γ 应满足下式要求:

$$0.15 \leqslant \gamma = \frac{A_{st} f_{st}}{A_s f} < 0.5 \tag{11-27}$$

式中 A_{st}—— 混凝土翼板有效宽度内的纵向钢筋截面面积;

A_s—— 钢梁的截面面积;

f_{st}—— 钢筋的抗拉强度设计值;

f —— 钢材的抗拉强度设计值。

2) 连续组合梁承载力计算

(1) 抗弯承载力计算

连续组合梁中间支座截面的抗弯承载力仍可采用塑性方法进行计算,计算简图如图 11.28 所示。

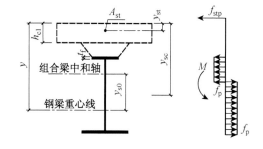

图 11.28 承受负弯矩的组合梁计算简图

$$M_{up} = M_{sp} + A_{st} f_{stp} (y_{st} - y_{st}) \tag{11-28}$$

式中 M_{up}—— 连续组合梁中间支座截面的塑性抗弯承载力;

M_{sp}—— 钢梁截面的塑性受弯承载力,取 $0.9W_p f$;

A_{st}—— 混凝土有效翼缘板计算宽度内纵向钢筋截面面积;

A_s—— 钢梁的截面面积;

f_{stp}—— 钢筋的塑性强度设计值,取 $0.9f_y$;

f_p——钢材的塑性抗弯强度设计值，取 $0.9f$；

$y_{sc} = y - 0.5y_{s0}$——钢梁截面中和轴至混凝土翼缘板顶面的距离减去 $0.5y_{s0}$，当

$$y_{s0} > y - h_{c1} - t_f \text{ 时，取 } h_{c1} + t_f；$$

y——钢梁截面中和轴至混凝土翼缘板顶面的距离；

$y_{s0} = A_{st}f_{stp}/(2t_wf_p)$——钢梁截面中和轴至组合梁截面塑性中和轴的距离，当

$$y_{s0} > y - h_{c1} - t_f \text{ 时，取 } y - h_{c1} - t_f；$$

h_{c1}——混凝土翼缘板的计算厚度；

t_w——钢梁腹板的厚度；

t_f——钢梁上翼缘的厚度。

（2）抗剪承载力计算

假定连续组合梁截面的全部竖向剪力均由钢梁的腹板承受，且当混凝土翼缘板的纵向钢筋配置满足式(11-27)条件时，其受剪承载力可按式(11-25)计算。

11.2.7 组合梁的抗剪连接件设计

（1）单个抗剪连接件的抗剪承载力

组合梁各种连接件的抗剪承载力 N_v^c 计算公式可参见表 11.3 所示，计算简图如图 11.29 所示。

表 11.3 组合梁各种连接件的抗剪承载力计算公式

连接构件	抗剪承载力	符号说明
焊钉	$N_v^c = 0.43A_s\sqrt{E_cf_c}\lambda_1\lambda_2 \leqslant 0.7A_sf_u\lambda_1\lambda_2$ (11-29) （1）当压型钢板的凸肋平行于梁（图 11-29(a)所示），且 $b_w/h_e < 1.5$ 时 $\lambda_2 = 0.6\dfrac{b_w}{h_e}\left(\dfrac{h_d - h_e}{h_e}\right) \leqslant 1.0$ (11-29a) （2）当压型钢板的凸肋垂直于梁（图 11-29(b)所示）时 $\lambda_2 = \dfrac{0.85}{\sqrt{n_0}}\dfrac{b_w}{h_e}\left(\dfrac{h_d - h_e}{h_e}\right) \leqslant 1.0$ (11-29b)	A_s——焊钉杆身截面面积； E_c、f_c——分别为混凝土的弹性模量和轴心抗压强度设计值； λ_1——折减系数，当连接件位于连续组合梁中间支座负弯矩区段内时取 0.90，当位于悬臂梁内端负弯矩区段内时，取 0.8； λ_2——组合梁采用压型钢板组合板时折减系数，可按式(11-29a)或式(11-29b)计算； f_u——焊钉的抗拉强度下限值，一般取 402 N/mm^2； b_w——混凝土凸肋的平均宽度，当肋的上部宽度小于下部宽度时，如图 11.29(c)所示，改取上部宽度； h_e——混凝土凸肋的高度； h_d——焊钉焊接后的高度，一般不大于 $h_e + 75$ mm； t_f、t_w——分别为槽钢翼缘的平均厚度和腹板的厚度； l_c——槽钢的长度； A_{st}、f_{st}——分别为弯起钢筋的截面面积和抗拉强度设计值。
槽钢	$N_v^c = 0.26(t_f + 0.5t_w)l_c\sqrt{E_cf_c}\lambda_1$ (11-30)	
弯起钢筋	$N_v^c = A_{st}f_{st}\lambda_1$ (11-31)	

（2）组合梁抗剪连接件的设计

组合梁的抗剪连接件设计方法应与组合梁的截面计算方法相一致，即当组合梁的截面采用塑性理论计算时，抗剪连接件应采用塑性设计方法。

抗剪连接件设计时，一般假定混凝土翼缘板与钢梁之间的纵向水平剪力全部由抗剪连接

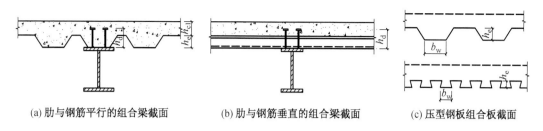

(a) 肋与钢筋平行的组合梁截面　　　(b) 肋与钢筋垂直的组合梁截面　　　(c) 压型钢板组合板截面

图 11.29　用压型钢板混凝土组合板作翼缘的组合梁

件来承担,且不考虑混凝土翼缘板与钢梁之间的摩擦和黏结作用。

组合梁抗剪连接件的塑性设计方法可参见表 11.4 所示。

表 11.4　合梁抗剪连接件塑性设计方法

内　容	具体内容及计算公式	备　注
计算简图	如右图所示	
基本假定	(1)每一剪跨区内的各栓钉所承担的纵向剪力是均匀分布的; (2)可根据组合梁的弯矩图或剪力图(如计算简图所示)将每一剪跨区划分成若干个剪跨区段。对于承受均布荷载的简支组合梁,可取零弯矩点至跨中弯矩绝对值最大点为界限,划分成若干个剪跨区段	
区段划分原则	抗剪连接件分段布置时的区段界限应取在以下的截面位置处: (1)所有支座截面; (2)所有最大正、负弯矩截面; (3)悬臂梁的自由端截面; (4)较大集中荷载的作用点截面; (5)弯矩图中的所有反弯点处截面; (6)组合梁截面的突变处截面	(1)在组合梁变截面处,两个相邻界限面的截面惯性矩之比不应超过 2; (2)当采用栓钉或槽钢抗剪连接件时,可将计算简图(b)中的剪跨区 m_1 和 m_3、m_4 和 m_5 可分别合并为一个区,并采用完全抗剪连接
连接件的纵向水平剪力计算	每个剪跨区段内混凝土翼缘板与钢梁接触面的纵向水平剪力: 对正弯矩区段: $$V_{\mathrm{ih}} = \max(A_s f_p, b_e h_{c1} f_c) \quad (11\text{-}32a)$$ 对负弯矩区段: $$V_{\mathrm{ih}} = A_{st} f_{stp} \quad (11\text{-}32b)$$	V_{ih}——每个剪跨区段内混凝土翼缘板与钢梁接触面的纵向水平剪力; f_{stp}——钢筋的塑性强度设计值,取 $0.9 f_y$; f_p——钢材的塑性抗弯强度设计值,取 $0.9 f$; A_{st}——负弯矩区混凝土翼缘板有效宽度范围内的纵向钢筋截面积; A_s——焊钉杆身截面面积; f_c——混凝土的轴心抗压强度设计值; h_{c1}——混凝土翼缘板的计算厚度; n_{f}——每个剪跨区段内栓钉总数量; N_v^c——每个连接件的抗剪承载力设计值。
连接件的数量计算	每个剪跨区段内栓钉总数量: 完全抗剪连接件: $$n_{\mathrm{f}} = V_{\mathrm{ih}}/N_v^c \quad (11\text{-}33)$$ 部分抗剪连接件: 部分抗剪连接件的实配个数不得少于 $0.5 n_{\mathrm{f}}$	
布置原则	(1)按式(11-33)计算出的抗剪连接件数量可在对应的剪跨区段内均匀布置; (2)若某剪跨区段内有较大集中荷载作用时,应将抗剪连接件的数量按剪力图面积比值分配后各自均匀布置,如右图所示	$$n_1 = \frac{nA_1}{A_1 + A_2} \qquad n_2 = \frac{nA_2}{A_1 + A_2}$$

11.2.8 组合梁的纵向抗剪验算

组合梁混凝土翼缘板和板托内的横向钢筋计算可参见表 11.5 所示,计算简图如图 11.30 所示。

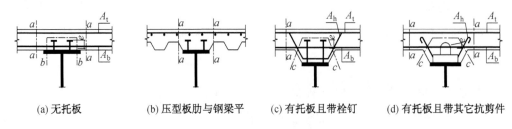

(a) 无托板　　　(b) 压型板肋与钢梁平　　　(c) 有托板且带栓钉　　　(d) 有托板且带其它抗剪件

图 11.30　验算抗剪截面位置示意图

表 11.5　组合梁混凝土翼缘板和板托内的横向钢筋计算

内　容	计　算　公　式	符　号　说　明
薄弱截面	需验算的薄弱截面主要为: 　(1) 混凝土翼缘板纵向截面,如图 11.30 中的 $a-a$; 　(2) 包含抗剪连接件的截面,如图 11.30 中的 $b-b$ 和 $c-c$ 截面	V_{la} ——混凝土翼缘板纵向截面($a-a$ 截面)单位长度上的纵向剪力设计值(N/mm); V_{lb} ——包络连接件截面($b-b$、$c-c$ 截面)单位长度上的纵向剪力设计值(N/mm); n_i ——一个横截面上连接件的个数; N_v^c ——一个连接件的抗剪承载力设计值;
纵向水平剪力计算	(1) 对 $a-a$ 截面 $$V_{la} = \max\left(\frac{n_i N_v^c b_{c1}}{b_{ce} a_i}, \frac{n_i N_v^c b_{c2}}{b_{ce} a_i}\right)$$ 　　　　　　　　　　(11-34a) (2) 对 $b-b$ 和 $c-c$ 截面 $$V_{lb} = n_i N_v^c / a_i \qquad (11-34b)$$	a_i ——连接件的纵向间距; b_{ce} ——组合梁混凝土板有效计算宽度,可按式(11-22a)～(11-22c)确定; b_{c1}、b_{c2} ——分别为组合梁内、外侧的计算宽度,参见式(11-22a)～(11-22c)来确定;
混凝土翼缘板与托板纵向界面抗剪承载力 V_u	$V_u = \beta_1 s l_s + 0.7 A_{sv} f_{st}$ (11-35a) 或 $V_u = \beta_2 l_s f_c$　　　　(11-35b)	β_1 ——折减系数,当组合梁翼缘为普通混凝土时取 0.9,当为轻质混凝土时取 0.7; β_2 ——折减系数,当组合梁翼缘为普通混凝土时取 0.19,当为轻质混凝土时取 0.15; s ——应力单位,取 1 N/mm²; l_s ——纵向受剪截面的周边长度; f_{st} ——钢筋抗拉强度设计值;
横向钢筋计算	单位长度上纵向受剪界面上与界面相交的横向钢筋截面面积为: (1) 对混凝土翼缘纵向截面($a-a$ 截面) $$A_{sv} = A_b + A_t \qquad (11-36a)$$ (2) 对无托板抗剪连接件的包络截面($b-b$ 截面) $$A_{sv} = 2A_b \qquad (11-36b)$$ (3) 对有托板抗剪连接件的包络截面($c-c$ 截面) $$A_{sv} = \begin{cases} 2A_h & e < 30 \text{ mm} \\ 2(A_b + A_h) & e \geqslant 30 \text{ mm} \end{cases}$$ 　　　　　　　　　　(11-36c) (4) 最小配筋率 $P_{min} = \dfrac{A_{sv} f_d}{l s} \geqslant 0.75$ 　　　　　　　　　　(11-36d)	A_{sv} ——单位长度纵向受剪界面上与界面相交的横向钢筋截面面积; A_b ——单位长度上组合梁翼缘板底部钢筋截面面积; A_t ——单位长度上组合梁翼缘板上部钢筋截面面积; e ——连接件的抗掀起端底部高出翼缘底部的钢筋距离; A_h ——单位长度上组合梁板托横向钢筋截面面积; ρ_{min} ——横向钢筋的最小配筋率。

11.2.9　组合梁的挠度计算与裂缝宽度验算

1）组合梁挠度计算

（1）简支组合梁的挠度计算

① 挠度计算

组合梁的挠度计算根据施工阶段钢梁有无设置临时支撑分成两种情况,且应分别考虑荷载效应的标准组合和准永久组合。

a. 施工阶段钢梁下无临时支撑

组合梁的挠度可按下式计算：

$$f_c = f_{c1} + f_{c2} \leqslant [f] \tag{11-37a}$$

$$f_{c1} = \frac{5g_{1k}l^4}{384E_sI_s} \tag{11-37b}$$

$$f_{c2} = \max\left(\frac{5p_{2k}l^4}{384B_s}, \frac{5p_{2k,1}l^4}{384B_1}\right) \tag{11-37c}$$

式中　f_c——组合梁的挠度；

$\quad\quad f_{c1}$——组合梁中钢梁在施工阶段时组合梁材料自重标准值作用下的挠度；

$\quad\quad f_{c2}$——组合梁在使用阶段后增加荷载的标准值和准永久组合作用下的挠度较大值。

$\quad\quad g_{1k}$——施工阶段组合梁材料自重的标准值；

$\quad\quad p_{2k}、p_{2k,1}$——分别为使用阶段后增加的各类荷载标准值按荷载的标准值组合和准永久组合的均布荷载；

$\quad\quad I_s$——组合梁中钢梁绕自身截面的惯性矩；

$\quad\quad B_s$——组合梁的短期刚度,可按式(11-39)确定；

$\quad\quad B_1$——组合梁的长期刚度,可按式(11-40)确定；

$\quad\quad E_s$——钢材的弹性模量；

$\quad\quad l$——组合梁的跨度；

$\quad\quad [f]$——受弯构件的挠度限值,对一般组合楼盖的主梁和次梁可分别按 $1/400$ 和 $1/250$ 采用。

b. 施工阶段钢梁下有临时支撑

组合梁的挠度可按下式计算：

$$f_c = \max\left(\frac{5p_{2k}l^4}{384B_s}, \frac{5p_{2k,1}l^4}{384B_1}\right) \leqslant [f] \tag{11-38}$$

式中　$p_{2k}、p_{2k,1}$——分别为使用阶段组合梁按荷载效应标准组合和准永久组合的所有均布荷载的标准值；

式中其他符号含义同式(11-37c)。

② 截面刚度

由于组合梁的混凝土翼板与钢梁接触面之间存在着相对滑移,这种滑移效应对组合梁的刚度有较大削弱,因此组合梁应采用荷载效应标准组合时的折减刚度 B_s 或荷载效应准永久组合时的折减刚度 B_1 来计算其挠度。

a. 短期刚度 B_s

当按荷载效应的标准组合,且考虑混凝土翼板与钢梁之间的滑移效应,计算组合梁的挠度时,组合梁的短期刚度 B_s 可按下式计算:

$$B_s = \frac{E_s I_0}{1 + \xi} \tag{11-39}$$

式中　I_0——组合梁弹性换算截面(不考虑混凝土徐变)绕组合梁换算截面中和轴的惯性矩;

　　　ξ——组合梁的刚度折减系数,可按下式计算,当 $\xi \leqslant 0$ 时,取 $\xi = 0$。

$$\xi = \frac{36 E_s d_c d_s A_0}{n_s k_1 h l^2} \left[0.4 - \frac{3}{(k_2 l)^2} \right] \tag{11-39a}$$

$$A_0 = \frac{A_{cf} A_s}{\alpha_E A_s + A_{cf}} \tag{11-39b}$$

$$k_2 = 0.81 \sqrt{\frac{n_s k_1 A_1}{E_s I_0 d_s}} \tag{11-39c}$$

$$A_1 = \frac{A_0 d_c^2 + I_{01}}{A_0} \tag{11-39d}$$

$$I_{01} = I_s + \frac{I_{cf}}{\alpha_E} \tag{11-39e}$$

式中　E_s——钢材的弹性模量;

　　　d_c——钢梁截面形心至混凝土翼板截面(对压型钢板混凝土组合楼板为其较弱截面)形心的距离;

　　　d_s——抗剪连接件的平均距离;

　　　n_s——抗剪连接件在一根钢梁上的列数;

　　　k_1——抗剪连接件的刚度系数,一般取 N_v^c(N/mm);

　　　h——组合梁的截面高度;

　　　l——组合梁的跨度;

　　　A_{cf}——组合梁混凝土翼板的截面面积,对压型钢板混凝土组合楼板翼缘,取其较弱截面的面积,且不考虑压型钢板的面积;

　　　A_s——组合梁中钢梁的截面面积;

　　　α_E——钢材与混凝土弹性模量的比值;

　　　I_s——钢梁绕自身截面中和轴的惯性矩;

　　　I_{cf}——合梁混凝土翼板绕自身截面中和轴的惯性矩,对压型钢板混凝土组合楼板翼缘,取其较弱截面的惯性矩,且不考虑压型钢板的惯性矩。

b. 长期刚度 B_l

当按荷载效应准永久组合,且考虑混凝土翼板与钢梁之间的滑移效应,计算组合梁的挠度时,组合梁的长期刚度 B_l 可按下式计算:

$$B_l = \frac{E_s I_0^c}{1 + \xi} \tag{11-40}$$

式中　I_0^c——组合梁徐变换算截面(考虑混凝土徐变)绕组合梁换算截面中和轴的惯性矩。

利用式(11-40)计算组合梁的长期刚度 B_l 时,应将式(11-39a)~(11-39e)中的所有 α_E 换成 $2\alpha_E$,计算 ξ 值,然后再代入式(11-40)中即可。

(2) 连续组合梁的挠度计算

部分抗剪连接组合梁的挠度可近似按下式计算:

$$f_r = f_c + 0.5(f_s - f_c)\left(1 - \frac{n_r}{n}\right) \tag{11-41}$$

式中　f_r——部分抗剪连接组合梁的挠度;

　　　f_c——完全抗剪连接组合梁的挠度;

　　　f_s——钢梁的挠度;

　　　n——完全抗剪连接时剪跨区连接件的总数;

　　　n_r——部分抗剪连接时剪跨区连接件的总数。

2) 组合梁裂缝宽度计算

对组合梁的负弯矩区段,往往由于负弯矩的作用,组合梁上部混凝土翼板处于受拉状态;而对组合梁的正弯矩区段,当组合梁截面中和轴位于混凝土翼板内,中和轴以下的混凝土将处于受拉状态。当混凝土的拉应力值超过混凝土的抗拉强度时,混凝土表面将出现垂直于拉力方向的裂缝,使组合梁处于带裂缝工作状态。

对允许出现裂缝的组合梁,在荷载效应的标准组合并考虑荷载准永久组合效应影响下的最大裂缝宽度应满足下式要求:

$$w_{max} \leqslant [w_{max}] \tag{11-42}$$

式中　w_{max}——组合梁在荷载效应的标准组合下,并考虑荷载准永久效应影响的最大裂缝宽度;

　　　$[w_{max}]$——组合梁的裂缝宽度限值。

连续组合梁的负弯矩段混凝土翼板受拉,产生裂缝。混凝土翼板的受拉状态近似于轴心受拉混凝土构件,其裂缝最大宽度 w_{max} 可按《混凝土结构设计规范》(GB 50010)中轴心受拉混凝土构件裂缝宽度计算。

11.2.10　组合梁构造要求

1) 组合梁的截面尺寸要求

(1) 组合梁的高跨比

组合梁的高跨比应满足下式要求:

$$h \geqslant \left(\frac{1}{15} \sim \frac{1}{16}\right)l \tag{11-43}$$

(2) 组合梁的钢梁高度

为了使钢梁的抗剪强度能够较好地组合梁的抗弯强度相协调,钢梁的截面高度应满足下式要求:

$$h_s \geqslant \frac{h}{2.5} \tag{11-44}$$

式中　h——组合梁的截面高度;

　　　l——组合梁的跨度;

h_s——组合梁的钢梁截面高度。

2) 钢梁的构造要求

(1) 钢梁截面在荷载较小时可采用轧制型钢，但在荷载较大时一般应采用三块钢板加工成上窄下宽的工字形或 H 形截面。

(2) 钢梁的截面高度应满足式(11-44)要求。

(3) 当组合梁采用塑性设计方法时，为了保证钢梁的局部稳定性，钢梁的宽(高)厚比应分别对应满足表 11.1 的规定，且钢梁上翼缘的宽度不应小于 120 mm，一般宜采用大于 150 mm 的宽度。

(4) 钢梁顶面不得涂刷油漆，在浇注混凝土之前应将钢梁上的铁锈、焊渣、积雪、泥土以及一些杂物等清除。

3) 混凝土翼缘板和托板的构造要求

(1) 组合梁的混凝土板厚度一般可采用 100、120、140、160 mm；对承受荷载较大的组合梁，其厚度可采用 180、200 mm 或更大的板厚；对采用压型钢板的组合楼板，压型钢板的凸肋顶面至钢筋混凝土翼缘板顶面的距离不小于 50 mm。

(2) 连续组合梁在中间支座负弯矩区的上部纵向钢筋，应伸入梁的反弯点，且留有足够的锚固长度或弯钩；下部纵向钢筋在支座处应连续配置，不得中断。

(3) 组合梁边梁的混凝土翼缘板构造应满足图 11.31(a)、(b)所示的构造要求。当有托板时，其外伸长度不宜小于 h_{c2}；当无托板时，应满足伸出钢梁中心线的长度不应小于 150 mm，且伸出钢梁的上翼缘边的长度不小于 50 mm 的要求。

(4) 托板的截面尺寸构造应符合图 11.31 (c)、(d)的要求。具体构造要求如下：

① 混凝土托板的高度 h_{c2} 不应超过 1.5 倍的混凝土翼缘的厚度 h_{c1}；

② 混凝土托板的顶部宽度不应小于 1.5 倍的混凝土托板的高度 h_{c2}；

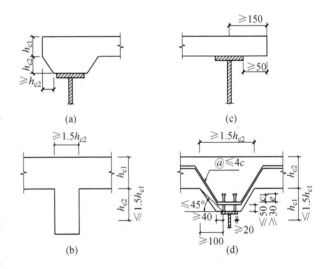

图 11.31 托板的截面尺寸及构造要求

③ 为了保证托板中的抗剪连接件的连接性能，板托边至抗剪连接件的外侧距离不得小于 40 mm；

④ 托板外形轮廓应在由连接件根部起的 45°角线界限以外；

⑤ 为了避免接近连接件根部处的混凝土受局部压力而产生劈裂，此处配筋需加强，且托板中横向钢筋的下部水平段与钢梁之间的距离不得大于 50 mm；

⑥ 为了保证连接件的工作，连接件抗掀起端底部应高出横向钢筋下部水平段的距离 e 不得小于 30 mm；横向钢筋的间距不应大于 $4c$（c 为连接件在横向钢筋以上的外伸长度），且不得大于 600 mm。

4) 抗剪连接件的构造要求

(1) 一般构造要求

① 抗剪件顶面的混凝土保护层厚度不应小于 15 mm;

② 连接件的外侧边与钢梁上翼缘侧边的距离不应小于 20 mm(若从栓钉的中心计算不应小于 35 mm);若连接件位于混凝土板托内,则其侧边至板托边的距离不应小于 40 mm,且至混凝土翼缘边的距离不应小于 100 mm,如图 11.31(d)所示;

③ 连接件的配置应与钢梁截面的中心轴相对称;

④ 连接件沿组合梁跨度方向的间距不应大于 4 倍混凝土翼缘板的厚度,且不应大于 600 mm。

(2) 栓钉抗剪件的构造要求

① 圆柱头栓钉的直径可为 8、10、13、16、19、22 等几种规格,最常用的为 16、19 及 22 mm 几种;

② 圆柱头栓钉连接件的长度不应小于 $4d$(d 为栓钉的直径),钉头直径不小于 $1.5d$;

③ 栓钉最小间距为沿梁长度方向不应小于 $5 \sim 6d$,垂直于梁跨度方向不小于 $4d$;

④ 当栓钉位置不正对钢梁肋板位置时,若钢梁上翼缘承受拉力时,则栓钉直径 d 不应大于 1.5 倍的钢梁上翼缘厚度;若钢梁上翼缘不承受拉力时,则栓钉直径 d 不应大于 2.5 倍的钢梁上翼缘厚度。

(3) 槽钢抗剪件的构造要求

① 槽钢连接件一般采用 Q235 钢轧制的[8、[10、[12、[12.6 等小型槽钢;

② 截面小于或等于[12.6 的槽钢翼缘肢尖方向应与混凝土翼缘板中的水平剪应力方向一致;

③ 槽钢与钢梁的连接一般采用沿槽钢长度方向的角焊缝焊接连接;

④ 槽钢连接件沿梁跨度方向的最大间距为 4 倍的翼缘厚度或 600 mm,槽钢连接件的上翼缘内侧应高出混凝土板下部纵向钢筋 30 mm 以上。

(4) 弯起钢筋抗剪件的构造要求

① 弯起钢筋抗剪件宜采用直径 d 为 $12 \sim 22$ mm HRP 级钢筋,且在钢梁宜成对设置;

② 弯起钢筋沿梁长方向的距离不应小于 $0.7h_c$,也不应大于 $2.0h_c$,h_c 为混凝土翼缘板(包括托板)的厚度;

③ 弯起钢筋的弯起角一般为 45°,且弯折方向应与混凝土翼缘板中纵向水平剪力的方向一致。

④ 弯起钢筋与钢梁连接的双侧角焊缝长度应为 $4d$(HRP 钢筋)或 $5d$(HRB 钢筋);

⑤ 在组合梁跨中可能产生剪应力变号位置处,必须在两个方向均设置弯起钢筋(U 形钢筋)。每个弯起钢筋从弯起点算起的总长度不宜小于 $25d$,其水平段长度不应小于 $10d$。

习 题

11-1 某建筑楼层采用压型钢板组合楼板,计算跨度为 2.2 m,压型钢板型号采用 YX—75—200—600,钢材材质为 Q235,压型钢板厚度为 $t=1.6$ mm,每米宽度的截面面积为 $A_s=2\,650$ mm²/m(重量为 0.355 kN/m²),截面惯性矩为 $I_s=0.96 \times 10^6$ mm⁴/m。顺肋方向的简支板,压型钢板上浇筑 75 mm 厚 C30 混凝土,上铺 3 mm 厚面砖(重度为 30 kN/m³),施工阶段活荷载标准值为 1.5 kN/m²,楼面使用活荷载标准值为 2.5 kN/m²。试验算压型钢板混凝土组合楼板在施工阶段及使用阶段的承载力和挠度?

11-2　某工作平台简支组合梁,截面尺寸如下图所示。已知组合梁的跨度为 $l = 18.0$ m,间距为 $S_0 = 6.0$ m。混凝土楼板采用现浇混凝土板,板厚为 $h = 200$ mm;钢梁采用三块钢板焊接而成的不对称 H 形截面,如图 10.64 所示,三块钢板的尺寸为:上翼缘为 -450×20,下翼缘为 -550×20,腹板为 -760×16。钢材材质为 Q345 钢,混凝土强度等级采用 C30。施工活荷载标准值为 $q_1 = 1.5$ kN/m²,楼面在使用阶段的活荷载标准值为 $q_2 = 5.0$ kN/m²,楼面面层和吊顶荷载标准值为 $g_2 = 2.0$ kN/m²,施工阶段钢梁下设置临时支撑。

(1) 试确定组合梁混凝土翼板的有效计算宽度?

(2) 按弹性理论计算方法确定组合梁的抗弯承载力和抗剪承载力?

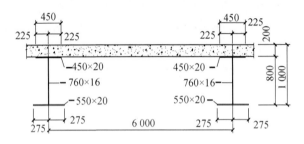

习题 **11-2** 图　组合梁截面

11-3　某组合梁截面尺寸如下图所示,组合梁的跨度为 $l = 6.0$ m,间距为 $S_0 = 2.0$ m。混凝土翼板板厚为 $h = 80$ mm;钢梁采用三块钢板焊接而成的不对称 H 形截面。三块钢板的尺寸为:上翼缘为 -150×14,下翼缘为 -250×14,腹板为 -326×10。钢材材质为 Q235 钢,混凝土强度等级采用 C25。施工阶段钢梁下设置足够多的临时支撑。试按塑性理论计算方法确定组合梁的抗弯承载力和抗剪承载力?

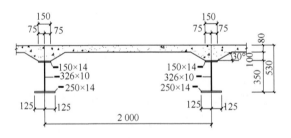

习题 **11-3** 图　组合梁截面

12 型钢/钢管混凝土构件设计

12.1 概　述

型钢混凝土构件(又称 SRC 构件)是指在型钢周围配置钢筋且浇筑混凝土后,使型钢与混凝土合为一体,共同承受外荷载。型钢混凝土构件是一种组合构件,主要分成埋入式和非埋入式两种形式。埋入式构件包括型钢混凝土梁、型钢混凝土柱、内藏钢板剪力墙等;非埋入式构件包括钢-混凝土组合梁、压型钢板组合楼板。

由于钢构件、钢筋混凝土构件与型钢混凝土构件具有各自的特点,若在同一高层建筑结构中合理利用这些构件,可最大限度地满足建筑功能需求,同时也能降低结构整体造价,提高结构安全度。通常情况下,全部采用型钢混凝土构件的结构称为钢管混凝土结构。

1) 型钢混凝土结构的特点

(1) 与传统的钢筋混凝土结构相比

与传统的钢筋混凝土结构相比,型钢混凝土结构具有下列显著的优缺点:

① 在相同的构件截面尺寸条件下,可以合理配置较多的钢材。构件截面尺寸降低,且型钢混凝土构件的钢材无徐变问题。

② 型钢混凝土构件的变形能力强,抗震性能好。

③ 在结构施工时,型钢骨架具有较大的承载能力,可以作为施工脚手架,可大大节省模板工作量。

④ 构件中同时存在型钢和钢筋,浇筑混凝土较为困难。

⑤ 钢材用量较大,造价较高。

(2) 与纯钢结构相比

与纯钢结构相比,型钢混凝土结构具有下列显著的优缺点:

① 结构整体刚度大,水平荷载作用下变形小。

② 混凝土既可参与构件受力,又可作为型钢的外围保护(防腐与防火),经济性好。

③ 混凝土有利于型钢的整体稳定性和局部稳定性,可保证构件具有很好的延性。

④ 结构自重大,施工复杂程度高。

2) 型钢混凝土构件计算的基本假定

由于型钢混凝土构件是由混凝土、钢筋和型钢三种材料构成的组合构件,计算分析较复杂。型钢混凝土构件的主要特点之一是型钢与混凝土的黏结强度比钢筋与混凝土的黏结强度低很多。特别是在反复荷载作用下,型钢与混凝土的黏结破坏明显,混凝土受压区的裂缝与钢筋混凝土构件相比,裂缝数量少但宽度较大。试验表面,在达到极限承载力之前,型钢与混凝土之间已经产生了相对滑移。因此,钢筋混凝土构件计算中采用的钢筋与混凝土变形协调的假定不能准确反映构件的受力特点。我国《型钢混凝土结构设计规程》(YB 9082)采用了强度叠加方法,即假定型钢混凝土构件的承载力是型钢与钢筋混凝土两部分承载力之和。这种方法具有计算简单、应用灵活的特点,计算结果偏于安全,因而得到广泛应用。目前,也可按《型钢混凝土组合结构技术规程》(JGJ 138)来进行计算,但计算较为繁琐,限于篇幅,本教材对此方法不作介绍。

(1) 型钢混凝土构件的刚度

当风荷载或多遇地震作用参与荷载组合时,结构的内力和位移是在弹性范围内进行的。当型钢混凝土构件的含钢率较大时,应考虑型钢对构件刚度的影响。型钢混凝土构件的刚度为型钢与钢筋混凝土两部分刚度之和,即

$$
\begin{aligned}
EA &= E_c A_c + E_{ss} A_{ss} \\
EI &= E_c I_c + E_{ss} I_{ss} \\
GA &= G_c A_c + G_{ss} A_{ss}
\end{aligned}
\tag{12-1}
$$

式中 EA、EI、GA——分别为型钢混凝土构件的轴向刚度、抗弯刚度和抗剪刚度;

$E_c A_c$、$E_c I_c$、$G_c A_c$——分别为型钢混凝土构件中钢筋混凝土部分的轴向刚度、抗弯刚度和抗剪刚度;

$E_{ss} A_{ss}$、$E_{ss} I_{ss}$、$G_{ss} A_{ss}$——分别为型钢混凝土构件中型钢部分的轴向刚度、抗弯刚度和抗剪刚度。

12.2 型钢混凝土梁设计

12.2.1 型钢混凝土梁受力性能与破坏模式

(1) 正截面受力性能与破坏形态

试验表明,型钢混凝土梁的受力性能受型钢与钢筋混凝土两部分的影响。一般情况下,其荷载-位移曲线大致可分为弹性、开裂、弹塑性及破坏等4个阶段。

实腹型钢混凝土梁在跨中两点集中荷载作用下的荷载-变形曲线如图 12.1 所示。OA 段为弹性阶段,截面的钢筋混凝土(RC)部分与型钢(S)部分的应力状态如图 12.2(a)所示。在 A 点处,梁的受拉边混凝土出现裂纹,此时应力状态如图 12.2(b)所示。对于型钢混凝土梁,由于钢材比例较大,裂纹出现后刚度下降较小。在 BC 段,受拉边的钢筋与型钢翼缘均达到屈服应力。进入 CD 段后,型钢的屈服范围不断扩大,承载力还略有提高。当到达 D 点时,受压侧最外边缘的混凝土达到极限压应变,应力状态如图 12.2(d)所示,此时

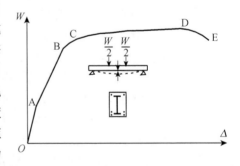

图 **12.1** 型钢混凝土梁的荷载-变形曲线

受压侧的钢筋与型钢翼缘也达到屈服。经过 D 点后,随着混凝土压坏范围的不断扩大,受压侧的钢筋与型钢翼缘发生局部屈曲,承载力下降(E 点)。图 12.1 中的 D 点相应的承载力称为型钢混凝土梁的极限受弯承载力。

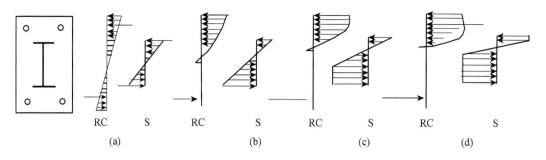

图 **12.2** 弯矩作用下型钢混凝土梁应力分布

在型钢混凝土梁中,型钢与混凝土之间的黏结力一般较弱。①对于未设置剪力连接件的梁,在荷载达到极限荷载的80％以前,型钢与混凝土可以保持共同工作状态;当达到极限荷载80％以后,由于发生了相对滑移,型钢与混凝土的应变不连续,平截面假定不再成立;此时型钢与混凝土各自的平均应变仍然保持为平面,且两者的中和轴基本上是一致的。②对于设置剪力连接件的梁,型钢翼缘表面与混凝土界面处未出现明显的纵向裂缝,表明型钢与混凝土之间未产生相对滑移,剪力连接件能够有效地确保型钢与混凝土两者共同工作。

(2)斜截面受力性能及破坏形态

型钢混凝土梁一般跨高比较大,通常易于发生弯曲破坏。型钢腹板的厚度对受剪开裂的发生、最大承载力以及延性都有很大影响,随着腹板厚度的增大,受剪承载力明显上升。

型钢混凝土梁受剪破坏时,在型钢翼缘附近产生许多短的斜裂缝,如图12.3所示,这种破坏形式称为剪切黏结破坏。型钢翼缘与混凝土的接触面发生黏结破坏后,抗剪截面有效宽度减至 b_b。与普通钢筋混凝土钢筋相比,型钢混凝土中的型钢与混凝土的黏结强度较弱。当剪力很大时,可以认为混凝土部分与型钢部分各自独立地抗弯,因而型钢混凝土梁的受剪承载力也可视为型钢与混凝土两部分承载力之和。

影响型钢混凝土梁抗剪承载力的因素很多,其中包括剪跨比、加载方式、混凝土强度等级、含钢率、型钢翼缘宽度与梁跨度之比、型钢翼缘的保护层厚度、含箍率等等。

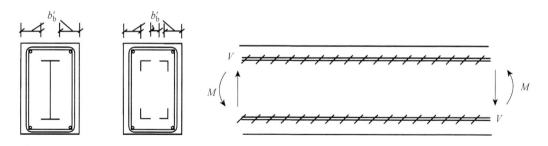

图 **12.3** 型钢混凝土构件的剪切黏结破坏

12.2.2 型钢混凝土梁正截面承载力计算

进行型钢混凝土梁设计时,采用强度叠加公式计算构件截面的承载力。对于型钢混凝土梁,其正截面承载力为型钢部分承载力与钢筋混凝土部分承载力之和,可按下式计算确定。

$$M \leqslant M_{by}^{ss} + M_{bu}^{rc} \qquad (12\text{-}2)$$

式中 M——弯矩设计值;

M_{by}^{ss}——型钢部分的受弯承载力;

M_{bu}^{rc}——钢筋混凝土部分的受弯承载力。

（1）型钢受弯承载力

当不考虑地震作用组合时,型钢受弯承载力可按式(12-3a)计算确定。

$$M_{by}^{ss} = \gamma_s W_{ss} f_{ss} \tag{12-3a}$$

当考虑地震作用组合时,型钢受弯承载力可按式(12-3b)计算确定。

$$M_{by}^{ss} = \frac{1}{\gamma_{RE}} (\gamma_s W_{ss} f_{ss}) \tag{12-3b}$$

式中 γ_s——型钢截面塑性发展系数,对于工字形截面,$\gamma_s = 1.05$;

W_{ss}——型钢的净截面抵抗矩;

f_{ss}——型钢钢材的抗拉、抗压或抗弯强度的设计值;

γ_{RE}——构件承载力抗震调整系数。

（2）钢筋混凝土受弯承载力

当不考虑地震作用组合时,钢筋混凝土受弯承载力为:

$$M_{bu}^{rc} = A_s f_{sy} \gamma h_{b0} \tag{12-4a}$$

当考虑地震作用组合时,钢筋混凝土受弯承载力为:

$$M_{bu}^{rc} = \frac{1}{\gamma_{RE}} (A_s f_{sy} \gamma h_{b0}) \tag{12-4b}$$

式中 A_s——受拉钢筋的截面面积;

f_{sy}——受拉钢筋的抗拉强度设计值;

h_{b0}——受拉钢筋截面重心至混凝土受压区边缘的距离;

γh_0——受拉钢筋面积形心至受压区压力合力作用点的距离。

式(12-4a)、(12-4b)与《混凝土结构设计规范》(GB 50010)给出的计算原则完全相同。对于钢筋混凝土部分为 T 形及倒 L 形截面的受弯构件,位于受压区翼缘的计算宽度 b_f 与一般钢筋混凝土受弯构件的规定相同。由于实际构件中型钢与混凝土之间存在黏结力,彼此之间的变形有相互约束作用,所以,按简单叠接法得到的结果一般来说是偏于保守的。

12.2.3 型钢混凝土梁斜截面承载力计算

与型钢混凝土正截面受弯承载力计算类似,抗剪强度也可以用强度叠加法确定。《型钢混凝土结构设计规程》(YB 9082)规定,型钢混凝土梁的斜截面受剪承载力应满足下式要求:

$$V = V_y^{ss} + V_{bu}^{rc} \tag{12-5}$$

式中 V——剪力设计值;

V_y^{ss}——型钢部分的受剪承载力;

V_{bu}^{rc}——钢筋混凝土部分的受剪承载力。

（1）型钢受剪承载力

当不考虑地震作用组合时,型钢受剪承载力可按式(12-6a)计算确定。

$$V_y^{ss} = t_w h_w f_{ssv} \tag{12-6a}$$

当考虑地震作用组合时,型钢受剪承载力可按式(12-6b)计算确定。

$$V_y^{ss} = \frac{1}{\gamma_{RE}}(t_w h_w f_{ssv}) \tag{12-6b}$$

式中 t_w——型钢腹板的厚度;

h_w——型钢腹板的高度,当有孔洞时,应扣除孔洞的尺寸;

f_{ssv}——型钢腹板的抗剪强度设计值;

γ_{RE}——构件承载力抗震调整系数。

(2) 钢筋混凝土受剪承载力

型钢混凝土梁中钢筋混凝土斜截面的受剪承载力计算公式与《混凝土结构设计规范》(GB 50010)中给出的公式完全相同。

① 无地震作用组合时

对均布荷载作用下的矩形、T 形和 I 形截面的型钢混凝土梁,混凝土斜截面设计承载力按下式计算:

$$V_{bu}^{rc} = 0.7 f_t b_b h_{b0} + 1.25 f_{yv} \frac{A_{sv}}{s} h_{b0} \tag{12-7a}$$

对集中荷载作用下的型钢混凝土梁(当集中荷载对节点边缘产生的剪力值占总剪力值的 75%以上时),混凝土斜截面受剪承载力应按下式计算:

$$V_{bu}^{rc} = \frac{1.75}{\lambda + 1.0} f_t b_b h_{b0} + f_{yv} \frac{A_{sv}}{s} h_{b0} \tag{12-7b}$$

式中 h_{b0}——受拉钢筋截面重心至混凝土受压区边缘的距离;

b_b——型钢混凝土梁的截面宽度;

f_t——混凝土的抗拉强度设计值;

f_{yv}——箍筋的抗拉强度设计值;

A_{sv}——同一截面箍筋各肢面积之和;

λ——计算截面的剪跨比,$\lambda = a/h_{b0}$,a 为计算截面至支座截面或节点边缘的距离,计算 截面取集中荷载作用点处的截面;当 $\lambda < 1.5$ 时,取 $\lambda = 1.5$,当 $\lambda > 3$ 时,取 $\lambda = 3$;

s——梁箍筋间距。

② 有地震作用组合时

对均布荷载作用下的矩形、T 形和 I 形截面的型钢混凝土梁,混凝土斜截面设计承载力按下式计算:

$$V_{bu}^{rc} = \frac{1}{\gamma_{RE}}\left(0.42 f_t b_b h_{b0} + 1.25 f_{yv} \frac{A_{sv}}{s} h_{b0}\right) \tag{12-7c}$$

对集中荷载作用下的型钢混凝土梁(当集中荷载对节点边缘产生的剪力值占总剪力值的 75%以上时),混凝土斜截面受剪承载力应按下式计算:

$$V_{bu}^{rc} = \frac{1}{\gamma_{RE}}\left(\frac{1.05}{\lambda + 1.0} f_t b_b h_{b0} + f_{yv} \frac{A_{sv}}{s} h_{b0}\right) \tag{12-7d}$$

式中 γ_{RE}——构件承载力抗震调整系数。

③ 型钢混凝土梁受剪承载力的限值

根据型钢混凝土梁中的型钢与钢筋混凝土抗剪承载力公式可知,增加型钢腹板的厚度和加大配箍率均可有效地提高抗剪承载力。试验结果表明:增大型钢混凝土梁中含钢率可提高梁的抗剪承载力;然而,当含钢率增大到一定数值时,型钢混凝土梁中型钢腹板和箍筋的应力尚未达到屈服时,梁已经发生斜压破坏;因此,增大含钢率对提高型钢混凝土梁抗剪承载力是有限度的。型钢混凝土梁的最大承载力主要取决于混凝土轴心抗压强度 f_c 与截面尺寸。《型钢混凝土结构设计规程》(YB 9082)规定型钢混凝土梁梁的剪力设计值应满足下列要求:

当无地震作用组合时

$$V \leqslant 0.4\beta_c f_c b_b h_{b0} \tag{12-8a}$$

当有地震作用组合时

$$V \leqslant \frac{1}{\gamma_{RE}}(0.32\beta_c f_c b_b h_{b0}) \tag{12-8b}$$

除上述限制条件外,型钢混凝土梁中钢筋混凝土的抗剪承载力尚应满足《混凝土结构设计规范》(GB 50010)中规定的受剪截面限值条件。

12.2.4 型钢混凝土梁变形计算与裂缝宽度验算

型钢混凝土梁除要进行抗弯和抗剪承载力验算外,还需要进行在正常使用条件下的变形和裂缝宽度验算。由于型钢混凝土梁承载力较高,构件截面尺寸较小,如果变形和裂缝宽度过大将影响结构的支撑使用及耐久性要求。根据型钢混凝土梁破坏的三个阶段(图12.1所示),受拉区混凝土开裂前,构件基本处于弹性变形阶段。当荷载达到破坏荷载的 $10\%\sim15\%$ 时,跨中混凝土出现裂缝。在开裂点,弯矩-挠度曲线出现弯折,以后基本保持直线。当加载至破坏荷载的 $75\%\sim85\%$ 时,受拉钢筋与型钢下翼缘先后进入屈服状态,弯矩-挠度曲线逐渐趋于平缓。随着荷载的不断增加,混凝土部分的裂缝逐渐向上发展,开裂截面受压区高度减小。由于此时有更多的型钢腹板参与受拉,故截面的承载力还可以继续提高。最后,由于受压区混凝土出现纵向裂缝,导致构件最终破坏。

(1)变形计算

与钢筋混凝土构件相比,型钢混凝土梁由于型钢的存在,将导致梁的刚度增大;当极限承载力相同时,型钢混凝土梁的刚度比钢筋混凝土梁要大。

① 型钢混凝土梁的短期刚度

试验研究结果表明:当型钢混凝土梁中钢骨采用工字钢或 H 形钢构件,在正常使用阶段,型钢与钢筋混凝土大体保持变形协调,截面平均应变基本符合直线分布规律。根据型钢混凝土梁、型钢钢骨部分以及钢筋混凝土部分三个截面平均曲率相等的原则,经分析推导,可获得在短期荷载作用下型钢混凝土梁的截面抗弯刚度,即为下式:

$$B_s = \frac{E_s A_s h_{b0}^2}{1.15\psi + 0.2 + \frac{6\alpha_E \rho}{1 + 3.5\gamma_f'}} + E_{ss} I_{ss} \tag{12-9}$$

式中 B_s——短期荷载作用下型钢混凝土梁的短期刚度;

E_s、E_{ss}——分别为型钢混凝土梁中钢筋钢材和钢骨钢材的弹性模量；

A_s——型钢混凝土梁中受拉钢筋的截面面积；

h_{b0}——受拉钢筋截面重心至混凝土受压区边缘的距离；

I_{ss}——型钢混凝土梁中钢骨的截面惯性矩；

ψ——钢筋应变的不均匀系数，可按公式(12-10)计算确定；

$\alpha_E = E_s/E_c$——钢筋与混凝土弹性模量之比；

E_c——型钢混凝土梁中混凝土材料的弹性模量；

$\rho = \dfrac{A_s}{b_b h_{b0}}$——受拉钢筋配筋率；

b_b——型钢混凝土梁的截面宽度；

$\gamma'_f = \dfrac{(b'_f - b_b)h'_f}{b_b h_{b0}}$——受压翼缘面积与腹板有效面积比值，当 $h'_f > 0.2h_{b0}$ 时，取 $h'_f = 0.2h_{b0}$；

b'_f——型钢混凝土梁受压翼缘的宽度；

h'_f——型钢混凝土梁受压翼缘的厚度。

钢筋应变不均匀系数 ψ 由下式(12-10)计算。当按式(12-10)计算出的 ψ 值大于 1.0 时，取 $\psi=1.0$；当 ψ 小于 0.2 时，取 $\psi=0.2$。

$$\psi = 1.1\left(1 - \frac{M_c}{M_k^{rc}}\right) \tag{12-10}$$

式中　$M_c = 0.235 b_b h_b^2 f_{tk}$——型钢混凝土梁中混凝土截面部分的开裂弯矩；

M_k^{rc}——标准荷载效应下型钢混凝土梁中混凝土部分所承担的弯矩，可按公式(12-11)计算确定；

h_b——型钢混凝土梁的截面高度；

f_{tk}——混凝土材料的抗拉强度标准值。

$$M_k^{rc} = \frac{E_s A_s h_{b0}}{E_s A_s h_{b0} + \dfrac{E_{ss} I_{ss}}{h_{0s}}\left(0.2 + \dfrac{6\alpha_E \rho}{1+3.5\gamma'_f}\right)} M_k \tag{12-11}$$

式中　M_k——标准荷载效应下型钢混凝土梁截面的弯矩值；

h_{0s}——型钢混凝土中钢骨截面形心至受压区边缘的距离。

② 型钢混凝土梁的长期刚度

在长期荷载作用下，考虑到混凝土的徐变和收缩对钢筋混凝土部分抗弯刚度的影响，故对其刚度进行折减。在长期荷载作用下型钢混凝土梁的截面抗弯刚度为：

$$B_l = \frac{M_k^{rc} E_s A_s h_{b0}^2}{(M_k^{rc} + 0.6 M_{lk}^{rc})\left(1.15\psi + 0.2 + \dfrac{6\alpha_E \rho}{1+3.5\gamma'_f}\right)} \tag{12-12}$$

式中　$M_{lk}^{rc} = (M_{lk}/M_k)M_k^{rc}$——准永久荷载组合效应型钢混凝土梁中钢筋混凝土部分承担的弯矩；

M_{lk}——准永久荷载组合效应下型钢混凝土梁的弯矩。

③ 变形计算

在计算型钢混凝土梁的挠度时,可假定各弯矩同号区段内梁的抗弯刚度相同,并取该区段内最大弯矩截面相应的刚度,按材料力学的方法计算。

(2) 裂缝宽度验算

在型钢混凝土梁的裂缝宽度验算时,可将钢筋混凝土部分视为钢筋混凝土梁、型钢受拉翼缘视为受拉钢筋,且考虑其对裂缝间距的影响。在型钢混凝土中,混凝土部分所承担的弯矩为 M_k^{rc},因此可按《混凝土结构设计规范》(GB 50010)中裂缝宽度的计算公式进行验算。

考虑长期荷载的影响时,型钢混凝土梁受弯时最大裂缝宽度 w_{max} 按下式计算:

$$w_{max} = 2.1\psi\frac{\sigma_{sk}}{E_s}\left(1.9c + 0.08\frac{d_e}{\rho_{te}}\right) \leqslant \left[w_{max}\right] \tag{12-13}$$

式中　ψ——钢筋应变不均匀系数,可按式(12-10)计算确定;

σ_{sk}——在短期荷载效应组合下受拉钢筋的应力,当型钢混凝土梁中钢骨为对称配置时,$\sigma_{sk} = M_k^{rc}/(0.87A_sh_{b0})$;

M_k^{rc}——标准荷载效应下型钢混凝土梁中混凝土部分所承担的弯矩,可按公式(12-11)计算确定;

A_s——型钢混凝土梁中受拉钢筋的截面面积;

h_{b0}——受拉钢筋截面重心至混凝土受压区边缘的距离;

E_s——型钢混凝土梁中钢筋钢材的弹性模量;

c——受拉钢筋的保护层厚度(mm);

$d_e = 4(A_s + A_{sf})/u$——折算钢筋的直径;

A_{sf}——型钢混凝土梁中钢骨受拉翼缘的面积;

u——受拉钢筋与型钢受拉翼缘的周长之和;

$\rho_{te} = (A_s + A_{sf})/(0.5b_bh_b)$——按有效受拉混凝土面积计算的纵向配筋率;

h_b——型钢混凝土梁的截面高度;

b_b——型钢混凝土梁的截面宽度;

$\left[w_{max}\right]$——连续组合楼板的负弯矩区段的最大裂缝宽度的容许值,可参照《混凝土结构设计规范》的有关规定。

12.3 型钢混凝土柱设计

12.3.1 型钢混凝土柱受力性能与破坏模式

(1) 正截面受力性能与破坏形态

① 轴心受压构件

对轴心受压型钢混凝土短柱,在试验加载过程中,随着荷载的不断增加,型钢和钢筋将率先出现屈服,此时混凝土内部出现细微的纵向裂缝;随着试验荷载进一步增加,型钢混凝土柱的轴向变形不断加大,混凝土内部的裂缝迅速扩展;当型钢混凝土中的混凝土应变达到其极限压应变时,混凝土被压溃,型钢混凝土柱丧失承载能力,试件破坏。在型钢混凝土柱轴心受压试验过程中,未发现钢骨外包混凝土产生剥离和鼓胀现象,型钢混凝土柱中钢骨未出现板件局部屈曲,钢骨与混凝土界面上未出现滑移现象,两者变形基本上协调一致且保持共同工作直至构件破坏。因此,对于轴心受压型钢混凝土短柱,其承载力可近似认为是混凝土、钢筋和型钢三部分承载力的简单叠加。

② 偏心受压(压弯)构件

对偏心受压型钢混凝土短柱,试验结果表明:构件破坏是以受压区混凝土的破坏为特征的。根据型钢混凝土柱达到极限承载力时,钢骨受拉翼缘是否达到屈服将构件受力状态分为大偏心受压和小偏心受压两种情况。对于小偏心受压型钢混凝土柱,破坏时受拉钢筋尚未达到屈服,柱中间附近混凝土保护层突然压碎,纵向裂缝迅速向上、下两端拓展,最终混凝土被压碎,构件承载力骤然下降。对于大偏心受压构件,受拉钢筋和钢骨受拉翼缘屈服后,构件承载力仍可持续增大,直至处于受拉区的钢骨腹板屈服,最终柱承载力下降。

由偏心受压型钢混凝土短柱试验研究结果可知:在外荷载达到柱极限荷载的 80% 前,型钢混凝土柱中钢骨与混凝土之间无相对滑移,两者变形基本协调;在外荷载达到柱极限荷载的 80% 后,钢骨与混凝土之间产生相对滑移,但两者变形基本协调。

(2) 斜截面受力性能与破坏形态

在水平反复荷载作用下,型钢混凝土柱的剪切破坏形态主要体现为以下三种:剪切斜压破坏、剪切黏结破坏和弯剪破坏。

① 剪切斜压破坏

当剪跨比较小($\lambda<1.5$)时,型钢混凝土柱发生剪切斜压破坏,如图 12.4(a)。在水平反复往复荷载作用下,混凝土斜裂缝的方向与构件对角线的方向基本一致;随着水平荷载的增加,混凝土斜裂缝不断拓展,沿对角线方向将型钢混凝土柱分解成若干斜压小柱体;最终在斜压小柱体被压碎,混凝土剥落,整个柱构件破坏。

② 剪切黏结破坏

当剪跨比 $1.5<\lambda<2.5$,且箍筋配置数量较少时,型钢混凝土柱较易发生剪切黏结破坏,如图 12.4(b)。在水平反复荷载作用下,沿钢骨周边产生很多的短斜裂缝,且沿钢骨翼缘外表面出现纵向裂缝,混凝土保护层完全从钢骨翼缘表面剥离,导致钢骨翼缘附近处为薄弱环节。最终,型钢混凝土柱外层混凝土剥落,柱发生剪切破坏。

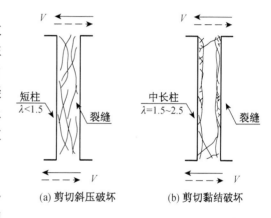

图 **12.4** 型钢混凝土柱的剪切破坏形态

③ 弯剪破坏

当剪跨比 $1.5<\lambda<2.5$,且构件轴压比较低时,型钢混凝土柱易于发生弯剪型破坏。在水平反复荷载作用下,型钢混凝土柱柱端首先出现水平弯曲裂缝;随着水平荷载的增大,水平裂缝相互贯通,且与斜裂缝交叉。当柱截面的受剪承载力高于受弯承载力时,受拉区钢材屈服,发生弯曲破坏;当柱截面的受剪承载力低于受弯承载力时,受拉区钢材尚未达到屈服时,发生剪切破坏。

12.3.2 型钢混凝土柱正截面承载力

1) 轴心受压型钢混凝土柱

对轴心受压型钢混凝土柱,其正截面承载力近似为混凝土、钢筋与钢骨三部分承载力之和,可采用下列进行计算。

$$N \leqslant \varphi(f_c A_c + f'_y A'_s + f_{ss} A_{ss}) \tag{12-14}$$

式中　N——型钢混凝土柱的轴力设计值；

　　　φ——型钢混凝土柱的稳定系数，可参照《混凝土结构设计规范》(GB 50010)中钢筋混凝土柱的有关规定采用；

　　　f_c——混凝土材料的轴心抗压强度设计值；

　　　A_c——型钢混凝土柱中混凝土部分的截面面积；

　　　f'_y——钢筋材料的抗压强度设计值；

　　　A'_s——型钢混凝土柱中纵向钢筋的截面面积；

　　　f_{ss}——钢骨材料的抗压强度设计值；

　　　A_{ss}——型钢混凝土柱中钢骨的有效截面面积。

2) 偏心受压(压弯构件)型钢混凝土柱

对偏心受压型钢混凝土柱，《型钢混凝土结构设计规程》(YB 9082)中分别给出单向和双向偏压承载力计算公式。限于篇幅，本小节仅介绍单向偏心受压型钢混凝土柱的一般叠加法和简单叠加法。

(1) 一般叠加法

① 适用范围

一般叠加法仅适用钢骨和钢筋为对称配置的型钢混凝土柱正截面承载力计算。对钢骨或钢筋为非对称配置的型钢混凝土柱，可偏于安全地将非对称截面置换成对称截面，仍采用此方法进行柱承载力计算。

② 承载力计算公式

根据强度叠加原理，型钢混凝土构件的承载力为钢骨与钢筋混凝土两部分承载力之和。偏心受压构件型钢混凝土正截面承载力应按下列公式计算：

无地震作用组合时

$$\left.\begin{aligned} N &\leqslant N^{ss}_{cy} + N^{rc}_{cu} \\ M &\leqslant M^{ss}_{cy} + M^{rc}_{cu} \end{aligned}\right\} \tag{12-15a}$$

有地震作用组合时

$$\left.\begin{aligned} N &\leqslant \frac{1}{\gamma_{RE}}(N^{ss}_{cy} + N^{rc}_{cu}) \\ M &\leqslant \frac{1}{\gamma_{RE}}(M^{ss}_{cy} + M^{rc}_{cu}) \end{aligned}\right\} \tag{12-15b}$$

式中　N、M——分别为型钢混凝土柱承受的轴力与弯矩设计值；

　　　N^{ss}_{cy}、M^{ss}_{cy}——分别为钢骨部分承担的轴力及相应的受弯承载力；

　　　N^{rc}_{cu}、M^{rc}_{cu}——分别为钢筋混凝土部分承担的轴力及相应的受弯承载力；

　　　γ_{RE}——型钢混凝土柱的正截面承载力抗震调整系数。

③ 计算步骤

a. 根据轴力平衡条件，将型钢混凝土柱给定的轴力设计值 N，按任意比例分配给钢骨部分和混凝土部分，分别为 N^{ss}_c 和 N^{rc}_c。

b. 在钢骨轴力 N^{ss}_c 和混凝土轴力 N^{rc}_c 作用下，分别按下列方法求出钢骨部分受弯承载力

M_{cy}^{ss}和混凝土部分受弯承载力M_{cu}^{rc}。

（ⅰ）钢骨部分受弯承载力M_{cy}^{ss}计算

对型钢混凝土柱中钢骨，在轴力N_c^{ss}作用下，可采用轴力与弯矩的相关公式（式（12-16））来计算钢骨部分受弯承载力M_{cy}^{ss}：

$$\left|\frac{N_c^{ss}}{A_{ssn}}\right| + \left|\frac{M_c^{ss}}{\gamma_s W_{ss}}\right| \leqslant f_{ss} \tag{12-16}$$

式中　A_{ss}、W_{ss}——分别为型钢混凝土柱中钢管的净截面面积和截面抵抗矩；

γ_s——截面塑性发展系数；

f_{ss}——钢骨钢材的强度设计值。

（ⅱ）钢筋混凝土部分受弯承载力M_{cu}^{rc}计算

对型钢混凝土柱中钢筋混凝土，在轴力N_c^{rc}作用下，可按普通钢筋混凝土压弯构件的计算方法，获取钢筋混凝土部分受弯承载力M_{cu}^{rc}。

③通过多次试算，根据试算结果，从中选取M_{cy}^{ss}与M_{cu}^{rc}之和为最大值，作为轴力N作用下型钢混凝土柱对应的受弯承载力。

（2）简单叠加法

① 适用范围

简单叠加法仅适用钢骨和钢筋均为对称配置的方形或矩形截面的型钢混凝土柱正截面承载力计算。对钢骨或钢筋为非对称配置的型钢混凝土柱，可偏于安全地将非对称截面置换成对称截面，仍采用此方法进行柱承载力计算。

② 计算步骤

a. 假设型钢混凝土柱内的钢骨或钢筋截面面积，通过下列的钢骨部分或钢筋混凝土部分内力计算的两种方法，分别确定两者各自分担的轴力和弯矩设计值。

b. 在各自所分担的轴力和弯矩作用下，分别进行钢骨部分和钢筋混凝土部分的截面设计和承载力计算。

c. 通过对比，选取两种内力方法所获得钢骨和钢筋面积最小的情况作为计算结果。对 H 形截面钢骨的型钢混凝土柱，在绕钢骨强轴弯曲计算时，应采取第一种内力计算方法；在绕钢骨弱轴弯曲计算时，应采取第二种内力计算方法。

③ 钢骨部分和钢筋混凝土部分的内力计算

a. 第一种计算方法

假设轴力由钢筋混凝土部分承担，以钢筋混凝土部分的轴心受压承载力N_{c0}^{rc}作为判别指标。对在轴力N和弯矩M共同作用下的型钢混凝土柱，根据轴力设计值N的大小，受力状态主要分成以下两种情况：

（ⅰ）当$N_{t0}^{rc} \leqslant N \leqslant N_{c0}^{rc}$且$M \geqslant M_{y0}^{ss}$时

假定型钢混凝土中钢骨的截面面积，且钢骨部分仅承受弯矩M_{y0}^{ss}，不承担轴力；钢骨的受弯承载力M_{y0}^{ss}可按纯弯构件计算确定。钢筋混凝土部分所分担轴力N_c^{rc}和弯矩M_c^{rc}，可按式（12-17a）计算；钢筋混凝土部分可按普通钢筋混凝土压弯构件进行截面设计，确定内部钢筋面积。

$$\left.\begin{array}{l} N_c^{rc} = N \\ M_c^{rc} = M - M_{y0}^{ss} \end{array}\right\} \tag{12-17a}$$

（ⅱ）当 $N > N_{c0}^{rc}$ 时

假定钢筋混凝土部分仅承担轴向压力 N_{c0}^{rc}，不承担弯矩。型钢钢筋混凝土柱中钢骨部分所分担轴力 N_c^{ss} 和弯矩 M_c^{ss}，可按式(1-17b)计算；然后可按式(12-16)确定钢骨的截面尺寸。

$$
\left.
\begin{aligned}
N_c^{ss} &= N - N_{c0}^{rc} \\
M_c^{ss} &= M
\end{aligned}
\right\}
\tag{12-17b}
$$

b. 第二种计算方法

假设轴向压力由型钢混凝土柱内钢骨承担，以钢骨部分的轴心受压承载力 N_{c0}^{ss} 作为判别指标。对在轴力 N 和弯矩 M 共同作用下的型钢混凝土柱，根据轴力设计值 N 的大小，受力状态主要分成以下两种情况：

（ⅰ）当 $N_{t0}^{ss} \leqslant N \leqslant N_{c0}^{ss}$ 且 $M \geqslant M_{u0}^{rc}$ 时

假定型钢混凝土中纵向钢筋截面面积，且钢筋混凝土部分仅承担弯矩 M_{u0}^{rc}。钢骨部分所分担轴力 N_c^{ss} 和弯矩 M_c^{ss}，可按式(12-18a)计算；然后可按式(12-16)确定钢骨的截面尺寸。

$$
\left.
\begin{aligned}
N_c^{ss} &= N \\
M_c^{ss} &= M - M_{u0}^{rc}
\end{aligned}
\right\}
\tag{12-18a}
$$

（ⅱ）当 $N > N_{c0}^{ss}$ 时

假定型钢混凝土中钢骨截面尺寸，且钢骨部分仅承担轴向压力 N_{c0}^{ss}。混凝土部分所分担轴力 N_c^{rc} 和弯矩 M_c^{rc}，可按式(12-18b)计算；然后，可《混凝土结构设计规范》(GB 50010)的方法，计算确定纵向钢筋的截面面积。

$$
\left.
\begin{aligned}
N_c^{rc} &= N - N_{c0}^{ss} \\
M_c^{rc} &= M
\end{aligned}
\right\}
\tag{12-18b}
$$

式中　N、M——分别为偏心受压型钢混凝土柱的轴力和弯矩设计值；

N_{c0}^{ss}、M_{y0}^{ss}——分别为型钢混凝土柱钢骨的轴心受压和纯弯承载力；

N_c^{ss}、M_c^{ss}——分别为型钢混凝土柱中钢骨所承担的轴力与弯矩设计值；

N_{u0}^{rc}、M_{u0}^{rc}——分别为型钢混凝土柱中钢筋混凝土部分的轴心受压和纯弯承载力；

N_c^{rc}、M_c^{rc}——分别为型钢混凝土柱中钢筋混凝土部分所承担的轴力与弯矩设计值。

④ 钢骨部分承载力

a. 轴心受压承载力 N_{c0}^{ss}

对于型钢混凝土柱，可不考虑钢骨在轴心受压时的稳定性问题，承载力为钢材强度设计值与型钢面积的乘积，型钢轴心受压承载力 N_{c0}^{ss} 可下列方法确定：

无地震作用组合时

$$
N_{c0}^{ss} = f_{ss} A_{ssn}
\tag{12-19a}
$$

有地震作用组合时

$$
N_{c0}^{ss} = f_{ss} A_{ssn} / \gamma_{RE}
\tag{12-19b}
$$

b. 压弯承载力

当 N_c^{ss} 为压力时，型钢混凝土中钢骨部分的压弯承载力应满足下式要求：

无地震作用组合时

$$\frac{N_{\mathrm{c}}^{\mathrm{ss}}}{A_{\mathrm{ssn}}} + \frac{M_{\mathrm{c}}^{\mathrm{ss}}}{\gamma_{\mathrm{s}} W_{\mathrm{ssn}}} \leqslant f_{\mathrm{ss}} \tag{12-20a}$$

有地震作用组合时

$$\frac{N_{\mathrm{c}}^{\mathrm{ss}}}{A_{\mathrm{ssn}}} + \frac{M_{\mathrm{c}}^{\mathrm{ss}}}{\gamma_{\mathrm{s}} W_{\mathrm{ssn}}} \leqslant \frac{f_{\mathrm{ss}}}{\gamma_{\mathrm{RE}}} \tag{12-20b}$$

式中　A_{ssn}、W_{ssn}——分别为型钢混凝土柱中钢骨的净截面面积和净截面抵抗矩；

　　　γ_{s}——钢骨截面的塑性发展系数；

　　　f_{ss}——钢骨材料的抗压强度设计值；

　　　γ_{RE}——钢管的承载力抗震调整系数。

⑤ 钢筋混凝土部分承载力

a. 轴心受压承载力 $N_{\mathrm{c0}}^{\mathrm{rc}}$

无地震作用组合时：

$$N_{\mathrm{c0}}^{\mathrm{rc}} = f_{\mathrm{c}} A_{\mathrm{c}} + f_{\mathrm{sy}}(A_{\mathrm{s}} + A_{\mathrm{s}}') \tag{12-21a}$$

有地震作用组合时：

$$N_{\mathrm{c0}}^{\mathrm{rc}} = \frac{1}{\gamma_{\mathrm{RE}}} \left[f_{\mathrm{c}} A_{\mathrm{c}} + f_{\mathrm{sy}}(A_{\mathrm{s}} + A_{\mathrm{s}}') \right] \tag{12-21b}$$

式中　A_{c}——型钢混凝土柱内混凝土部分的截面面积；

　　　f_{sy}——钢筋抗压强度设计值；

　　　f_{c}——混凝土轴心抗压强度设计值；

　　　A_{s}、A_{s}'——分别为型钢混凝土柱内受拉区与受压区受力纵向钢筋的截面面积。

b. 偏压承载力

在轴向压力和弯矩共同作用下，型钢混凝土中钢筋混凝土部分的承载力可按现行《混凝土结构设计规范》(GB 50010)进行计算确定。

3) 偏心受拉(拉弯构件)型钢混凝土柱

(1) 适用范围

对偏心受拉型钢混凝土柱承载力计算方法采用简单叠加法，此方法仅适用钢骨和钢筋为双向对称配置的方向或矩形截面的型钢混凝土柱。对钢骨或钢筋为非对称配置的型钢混凝土柱，可偏于安全地将非对称截面置换成对称截面，仍采用此方法进行柱承载力计算。本小节仅介绍承受轴向拉力和单向弯矩的钢混凝土柱正截面偏拉承载力计算。

(2) 计算步骤

① 假设型钢混凝土柱内的钢骨或钢筋截面面积，通过下列的钢骨部分或钢筋混凝土部分内力计算的两种方法，分别确定两者各自分担的轴向拉力和弯矩设计值。

② 在各自所分担的轴向拉力和弯矩作用下，分别进行钢骨部分和钢筋混凝土部分的截面设计和承载力计算。

③ 通过对比，选取两种内力方法所获得钢骨和钢筋面积的较小值，作为型钢混凝土柱截面设计的结果。

(3) 钢骨部分和钢筋混凝土部分的内力计算

① 第一种计算方法

当 $N < N_{t0}^{rc}$ 时,假定钢筋混凝土部分仅承担轴向拉力 N_{t0}^{rc},不承担弯矩。型钢钢筋混凝土柱中钢骨部分所分担轴力 N_c^{ss} 和弯矩 M_c^{ss},可按式(12-22)计算。

$$\left. \begin{array}{l} N_c^{ss} = N - N_{t0}^{rc} \\ M_c^{ss} = M \end{array} \right\} \qquad (12\text{-}22)$$

② 第二种计算方法

当 $N < N_{t0}^{ss}$ 时,假定型钢钢筋混凝土柱中钢骨部分仅承担轴向拉力 N_{t0}^{ss}。钢筋混凝土部分所分担轴向拉力设计值 N_c^{rc} 和弯矩设计值 M_c^{rc},可按式(12-23)计算。

$$\left. \begin{array}{l} N_c^{rc} = N - N_{t0}^{ss} \\ M_c^{rc} = M \end{array} \right\} \qquad (12\text{-}23)$$

式中　N、M——分别为偏心受拉型钢混凝土柱的轴向拉力和弯矩设计值;

　　　N_c^{ss}、M_c^{ss}——分别为钢骨所承担的轴向拉力与弯矩设计值;

　　　N_c^{rc}、M_c^{rc}——分别为钢筋混凝土部分所承担的轴向拉力与弯矩设计值。

　　　N_{t0}^{ss}、N_{t0}^{rc}——分别为钢骨部分和钢筋混凝土部分的轴心受拉承载力。

(4) 钢骨部分承载力

① 钢骨轴心受拉承载力 N_{t0}^{ss}

无地震作用组合时:

$$N_{c0}^{ss} = -f_{ss}A_{ssn} \qquad (12\text{-}24a)$$

有地震作用组合时:

$$N_{c0}^{ss} = -f_{ss}A_{ssn}/\gamma_{RE} \qquad (12\text{-}24b)$$

② 拉弯承载力

在轴向拉力和弯矩共同作用下,型钢混凝土中钢骨部分的拉弯承载力应满足下式要求

无地震作用组合时:

$$\frac{N_c^{ss}}{A_{ssn}} - \frac{M_c^{ss}}{\gamma_s W_{ssn}} \geqslant -f_{ss} \qquad (12\text{-}25a)$$

有地震作用组合时:

$$\frac{N_c^{ss}}{A_{ssn}} - \frac{M_c^{ss}}{\gamma_s W_{ssn}} \geqslant -\frac{f_{ss}}{\gamma_{RE}} \qquad (12\text{-}25b)$$

式中　A_{ssn}、W_{ssn}——分别为型钢混凝土柱中钢骨的净截面面积和净截面抵抗矩;

　　　γ_s——钢骨截面的塑性发展系数;

　　　f_{ss}——钢骨材料的抗压强度设计值;

　　　γ_{RE}——钢管的承载力抗震调整系数。

(5) 钢筋混凝土部分承载力

① 轴心受压承载力 N_{t0}^{rc}

无地震作用组合时:

$$N_{t0}^{rc} = -f_{sy}(A_s + A_s') \qquad (12\text{-}26a)$$

有地震作用组合时:

$$N_{t0}^{rc} = -\frac{1}{\gamma_{RE}} f_{sy}(A_s + A_s')$$ (12-26b)

式中　f_{sy}——钢筋的拉强度设计值;

A_s、A_s'——分别混凝土柱内受拉钢筋和受压钢筋的截面面积。

② 偏拉承载力

在轴向拉力和弯矩共同作用下,型钢混凝土中钢筋混凝土部分的拉弯承载力可按现行《混凝土结构设计规范》(GB 50010)进行计算确定。

12.3.3　型钢混凝土柱斜截面承载力

试验研究结果表明:型钢混凝土柱的斜截面受剪承载力可近似等于钢骨腹板的抗剪承载力和钢筋混凝土斜截面抗剪承载力之和,且需考虑轴力影响。因此,型钢混凝土柱斜截面抗剪承载力可采用简单叠加法进行计算,即按下式计算:

无地震作用组合

$$V \leqslant V_y^{ss} + V_{cu}^{rc}$$ (12-27a)

有地震作用组合

$$V \leqslant \frac{1}{\gamma_{RE}}(V_y^{ss} + V_{cu}^{rc})$$ (12-27b)

式中　V——型钢混凝土柱的剪力设计值;

V_y^{ss}、V_{cu}^{rc}——分别为型钢混凝土柱中钢骨部分和钢筋混凝土部分的受剪承载力。

(1) 钢骨部分受剪承载力 V_y^{ss}

$$V_y^{ss} = f_{ssv}\sum t_w h_w$$ (12-28)

式中　t_w、h_w——分别为与剪力方向一致的钢骨板件的厚度与高度;

f_{ssv}——钢骨钢材的抗剪强度设计值。

(2) 钢筋混凝土部分受剪承载力 V_{cu}^{rc}

无地震作用组合:

$$V_{cu}^{rc} = \frac{0.2}{\lambda + 1.5}\alpha_c f_c b_c h_{c0} + 1.25 f_{yv}\frac{A_{sv}}{s}h_{c0} + 0.07 N_c^{rc}$$ (12-29a)

有地震作用组合:

$$V_{cu}^{rc} = \frac{0.16}{\lambda + 1.5}\alpha_c f_c b_c h_{c0} + f_{yv}\frac{A_{sv}}{s}h_{c0} + 0.056 N_c^{rc}$$ (12-29b)

式中　$N_c^{rc} = N f_c A_c/(f_c A_c + f_{sy}A_{ss})$——钢筋混凝土部分承担的轴力设计值,当 $N_c^{rc} \geqslant 0.3\alpha_c f_c A_c$ 时,取 $N_c^{rc} = 0.3\alpha_c f_c A_c$;

λ——型钢混凝土柱的剪跨比,对框架柱,取 $\lambda = H_n/2h_{c0}$;当 $\lambda < 1$ 时,取 $\lambda = 1$;当 $\lambda > 3$ 时,取 $\lambda = 3$;

H_n——楼层的净高;

b_c——型钢混凝土柱的截面宽度；

h_{c0}——型钢混凝土柱截面受拉钢筋形心至受压混凝土边缘的距离；

A_c——型钢混凝土柱中钢筋混凝土的截面面积；

A_{sv}——型钢混凝土柱中同一水平截面的箍筋各肢截面面积之和；

s——箍筋的间距；

f_c——混凝土轴心抗压强度设计值；

α_c——与混凝土强度等级有关的强度折减系数；

f_{yv}——箍筋钢材的强度设计值。

（3）型钢混凝土柱截面限值

由于型钢混凝土柱中的钢骨存在，其受剪承载力的上限值要比钢筋混凝土提高较多。对方形或矩形截面的型钢混凝土柱，为了防止构件出现剪切斜压破坏，受剪截面应满足下列条件

① 剪压比

无地震作用组合：

$$V_c \leqslant 0.45\alpha_c f_c b_c h_{c0} \tag{12-30a}$$

$$V_c^{rc} \leqslant 0.25\alpha_c f_c b_c h_{c0} \tag{12-30b}$$

有地震作用组合：

$$V_c \leqslant \frac{1}{\gamma_{RE}}(0.36\alpha_c f_c b_c h_{c0}) \tag{12-30c}$$

当剪跨比 $\lambda > 2$ 时 $\qquad V_c^{rc} \leqslant \dfrac{1}{\gamma_{RE}}(0.2\alpha_c f_c b_c h_{c0}) \tag{12-30d}$

当剪跨比 $\lambda \leqslant 2$ 时 $\qquad V_c^{rc} \leqslant \dfrac{1}{\gamma_{RE}}(0.15\alpha_c f_c b_c h_{c0}) \tag{12-30e}$

式中 V_c——型钢混凝土的剪力设计值；

V_c^{rc}——型钢混凝土中钢筋混凝土部分承担的剪力设计值。

式中其他符号含义同公式(12-29a)和(12-29b)。

② 型钢比

$$\frac{f_{ssv}h_w t_w}{\alpha_c f_c b_c h_{c0}} \geqslant 0.1 \tag{12-31}$$

式中符号含义同公式(12-28)。

12.4 型钢混凝土构件的构造要求

12.4.1 基本构造要求

1）钢骨部分的构造要求

（1）钢骨的宽厚比

① 型钢混凝土构件中，钢骨板件的厚度不应小于 6 mm。

② 为了能够满足钢骨的局部稳定性，钢骨板件的宽厚比应满足表 12.1 中的各板件宽厚

比或径厚比限值。

表 **12. 1**　钢骨的宽厚比与径厚比限值

	b/t_f	h_w/t_w（梁）	h_w/t_w（圆柱）	D/t（方柱）	D/t（圆柱）
Q235	23	107	96	72	150
Q345	19	91	81	61	109

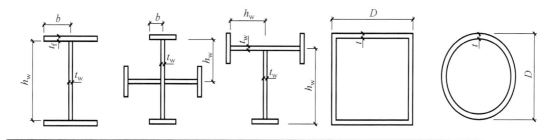

（2）含钢率

① 在型钢混凝土梁或柱中，钢骨的含钢率不应小于 2%，不宜大于 10%。

② 钢骨的经济含钢率应控制在 5%～8%。

③ 型钢混凝土柱的钢骨含钢率一般应大于型钢混凝土梁。

2）钢筋混凝土部分的构造要求

（1）在型钢混凝土构件中，钢骨的存在导致纵向钢筋与箍筋的配筋率均较小。

（2）混凝土强度等级不宜低于 C30。

（3）型钢混凝土构件中配筋的形式受到一定限制，钢筋直径一般较大，因此钢筋的混凝土保护层厚度要略大于普通钢筋混凝土构件。

（4）主受力钢筋与钢骨之间的净距不得小于 30 mm 且应大于粗骨料最大粒径的 1.5 倍；箍筋与钢骨之间的净距不小于 25 mm 及粗骨料最大粒径的 1.5 倍。

（5）在型钢混凝土柱中，钢骨的保护层厚度宜不小于 150 mm；在型钢混凝土梁中，钢骨的保护层厚度宜不小于 100 mm。

3）抗剪连接件的构造要求

（1）当型钢混凝土中钢骨上需设置抗剪连接件时，宜优先采用栓钉。

（2）栓钉的直径规格宜选用 19 mm 和 22 mm 两种.

（3）栓钉的长度不应小于 4 倍栓钉直径，且栓钉的间距不应小于 5 倍栓钉直径。

12. 4. 2　型钢混凝土梁的构造要求

（1）钢骨

① 型钢混凝土梁的钢骨宜采用对称截面的宽翼缘实腹截面型钢，且截面宜为充满型（型钢受压翼缘位于截面受压区内）。

② 钢骨可采用轧制 H 型钢或钢板焊接而成的 H 形钢。对截面高度很大的型钢混凝土梁，钢骨也可采用型钢桁架，且桁架受压杆件的长细比宜小于 120。

③ 对悬臂梁的自由端或简支梁的两端，纵向受力钢筋应设置专用的锚固件，且型钢混凝土梁内钢骨上翼缘表面宜设置栓钉等抗剪连接件。

④ 对实腹式型钢混凝土梁，钢骨在支座处或上翼缘承受较大固定集中荷载处，应在钢骨

腹板的两侧成对设置支承加劲肋。

（2）纵向受力钢筋

① 型钢混凝土梁的纵向受拉钢筋的配筋率宜大于 0.3%。

② 除特殊情况外，型钢混凝土梁上下侧纵向钢筋的配置均不宜超过两排。若设置了两排纵向受力钢筋，宜将第二排受力钢筋尽量设置在梁的两侧。

③ 纵向受力钢筋直径不宜小于 16 mm，钢筋间距不应大于 200 mm；纵筋之间以及纵筋与钢骨之间净距不应小于 30 mm 及 1.5 倍钢筋直径。

④ 伸入支座的纵向受力钢筋的根数和锚固长度可参照《混凝土结构设计规范》（GB 50010）的有关规定执行。

⑤ 腰筋设置要求与普通钢筋混凝土梁相同，当型钢混凝土梁梁高 $h \geqslant 500$ mm 时，在梁的两侧设置纵向腰筋，间距不宜超过 200 mm，且在腰筋与钢骨之间宜设置拉结钢筋。

⑥ 次梁与悬臂梁的钢筋在主梁中的锚固如图 12.5 所示。次梁上钢筋拉通，下钢筋可以穿过主梁型钢的腹板或直接向上弯折。

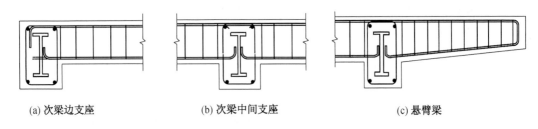

(a) 次梁边支座　　　　　(b) 次梁中间支座　　　　　(c) 悬臂梁

图 12.5　次梁及悬臂梁的钢筋锚固

（3）箍筋

① 型钢混凝土梁一般采用封闭式箍筋，无论受力计算需要与否都应沿梁的全长设置箍筋。

② 在构件抗震设计中，型钢混凝土梁内的箍筋应设 135°弯钩，且弯钩端头直线段长度不应小于 10 倍箍筋直径。

③ 型钢混凝土梁中箍筋的直径与间距应满足表 12.2 中的相关要求，且箍筋间距也不应大于梁高的 1/2。

表 12.2　型钢混凝土梁中箍筋的直径和间距的要求

设防烈度	箍筋直径	箍筋间距	加密区箍筋间距
非抗震	$\geqslant 8$ mm	$\leqslant 250$ mm	——
6 度、7 度	$\geqslant 8$ mm	$\leqslant 250$ mm	$\leqslant 150$ mm
8 度、9 度	$\geqslant 10$ mm	$\leqslant 200$ mm	$\leqslant 100$ mm

注：当梁中配有计算需要的受压钢筋时，钢筋直径不应小于 $d/4$（d 为纵向受压钢筋的最大直径）。

④ 对抗震设防的结构，型钢混凝土梁在距梁端 1.5～2.0 倍梁高的范围内，箍筋间距应加密；当梁的截面高度大于梁净跨的 1/5 时，梁全跨范围内按加密区间距配置箍筋。

12.4.3　型钢混凝土柱的构造要求

（1）截面形式与截面尺寸

① 型钢混凝土柱的柱身净高与截面长边尺寸的比值宜大于 4。

② 型钢混凝土柱的长细比不宜大于 30。

③ 型钢混凝土柱的截面形式宜采用矩形。当钢骨采用十字形型钢时,型钢混凝土柱的边长不宜小于 600 mm;当钢骨采用工字形型钢时,型钢混凝土柱短边长度不小于 400 mm,长边不小于 600 mm。

④ 为了保证混凝土浇捣密实,通常在型钢混凝土柱的钢柱横向隔板上设置透气孔,如图 12.6 所示。

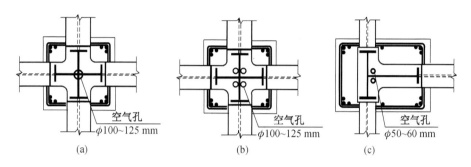

图 12.6　型钢混凝土柱中钢骨设置通气孔

⑤ 试验表明,尽管型钢混凝土柱的延性比普通钢筋混凝土柱有很大的改善,但当柱承受的轴向压力超过轴向受压极限承载力的 50% 时,柱的延性明显下降。影响型钢混凝土柱延性的主要因素是混凝土承担的轴向压力。《型钢混凝土结构设计规程》(YB 9082)中规定,当考虑地震作用组合时,对框架结构,型钢混凝土柱的轴压比 n 应满足下式要求:

$$n = \frac{N}{f_c A_c + f_{ss} A_{ss}} \tag{12-32}$$

式中　n——型钢混凝土的轴压比,应小于表 12.3 中限值;

　　　N——地震作用组合下型钢混凝土柱的轴压力设计值;

　　　A_c、A_{ss}——分别为型钢混凝土柱内的钢筋混凝土部分和钢骨部分的截面面积;

　　　f_c——混凝土材料的轴心抗压强度设计值;

　　　f_{ss}——钢骨材料的抗压强度设计值。

表 12.3　型钢混凝土柱轴压比 n 的限值

框架抗震等级		一级	二级	三级
结构体系	箍筋形式			
框架	复合箍筋	0.65	0.75	0.85
框架-抗震墙 框架-筒体	复合箍筋	0.7	0.8	0.9

注明:1. 当配置复合螺旋箍筋,间距不大于 100 mm,且体积配箍率满足规范要求时,轴压比限值可增大 0.05~0.1;

　　　2. 当框架柱剪跨比不大于 2 时,轴压比值应降低 0.05;

　　　3. 对采用高强度混凝土的型钢混凝土柱,轴压比限值也应适当降低;混凝土强度等级为 C70 时,降低 0.05;混凝土强度等级为 C70 时,降低 0.1。

（2）钢骨

① 型钢混凝土柱的钢骨宜采用实腹式型钢,截面形式可为十字形截面（中柱）、T 形截面

（边柱）、L形截面（角柱）、宽翼缘H型钢、圆钢管、方钢管等；对非抗震区或抗震设防烈度为6度的结构，型钢混凝土柱的钢管也可采用大斜腹杆的格构式截面。

② 对位于底层加强部位、结构顶层以及与钢筋混凝土结构交接处的型钢混凝土柱，钢骨表面宜设置栓钉；栓钉的竖向间距和水平间距均不宜大于250 mm。

（3）纵向受力钢筋

① 型钢混凝土柱中竖向纵向钢筋宜采用对称配筋，钢筋的最小直径不小于16 mm。

② 竖向纵向钢筋的最小净距不小于60 mm，竖向钢筋与钢骨间的净间距不应小于40 mm。

③ 型钢混凝土柱竖向钢筋的总配筋率不宜小于1%（混凝土强度等级不超过C60）或1.1%（混凝土强度等级超过C60），但不应超过3%。

④ 型钢混凝土柱竖向钢筋和钢骨的总配钢率不宜超过15%。

⑤ 竖向纵向受力钢筋一般设置于型钢混凝土柱的角部，且每个角部不宜设置多于5根的钢筋。

⑥ 竖向受力钢筋的间距不宜大于300 mm；若不满足要求，应增设纵向构造钢筋，直径为$\phi12\sim\phi20$，且不小于受力钢筋直径的1/2，间距不应大于200 mm。

（4）箍筋

① 在型钢混凝土柱中，应采用封闭式箍筋。

② 在框架梁柱节点核心区，考虑到箍筋贯通孔对型钢腹板的削弱，核心区箍筋间距不宜太密，取150 mm左右为宜。为了施工方便，核心区箍筋常用两个U形箍焊接而成，单面焊缝长度不小于$10d$。

③ 对抗震设防的一般框架型钢混凝土柱，在柱上、下端各1.0～1.5倍截面边长或1/6柱净高（两者的较大值）范围内，箍筋间距应加密。

④ 对抗震设防的剪跨比不大于2框架柱或框支柱，且框架抗震等级为一级的角部型钢混凝土柱，箍筋应沿柱全高加密，且箍筋间距不大于100 mm。

⑤ 型钢混凝土柱柱中箍筋的体积配箍率ρ_{sv}不应小于0.5%，箍筋直径和间距应满足表12.4的要求。

表 12.4　型钢混凝土柱中箍筋的直径和间距的要求

设防烈度	箍筋直径	箍筋间距	加密区箍筋间距
非抗震	≥8 mm	≤200 mm	——
6度、7度	≥10 mm	≤200 mm	≤150 mm
8度、9度	≥12 mm	≤150 mm	≤100 mm

12.5　钢管混凝土柱设计与构造要求

钢管混凝土柱是指在钢管中填充素混凝土而形成的一种组合构件，其主要是由密排螺旋箍混凝土构件演变而成的。钢管混凝土柱的基本原理为：① 借助于内填的素混凝土来增强钢管壁的局部稳定性；② 借助于钢管壁对核心混凝土的环向约束作用，使混凝土处于三向受压状态,进而提高混凝土的抗压强度和变形能力。

根据钢管混凝土柱中钢管的截面形式,可分为圆形钢管混凝土柱、方形钢管混凝土柱以及矩形钢管混凝土柱。目前,工程中最常采用的是圆形钢管混凝土柱。限于教材篇幅,本章主要介绍一下圆形钢管混凝土柱的受力原理和截面设计。

12.5.1 钢管混凝土柱的受力性能及破坏形态

在外荷载作用下,钢管混凝土短柱的轴向荷载-应变曲线(N-ε)如图 12.7 所示。由图 12.7 的荷载-应变曲线可知,在外荷载作用下钢管混凝土柱的受力过程主要分为三个阶段:

(1)弹性阶段

当向压力较小时,钢管混凝土柱中钢管与混凝土之间的界面黏结未破坏,两者之间仍可传递应力,钢管受到一定的压应力,N-ε 曲线基本呈直线段(图 12.7 中的 AB 段),此时钢管混凝土柱基本处于弹性工作阶段。

(2)弹塑性阶段

随着外荷载逐步增大,混凝土内部出现细微的裂缝,且受压向外膨胀,钢管壁受到混凝土的挤压而产生环向拉应力;钢管与混凝土界面上的黏结力逐渐丧失,但两者之间仍存在一定的摩阻力。随着外荷载的持续增加,钢管主要受到环向拉应力;核心混凝土受到钢管环向应力而处于三向受压状态,其轴心抗压强度和延性显著提高,直至钢管表面出现斜向的剪切滑移线,如图 12.8 所示。此时,钢管开始屈服,N-ε 曲线呈明显曲线,钢管混凝土柱进入弹塑性阶段(图 12.7 所示的 BC 段),荷载达到最大值(C 点)。

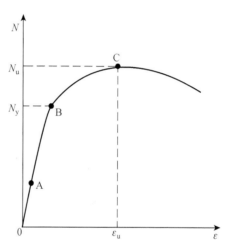

图 12.7 钢管混凝土短柱的轴向荷载-应变曲线(N-ε)曲线

(3)下降阶段

当钢管混凝土柱的轴向荷载-应变曲线(N-ε)过了 C 点后,N-ε 曲线开始逐渐下降。随着变形增大,钢管混凝土柱仍能继续承受外荷载。

钢管混凝土柱破坏时,钢管处于纵向受压和环向受拉的复杂应力状态,混凝土处于三向受压状态。通常,把钢管混凝土柱的轴向荷载-应变曲线(N-ε)上 B 点对应的荷载定义为屈服荷载 N_y;C 点的荷载定义为极限荷载 N_u,其对应的应变称为极限压应变 ε_u。

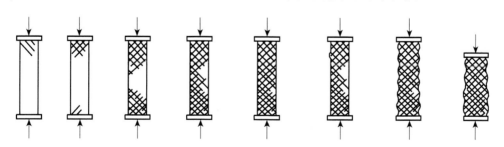

图 12.8 钢管混凝土短柱的剪切滑移线

12.5.2 钢管混凝土柱承载力计算

针对圆形钢管混凝土柱,其受压承载力计算方法目前主要有:极限平衡理论法(套箍系数法)、强度提高系数法和组合强度理论法。在钢管混凝土柱的多种计算方法中,极限平衡理论法是概念清晰、形式简单、计算便捷且相对精确的一种实用计算方法,目前在实际工程设计中常被采用。本节主要介绍圆形钢管混凝土柱受压承载力的极限平衡理论计算方法。

极限平衡理论计算方法是以圆形钢管混凝土短柱为研究对象,大量的试验结果表明:此方法的计算结果与试验结果吻合较好,具有广泛的适用范围。圆形钢管混凝土短柱的极限平衡理论计算简图如图 12.9 所示。

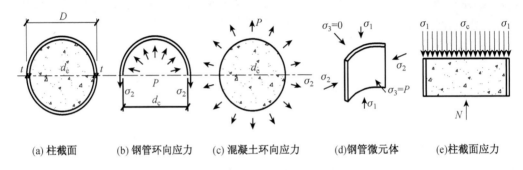

(a) 柱截面　(b) 钢管环向应力　(c) 混凝土环向应力　(d)钢管微元体　(e)柱截面应力

图 12.9　钢管混凝土短柱计算简图

当采用极限平衡理论方法(套箍系数法)来计算圆形钢管混凝土柱的受压承载力时,应符合下列基本假定:

(1) 钢管混凝土短柱仅由钢管和核心混凝土组成的;

(2) 钢材屈服和混凝土材料达到极限压应变后,两种材料均为理想塑性;

(3) 钢管混凝土短柱的极限平衡条件服从 VonMises 屈服条件;

(4) 钢管混凝土侧限强度为侧压指数 P/f_c 的函数;

(5) 在极限状态时,对于径厚比 $D/t \geqslant 20$ 的薄壁钢管,截面上径向应力远小于环向应力与纵向应力,因此计算过程中径向应力可以忽略不计。

1) 轴心受压钢管混凝土柱

(1) 承载力计算公式

对轴心受压圆形钢管混凝土柱,其轴向压力设计值 N 应满足下式要求:

$$N \leqslant \varphi_0 N_0 \tag{12-33}$$

式中　φ_0——考虑构件长细比影响后轴心受压钢管混凝土柱的受压承载力折减系数,可按式(12-35a)和(12-35b)计算确定;

N_0——轴心受压钢管混凝土短柱承载力的设计值,可按下列方法确定:

$$N_0 = f_c A_c (1 + \sqrt{\theta} + \theta) \tag{12-34a}$$

当钢管内混凝土强度等级大于等于 C50,且套箍系数 $\theta \leqslant \zeta$ 时,N_0 应按下式计算。

$$N_0 = f_c A_c (1 + \alpha\theta) \tag{12-34b}$$

$$\theta = \frac{fA_s}{f_c A_c} = \frac{f\rho_s}{f_c} \quad (12\text{-}34c)$$

$$\zeta = \frac{1}{(\alpha - 1)^2} \quad (12\text{-}34d)$$

式中　θ、ρ_s——分别为钢管混凝土短柱的套箍系数和含钢率；

　　　α、ζ——与混凝土强度等级相关的两个系数，可按表 12.5 确定；

　　　A_s、A_c——分别为钢管和内填混凝土的截面面积；

　　　f、f_c——分别为钢管和混凝土的抗压强度设计值。

表 12.5　系数 α、ζ 的值

混凝土强度等级	C50	C55	C60	C65	C70	C75	C80
α	2.00	1.95	1.90	1.85	1.80	1.75	1.70
ζ	1.00	1.11	1.23	1.38	1.56	1.78	2.04

（2）受压承载力折减系数 φ_0

对轴心受压钢管混凝土柱,若考虑构件长细比对承载力的影响,则其受压承载力的减系数 φ_0 应按下列方法计算:

① 当长度与直径的比值 $l_0/D \leqslant 4$ 时(钢管混凝土短柱):

$$\varphi_0 = 1.0 \quad (12\text{-}35a)$$

② 当长度与直径的比值 $l_0/D > 4$ 时(钢管混凝土长柱):

$$\varphi_0 = 1 - 0.115\sqrt{\frac{l_0}{D} - 4} \quad (12\text{-}35b)$$

式中　$l_0 = \mu l$——钢管混凝土短柱的计算长度；

　　　l——钢管混凝土短柱的实际长度；

　　　μ——计算长度修正系数,可按下文方法确定；

　　　D——钢管混凝土短柱的直径。

（3）计算长度系数 μ

轴心受压钢管混凝土柱的计算长度系数 μ 主要取决于上、下两端支承点的约束条件,可按无侧移框架和有侧移框架遵循下列规定取值。

① 无侧移框架

无侧移框架是指框架结构中设置有支撑、剪力墙、电梯井同等侧向支撑的结构,且侧向支撑结构的抗侧刚度不小于框架整体抗侧刚度的 5 倍。

根据上、下端梁柱的刚度比值 K_1 和 K_2,轴心受压钢管混凝土柱的计算长度系数 μ 可按表 12.6 查取。

② 有侧移框架

有侧移框架是指框架结构中未设置有支撑、剪力墙、电梯井同等侧向支撑的结构,或侧向支撑结构的抗侧刚度小于框架整体抗侧刚度的 5 倍。

根据上、下端梁柱的刚度比值 K_1 和 K_2,轴心受压钢管混凝土柱的计算长度系数 μ 可按表 12.7 查取。

表 12.6　无侧移框架柱的计算长度系数 μ

K_2 ＼ K_1	$\geqslant 20$	10	5	2	1	0.5	0.25	0.1	0.05	0
$\geqslant 20$	0.500	0.524	0.546	0.590	0.626	0.656	0.675	0.689	0.694	0.700
10	0.524	0.549	0.570	0.615	0.654	0.685	0.706	0.721	0.726	0.732
5	0.546	0.570	0.592	0.638	0.677	0.710	0.732	0.748	0.754	0.760
2	0.590	0.615	0.638	0.686	0.729	0.765	0.789	0.807	0.814	0.821
1	0.626	0.654	0.677	0.729	0.774	0.813	0.840	0.860	0.867	0.875
0.5	0.656	0.685	0.710	0.765	0.813	0.855	0.885	0.906	0.914	0.922
0.25	0.675	0.706	0.732	0.789	0.840	0.885	0.916	0.939	0.947	0.956
0.1	0.689	0.721	0.748	0.807	0.860	0.906	0.939	0.963	0.971	0.981
0.05	0.694	0.726	0.754	0.814	0.867	0.914	0.947	0.971	0.981	0.990
0	0.700	0.732	0.760	0.821	0.875	0.922	0.956	0.981	0.990	1.000

注：1. K_1——相交于柱上端节点的横梁线刚度之和与柱线刚度之和的比值；

K_2——相交于柱下端节点的横梁线刚度之和与柱线刚度之和的比值；

2. 当横梁与柱铰接时，取横梁线刚度为 0；

3. 对于底层框架柱，当柱与基础铰接时，取 $K_2=0$；当柱与基础刚接时，取 $K_2=\infty$。

表 12.7　有侧移框架柱的计算长度系数 μ

K_2 ＼ K_1	$\geqslant 20$	10	5	2	1	0.5	0.25	0.1	0.05	0
$\geqslant 20$	1	1.02	1.03	1.08	1.16	1.28	1.45	1.67	1.80	2.00
10	1.02	1.03	1.05	1.10	1.17	1.30	1.46	1.70	1.83	2.03
5	1.03	1.05	1.07	1.11	1.19	1.31	1.48	1.72	1.86	2.07
2	1.08	1.10	1.11	1.16	1.24	1.37	1.54	1.79	1.94	2.17
1	1.16	1.17	1.19	1.24	1.32	1.45	1.63	1.90	2.70	2.33
0.5	1.28	1.30	1.31	1.37	1.45	1.59	1.79	2.11	2.31	2.64
0.25	1.45	1.46	1.48	1.54	1.63	1.79	2.04	2.43	2.70	3.18
0.1	1.67	1.70	1.72	1.79	1.90	2.11	2.43	3.01	3.47	4.45
0.05	1.80	1.83	1.86	1.94	2.07	2.31	2.70	3.47	4.16	6.02
0	2.00	2.03	2.07	2.17	2.33	2.63	3.18	4.45	6.02	∞

2）偏心受压钢管混凝土柱

（1）承载力计算公式

对偏心受压圆形钢管混凝土柱，其轴向压力设计值 N 应满足下式要求：

$$N \leqslant \varphi_l \varphi_e N_0 \qquad (12\text{-}36a)$$

且

$$\varphi_l \varphi_e \leqslant \varphi_0 \qquad (12\text{-}36b)$$

式中　N_0——钢管混凝土短柱（$l_0/D \leqslant 4$）轴心受压的承载力设计值，按式（12-34a）或（12-34b）确定；

φ_l——考虑长细比影响后偏心受压钢管混凝土柱的承载力折减系数，按式（12-37a）或（12-37b）确定；

φ_e——考虑偏心率影响后偏心受压钢管混凝土柱的承载力折减系数，按式（12-38a）或（12-38b）确定；

φ_0——轴心受压钢管混凝土柱考虑构件长细比影响的受压承载力折减系数,可按式(12 -35a)和(12-35b)确定。

(2)折减系数 φ_1

对偏心受压钢管混凝土柱,若考虑构件长细比对承载力的影响,则其受压承载力的减系数 φ_1 应按下列方法计算:

① 当 $l_e/D \leq 4$ 时(钢管混凝土短柱):

$$\varphi_1 = 1.0 \tag{12-37a}$$

② 当 $l_e/D > 4$ 时(钢管混凝土长柱):

$$\varphi_1 = 1 - 0.115\sqrt{\frac{l_e}{D} - 4} \tag{12-37b}$$

式中 $l_e = kl_c = k\mu l$——钢管混凝土柱的等效计算长度;

k——钢管混凝土柱的等效计算长度系数,可按系数方法确定;

其余符号同式(12-35a)和(12-35b)。

(3)折减系数 φ_e

对偏心受压钢管混凝土柱,若考虑构件偏心率对承载力的影响,则其受压承载力的减系数 φ_e 应按下列方法计算:

① 当 $e_0/r_c \leq 1.55$ 时(小偏压柱):

$$\varphi_e = \frac{1.0}{1 + 1.85\dfrac{e_0}{r_c}} \tag{12-38a}$$

② 当 $e_0/r_c > 1.55$ 时(大偏压柱):

$$\varphi_e = \frac{0.4r_c}{e_0} \tag{12-38b}$$

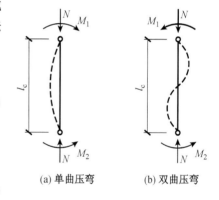

(a) 单曲压弯   (b) 双曲压弯

图 **12.10** 无侧移框架柱

式中 $e_0 = M_2/N$——钢管混凝土柱上、下端较大弯矩一端轴向力对柱截面形心的偏心距;

r_c——钢管的内半径;

M_2——钢管混凝土柱上、下端弯矩设计值两者中的较大值;

N——钢管混凝土柱的轴向压力设计值。

(4)等效计算长度系数 k

对偏心受压钢管混凝土柱,当其上、下两端之间无侧向荷载作用时,柱的等效计算长度系数 k 可按下列方法确定:

① 对无侧移框架柱:

$$k = 0.5 + 0.3\beta + 0.2\beta^2 \tag{12-39a}$$

式中 $\beta = M_1/M_2$——钢管混凝土柱上、下端弯矩设计值两者中的较小值 M_1 与较大值 M_2 的比值,即要求 $|M_1| \leq |M_2|$;对单曲压弯柱,如图 12.10(a)所示,β 取正值;对双曲压弯柱,如图 12.10(b)所示,β 取负值。

② 对有侧移框架柱(图12.11):

当 $e_0/r_c \geqslant 0.8$ 时:

$$k = 0.5 \tag{12-39b}$$

当 $e_0/r_c < 0.8$ 时:

$$k = 1.0 - 0.625e_0/r_c \geqslant 0.5 \tag{12-39c}$$

③ 对悬臂柱:

当 $e_0/r_c \geqslant 0.8$ 时:

$$k = 1.0 \tag{12-39d}$$

当 $e_0/r_c < 0.8$ 时:

$$k = 2.0 - 1.25e_0/r_c \tag{12-39e}$$

图 **12.11** 有侧移框架柱

若悬臂柱有弯矩作用且使柱内产生剪力时:

$$k = 1 + \beta \geqslant 2.0 - 1.25e_0/r_c \tag{12-39f}$$

式中 β ——钢管混凝土柱顶弯矩设计值与固端弯矩设计值比值,对单曲压弯柱,β 取正值;对双曲压弯柱,β 取负值。

12.5.3 钢管混凝土柱构造要求

钢管混凝土柱的构造除了满足现行《钢结构设计规范》(GB 50017)和《混凝土设计规范》(GB 50010)的一般要求外,还应考虑钢管混凝土柱自身的特点,需满足下列要求。

(1) 混凝土的构造要求

① 钢管内的混凝土强度等级应根据钢管混凝土柱承载力大小的要求及与钢管材质相匹配的原则来选择。一般情况下:Q235 钢材,对应的混凝土强度等级为 C30、C40 或 C50;Q345 钢材,对应的混凝土强度等级为 C40、C50 或 C60;Q390 钢材,对应的混凝土强度等级为 C50、C60 或 C60 以上。

② 混凝土的坍落度应保持在 160 mm 左右,以确保混凝土易于振捣,同时可掺入引气量较小的减水剂。

③ 由于钢管为封闭的截面,混凝土中多余水分难以排除,因此混凝土的水灰比不宜过大。当混凝土宜采用水泥混凝土,混凝土水灰比不宜过大,应控制在小于或等于 0.45。

④ 采用泵送混凝土或抛落无振捣浇灌工艺时,宜使用流动性混凝土,水灰比不宜大于 0.45;采用振捣浇灌混凝土工艺时,宜使用塑性混凝土,水灰比不宜大于 0.4。

⑤ 对于直径大于 500 mm 的钢管混凝土柱,管内混凝土宜采用微膨胀混凝土。

⑥ 粗骨料的粒径宜不大于 25 mm,压碎指标宜不大于 5%。

(2) 钢管的构造要求

① 钢管可采用螺旋缝焊接钢管、直缝焊接钢管或无缝钢管。

② 焊接钢管必须采用双面或单面 V 形坡口全熔透对接焊缝,并达到与母材等强度的要求。

③ 钢管的钢材材质应采用屈强比 $f_y/f_u \leqslant 0.8$ 的 Q235 或 Q345 钢,也可采用 Q390 或 Q420 钢。

④ 钢管的薄厚 t 不应小于 8 mm,也不宜大于 25 mm;钢管的外直径 D 不宜小于 100 mm,钢管的外径与壁厚比值 D/t 宜在 20~70 之间,一般承重钢管混凝土柱在 70 左右。

⑤ 为了保证空钢管的局部稳定,钢管混凝土柱的含钢率 ρ_s(是指钢管的截面面积 A_s 与内填混凝土截面面积 A_c 的比值)不应小于 4%。对于钢管为 Q235 钢材时,宜取 $\rho_s=4\%\sim16\%$;对于钢管为 Q345 钢材时,宜取 $\rho_s=4\%\sim12\%$;比较经济的含钢率 $\rho_s=6\%\sim10\%$。

⑥对非抗震设防的结构,钢管混凝土柱的套箍指标 θ 不应小于 0.5;对非抗震设防的结构,套箍指标 θ 不应小于 0.9,且宜取 $\theta\geqslant1.0$。

习 题

12-1 型钢混凝土梁与型钢混凝土柱的受力特点及破坏形式的异同点?

12-2 型钢混凝土梁与型钢混凝土柱的计算方法有何差异?

12-3 钢管混凝土柱的受力特性如何?

12-4 影响钢管混凝土柱承载力的主要因素为什么?

12-5 型钢混凝土梁截面尺寸为 450 mm×850 mm,混凝土强度等级为 C30,纵向钢筋 HRB335,钢骨为 Q345,如下图所示。钢梁承受弯矩设计值 $M=1250$ kN·m。要求对钢骨与纵向钢筋进行设计。

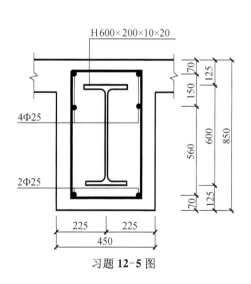

习题 **12-5** 图

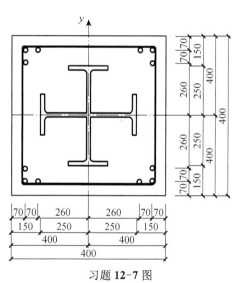

习题 **12-7** 图

12-6 钢骨混凝土梁的截面及配筋形式同习题 12-5。剪力设计值为 $V=1\,200$ kN。求该梁需要配置的箍筋数量。

12-7 型钢混凝土柱截面尺寸为 800 mm×800 mm,如图所示。混凝土强度等级 C30,主筋为 HRB335,钢骨采用 Q345 钢。轴力设计值 $N=3\,000$ kN,弯矩 $M=1\,300$ kN·m,要求对钢骨和纵向钢筋进行设计。

12-8 钢骨混凝柱截面尺寸为 800 mm×800 mm,钢骨截面尺寸为 500×200×10×16,柱净高 $H_n=400$ mm,柱截面形式见习题 12-7。混凝强度等级 C30,钢骨采用 Q235 钢,纵向受力钢筋为 HRB335,箍筋为 HPB235。内力设计值分别为 $M=552$ kN·m,$V=600$ kN,$N=200$ kN。求该柱需要配置的箍筋数量。

12-9　设有某一无侧移钢管混凝土框架柱，钢管截面为 $\Phi750\times12$ mm，钢材材质为 Q345 钢，$f=310$ N/mm²；内填 C45 混凝土，$f_c=21.1$ N/mm²，柱长度为 8 m，轴向力设计值 $N=18\,000$ kN，柱上端弯矩设计值为 $M_1=-150$ kN·m，柱下端弯矩设计值为 $M_2=450$ kN·m，弯矩沿柱轴线呈直线分布，如习题 12-9 图所示，已知柱计算长度系数 $\mu=0.9$。试验算此钢管混凝土柱的受压承载力能否满足设计要求。

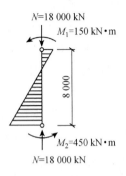

习题 **12-9** 图　钢管混凝土柱的弯矩分布

13 高层建筑的基础

13.1 高层建筑基础选型

高层建筑的基础工程由于工程量大、施工难度大、工期长、消耗的材料多,在高层建筑的概预算中占了很大的比重,因此,如何设计基础,对高层建筑的经济技术指标有较大的影响。高层建筑的基础是整个建筑的重要组成部分。如基础选型不当,基础不稳,必将影响结构的正常使用,而且还很可能引起上部主体结构的裂缝、整体倾斜、沉降过大、甚至主要构件的破坏,进而导致整体倒塌。

基础设计应该根据高层建筑的特点,综合考虑建筑场地的工程地质和水文地质状况、上部结构的类型和房屋高度、施工技术和经济条件等因素,使建筑物不致发生过量沉降或倾斜,满足建筑物正常使用要求;还应了解邻近地下构筑物及各项地下设施的位置和标高等,减少与相邻建筑的相互影响。在地震区,高层建筑宜避开对抗震不利的地段;当条件不允许避开不利地段时,应采取可靠措施,使建筑物在地震时不致由于地基失效而破坏,或者产生过量下沉或倾斜。满足建筑物在施工和使用阶段的正常使用要求和承载力要求。特别注意以下问题:

(1) 高层建筑宜设地下室。

(2) 建筑物所在的场地地质状况(土层分布、强度、压缩模量)和地下水位的情况。在上部结构相同的情况下,基础型式会因为不同的地质状况,而选型各异。

(3) 不同类型的上部结构对于地基的不均匀沉降和整体倾斜的敏感程度是不同的。上部结构对基础的沉降越敏感,就要尽量提高基础的整体刚度。比如框架-剪力墙结构,如果基础提供的刚度不够,就会引起剪力墙部位的沉降过大,剪力墙将会部分卸载给框架部分,因为二者的协同工作体系,将会使框架部分处于非常不利的境地。所以,框架-剪力墙体系的结构应当设在同一个刚性基础上。

(4) 高层建筑基础设计应满足建筑物使用上的要求。例如人防要求、设置地下车库、地下酒吧、地下商场、地下餐厅、与城市已有地下设施(地铁)连通等要求。

(5) 随着技术的发展,现在可供选择的基础设计方案很多。应当根据施工地点的不同情况、地区的习惯性做法和成熟可靠的技术,选择经济合理的方案。同时,也必须考虑到拟建建筑物对已建建筑物基础和其他地下设施所构成的影响。施工期间需要降低地下水位的,应采取避免影响邻近建筑物、构筑物、地下设施等安全和正常使用的有效措施;同时还应注意施工降水的时间要求,避免停止降水后水位过早上升而引起建筑物上浮等问题。

(6) 高层建筑具有高度大、重量大和基础埋置深的特点,因此对基础的稳定性、地基承载力、地基变形量和因为地基不均匀变形造成的整体倾斜有十分严格的要求。同时,施工时对周围环境的影响也较大。因此,应当通过地基勘查,探明建筑物所在场地的地质条件、地下水情况和地基土的性状,以保证建筑物质量和投资的经济性。

高层建筑应采用整体性好、能满足地基承载力和建筑物容许变形要求并能调节不均匀沉降的基础形式;宜采用筏形基础或带桩基的筏形基础,必要时可采用箱形基础。当地质条件好且能满足地基承载力和变形要求时,也可采用交叉梁式基础或其他形式基础;当地基承载力或变形不满足设计要求时,可采用桩基或复合地基。

13.2 筏 形 基 础

13.2.1 筏形基础的设计要点

在钢筋混凝土被用于基础的时候,早期一般多是使用条形基础、柱下独立基础和交叉梁基础。当建筑物上部荷载较大或地基承载力较低的时候,基础底面积就越大,达到 3/4 以上时,人们发现,此时采用整板式基础更为经济。于是就产生了筏板基础。筏板基础也称为板式基础,多用在上部结构荷载较大,地基承载力较低的情况。

这种基础一般有两种做法:倒肋形楼盖式和倒无梁楼盖式。倒肋形楼盖的筏基,板的折算厚度较小,用料较省,刚度较好,但施工比较麻烦,模板较费。如果采用板底架梁的方案有利于地下室空间的利用,但地基开槽施工麻烦,而且破坏了地基的连续性,扰动了地基土,会降低地基承载力;采用倒无梁楼盖式的筏基,板厚度较大,用料较多,刚度也较差,但施工较为方便,且有利于地下空间的利用。采用此种形式的筏板,应在柱下板底或板面加墩,板底加墩有利于地下空间的利用,板面加墩则施工较为方便。因此选择施工方案的时候应考虑综合因素。

在进行上部结构计算时,首先要确定其嵌固部位,嵌固部位又直接影响基础弯矩,所以它对于结构分析和基础设计都是非常重要的,并且直接与建筑物的经济性和安全性有关。《高层建筑箱形与筏形基础技术规范》(JGJ 6—2011)(以下简称《箱筏规范》)规定了不同的结构形式的上部结构嵌固部位的确定原则。但其前提是地下室四周的回填土必须分层夯实,保证回填质量。在实际工程中发现,很多施工单位对夯实质量没有认真控制而留下隐患。国内外调查资料表明,深埋基础周围土的回填质量较好时,有利于吸收地震能量,减轻上部结构的地震反应增强建筑物整体稳定性,其地震反应减小的程度达到 20%～30%。因此,基础施工图应当对回填质量提出更为严格的要求。筏形与箱形基础地下室施工完成后,应及时进行基坑回填。回填土应按设计要求选料。回填时应清除基坑内的杂物,在相对的两侧或四周同时进行并分层夯实,回填土的压实系数不应小于 0.94。

由于筏形基础的刚度一般比箱形基础要小得多,因此在确定上部结构的嵌固部位时应更加慎重。对于上部结构为框架、剪力墙或框剪结构的单层或多层地下室,只有当地下室的层间侧移刚度大于等于上部结构层间侧移刚度的 1.5 倍时,地下一层结构顶部才可作为上部结构的嵌固部位;否则,认为上部结构嵌固在筏型基础的顶部。对于上部结构为框筒或筒中筒结构的地下室,当地下一层传来水平力或地震作用时,地下一层结构顶部可作为上部结构的嵌固部位。此时,也应保证地下的层间侧移刚度大于等于上部结构层间侧移刚度的 1.5 倍。以上规定是为了保证基础结构具有足够的刚度和强度,使得在地震作用下能够保证上部结构的某些关键部位能实现预期的先于其他部位的屈服即进入非弹性阶段,产生预期的耗能机制。

《箱筏规范》对作为嵌固部位的地下一层结构顶板的最小厚度作了限制,即不应小于 200 mm。顶板的厚度不仅对于承受垂直荷载很重要,对于承受侧向荷载亦非常重要。其在平面内的变形将影响楼层地震作用在各抗侧力构件之间的分配。另外应尽量避免或减少在顶板及与其连接的外墙开洞,当避免不了时应尽量减小开洞的面积,并对洞口周边从构造上加强,以防止刚度突变或强度降低的不利影响。总之,地下室的刚度乃至上部结构底层的刚度对基础刚度的影响都是十分显著的,与基础和上部结构的共同作用有着直接的和重要的关系,应注意加强。地下一层顶板应采用双层双向配筋,且每层每个方向配筋率不宜小于 0.25%。

当地下一层作为上部结构的嵌固部位时,其框架及剪力墙应加强,加强范围应是该层的顶面至该层的底面。加强部位的框架柱、剪力墙的弯矩设计值应根据抗震设防烈度、建筑物的抗震等级按照现行国家有关标准中关于底部加强区的规定进行计算,其构造措施也应符合相关规定。

采用箱基的多层地下室及采用筏基的地下室,当地下一层的侧向刚度大于或等于上部结构相邻层侧向刚度的 1.5 倍时,地下一层结构顶部可作为上部结构的嵌固部位,其目的旨在迫使塑性铰出现在上部结构刚度软弱的部位。

地下一层和地上一层结构的侧向刚度比 γ 可近似按下式估算:

$$\gamma = \frac{G_0 A_0 h_0}{G_1 A_1 h_1} \tag{13-1}$$

$$[A_0, A_1] = A_W + 0.12 A_c \tag{13-2}$$

式中 G_0、G_1——分别为地下一层和地上一层的混凝土剪切模量;

  A_0、A_1——分别为地下一层和地上一层的折算受剪面积;

  A_W——在计算方向上剪力墙全部有效面积;

  A_c——全部柱截面面积;

  h_0、h_1——分别为地下一层和地上一层的层高。

对框架-核心筒或筒中筒结构,地下一层结构顶板沿筒体四周及外墙不得有大洞口,且地下室的外墙应能够承受上部结构通过地下一层顶板传来的水平力,地下一层结构顶板与外墙连接处的截面,尚应符合下列条件:

非抗震设计 $V_f \leqslant 0.125 f_c b_f t_f$ \hfill (13-3)

抗震设计 $V_{E-f} \leqslant \dfrac{1}{\gamma_E} 0.1 f_c b_f t_f$ \hfill (13-4)

式中 f_c——混凝土轴心受压强度设计值;

  b_f——沿水平力或地震力方向与外墙连接的地下一层结构顶板的宽度;

  t_f——地下一层结构顶板的厚度;

  V_f——上部结构传来的计算截面处的水平剪力设计值;

  V_{E-f}——地震作用组合时,上部结构传来的计算截面处的水平地震剪力设计值;

  γ_E——承载力抗震调整系数,取 0.85。

13.2.2 筏形基础的一般规定

梁板式筏基底板的板格应满足受冲切承载力的要求。梁板式筏基的板厚不应小于 300 mm,且板厚与板格的最小跨度之比不宜小于 1/20。梁板式筏基的基础梁除满足正截面受弯及斜截面受剪承载力外,尚应验算底层柱下基础梁顶面的局部受压承载力。

地下室底层柱、剪力墙与梁板式筏基的基础梁的连接构造要求应符合下列规定:

当交叉基础梁的宽度小于柱截面的边长时,交叉基础梁连接处应设置八字角,柱角和八字

角之间的净距不宜小于 50 mm,见图 13.1(a);

当单向基础梁与柱连接时,柱截面的边长大于 400 mm,可按 图 13.1.b、c 采用;柱截面的边长小于等于 400 mm,可按 图 13.1(d)采用;

当基础梁与剪力墙连接时,基础梁边至剪力墙边的距离不宜小于 50 mm,见图 13.1(e)。

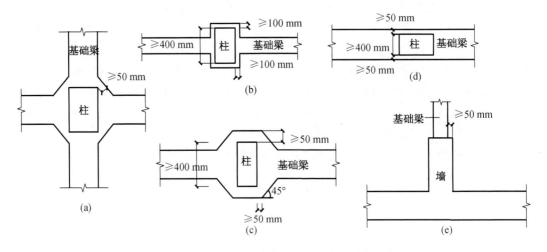

图 13.1 基础梁与地下室底层柱或剪力墙连接的构造

(1) 筏形与箱形基础的底面压力,可按下列公式确定

① 当受轴心荷载作用时

$$p_k = \frac{F_k + G_k}{A} \tag{13-5}$$

式中 F_k——相应于荷载效应标准组合时,上部结构传至基础顶面的竖向力值(kN);

  G_k——基础自重和基础上的土重之和,在稳定的地下水位以下的部分,应扣除水的浮力(kN);

  A——基础底面面积(m^2)。

② 当受偏心荷载作用时

$$p_{kmax} = \frac{F_k + G_k}{A} + \frac{M_k}{W} \tag{13-6}$$

$$p_{kmin} = \frac{F_k + G_k}{A} - \frac{M_k}{W} \tag{13-7}$$

式中 M_k——相应于荷载效应标准组合时,作用于基础底面的力矩值(kN・m);

  W——基础底面边缘抵抗矩(m^3)。

(2) 筏形与箱形基础的底面压力应符合下列公式规定

① 当受轴心荷载作用时

$$p_k \leqslant f_a \tag{13-8}$$

式中 p_k——相应于荷载效应标准组合时,基础底面处的平均压力值(kPa);

  f_a——修正后的地基承载力特征值(kPa)。

② 当受偏心荷载作用时,除应符合式(13-8)规定外,尚应符合下式规定:

$$p_{kmax} \leqslant 1.2 f_a \tag{13-9}$$

式中 p_{kmax}——相应于荷载效应标准组合时,基础底面边缘的最大压力值(kPa)。

③ 对于非抗震设防的高层建筑筏形与箱形基础,除应符合式(13-8)、式(13-9)的规定外,尚应符合下式规定:

$$p_{kmin} \geqslant 0 \tag{13-10}$$

式中 p_{kmin}—— 相应于荷载效应标准组合时,基础底而边缘的最小压力值(kPa)。

对于抗震设防的建筑,筏形与箱形基础的底面压力除应符合上面3条要求外,尚应按下列公式验算地基抗震承载力:

$$p_{kE} \leqslant f_{aE} \tag{13-11}$$

$$p_{max} \leqslant 1.2 f_{aE} \tag{13-12}$$

$$f_{aE} = \zeta_a f_a \tag{13-13}$$

式中 p_{kE}——相应于地震作用效应标准组合时,基础底面的平均压力值(kPa);

p_{max}——相应于地震作用效应标准组合时,基础底面边缘的最大压力值(kPa);

f_{aE}——调整后的地基抗震承载力(kPa);

ζ_a——地基抗震承载力调整系数,按表13.1确定。

在地震作用下,对于高宽比大于4的高层建筑,基础底面不宜出现零应力区;对于其他建筑,当基础底面边缘出现零应力时,零应力区的面积不应超过基础底面面积的15%;与裙房相连且采用天然地基的高层建筑,在地震作用下主楼基础底面不宜出现零应力区。

表 13.1 地基抗震承载力调整系数 ζ_a

岩土名称和性状	ζ_a
岩石,密实的碎石土,密实的砾、粗中砂,$f_{ak} \leqslant 300kPa$ 的黏性土和粉土	1.5
中密、稍密的碎石土,中密和稍密的砾、粗、中砂,密实和中密的细、粉砂,$150kPa \leqslant f_{ak} < 300kPa$ 的黏性土和粉土	1.3
稍密的细、粉砂,$100kPa \leqslant f_{ak} < 150kPa$ 的黏性土和粉土,新近沉积的黏性土和粉土	1.1
淤泥,淤泥质土,松散的砂,填土	1.0

注:f_{ak}为地基承载力的特征值。

高层建筑筏形与箱形基础的地基变形计算值,不应大于建筑物的地基变形允许值,建筑物的地基变形允许值应按地区经验确定,当无地区经验时应符合现行国家标准《基础规范》(GB 50007)的规定。《箱筏规范》修订了高层建筑筏形与箱形基础的沉降计算公式。

当采用土的压缩模量计算筏形与箱形基础的最终沉降量 s 时,应按下列公式计算:

$$s = s_1 + s_2 \tag{13-14}$$

$$s_1 \leqslant \psi \sum_{i=1}^{m} \frac{p_c}{E_{si}} (z_i \bar{a}_i - z_{i-1} \bar{a}_{i-1}) \tag{13-15}$$

$$s_2 \leqslant \psi_s \sum_{i=1}^{n} \frac{p_0}{E_{si}} (z_i \bar{a}_i - z_{i-1} \bar{a}_{i-1}) \tag{13-16}$$

式中 s——最终沉降量(mm);

s_1——基坑底面以下地基土回弹再压缩引起的沉降量(mm);

s_2——由基底附加压力引起的沉降量(mm);

ψ'——考虑回弹影响的沉降计算经验系数，无经验时取 $\psi'=1$；

ψ_s——沉降计算经验系数，按地区经验采用；当缺乏地区经验时，可按现行国家标准《基础规范》(GB 50007)的有关规定采用；

p_c——相当于基础底面处地基土的自重压力的基底压力(kPa)，计算时地下水位以下部分取土的浮重度(kN/m^3)；

p_0——准永久组合下的基础底面处的附加压力(kPa)；

E'_{si}、E_{si}——基础底面下第 i 层土的回弹再压缩模量和压缩模量(MPa)，按《箱筏规范》第 4.3.1 条试验要求取值；

m——基础底面以下回弹影响深度范围内所划分的地基土层数；

n——沉降计算深度范围内所划分的地基土层数；

z_i、z_{i-1}——基础底面至第 i 层、第 $i-1$ 层底面的距离(m)；

a_i、a_{i-1}——基础底面计算点至第 i 层、第 $i-1$ 层底面范围内平均附加应力系数，按《箱筏规范》附录 B 采用。

式(13-15)中的沉降计算深度应拉地区经验确定，当无地区经验时可取基坑开挖深度；式(13-16)中的沉降计算深度可按现行国家标准《基础规范》(GB 50007)确定。

当采用土的变形模量计算筏形与箱形基础的最终沉降量 s 时，应按下式计算：

$$s \leqslant p_k \sum_{i=1}^{n} \frac{\delta_i - \delta_{i-1}}{E_{0i}} \tag{13-17}$$

式中　p_k——长期效应组合下的基础底面处的平均压力标准值(kPa)；

b——基础底面宽度(m)；

δ_i、δ_{i-1}——与基础长宽比 L/b 及基础底面至第 i 层土和第 $i-1$ 层土底面的距离深度 z 有关的无因次系数，可按《箱筏规范》附录 C 中的表 C 确定；

E_{0i}——基础底面下第 i 层土的变形模量(MPa)，通过试验或按地区经验确定；

η——沉降计算修正系数，可按表 13.2 确定。

表 13.2　修正系数 η

$m=2zn/b$	$0<m\leqslant0.5$	$0.5<m\leqslant1$	$1<m\leqslant2$	$2<m\leqslant3$	$3<m\leqslant5$	$5<m\leqslant\infty$
η	1.00	0.95	0.90	0.80	0.75	0.70

按式(13-17)进行沉降计算时，沉降计算深度 z_n 宜按下式计算：

$$z_n = (z_m + \zeta b)\beta \tag{13-18}$$

式中　z_m——与基础长宽比有关的经验值(m)，可按表 13.3 确定；

ζ——折减系数，可按表 13.3 确定；

β——调整系数，可按表 13.4 确定。

表 13.3　z_m 值和折减系数 ζ

L/b	$\leqslant1$	2	3	4	$\geqslant5$
z_m	11.6	12.4	12.5	12.7	13.2
ζ	0.42	0.49	0.53	0.60	1.00

表 13.4　调整系数 β

土类	碎石	砂土	粉土	黏性土	软土
β	0.30	0.50	0.60	0.75	1.00

带裙房高层建筑的大面积整体筏形基础的沉降宜按上部结构、基础与地基共同作用的方法进行计算。对于多幢建筑下的同一大面积整体筏形基础,可根据每幢建筑及其影响范围按上部结构、基础与地基共同作用的方法分别进行沉降计算,并可按变形叠加原理计算整体筏形基础的沉降。

《箱筏规范》新增加了稳定性计算。高层建筑在承受地震作用、风荷载或其他水平荷载时,筏形与箱形基础的抗滑移稳定性应符合下式的要求:

$$K_s Q \leqslant F_1 + F_2 + (E_p - E_a)l \qquad (13-19)$$

式中　F_1——基底摩擦力合力(kN);

$\quad\quad F_2$——平行于剪力方向的侧壁摩擦力合力(kN);

$\quad\quad E_a$、E_p——垂直于剪力方向的地下结构外墙面单位长度上主动土压力合力、被动土压力合力(kN/m);

$\quad\quad l$——垂直于剪力方向的基础边长(m);

$\quad\quad Q$——作用在基础顶面的风荷载、水平地震作用或其他水平荷载(kN)。风荷载、地震作用分别按现行国家标准《荷载规范》、《抗规》确定,其他水平荷载按实际发生的情况确定;

$\quad\quad K_s$——抗滑移稳定性安全系数,取 1.3。

高层建筑在承受地震作用、风荷载、其他水平荷载或偏心竖向荷载时,筏形与箱形基础的抗倾覆稳定性应符合下式的要求:

$$K_r M_c \leqslant M_r \qquad (13-20)$$

式中　M_r——抗倾覆力矩(kN·m);

$\quad\quad M_c$——倾覆力矩(kN·m);

$\quad\quad K_r$——抗倾覆稳定性安全系数,取 1.5。

当建筑物地下室的一部分成全部在地下水位以下时,应进行抗浮稳定性验算。抗浮稳定性验算应符合下式的要求:

$$F'_k + G_k \geqslant K_f F_f \qquad (13-21)$$

式中　F'_k——上部结构传至基础顶面的竖向永久荷载(kN);

$\quad\quad G_k$——基础自重和基础上的土重之和(kN);

$\quad\quad F_f$——水浮力(kN),在建筑物使用阶段按与设计使用年限相应的最高水位计算;在施工阶段,按分析地质状况、施工季节、施工方法、施工荷载等因素后确定的水位计算;

$\quad\quad K_f$——抗浮稳定安全系数,可根据工程重要性和确定水位时统计数据的完整性取 1.0～1.1。

平板式筏基的板厚除应符合受弯承载力的要求外,尚应符合受冲切承载力的要求。验算时应计入作用在冲切临界截面重心上的不平衡弯矩所产生的附加剪力。筏板的最小厚度不应小于 500 mm。对基础的边柱和角柱进行冲切验算时,其冲切力应分别来以 1.1 和 1.2 的增大系数。距柱边 $h_0/2$ 处冲切临界截面（图 13.2）的最大剪应力 $\tau_{\max}$ 应按公式（13-22）、（13-23）、（13-24）计算。

$$\tau_{\max} = \frac{F_1}{u_m h_0} + \alpha_s \frac{M_{unb} c_{AB}}{I_s} \quad (13-22)$$

$$\tau_{\max} \leqslant 0.7\left(0.4 + \frac{1.2}{\beta_s}\right)\beta_{hp} f_t \quad (13-23)$$

$$\alpha_s = 1 - \frac{1}{1 + \frac{2}{3}\sqrt{\frac{c_1}{c_2}}} \quad (13-24)$$

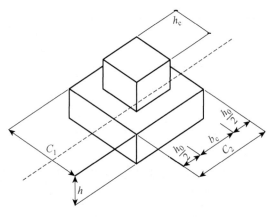

图 13.2 内柱冲切临界截面示意图

式中 F_1——相应于荷载效应基本组合时的冲切力（kN），对内柱取轴力设计值与筏板冲切破坏锥体内的基底反力设计值之差；对基础的边柱和角柱，取轴力设计值与筏板冲切临界截面范围内的基底反力设计值之差；计算基底反力值时应扣除底板及其上填土的自重；

u_m——距柱边缘不小于 $h_0/2$ 处的冲切临界截面的最小周长（m），按《箱筏规范》附录 D 计算；

h——筏板的有效高度（m）；

M_{unb}——作用在冲切临界截面重心上的不平衡弯矩；

c_{AB}——沿弯矩作用方向，冲切临界截面重心至冲切临界截面最大剪应力点的距离（m），按《箱筏规范》附录 D 计算；

I_s——冲切临界截面对其重心的极惯性矩（m⁴），按本规范附录 D 计算；

β_s——柱截面长边与短边的比值：当 $\beta_s <$ 2 时，β_s 取 2；当 $\beta_s > 4$ 时，β_s 取 4；

β_{hp}——受冲切承载力截面高度影响系数：当 h≤800 mm 时，取 $\beta_{hp} =$ 1.0；当 h≥2 000 mm 时，取 β_{hp} =0.9；其间按线性内插法取值；

f_t——混凝土轴心抗拉强度设计值（kPa）；

c_1——与弯矩作用方向一致的冲切临界截面的边长（m），按《箱筏规范》附录 D 计算；

c_2——垂直于 c_1 的冲切临界截面的边长（m），按《箱筏规范》附录 D 计算；

α_s——不平衡弯矩通过冲切临界截面上的偏心剪力传递的分配系数。

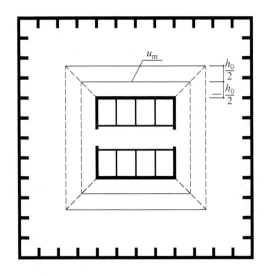

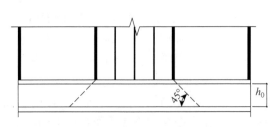

图 13.3 筏板受内筒冲切的临界截面位置

在基础平面中仅少数柱的荷载比较大,而多数柱的荷载比较小的时候,筏板厚度应按多数柱下的冲切承载力,在少数荷载大的柱下可采用柱帽或在筏板下局部增加板厚满足抗冲切的需要。为减小板厚,可在柱下采取增加弯起钢筋的措施来抵抗冲切。

平板式筏基上的内筒(图 13.3),其周边的冲切承载力可按下式计算:

$$\frac{F_1}{u_m h_0} \leqslant \frac{0.7\beta_{hp} f_t}{\eta} \tag{13-25}$$

式中 F_1——相应于荷载效应基本组合时的内筒所承受的轴力设计值与内筒下筏板冲切破坏锥体内的基底反力设计值之差(kN),计算基底反力值时应扣除底板及其上填土的自重;

u_m——距内筒外表面 $h_0/2$ 处冲切临界截面的周长(m);

h_0——距内筒外表面 $h_0/2$ 处冲切筏板的有效高度(m);

η——内筒冲切临界截面周长影响系数,取 1.25。

当需要考虑内筒根部弯矩的影响时,距内筒外表面 $h_0/2$ 处冲切临界截面的最大剪应力可按公式(13-25)计算。平板式筏基除应符合受冲切承载力的规定外,尚应按下列公式验算距内筒和柱边缘 h_0 处截面的受剪承载力:

$$\tau_s \leqslant 0.7\beta_{hs} f_t b_w h_0 \tag{13-26}$$

$$\beta_{hs} \leqslant \left(\frac{800}{h_0}\right)^{\frac{1}{4}} \tag{13-27}$$

式中 V_s——距内筒或柱边缘 h_0 处,扣除底板及其上填土的自重后,相应于荷载效应基本组合的基底平均净反力产生的筏板单位宽度剪力设计值(kN);

β_{hs}——受剪承载力截面高度影响系数:当 $h_0 < 800$ mm 时,取 $h_0 = 800$ mm;当 $h_0 > 2\,000$ mm 时,取 $h_0 = 2\,000$ mm;其间按内插法取值;

b_w——筏板计算截面单位宽度(m);

h_0——距内筒或柱边缘 h_0 处筏板的截面有效高度(m)。

当筏板变厚度时,尚应验算变厚度处筏板的截面受剪承载力。

梁板式筏基底板的厚度应符合受弯、受冲切和受剪承载力的要求,且不应小于 400 mm;板厚与最大双向板格的短边净跨之比尚不应小于 1/14。梁板式筏基梁的高跨比不宜小于 1/6。

梁板式筏基的基础梁除应符合正截面受弯承载力的要求外,尚应验算柱边缘处或梁柱连接面八字角边缘处基础梁斜截面受剪承载力。

梁板式筏形基础梁和平板式筏形基础底板的顶面应符合底层柱下局部受压承载力的要求。对抗震设防烈度为 9 度的高层建筑,验算柱下基础梁、板局部受压承载力时,尚应按现行国家标准《抗规》(GB 50011)的要求,考虑竖向地震作用对柱轴力的影响。

13.2.3 筏板基础的内力计算

筏板基础地下室的外墙厚度不应小于 250 mm,内墙厚度不应小于 200 mm。墙体内应设置双面钢筋,钢筋配置量除满足承载力要求外,竖向和水平钢筋的直径不应小于 10 mm,间距不应大于 200 mm。

当地基比较均匀、上部结构刚度较好,且柱荷载及柱间距的变化不超过 20% 时,筏形基础可仅考虑局部弯曲作用,按倒楼盖法进行计算。计算时地基反力可视为均布,其值应扣除底板自重。当地基比较复杂、上部结构刚度较差,或柱荷载及柱间距变化较大时,筏基内力应按弹性地基梁板方法进行分析。

按倒楼盖法计算的梁板式筏基,其基础梁的内力可按连续梁分析,边跨跨中弯矩以及第一内支座的弯矩值宜乘以 1.2 的系数。考虑到整体弯曲的影响,梁板式筏基的底板和基础梁的配筋除满足计算要求外,纵横方向的支座钢筋尚应有 1/3~1/2 贯通全跨,且其配筋率不应小于 0.15%;跨中钢筋应按实际配筋全部连通。

按倒楼盖法计算的平板式筏基,柱下板带和跨中板带的承载力应符合计算要求。柱下板带中在柱宽及其两侧各 0.5 倍板厚的有效宽度范围内的钢筋配置量不应小于柱下板带钢筋的一半,且应能承受作用在冲切临界截面重心上的部分不平衡弯矩 M_p 的作用。M_p 应按下列公式计算:

$$M_p = \alpha_m M \qquad (13-28)$$
$$\alpha_m = 1 - \alpha_s \qquad (13-29)$$

式中 M_P——板与柱之间的部分不平衡弯矩;
α_m——不平衡弯矩传至冲切临界截面周边的弯曲应力系数。

13.2.4 筏板基础的其他规定

采用筏形基础方案的一个重要目的就是扩大地下室的使用面积,提高地下室的使用功能。因此,对地下室的防水要求越来越高。筏形基础的混凝土强度等级不能低于 C30,垫层厚度一般为 100 mm,有垫层时钢筋保护层的厚度不小于 35 mm,当防渗混凝土时不应小于 50 mm。有防水要求时,筏形基础的梁、板及地下室外墙的混凝土抗渗等级不应低于表 13.5 的要求。当地下水位较高时,宜在筏形基础筏板上设置架空板,以利于排水和防潮。

表 13.5 防水混凝土抗渗等级

埋置深度 d（m）	设计抗渗等级	埋置深度 d（m）	设计抗渗等级
$d < 10$	P6	$20 \leqslant d < 30$	P10
$10 \leqslant d < 20$	P8	$30 \leqslant d$	P12

为了减小筏形基础在混凝土硬化过程中的收缩应力,沿基础长度方向间隔 20~40 m 留一道施工后浇带,后浇带宽 800~1 000 mm,后浇带应设置在三等分柱距的中间范围内。板、梁钢筋贯通不断。

板的边角区域是刚度和强度的薄弱环节。因此,应当对边角区域采取加强措施。可在四角增加适当的放射状配筋(双层配置),亦可适当增加边角区域的筏板厚度。

13.3 箱 形 基 础

13.3.1 箱形基础的设计要点

当地基极软弱且沉降不均匀十分严重时,采用筏板基础,其刚度会显得不足,在上部结构对基础不均匀沉降敏感时尤其如此,在这种情况下采用箱形基础就较为合理。

箱形基础是由底板、顶板、外围挡土墙以及一定的内隔墙组成的单层或多层混凝土结构。箱形基础如将地下室空间也考虑在内,则其用钢量和混凝土消耗量也不一定比筏板基础多,在经济上也是合算的。箱形基础的优点是:刚度大,整体性好,传力均匀;能适应局部不均匀沉降较大的地基,有效地调整基底反力;由于基底面积较大,且埋置深度也较大,挖去了大量土方,卸除了原有的地基自重应力,地基承载力有所提高,建筑物沉降减小;由于埋深较大,箱基外壁与土的摩擦力增大,增大了基础周围土体对结构的阻尼,有利于抗震。其缺点是:内隔墙较多,支模等施工时间较费,工期较长;在使用上也受到隔墙太多的限制。

13.3.2 箱形基础的一般规定

当多幢新建相邻高层建筑的基础距离较近时,应分析各高层建筑之间的相互影响。当新建高层建筑的基础和既有建筑的基础距离较近时,应分析新旧建筑的相互影响,验算新旧建筑的地基承载力、地基变形和地基稳定性。

箱形基础设计时,尽量使箱基底部平面形心与上部结构竖向荷载的重心相重合。因为在地基土较为均匀的情况下,建筑物的倾斜与偏心距 e 和基础宽度 B 的比值 e/B 有关,在地基土相同的条件下,比值越大,则倾斜越大。高层建筑由于质心高,重量大,当箱形基础由于荷载重心与基底平面形心不重合开始产生倾斜后,建筑物的总重对箱形基底平面形心将产生新的倾覆力矩增量(类似于 $P-\Delta$ 效应)。因此,设计时应尽量使结构的竖向永久荷载的合力通过基底平面形心,避免箱基和筏基产生倾斜,保证建筑物的正常使用。当偏心不可避免时,在荷载效应的准永久组合下,偏心距 e 宜符合以下公式要求:

$$e \leqslant \frac{0.1W}{A} \tag{13-30}$$

式中 W——与偏心距方向一致的基础底面边缘抵抗距;

A——基础底面积。

大面积整体基础上的建筑宜均匀对称布置。当整体基础面积较大且其上建筑数量较多时,可将整体基础按单幢建筑的影响范围分块,每幢建筑的影响范围可根据荷载情况、基础刚度、地下结构及裙房刚度、沉降后浇带的位置等因素确定。每幢建筑竖向永久荷载重心宜与影响范围内的基底平面形心重合。当不能重合时,宜符合式(13-30)的规定。

高层建筑同一结构单元内,箱形基础的埋置深度宜一致,且不得局部采用箱形基础。

箱形基础的平面尺寸的确定通常是先根据上部结构的底层平面或地下室平面尺寸,按荷载分布情况,经验算地基承载力、沉降量和倾斜值后确定。若不满足要求,则需调整基础的面积,将基础底板一侧或全部挑出,或将箱形基础整体扩大,或增加基础埋深,以满足地基承载力和变形允许值的要求。当需要扩大基底面积时,宜优先扩大基础的深度,以避免由于加大基础纵向长度而引起箱形基础纵向整体的挠曲的增加。当采用扩大基础方案时,扩大部分的墙体应与箱形基础的内墙或外墙拉通,连成整体。箱基扩大部分墙体可视作箱基内、外墙伸出的悬挑梁,计算扩大部分的墙体根部受到剪力,截面宜符合 $V \leqslant 0.15f_cbh_0$ 的要求,其中 v 为剪力设计值;b 和 h_0 分别为扩大部分墙体的厚度和墙的有效高度。

箱形基础的高度应满足结构承载力和刚度的要求,其值不宜小于箱形基础长度的 1/20,并不宜小于 3 m。箱形基础的长度不包括底板悬挑部分。这是为了保证箱形基础一定的刚度,能适应地基的不均匀沉降,减少不均匀沉降引起的上部结构附加内力。

箱形基础的墙体是连接箱基顶、底板,使箱基具有足够的整体刚度和承载力,并把上部结构的竖向荷载传到地基上的结构构件。箱形基础的内、外墙应沿上部结构柱网和剪力墙纵横均匀布置,墙体水平截面总面积不宜小于箱形基础外墙外包尺寸的水平投影面积的1/10。对基础平面长宽比大于4的箱形基础,其纵墙水平截面面积不得小于箱基外墙外包尺寸水平投影面积的1/18。这主要是为了保证基础的整体刚度,这样的指标在一般工程中基本都能满足。此外,由于建筑使用功能的要求,有可能出现墙体面积率不能满足要求的情况,此时箱基的内力应另作考虑。

顶板厚度一般不应小于100 mm,且能够承受由整体弯曲产生的压力,当考虑上部结构嵌固在箱基顶板之上的时候,顶板厚度不能小于200 mm。对兼作人防地下室的箱形基础的顶板、底板的厚度,应当根据不同的人防等级来确定。

箱形基础墙体的洞口应设在墙体剪力较小的部分,门洞宜设在柱间距居中部位,洞边至上层柱中心的水平距离不宜小于1.2 m,以避免洞口上的过梁由于过大的剪力造成截面承载力不足。

13.3.3　箱形基础的内力计算

1) 箱形基础的内力计算

箱形基础的底板厚度应根据实际受力情况、整体刚度及防水要求确定,底板厚度不应小于300 mm,且板厚与最大双向板区格的短边尺寸之比不应小于1/14。底板除计算正截面受弯承载力外,其斜截面受剪承载力应符合下式要求:

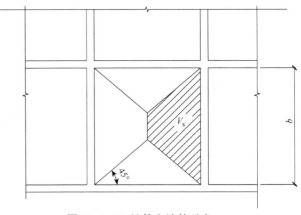

图 13.4　V_s 计算方法的示意

$$V_s \leqslant 0.7 f_c b h_0 \quad (13\text{-}31)$$

式中　V_s——扣除底板自重后基底净反力产生的板支座边缘处的总剪力设计值(图13.4);

f_c——混凝土轴心抗压强度设计值;

b——支座边缘处板的净宽;

h_0——板的有效高度。

箱形基础底板应满足受冲切承载力的要求。当底板区格为矩形双向板时,底板的截面有效高度应符合下式要求(图13.5);

$$h_0 \geqslant \frac{(l_{n1} + l_{n2}) - \sqrt{(l_{n1} + l_{n2})^2 - \dfrac{4 p_n l_{n1} l_{n2}}{p_n + 0.7 \beta_{hp} f_t}}}{4} \quad (13\text{-}32)$$

式中　h_0——底板的截面有效高度;

l_{n1}、l_{n2}——计算板格的短边和长边的净长度;

p_n——扣除底板自重后的基底平均净反力值;

f_t——混凝土轴心抗拉强度设计值;

β_{hp}——受冲切承载力截面高度影响系数,按箱筏规范第 6.2.2 条确定。

当地基压缩层深度范围内的土层在竖向和水平方向较均匀、且上部结构为平、立面布置较规则的剪力墙、框架、框架-剪力墙体系时,箱形基础的顶、底板可仅按局部弯曲计算,计算时底板反力应扣除板的自重。顶、底板钢筋配置量除满足局部弯曲的计算要求外,跨中钢筋应按实际配筋全部连通,支座钢筋尚应有 1/4 贯通全跨,底板上下贯通钢筋的配筋率均不应小于 0.15%。

箱形基础如果不满足以上要求,应同时考虑局部弯曲及整体弯曲的作用。地基反力可按《箱筏规范》附录 E 确定;底板局部弯曲产生的弯矩应乘以 0.8 折减系数;计算整体弯曲时应考虑上部结构与箱形基础的共同作用;对框架结构,箱形基础的自重应按均布荷载处理。箱形基础承受的整体弯矩可按下列公式计算:

$$M_F = M \frac{E_F I_F}{E_F I_F + E_B I_B} \tag{13-33}$$

$$E_B I_B = \sum_{i=1}^{n} \left[E_b I_{bi} \left(1 + \frac{K_{ui} + K_{li}}{2K_{bi} + K_{ui} + K_{li}} m^2 \right) \right] \tag{13-34}$$

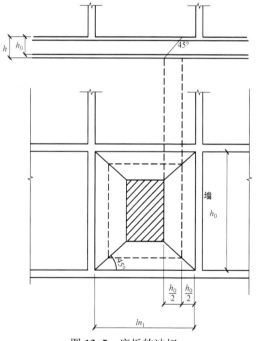

图 13.5　底板的冲切

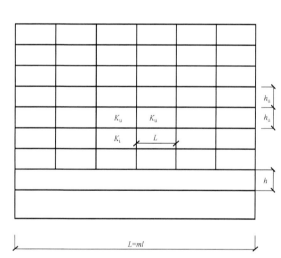

图 13.6　公式(13-34)中符号的示意

图 13.6 为公式(13-34)中符号的示意。

式中　M_F——箱形基础承受的弯矩;

　　　M——建筑物整体弯曲产生的弯矩,可按静定梁分析或采用其他有效方法计算;

　　　$E_F I_F$——箱形基础 u 的刚度,其中 E_F 为象形基础的混凝土弹性模量,I_F 为按工字形截面计算的箱形基础截面的惯性矩,工字形截面的上、下翼缘宽度分别为箱形基础顶、底板的全宽,腹板厚度为弯曲方向的墙体厚度的总和;

　　　$E_B I_B$——上部结构的总折算刚度。

　　　E_b——梁、柱的混凝土弹性模量;

　　　K_{ui}、K_{li}、K_{bi}——第 i 层上柱、下柱和梁的线刚度,其值分别为 $\dfrac{I_{ui}}{h_{ui}}$、$\dfrac{I_{li}}{h_{li}}$、$\dfrac{I_{bi}}{h_{bi}}$;

I_{ui}、I_{li}、I_{bi}——第 i 层上柱、下柱和梁的截面惯性矩;

h_{ui}、h_{li}——第 i 层上柱、下柱高度;

L——上部结构弯曲方向的总长度;

l——上部结构弯曲方向的柱距;

h——在弯曲方向与箱形基础相连的连续钢筋混凝土墙体的高度;

n——建筑物层数,不大于 5 层时,n 取实际楼层数;大于 5 层时,n 取 5。

公式(13-34)用于等柱距的框架结构。对柱距相差不超过 20% 的框架结构也可适用,此时,取柱距的平均值。在箱形基础顶、底板配筋时,应综合考虑承受整体弯曲的钢筋与局部弯曲的钢筋的配置部位,以充分发挥各截面钢筋的作用。

箱形基础的墙体应符合下列要求:墙身厚度应根据实际受力情况及防水要求确定。外墙厚度不应小于 250 mm;内墙厚度不应小于 200 mm。

墙体内应设置双面钢筋,竖向和水平钢筋的直径不应小于 10 mm,间距不应大于 200 mm。除上部为剪力墙外,内、外墙的墙顶处宜配置两根直径不小于 20 mm 的通长构造钢筋。

2) 受水平荷载的墙身受弯计算

墙身承受的水平荷载是指作用的外墙墙面上的土压力、水压力以及由室外地面均布荷载转换的当量侧压力。对兼做人防地下室的箱形基础,还应根据人防规范的要求,考虑作用在外墙楼梯间临空内墙面上的冲击波荷载。外墙的受弯计算简图应根据工程的具体情况,按多跨连续板进行计算,当墙板的长短边的比值小于或等于 2 时,外墙可按照连续双向板计算。计算时墙身与顶、底板的连接可分别假定为铰接和固接。

3) 箱形基础墙身洞口过梁截面计算和设计

箱形基础的门洞宜设在柱间居中部位,洞边至上层柱中心的水平距离不宜小于 1.2 m,洞口上过梁的高度不宜小于层高的 1/5,洞口面积不宜大于柱距与箱形基础全高乘积的 1/6。墙体洞口周围应设置加强钢筋,洞口四周附加钢筋面积不应小于洞口内被切断钢筋面积的一半,且不少于两根直径为 14 mm 的钢筋,此钢筋应从洞口边缘处延长 40 倍钢筋直径。

(1) 洞口上、下过梁斜截面受剪承载力计算

单层箱基墙身洞口上下过梁的受剪截面应分别符合下列公式的要求:

当 $h_i/b \leqslant 4$ 时

$$V_1 \leqslant 0.25 f_c A_1 \tag{13-35}$$

$$V_2 \leqslant 0.25 f_c A_2 \tag{13-36}$$

当 $h_i/b \geqslant 6$ 时

$$V_1 \leqslant 0.20 f_c A_1 \tag{13-37}$$

$$V_2 \leqslant 0.20 f_c A_2 \tag{13-38}$$

当 $4 < h_i/b < 6$ 时,按线性内插法确定。

$$V_1 = \mu v + \frac{q_1 l}{2} \tag{13-39}$$

$$V_2 = (1-\mu) + \frac{q_2 l}{2} \tag{13-40}$$

$$\mu = \frac{1}{2}\left(\frac{b_1 h_1}{b_1 h_1 + b_2 h_2} + \frac{b_1 h_1^3}{b_1 h_1^3 + b_2 h_2^3}\right) \tag{13-41}$$

式中 V_1、V_2——上、下过梁的剪力设计值；

V——洞口中点处的剪力设计值，按洞口所处的位置以及洞口两侧基础墙所承担的剪力来决定；

q_1、q_2——作用在上、下过梁的均布荷载，对下过梁应扣除底板自重；

l——洞口的净宽；

A_1、A_2——上、下过梁的有效截面积，上、下过梁可取图 13.7 的阴影部分计算，并取其中较大值。

μ——剪力分配系数。

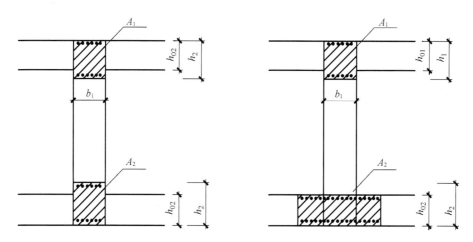

图 13.7 洞口上下有过梁的有效截面积

多层箱基墙身洞口过梁的剪力设计值可参照上列公式计算。

洞口上、下过梁斜截面受剪承载力分别按下式计算：

$$V_1 \leqslant 0.7 f_t b_1 h_{01} + f_{yv}\frac{A_{sv1}}{S_1}h_{01} \tag{13-42}$$

$$V_2 \leqslant 0.7 f_t b_2 h_{02} + f_{yv}\frac{A_{sv2}}{S_2}h_{02} \tag{13-43}$$

式中 A_{sv1}、A_{sv2}——配置在上、下过梁同一截面内箍筋各肢的全部截面面积；

S_1、S_2——上、下过梁的箍筋间距。

（2）洞口上、下过梁的受弯计算

单层箱形基础墙身洞口过梁受弯计算时作了以下假设：①在整体弯曲状态下过梁的变形以剪切变形为主，并假定梁的反弯点在跨中；②在局部荷载作用下，按两端固定梁计算。洞口上、下过梁截面的顶部和底部纵向钢筋分别按照式(13-44、9-45)求得的弯矩设计值计算配置：

$$M_1 = \mu V \frac{l}{2} + \frac{q_1 l^2}{12} \tag{13-44}$$

$$M_2 = (1-\mu)V\frac{l}{2} + \frac{q_2 l^2}{12} \tag{13-45}$$

式中 M_1、M_2——上、下过梁的弯矩设计值。

13.3.4 箱形基础的其他规定

箱形基础的混凝土强度等级不应低于 C20。当采用防水混凝土时,防水混凝土的抗渗等级应根据地下水的最大水头与防渗混凝土构件厚度的比值,按现行《地下工程防水技术规程》选用,其抗渗等级不应小于 0.6 MPa。对重要的建筑物宜设置架空排水层。

底层柱内主筋伸入箱形基础的深度:柱下三面或四面有箱形基础墙的内柱,除四角钢筋应直通基底外,其余钢筋可终止在顶板底面以下 40 倍钢筋直径处;外柱、与剪力墙相连的柱及其他内柱的纵向钢筋应直通到基底。

当箱基的外墙设有窗井时,窗井的分隔墙应与内墙连成整体。窗井分隔墙可视作由箱形基础内墙伸出的挑梁。窗井底板应按支承在箱基外墙、窗井外墙和分隔墙上的单向板或双向板计算。

与高层建筑相连的门厅等低矮单元基础,可采用从箱形基础挑出的基础梁方案(图 13.8)。挑出长度不宜大于 0.15 倍箱基宽度,并应验算挑梁产生的偏心荷载对箱基的不利影响,挑出部分下面应填充一定厚度的松散材料,或采取其他能保证其自由下沉的措施。

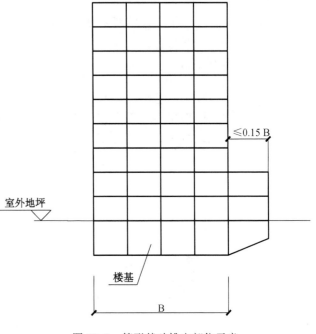

图 13.8 箱形基础挑出部位示意

当高层建筑箱型基础与相连的裙房之间允许设置沉降缝时,高层建筑箱型基础埋深应大于裙房基础埋深至少 2 m,以保证箱型基础具有可靠的侧向约束和地基的稳定性,沉降缝地面以下应用粗砂填实。当不能满足上述要求时应采取有效措施。

当高层建筑箱型基础与连接的裙房之间不允许设置沉降缝时,应进行地基变形验算。当差异沉降不能满足要求时,应采取相应的措施,对地基进行有效的加固处理。此外,为了减小沉降差对相连裙房的影响,与高层建筑相连的基础梁和上部结构的框架梁,其节点应设计成具有较好变形能力的半刚接或铰接点。

13.4 桩箱与桩筏基础

13.4.1 桩箱与桩筏基础的设计要点

在浅层地基承载力比较软弱,而坚实好土层距离地面又较深的时候,当筏形基础或箱形基础下的天然地基承载力或沉降值不能满足设计要求时,可采用桩筏或桩箱基础。桩的类型应根据工程地质状况、结构类型、荷载性质、施工条件以及经济指标等因素决定。桩的设计应符合国家现行标准《基础规范》(GB 50007)和《桩基规范》(JGJ 94)的规定,抗震设防区的桩基尚应符合现行国家标准《抗规》(GB 50011)的规定。

桩基础由两部分组成:一是桩基承台;二是桩基本身。桩基承台的作用是将上部荷载传给桩,并使桩群连成整体,而桩又将荷载传至较深的土层中去。桩基承台一般可利用筏板基础的底板或箱形基础的底板。这时称这种形式的基础为桩筏基础或桩箱基础。

桩按受力性能来区分,有摩擦桩和支承桩两种。按施工方法分,有预制桩、灌注桩。预制桩有预制管桩、预制方桩等,因其工程质量易于保证,故现在普遍采用;灌注桩又分:沉管灌注桩、钻孔灌注桩、人工挖孔桩等。

在桩基承台面积确定的情况下,不同桩径、不同的桩基持力层会有不同的单桩承载力,桩的平面随之也可确定。当箱形或筏形基础下桩的数量较少时,桩宜布置在墙下、梁板式筏形基础的梁下或平板式筏形基础的柱下。桩距应尽可能地大,在充分发挥单桩承载力的同时,还能发挥承台土反力作用,以取得最佳效果。

(1) 桩筏或桩箱基础中桩的布置应符合下列原则

① 桩群承载力的合力作用点宜与结构竖向永久荷载合力作用点相重合;

② 同一结构单元应避免同时采用摩擦桩和端承桩;

③ 桩的中心距应符合现行行业标准《建筑桩基技术规范》(JGJ 94)的相关规定;

④ 宜根据上部结构体系、荷载分布情况以及基础整体变形特征,将桩集中在上部结构主要竖向构件(柱、墙和筒)下面,桩的数量宜与上部荷载的大小和分布相对应;

⑤ 对框架-核心筒结构宜通过调整桩径、桩长或桩距等措施,加强核心筒外缘 1 倍底板厚度范围以内的支承刚度。以减小基础差异沉降和基础整体弯矩;

⑥ 有抗震设防要求的框架-剪力墙结构,对位于基础边缘的剪力墙,当考虑其两端应力集中影响时,宜适当增加墙端下的布桩量;当桩端为非岩石持力层时,宜将地震作用产生的弯矩乘以 0.8 的降低系数。

(2) 桩上的筏形与箱形基础计算应符合下列规定

① 均匀布桩的梁板式筏形与箱形基础的底板厚度,以及平板式筏形基础的厚度应符合受冲切和受剪切承载力的规定。梁板式筏形与箱形基础底板的受冲切承载力和受剪承载力,以及平板式筏基上的结构墙、柱、核心筒、桩对筏板的受冲切承载力和受剪承载力可按国家现行标准《基础规范》(GB 50007)和《建筑桩基技术规范》(JGJ 94)进行计算。当平板式筏形基础柱下板的厚度不能满足受冲切承载力要求时,可在筏板上增设柱墩或在筏板内设置抗冲切钢筋提高受冲切承载力。

② 对底板厚度符合受冲切和受剪切承载力规定的箱形基础、基础板的厚跨比或基础梁的高跨比不小于 1/6 的平板式和梁板式筏形基础,当桩端持力层较坚硬且均匀、上部结构为框架、剪力墙、框剪结构,柱距及柱荷载的变化不超过 20％时,筏形基础和箱形基础底板的板与梁的内力可仅按局部弯矩作用进行计算。计算时先将基础板上的竖向荷载设计值按静力等效原则移至基础底面桩群承载力重心处,弯矩引起的桩顶不均匀反力按直线分布计算,求得各桩顶反力,并将桩顶反力均匀分配到相关的板格内,按倒楼盖法计算箱形基础底板和筏形基础板、梁的内力。内力计算时应扣除底板、基础梁及其上填土的自重。当桩顶反力与相关的墙或柱的荷载效应相差较大时,应调整桩位再次计算桩顶反力。

(3) 桩上筏形与箱形基础的构造应符合下列规定

① 桩上筏形与箱形基础的混凝土强度等级不应低于 C30;垫层混凝土强度等级不应低于

C10,垫层厚度不应小于 70 mm;

② 当箱形基础的底板和筏板仅按局部弯矩计算时,其配筋除应满足局部弯曲的计算要求外,箱基底板和筏板顶部跨中钢筋应全部连通,箱基底板和筏基的底部支座钢筋应分别有 1/4 和 1/3 贯通全跨,上下贯通钢筋的配筋率均不应小于 0.15%;

③ 底板下部纵向受力钢筋的保护层厚度在有垫层时不应小于 50 mm,无垫层时不应小于 70 mm,此外尚不应小于桩头嵌入低板内的长度;

④ 均匀布桩的梁板式筏基的底板和箱底板的厚度除应满足承载力计算要求外,其

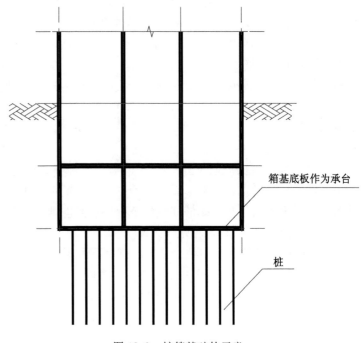

箱基底板作为承台

桩

图 13.9 桩箱基础的示意

厚度与最大双向板格的短边净跨之比不应小于 1/14,且不应小于 400 mm;早板式筏基的板厚不应小于 500 mm;

⑤ 当筏板厚度大于 2 000 mm 时,宜在板厚中间设置直径不小于 12 mm、间距不大于 300 mm 的双向钢筋网。

13.4.2 根据承载力布桩

(1) 总桩数的确定

桩顶作用效应计算公式。

竖向力:

轴心竖向力作用下:
$$N_k = \frac{F_k + G_k}{n} \tag{13-46}$$

偏心竖向力作用下:
$$N_{ik} = \frac{F_k + G_k}{n} \pm \frac{M_{xk} y_i}{\sum y_i^2} \pm \frac{M_{yk} x_i}{\sum x_i^2} \tag{13-47}$$

水平力:
$$H_{ik} = \frac{H_k}{n} \tag{13-48}$$

式中　F_k——作用于桩基承台顶面的竖向力设计值;

　　　　G_k——桩基承台上土自重设计值(自重荷载分项系数当其效应对结构不利时取 1.2;有利时取 1.0);并应对地下水位以上部分扣除水的浮力;

　　　　N_k——轴心竖向力作用下任一复合基桩或基桩的竖向力设计值;

　　　　N_{ik}——偏心竖向力作用下第 i 复合基桩或基桩的竖向力设计值;

　　　　M_{xk}、M_{yk}——作用于承台底面通过桩群形心的 x,y 轴的弯矩设计值;

x_i、y_i——作用于承台底面第 i 复合基桩或基桩至通过桩形心的 x，y 轴的距离；

H_k——作用于桩基承台底面的水平力设计值；

H_{ik}——在荷载效应标准组合下，作用于基桩 i 桩顶处的水平力；

n——桩基中的桩数。

计算假定为：(1) 承台为绝对刚性，受弯矩作用时呈平面转动，不产生挠曲；(2) 桩与承台为铰接相连，只传递轴力和水平力，不传递弯矩；(3) 各桩身的刚度相等。

除少数上部结构刚度很小的大片筏基和柱下条基外，一般承台本身的刚度较大(如独立基础)，或由于承台与上部结构协同工作而使承台的刚度增大，近似视为绝对刚性是可以的。桩与承台的连接一般都是设计成近似刚接的。各桩的刚度相等，与一般情况相符。因此按照上述简化公式计算只能得到桩顶作用效应的近似值，但这种近似对于规定的对象是允许的。

(2) 桩基竖向承载力计算应符合下列要求

① 荷载效应标准组合：

轴心竖向力作用下

$$N_k = R \tag{13-49}$$

偏心竖向力作用下除满足上式外，尚应满足下式的要求：

$$N_{kmax} \leqslant 1.2R \tag{13-50}$$

② 地震作用效应和荷载效应标准组合：

轴心竖向力作用下

$$N_{Ek} = 1.25R \tag{13-51}$$

偏心竖向力作用下，除满足上式外，尚应满足下式的要求：

$$N_{Ekmax} = 1.5R \tag{13-52}$$

式中　N_k——荷载效应标准组合轴心竖向力作用下，基桩或复合基桩的平均竖向力；

N_{kmax}——荷载效应标准组合偏心竖向力作用下，桩顶最大竖向力；

N_{Ek}——地震作用效应和荷载效应标准组合下，基桩或复合基桩的平均竖向力；

N_{Ekmax}——地震作用效应和荷载效应标准组合下，基桩或复合基桩的最大竖向力；

R——基桩或复合基桩竖向承载力特征值。

单桩竖向承载力特征值 R_a 应按下式确定：

$$R_a = \frac{1}{K}Q_{uk} \tag{13-53}$$

式中　Q_{uk}——单桩竖向极限承载力标准值；

K——安全系数，取 $K=2$。

对于端承型桩基、桩数少于 4 根的摩擦型柱下独立桩基、或由于地层土性、使用条件等因素不宜考虑承台效应时，基桩竖向承载力特征值应取单桩竖向承载力特征值。

(3) 对于符合下列条件之一的摩擦型桩基，宜考虑承台效应确定其复合基桩的竖向承载力特征值

① 上部结构整体刚度较好、体型简单的建(构)筑物；

② 对差异沉降适应性较强的排架结构和柔性构筑物；

③ 按变刚度调平原则设计的桩基刚度相对弱化区；

④ 软土地基的减沉复合疏桩基础。

考虑承台效应的复合基桩竖向承载力特征值可按下列公式确定：

不考虑地震作用时
$$R \geqslant R_a + \eta_c f_{ak} A_c \tag{13-54}$$

考虑地震作用时
$$R \geqslant R_a + \frac{\zeta_a}{1.25} \eta_c f_{ak} A_c \tag{13-55}$$

$$A_c = \frac{A - nA_{ps}}{n} \tag{13-56}$$

式中　η_c——承台效应系数，可按《桩基规范》表5.2.5取值；

　　　f_{ak}——承台下1/2承台宽度且不超过5 m深度范围内各层土的地基承载力特征值按厚度加权的平均值；

　　　A_c——计算基桩所对应的承台底净面积；

　　　A_{ps}——为桩身截面面积；

　　　A——为承台计算域面积。对于柱下独立桩基，A为承台总面积；对于桩筏基础，A为柱、墙筏板的1/2跨距和悬臂边2.5倍筏板厚度所围成的面积；桩集中布置于单片墙下的桩筏基础，取墙两边各1/2跨距围成的面积，按条基计算η_c；

　　　ζ_a——地基抗震承载力调整系数，应按现行国家标准《抗规》(GB 50011)采用。

当承台底为可液化土、湿陷性土、高灵敏度软土、欠固结土、新填土时，沉桩引起超孔隙水压力和土体隆起时，不考虑承台效应，取$\eta_c = 0$。

设计采用的单桩竖向极限承载力标准值应符合：设计等级为甲级的建筑桩基，应通过单桩静载试验确定；设计等级为乙级的建筑桩基，当地质条件简单时，可参照地质条件相同的试桩资料，结合静力触探等原位测试和经验参数综合确定；其余均应通过单桩静载试验确定；设计等级为丙级的建筑桩基，可根据原位测试和经验参数确定。

当根据单桥探头静力触探资料确定混凝土预制桩单桩竖向极限承载力标准值时，如无当地经验，可按下式计算：

$$Q_{uk} = Q_{sk} + Q_{pk} = u \sum q_{sik} l_i + \alpha p_{sk} A_p \tag{13-57}$$

式中　Q_{sk}、Q_{pk}——分别为总极限侧阻力标准值和总极限端阻力标准值；

　　　u——桩身周长；

　　　q_{sik}——用静力触探比贯入阻力值估算的桩周第i层土的极限侧阻力；

　　　l_i——桩周第i层土的厚度；

　　　α——桩端阻力修正系数，可按《桩基规范》表5.3.3-1取值；

　　　p_{sk}——桩端附近的静力触探比贯入阻力标准值（平均值）；

　　　A_p——桩端面积；

当根据土的物理指标与承载力参数之间的经验关系确定单桩竖向极限承载力标准值时，宜按下式估算：

$$Q_{uk} = Q_{sk} + Q_{pk} = u \sum q_{sik} l_i + q_{pk} A_p \tag{13-58}$$

式中　q_{sik}——桩侧第i层土的极限侧阻力标准值，如无当地经验时，可按《桩基规范》表5.3.5-1取值；

q_{pk}——极限端阻力标准值,如无当地经验时,可按《桩基规范》表 5.3.5-2 取值。

对于大直径桩、钢管桩、混凝土空心桩、嵌岩桩、后注浆灌注桩等的单桩竖向极限承载力标准值可按《桩基规范》执行。

受水平荷载的一般建筑物和水平荷载较小的高大建筑物单桩基础和群桩中基桩应满足下式要求:

$$H_{ik} \leqslant R_h \tag{13-59}$$

式中　　H_{ik}——在荷载效应标准组合下,作用于基桩 i 桩顶处的水平力;

　　　　R_h——单桩基础或群桩中基桩的水平承载力特征值,对于单桩基础,可取单桩的水平承载力特征值 R_{ha}。

群桩基础(不含水平力垂直于单排桩基纵向轴线和力矩较大的情况)的基桩水平承载力特征值应考虑由承台、桩群、土相互作用产生的群桩效应,可按下列公式确定:

$$R_h = \eta_h R_{ha} \tag{13-60}$$

式中　　η_h——群桩效应综合系数。

13.4.3　底板的受力计算

基础板的弯矩可按下列方法计算:先将基础板上的竖向荷载设计值按静力等效原则移至基础底面桩群承载力重心处。弯矩引起的桩顶不均匀反力按直线变化原则计算,并以柱或墙为支座,采用倒楼盖法计算板的弯矩。当支座反力与实际柱或墙的荷载效应相差较大时,应重新调整桩位再次计算桩顶反力。

当桩基的沉降量较均匀时,可将单桩简化为一个弹簧,按支承于弹簧上的弹性平板计算板中的弯矩。桩的弹簧系数可按单桩载荷试验或地区经验确定。

桩与箱基或筏基的连接应符合下列规定:

① 桩顶嵌入箱基或筏基底板内的长度,对于大直径桩,不宜小于 100 mm;对中小直径的桩不宜小于 50 mm;

② 桩的纵向钢筋锚入箱基或筏基底板内的长度不宜小于钢筋直径的 35 倍,对于抗拔桩基不应少于钢筋直径的 45 倍。

1) 抗剪切计算

基础底板的厚度应满足整体刚度及防水要求。当桩布置在墙下或基础梁下时基础板的厚度不得小于 300 mm,且不宜小于板跨的 1/20。

当箱形或筏形基础下需要满堂布桩时,基础板的厚度应满足受冲切承载力的要求。基础板沿桩顶、柱根、剪力墙或筒体周边的受冲切承载力可按国家现行行业标准《桩基规范》计算。

现行规范对一般承台结构的构造要求、抗冲切、剪切和正截面强度计算都作了规定,对于桩箱(筏)基础的底板,当桩顶弯矩 M 很大,底板相对又不很厚时,由弯矩引起的底板剪应力可能很大。此项由弯矩引起的剪应力与桩顶竖向力 N 引起的剪应力叠加后,受剪截面的强度校核应予以特别注意。

柱(墙)下桩基承台,应分别对柱(墙)边、变阶处和桩边连线形成的贯通承台的斜截面的受剪承载力进行验算。当承台悬挑边有多排基桩形成多个斜截面时,应对每个斜截面的受剪承载力进行验算。

柱下独立桩基承台斜截面受剪承载力应按下列规定计算:

承台斜截面受剪承载力可按下列公式计算

$$V \leqslant \beta_{hs} \alpha f_t b_0 h_0 \tag{13-61}$$

$$\alpha = \frac{1.75}{\lambda + 1} \tag{13-62}$$

$$\beta_{hs} = \left(\frac{800}{h_0}\right)^{\frac{1}{4}} \tag{13-63}$$

式中　V ——不计承台及其上土自重,在荷载效应基本组合下,斜截面的最大剪力设计值;

f_t ——混凝土轴心抗拉强度设计值;

b_0 ——承台计算截面处的计算宽度;

h_0 ——承台计算截面处的有效高度;

α ——承台剪切系数;按公式(13-62)确定;

λ ——计算截面的剪跨比。

梁板式筏形承台的梁的受剪承载力可按现行国家标准《混凝土结构设计规范》(GB 50010)计算。

2) 抗冲切验算

桩基承台厚度应满足柱(墙)对承台的冲切和基桩对承台的冲切承载力要求。平板式桩筏基础的底板抗冲切计算主要是板上结构柱和板下桩对板底的冲切计算。

轴心竖向力作用下桩基承台受柱(墙)的冲切,可按下列规定计算:

(1) 冲切破坏锥体应采用自柱(墙)边或承台变阶处至相应桩顶边缘连线所构成的锥体,锥体斜面与承台底面之夹角不应小于45°。

(2) 受柱(墙)冲切承载力可按下列公式计算:

$$F_1 \leqslant \beta_{hp} \beta_0 u_m f_t h_0 \tag{13-64}$$

$$F_1 = F - \sum Q_i \tag{13-65}$$

$$\beta_0 = \frac{0.84}{\lambda + 0.2} \tag{13-66}$$

式中　F_1 ——不计承台及其上土重,在荷载效应基本组合下作用于冲切破坏锥体上的冲切力设计值;

f_t ——承台混凝土抗拉强度设计值;

β_{hp} ——承台受冲切承载力截面高度影响系数,当 $h \leqslant 800$ mm 时,β_{hp} 取 1.0,$h \geqslant 2\,000$ mm 时,β_{hp} 取 0.9,其间按线性内插法取值;

u_m ——承台冲切破坏锥体一半有效高度处的周长;

h_0 ——承台冲切破坏锥体的有效高度;

β_0 ——柱(墙)冲切系数;

λ ——冲跨比,$\lambda_0 = a_0/h_0$,a_0 为柱(墙)边或承台变阶处到桩边水平距离;当 $\lambda < 0.25$ 时,取 $\lambda = 0.25$;当 $\lambda > 1.0$ 时,取 $\lambda = 1.0$;

F ——不计承台及其上土重,在荷载效应基本组合作用下柱(墙)底的竖向荷载设计值;

$\sum Q_i$ ——不计承台及其上土重,在荷载效应基本组合下冲切破坏锥体内各基桩或复合基桩的反力设计值之和。

对于其他各种冲切破坏的计算,见《桩基规范》。

对于柱(墙)根部受弯矩较大的情况,应考虑其根部弯矩在冲切面上产生的附加剪力验算底板受柱(墙)的冲切承载力。

当柱荷载较大,等厚度底板的冲切承载力不能满足要求时,可在底板上面增设柱墩或底板下局部增加厚度来提高底板的冲切承载力。

3)局部受压验算

对于柱下桩基,当承台混凝土强度等级低于柱或桩的混凝土强度等级时,应按照下式验算板的局部受压承载力:

$$F_1 \leqslant 1.35\beta_c\beta_l f_c A_{ln} \tag{13-67}$$

$$\beta_l = \sqrt{\frac{A_b}{A_l}} \tag{13-68}$$

式中 F_1——局部受压面上作用的局部荷载或局部压力设计值;

     β_c——混凝土局部受压时强度等级的提高系数;当混凝土强度等级不超过 C50 时,取 1.0;当混凝土强度等级为 C80 时取 0.8;其间按线性内插法确定;

     A_l——混凝土局部受压面积;

     A_{ln}——混凝土局部受压净面积;

     A_b——局部受压时的计算底面面积,可根据局部受压面积与计算底面积同心、对称的原则参照《混凝土规范》的有关规定确定。

当进行承台的抗震验算时,应根据现行国家标准《建筑抗震设计规范》(GB 50011)的规定对承台顶面的地震作用效应和承台的受弯、受冲切、受剪承载力进行抗震调整。

思考题

13-1 高层建筑基础的选型应注意哪些因素?

13-2 梁板式筏板基础、平板式筏板基础和箱形基础的设计和构造有哪些基本要求?

13-3 箱形基础比较适合在什么情况下使用?

13-4 桩箱与桩筏基础在设计和施工时应注意哪些问题?

14 钢结构防腐与防(抗)火设计

14.1 钢结构防腐设计

14.1.1 概述

钢结构具有承载力高、自重轻、抗震性能好、工业化程度高、建设速度快和绿色环保等优点,但耐腐蚀性差是其主要缺点之一。裸露的钢结构处于大气环境中是十分容易锈蚀的,钢材的腐蚀与空气的相对湿度和大气中侵蚀性物质(盐、酸)的含量存在密切关系。当钢结构建筑因功能需要而长期处于侵蚀性介质环境中,钢材的腐蚀问题更为严重。近年来,伴随着我国工业化建设步伐的日益加快,环境污染越来越严重,大气中钢材的腐蚀速率逐渐加快,使其达到清洁环境中的 16 倍。钢材腐蚀不仅造成巨大的材料损失,也给钢结构建筑安全带来较大威胁。

钢结构构件在大气环境下易生锈腐蚀,导致构件截面不断减小,降低其承载力,影响结构使用寿命。为此,建筑钢结构中的所有钢结构构件均应进行防锈处理,以保证其耐久性。

目前,钢材腐蚀的种类主要有以下几种:

(1)均匀腐蚀:腐蚀均匀地分布在钢材表面,危险性相对较小。

(2)不均匀腐蚀:由于钢材中杂质分布的不均匀,或不同部位电解液浓度的差异,导致腐蚀不均匀地分布在钢材表面;此种腐蚀危险性较大,可在构件内部产生薄弱截面。

(3)点腐蚀:腐蚀主要集中在钢材表面上不同的区域内,且由表面向深处发展,甚至出现个别部位腐蚀成孔穴,存在一定的危险性。

(4)应力腐蚀:在拉应力作用下,有氧化物的侵蚀性介质沿钢材晶体介面渗入钢材内部起腐蚀作用。钢材内部拉应力越高的区域,腐蚀越快;拉应力集中处易发生应力腐蚀现象。

(5)氢脆:钢材受酸性腐蚀时产生的氢渗入钢材晶粒间而降低钢材的塑性,在拉应力作用下产生脆性断裂的现象。

钢结构防腐蚀设计的基本原则是:预防为主、区别对待、合理设防。

14.1.2 钢材防腐蚀的方法

根据钢材的锈蚀现象和腐蚀机理,针对钢结构的防腐方法主要有以下几种:

(1)耐候钢的选用

在钢材冶炼过程中,通过增加磷、铜、铬、镍、钛等合金元素来调整钢材的化学成分,使金属表面形成保护层,以提高钢材的抗锈蚀能力,此种钢材称为耐候钢。建筑结构采用耐候钢,可大大提高结构的耐腐蚀性;对处于强腐蚀环境中钢结构建筑,宜优先采用耐候钢材料。

(2)金属镀层保护

在钢材表面施加金属镀层保护,以提高钢材的抗锈蚀能力。目前。金属镀层保护常采用的方法为电镀或热浸镀锌等。

(3) 阴极保护

在钢结构钢材表面附加较活泼的金属,通过活泼金属的锈蚀来代替钢材的腐蚀。此种方法主要用于水下或地下钢结构工程。

(4) 非金属涂层保护

在钢材表面涂装非金属保护层(即防腐涂料),使钢材与空气隔绝,避免有害介质的侵蚀。此种方法是目前钢结构工程中最常用的防腐方法,具有防腐效果好、价格低廉、适用范围广、操作方便等特点。然而,非金属涂层保护方法也存在着明显的缺点:① 耐久性较差,经过一定时期需要进行维修、成本高;② 在涂装涂料前,需对钢材表面彻底清理(去除铁锈、轧屑等),需花费一定的人力、物力,导致施工速度的降低。

对钢结构建筑,非金属涂层保护方法的设计(涂层设计)主要内容包括:除锈方法的选择、除锈质量等级的确定、涂料品种的选择、涂层结构和涂层厚度的设计等。

(5) 构造措施保护

钢结构除采取必需的防锈措施外,尚应在构造上尽量通过相应的措施来提高结构钢材的耐腐蚀性:① 结构或构件中应尽量避免出现难于检查、清刷、油漆的部位,以及能积留湿气和大量灰尘的死角和凹槽。② 对闭口截面的构件,应沿全长和端部焊接封闭。上述构造措施可以大大减缓钢结构钢材的锈蚀速度,对钢结构防锈起到了积极作用。

14.1.3 除锈方法与除锈等级

钢材的表面处理(除锈)是钢结构防护(涂装)工程的重要一环,其质量的好坏直接影响涂装质量,因此钢结构涂装前应对钢材表面进行除锈处理。大量的试验研究结果表明:影响钢结构防腐涂层保护寿命的诸多因素中,最主要的因素是钢材涂装前的表面处理质量。为此,我国现行《钢结构工程施工质量验收规范》(GB 50205)中规定了钢材的表面除锈方法与除锈等级。

(1) 钢材表面除锈方法

钢结构表面除锈方法主要有:手工工具除锈、手工动力机械除锈、喷砂(丸)除锈、酸洗除锈、磷化除锈等。目前,钢结构工厂内主要采用喷砂(丸)除锈,且辅助以手工动力机械除锈;工地主要以手工动力机械除锈或手工工具除锈;有特殊防护要求的情况下,也可采用酸洗除锈或磷化除锈等方法。

手工工具和手工动力机械除锈主要通过手工铲刀、钢丝刷、机动钢丝刷和打磨机械等除锈工具来对钢材表面进行处理;工具简单,操作方便,费用低,但劳动强度大,效率低,质量差,仅能满足一般涂装要求。

喷砂(丸)除锈主要通过压缩空气把石英砂粒或钢丸高速喷射到钢材表面,产生冲击和磨削作用,将表面铁锈和附着物清除干净;此种方法能控制除锈质量,可获取不同要求的钢材表面粗糙度。

酸洗处理除锈采用磷酸类或盐酸类化学溶剂浸泡,通过化学作用清除钢材表面油污、氧化皮及铁锈。

磷化处理除锈是在构件酸洗或喷砂(丸)处理后,再用浓度 2% 左右的磷酸作磷化处理,使钢材表面有一层磷化膜

(2) 钢材表面除锈等级

钢材表面处理(除锈)质量等级的确定,是钢结构涂装设计的主要内容,其质量要求应符合现行国家标准《涂装前钢材表面锈蚀等级和除锈等级》(GB/T 8923)。确定的等级过高,无疑会造成人力、财力的浪费;等级过低会降低涂装质量,起不到应有的防护作用。因此,钢材表面处理(除锈)质量等级应根据钢材表面的原始状态、选用的底漆、可能采用的除锈方法、工程造价及预期的涂装维护周期等因数综合考虑后确定。不宜盲目追求过高标准,随着除锈等级的提高,其除锈费用急剧增加。在高层钢结构中,常选用的除锈等级为 Sa2 $\frac{1}{2}$ 级。

与钢材表面处理(除锈)方法对应的质量等级见表 14.1。

表 14.1　钢材表面处理方法和质量等级

除锈方法	除锈质量等级		质　量　标　准
喷砂(丸)除锈	Sa1	轻度除锈	只除去疏松氧化皮、铁锈和附着物
	Sa2	彻底除锈	氧化皮、铁锈和附着物几乎全被除去,至少有 2/3 面积无任何可见残留物
	Sa2 $\frac{1}{2}$	非常彻底除锈	氧化皮、铁锈和附着物残留在钢材表面的痕迹是点状或条状的轻微污痕,至少有 90% 的面积无任何可见残留物
	Sa3	非常彻底除锈到露出金属光泽	钢材表面的氧化皮、铁锈和附着物都被完全除去,具有均匀、端点金属光泽
手工机械除锈	St2		无可见油脂和污垢,无附着不牢的氧化皮、铁锈和附着物
	St3		同上,但铁锈比 St2 更为彻底,基材显露部分的表面应具有金属光泽
酸洗除锈	Be		全部、彻底地除去氧化皮、铁锈、旧涂层和附着物

14.1.4　涂料品种的选择

防腐涂料(又称油漆)是一种含油或不含油的胶体溶液,将其涂敷在钢材表面,可以结成一层附着坚固的薄膜,防止钢材氧化腐蚀。涂料是由成膜物质、颜料、有机溶剂等组成。防腐涂料一般有底漆(层)和面漆(层)之分,有时还有中间漆(层)。底漆含粉料多,基料少,成膜粗糙,主要起附着和防锈作用,与钢材表面附着力强,并与面漆结合好。面漆则基料多,成膜有光泽,能保护底漆不受大气腐蚀,具有防腐、耐老化和装饰作用。

防腐涂料品种繁多,性能用途各异,选用时应视结构所处环境、有无侵蚀介质及建筑物的重要性而定。涂料选用正确与否对钢材保护效果影响很大。涂料选用得当,其耐久性长,防护效果好;涂料选用不当,则防护时间短,效果差。每一种类型的涂料都有各自的优缺点,因此必须根据涂装要求合理地选用涂料品种。钢结构涂料品种选用时应着重遵循以下原则:

(1)基于结构或构件的重要性(主要区分承重结构构件或围护结构构件),可分别选用不同的涂料品种,或采用相同品种但敷涂不同的涂层厚度和层数。

(2)基于结构或构件所处的环境位置(室内外)和环境类别(温度、湿度、侵蚀性介质、后期维护条件),选用合适的涂料。

(3)底漆应选用防锈性能好、渗透性强的品种,适用于除锈质量较低的涂装工程;面漆则应选用色泽性好、耐候性(耐盐雾、耐湿热、耐霉菌、耐化学腐蚀)优良、施工性能好的品种。且面漆的色彩要符合建筑美观要求。

（4）在选用钢材涂料时,应注意涂料的配套性:既要求底漆与钢材表面具有较好的附着力、底漆与面漆间应具有有良好的黏结力,又要求漆层间的作用、性能与硬度均匹配,且各漆层之间不能出现互溶或咬底现象。

（5）选择钢材涂料品种时,应需要考虑涂料的总成本,既要考虑一次性涂装费用,也要根据涂层的使用年限和长期成本;应结合一次性投资与长远效益,从全寿命周期设计的概念出发,尽量选用较为彻底的表面处理防腐和质量较好的涂料。

（6）对高层民用建筑钢结构,由于其防火要求高的特点,应选用与防火涂料相配套的底漆,多数选用溶剂基无机富锌底漆(此种底漆防锈寿命较长,可耐 500℃高温)。

（7）高层钢结构的涂料涂装后,难以再次维修,因此在涂料的选用上应精心考虑,注重涂装的质量,着重选用防锈寿命长的底漆。

14.1.5 涂层结构和涂层厚度

对钢结构,完整的防腐涂层结构一般由多层防腐底漆和面漆组成。钢材的涂层厚度应适当,过厚虽然可以增加防护能力,但涂层附着力和机械性能下降,且费用增加;过薄易产生肉眼看不见的针孔和其他缺陷,起不到隔离环境和预期防护的效果。

（1）涂层结构

钢结构防腐的涂层结构应满足下列要求:

① 涂装后他的涂层漆膜外观应均匀、平整、丰满、光泽,不允许出现咬底、裂纹、剥落、毛孔等缺陷。

② 钢结构的部分部位禁止涂装,主要包括:地脚螺栓与底板、高强度螺栓摩擦接触面、与混凝土紧贴钢材表面、埋入混凝土的钢骨表面、闭口截面构件内侧、工地焊接区域及其两侧100 mm 范围(需满足超声波探伤要求)。

③ 工地焊接区域及其两侧应进行不影响焊接的防锈处理,在除锈后刷涂防锈保护涂料(如环氧富锌底漆等)。

④ 工程安装完毕后,需对有些部位(连接节点的外露区域与紧固件、工地焊接区域、运输与安装过程的损坏位置)进行补漆。

⑤ 对于安装后不易涂装的部位(如紧贴围护墙板的钢柱边缘)应在安装前预先刷好涂料。

（2）涂层厚度

正常情况下,钢结构的涂层结构一般要求底漆二度、两遍二度。钢结构构件表面的涂层干膜总厚度一般为 $100 \sim 150 \ \mu m$。室内工程不得低于 $125 \ \mu m$,室外不得低于 $150 \ \mu m$,允许偏差为 $25 \ \mu m$;在海边或海上或是在有强烈腐蚀性的大气中,干漆膜总厚度可加厚为 $200 \sim 220$ μm。涂层结构涂刷(喷涂)的遍数不应少于 $4 \sim 5$ 遍。每一涂层的厚度因涂料品种和施工方法而有所不同,涂刷施工比喷涂施工的涂层厚;正常情况下油性漆每一涂层的厚度约为 $35 \ \mu m$,合成树脂漆为 $25 \ \mu m$,乙烯漆为 $15 \ \mu m$。

对于高层民用建筑钢结构,通常均有防火要求。当采用厚涂型防火涂料时,钢结构表面可以仅涂两遍防锈底漆,其干漆膜总厚度一般为 $75 \sim 100 \ \mu m$。然后,在其表面涂装防火涂料,既起防火作用,又可保护底漆。

钢结构的涂层厚度应采用干漆膜测厚仪测定,且应满足设计规定和《钢结构工程施工质量验收规范》(GB 50205)的要求。不同环境条件下,钢结构采用的不同涂料的涂层干膜总厚度见表 14.2。

表 14.2 钢结构涂装涂层的厚度

涂料名称	防腐底漆和面漆干膜总厚度(μm)				
	城市大气	工业大气	海洋大气	化工大气	高温大气
醇酸漆	100～150	125～175			
沥青漆			180～240	150～210	
环氧漆			175～225	150～200	150～200
过氯乙烯漆				160～260	
丙烯酸漆		100～140	140～180	120～160	
聚氨酯漆		100～140	140～180	120～160	
氯化橡胶漆		120～160	160～200	140～180	
氯磺化聚乙烯漆		120～160	160～200	140～180	120～160

14.2 钢结构防(抗)火设计

14.2.1 概述

钢材是一种不可燃烧的材料,但耐火性能差。高温下钢材的力学性能(如屈服强度、抗拉极限强度以及弹性模量等)均随着温度升高而降低。在温度 200 ℃以下,钢材材料力学性能基本不受温度的影响;当温度达到 250 ℃左右,钢材出现出"蓝脆"现象,强度略有提高;当温度超过 300 ℃后,钢材的弹性模量和强度开始明显降低;当温度接近 600～700 ℃时,钢材的弹性模量仅为常温下的 20%,屈服强度趋近于零。

火灾是一种偶然的灾难性荷载(作用),是一种失去控制的燃烧过程,是对人类生命财产造成巨大威胁的自然灾害之一。火灾高温对结构的作用过程,本质上是能量的转移过程。火灾作用下,结构内部温度不断上升,但由于火灾发生的位置、室内可燃物分布与数量均具有较大的区域性和随机性,导致在火灾作用下的结构内部产生不均匀温度场。高温区域的构件或结构,由于材料性能(弹性模量和强度)的急剧下降,将率先失效或破坏,退出工作,结构内部内力重分布,引起结构出现过大的不可恢复的塑性变形,甚至结构倒塌,将造成巨大的人员和财产损失。因此,钢结构的防火或抗火性能应引起足够重视。

对高层民用建筑钢结构,火灾的影响应为使用期间可能遇到的最大危险之一。高层民用建筑钢结构火灾的危险性在于:建筑物功能复杂,火灾隐患多,钢材不耐火,一旦发生火灾,火势蔓延迅速,人员疏散困难,造成的损伤巨大。为此,高层钢结构需要解决的主要问题就是如何防火。

传统的设计理念认为:建筑火灾应是建筑设计时需考虑的防火设计问题,在结构设计时无需考虑。诚然,从防火设计的角度,建筑设计应需对诸如建筑防火分区、避难层设置、紧急安全疏散出口、消防喷淋等问题进行精心考虑与布局,减轻火灾损失、减少人员伤亡。然而,从抗火设计的角度,结构设计人员绝不是无所作为。倘若建筑物的结构或构件在火灾中破坏,将直接影响室内人员的疏散和消防人员进入建筑内灭火,损失更大。

钢结构的防火设计一般指设计时对结构需要采取的防火保护措施,使其在承受火灾发生时特定的荷载和约束条件下,满足结构耐火的时间要求,确保结构的安全,尽量减少火灾造成的人员伤亡和财产损失。钢结构的抗火设计指设计时对结构进行火灾下的受力分析与计算,获取结构自身的抗火能力,并给出相关的措施。本节将分别对高层钢结构的防火设计与抗火设计进行简单的介绍。

14.2.2　高层钢结构的防火设计

1) 耐火极限

高层钢结构的防火设计应符合现行国家规范《建筑设计防火规范》(GB 50016)、《高层民用建筑建筑设计防火规范》(GB 50045)和《高层民用建筑钢结构技术规程》(JGJ 99)等的有关规定。根据建筑物和结构构件的重要性及破坏的危险性,确定建筑物的耐火等级;据此考虑到消防灭火时间的需要,确定结构构件(梁、柱、楼板、承重墙等)和建筑部件(防火墙、防火门、吊顶等)的耐火时间。

钢结构防火设计的基本原则为:在设计所采用的防火措施下,在所规定的耐火极限时间内,需保证结构构件的承载能力仍不小于各种作用及其组合所产生的效应。钢结构建筑物不同耐火等级所要求的承重构件耐火时限要求可详见现行国家规范《建筑设计防火规范》(GB 50016)中的相关规定。

结构承重构件的耐火极限时间的定义为:构件受标准升温火灾条件下,失去稳定性、完整性或隔热性所用的时间(小时)。规范规定的耐火时限是设计人员进行防火设计的基本依据。设计人员还应根据结构和采取的防护措施等具体情况合理运用。

2) 防火保护材料的种类

与传统材料(混凝土、砌体、木材)的结构构件类似,钢结构构件也必须具备相应的耐火能力。通常情况下,钢结构构架采取适当的保护措施后可以达到相应要求的防火等级。钢结构构件常采用的防火保护材料主要有以下几种:

(1) 防火涂料

钢结构防火涂料是专门用于喷涂钢结构构件表面,能形成可靠的耐火隔热保护层,以提高钢结构构件耐火性能的一种耐火材料;主要是以无机黏合剂与膨胀珍珠岩、耐高温硅酸盐材料等吸热、隔热及增强材料合成的。

(2) 防火板材

防火板材主要是各种厚度的厚板或薄板构成的,常用的防火板材主要有:防火石膏板、水泥蛭石板、硅酸钙板、轻质加气混凝土板和岩棉板等。在使用过程中,防火板材通过紧固件或黏结剂外贴在钢构件表面,起到防火隔热的作用。

(3) 外包混凝土保护层

在钢构件外侧采用混凝土外包,可现浇或喷涂成型。外包混凝土层内需配置钢丝网或小直径钢筋加强,防止混凝土收缩裂缝或过火时爆裂。

3) 防火保护材料的选用原则

钢结构宜采用防火涂料或防火板材防火,目前国内主要采用前者。钢结构防火保护材料的选用应遵循以下原则：

（1）防火保护材料应具有较好的阻燃性，且具有良好的绝热性、较小的导热系数、较大的热容量；

（2）应呈碱性且钢材有害的成分含量低，对钢材不具有腐蚀性；

（3）在火灾过程中，防火保护材料不开裂、不脱落；

（4）防火保护材料应具有一定的强度和黏结度，能牢固地附着在钢构件表面上，连接和施工方便；

（5）不含对人体健康有害的物质。

4）防火涂料的种类与厚度

对钢结构防火涂料，根据其阻燃隔热的原理，可分为膨胀性和非膨胀性两种；根据其涂层厚度及性能，又可分为薄涂型防火涂料（涂层厚度 2～7 mm）和厚涂型防火涂料（涂层厚度 8～50 mm）。

膨胀性防火涂料（又称薄涂型防火涂料）具有一定的装饰外观效果，内部所含的树脂和防火剂仅在材料受热时才起到防护作用。当温度升至 150～350 ℃时，涂层可迅速膨胀 5～10 倍，形成一层较厚实的防火隔热层，使钢结构构件受到隔热保护。此种涂料的耐火极限一般为 1～1.5 h，喷涂厚度为 4 mm 时可使钢构件的耐火时限由 15 min 提高到 1.5 h。在薄涂型防火涂料的底部，钢构件应需进行全面的防腐措施。

非膨胀性防火涂料（又称厚涂型防火涂料）主要由耐高温硅酸盐和高效防火添加剂等材料组成的，是一种预发泡高效能的防火涂料。涂层呈颗粒状面，密度小，导热率低。通过改变涂层厚度以满足不同的耐火时限要求，最大耐火时限可达 3 h。高层钢结构构件的耐火极限在 1.5 h 以上，应选择厚涂型防火涂料。

各种类型类防火涂料的特性及其使用范围见表 14.3。

表 14.3　防火涂料的种类及适用范围

防火涂料种类	特　性	常用厚度(mm)	耐火时限(h)	适　用　范　围
薄涂型	附着力强，可配色，一般无需外保护层	2～7	1.5	工业与民用建筑楼盖与屋盖钢结构
超薄型	附着力强，干燥快，可配色，有装饰效果，无需外保护层	3～5	2.0～2.5	工业与民用建筑梁、柱等钢结构构件
厚涂型	喷涂施工，密度小，物理力学强度低，附着力较低，需要装饰面层隔护	8～50	1.5～3.0	有装饰面层的民用建筑钢结构柱、梁等构件
露天结构用	喷涂施工，有良好的耐候性	薄涂型 3～10 厚涂型 25～40		露天环境的钢框架、构架等钢结构构件

5）防火措施与构造

钢结构可采取以下的防火措施与构造要求：

（1）钢结构在进行防火涂料喷涂前，应进行钢结构表面处理，且符合钢材表面除锈等级要求；防火涂料不能对钢结构有腐蚀作用。

（2）当钢结构采用防火涂料进行保护时，对受力较为重要的钢柱，一般宜考虑厚涂型防火涂料；对节点部位，应需加大防火涂料的涂层厚度。

（3）当钢结构防火涂料的粘结强度小于或等于 0.05 MPa 时，应在涂层内设置钢丝网，以确保与钢构件牢固相连。

（4）当采用防火板材对钢结构进行防火保护时，板材可采用黏结剂或紧固件进行连接，分别如图 14.1(a)和(b)所示，且粘结剂应具有符合要求的耐火时间。对开口截面的钢结构柱，在防火板材的接缝部位，应在柱翼缘之间嵌入一块厚度较大的防火材料作横隔板，如图 14.1 所示。当包覆的防火板等于或大于两层时，各层板应分别固定，板的水平接缝至少应错开 500 mm。

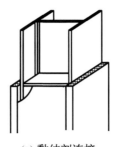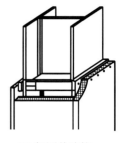

(a) 黏结剂连接　　　(b) 紧固件连接

图 14.1　钢柱采用防火板防护

（5）当采用外包混凝土对钢结构进行防火保护时，可采用普通混凝土或加气混凝土对钢结构构件进行外包保护。对开口截面(如 H 形截面)钢构件，可采用翼缘内内填混凝土外包或整截面外包的方式，分别如图 14.2(a)和(b)所示；对闭口截面(如箱形截面)钢构件，采用整截面外包的方式，如图 14.2(c)所示。混凝土内应配置相应钢丝网或细钢筋笼进行加固，以固定混凝土，防止混凝土收缩开裂或遇火剥落。H 型钢柱中如果在翼缘之间用混凝土填实，可大大增加柱的热容量，延缓钢柱在火灾作用下的升温速度。钢丝网与钢构件固定间距以 400 mm 为宜，与钢构件表面的净距宜 3 mm 以上。

（6）在高层民用建筑钢结构组合楼盖中，当压型钢板兼作楼板下部的受力钢筋时，应对其有相应防火要求。若压型钢板符合下列条件之一时，可不作防火保护处理：

① 压型钢板选用有自耐火性的板型(如燕尾板)，整体耐火时限应满足承重楼盖的耐火要求。

② 组合楼盖下方采用不燃烧板材吊顶封闭时。

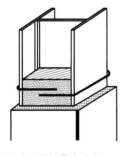

(a) H形截面翼缘内填　　　(b) H形截面整体外包　　　(c) 箱形截面整体外包

图 14.2　钢柱采用外包混凝土的防护形式

（7）对有具体防火要求的钢屋盖结构，构件宜选用实腹式截面。屋盖、楼盖承重钢构件的防火材料宜采用薄涂型防火涂料或轻质防火板材。

14.2.3　高层钢结构的抗火设计

1) 抗火设计基本规定与设计步骤

（1）基本规定

高层民用建筑钢结构的抗火设计应遵循以下基本规定：

① 高层钢结构的基本构件（钢梁、钢柱和组合楼板）宜进行抗火设计，各构件的耐火极限应符合现行国家标准《建筑设计防火规范》（GB 50016）的规定。

② 结构或构件的抗火设计应符合式（14-1）的要求。

$$R_d \geqslant S_m \tag{14-1}$$

式中　R_d——在规定的结构或构件耐火极限时间内，结构或构件的承载力；

　　　　S_m——各种作用在结构或构件内部所产生的组合效应。

③ 结构的抗火设计可按不同构件分别进行设计，且在进行某一构件抗火设计时可仅考虑此构件受火升温作用。

④ 进行结构构件抗火验算时，受火构件在外荷载作用下的内力，可采用常温下相同荷载所产生的内力。

⑤ 在耐火时间内，钢结构构件的内部温度 T_s（℃）可按下列公式计算：

$$T_s = (\sqrt{0.044 + 5.0 \times 10^{-5}B} - 0.2)t + 20 \tag{14-2a}$$

$$B = \frac{1}{1 + \dfrac{c_i\rho_i d_i F_i}{2c_s\rho_s V}} \frac{\lambda_i}{d_i} \frac{F_i}{V} \tag{14-2b}$$

式中　t——构件耐火时间（s）；

　　　　B——防火被覆的综合参数；

　　　　ρ_s——钢材的密度，$\rho_s = 7\,850$ kg/m³；

　　　　c_s——钢材的比热，$c_s = 600$ J/(kg·K)；

　　　　ρ_i——防火保护层的密度（kg/m³）；

　　　　c_i——防火保护层的比热[J/(kg·K)]；

　　　　F_i——单位构件长度的防火保护层的内表面积（m³/m）；

　　　　d_i——防火保护层厚度（m）；

　　　　λ_i——防火保护层的导热系数[W/(m·K)]。

⑥ 进行结构或构件抗火验算时，可采用下式进行结构或构件的荷载效组合。

$$S = \gamma_G S_{GK} + \sum_i \gamma_{Qi} S_{Qki} + \gamma_W S_{Wk} + \gamma_F S_T \tag{14-3}$$

式中　S——荷载组合效应；

　　　　S_{GK}——永久荷载标准值的效应；

　　　　S_{Qki}——楼面或屋面活载（不考虑屋面雪载）标准值的效应；

　　　　S_{Wk}——风荷载标准值的效应；

　　　　S_T——构件或结构的温度变化（考虑温度效应）产生的效应；

　　　　γ_G——永久荷载分项系数，取 1.0；

　　　　γ_{Qi}——楼面或屋面活载分项系数，取 0.7；

　　　　γ_W——风载分项系数，取 0 或 0.3，选不利情况；

　　　　γ_F——温度效应的分项系数，取 1.0。

⑦ 对高层钢结构，在进行结构或构件抗火设计时，应考虑温度内力的影响。对在结构中受较大端部约束的构件，若在荷载效应组合中未考虑温度内力，则应将其通过计算所得的构件

保护层厚度增加 30%，作为构件的保护层设计厚度。

⑧ 对钢结构连接节点，其防火保护层厚度不得小于被连接构件保护层厚度的较大值。

（2）设计步骤

高层民用建筑钢结构的抗火设计的一般步骤如下：

① 确定一定的防火被覆厚度；

② 计算构件在耐火时间内的内部温度；

③ 计算构件在外荷载和受火温度作用下的内力；

④ 进行构件荷载效应组合；

⑤ 根据构件和受载的类型，按《高层民用建筑钢结构技术规程》(JGJ 99—2015)第 11.2 节的有关规定，进行构件抗火验算。

当设定的防火被覆厚度过小或过大时，需重新调整防火被覆厚度，重复上述 1 至 5 步骤。

2）钢梁与钢柱的抗火设计

（1）钢梁抗火设计

在高层民用建筑钢结构中，对钢框架梁，若有楼板作为钢梁的可靠侧向支撑，则钢梁应按式(14-4)进行抗火设计与验算。

$$\frac{B_n}{8}ql^2 \leqslant W_p \gamma_R \eta_T f \tag{14-4}$$

式中　q——作用在钢梁上的局部荷载设计值；

　　　l——钢梁的跨度；

　　　B_n——与钢梁连接有关的系数，当梁两端铰接时，取 1.0；当梁两端刚接时，取 0.5；

　　　W_p——钢梁梁的塑性截面模量；

　　　f——常温下钢材的抗拉、抗压和抗弯强度设计值；

　　　γ_R——钢材抗火设计强度调整系数，取 1.1；

　　　T_s——火灾下构件的内部温度，可按式(14-2a)和(14-2b)计算确定。

　　　η_T——高温下钢材强度折减系数，可按下式确定：

$$\eta_T = \begin{cases} 1.0 & 20℃ \leqslant T_s \leqslant 300℃ \\ 1.24 \times 10^{-8} T_s^3 - 2.096 \times 10^{-5} T_s^2 + 9.228 \times 10^{-3} T_s - 0.216\,8 & 300℃ < T_s < 800℃ \end{cases}$$
$$\tag{14-5}$$

（2）钢柱抗火设计

在高层民用建筑钢结构中，钢框架柱应按式(14-6)验算火灾下平面内和平面外的整体稳定性。

$$\frac{N}{\varphi_T A} \leqslant 0.75 \gamma_R \eta_T f \tag{14-6}$$

式中　N——火灾下钢框架柱的轴压力设计值；

　　　A——钢框架柱的截面面积；

　　　γ_R——钢材抗火设计强度调整系数，取 1.1；

　　　f——常温下钢材的抗拉、抗压和抗弯强度设计值；

　　　η_T——高温下钢材强度折减系数，可按式(14-5)确定；

$\varphi_T = \alpha\varphi$——根据平面内或平面外钢框架柱的计算长度,确定出的高温下轴压构件两个方向的稳定系数较小值;

α——系数,由构件的长细比和温度查表 14.4 确定;

φ——常温下轴心受压构件的稳定系数,根据现行国家标准《钢结构设计规范》(GB 50017)规定确定。

表 14.4　系数 α 的值

温度（℃） 长细比	200	300	400	500	550	570	580	600
≤50	1.00	1.00	1.00	1.00	1.00	1.00	1.00	0.96
100	1.04	1.08	1.12	1.12	1.05	1.00	0.97	0.85
150	1.08	1.14	1.21	1.21	1.11	1.00	0.94	0.74
≥200	1.10	1.17	1.25	1.25	1.13	1.00	0.93	0.68

3) 压型钢板组合楼板

在高层民用建筑钢结构中,对压型钢板组合楼板,当压型钢板仅用作永久性施工模板、不作为板底受拉钢筋参与受力时,压型钢板可不进行防火保护或抗火设计;当压型钢板除兼作永久性施工模板外、还作为板底受拉钢筋参与受力时,组合楼板应进行耐火验算与抗火设计。

高层民用建筑钢结构的压型钢板组合楼板抗火设计应遵循以下基本规定:

(1) 当组合楼板不允许发生大挠度变形,且火灾升温曲线符合《建筑钢结构防火技术规范》(CECS200:2006)中规定的标准火灾作用时,组合楼板的耐火时间 t_d 应按式(14-7)进行计算。

$$t_d = 114.06 - 26.8\frac{M}{f_t W} \tag{14-7}$$

式中　t_d——无防火保护的组合楼板的耐火时间(min);

M——火灾下单位宽度组合楼板内的最大正弯矩设计值;

f_t——常温下混凝土的抗拉强度设计值;

W——常温下素混凝土板的截面模量。

(2) 当组合楼板的耐火时间 t_d 满足式(14-8)要求时,组合楼板可不进行防火保护;当组合楼板的耐火时间 t_d 不满足式(14-8)要求时,应对组合楼板进行防火保护和抗火设计,或者增加组合楼板内部的钢筋用量;或者将组合楼板下部压型钢板的功能改变仅为模板使用。

$$t_d \geqslant t_m \tag{14-8}$$

式中　t_m——组合楼板的设计耐火极限时间(min)。

(3) 当组合楼板允许发生大挠度变形,组合楼板的耐火验算可考虑组合楼板的薄膜效应。在火灾作用下,当考虑薄膜效应的组合楼板承载力能够满足式(14-9)要求时,组合楼板可不进行防火保护;当承载力不满足式(14-9)要求时,应对组合楼板进行防火保护和抗火设计,或者增加组合楼板内部的钢筋用量;或者将组合楼板下部压型钢板的功能改变仅为模板使用。

$$q_r \geqslant q \tag{14-9}$$

式中　q_r——火灾下考虑薄膜效应的组合楼板的承载力设计值(kN/m^2),应按《建筑钢结构防火技术规范》(CECS200:2006)中的规定确定;

　　　q_r——火灾下组合楼板的荷载设计值(kN/m^2),应按《建筑钢结构防火技术规范》(CECS200:2006)中的规定确定。

习　题

14.1　如何选择防火保护材料?

14.2　如何确定防火保护层厚度?

14.3　高层钢结构中常用的防火保护方法及其构造措施有哪些?比较其优缺点。

14.4　钢结构的防腐方法有哪些?

14.5　涂料品种的选择原则是什么?

14.6　试述涂层结构和涂层厚度设计。

14.7　高层钢结构常用的除锈方法与除锈等级是什么?

参 考 文 献

［1］高层建筑混凝土结构技术规程(JGJ 3—2010). 北京:中国建筑工业出版社,2010

［2］高层民用建筑钢结构技术规程(JGJ 99—2015). 北京:中国建筑工业出版社,2015

［3］混凝土结构设计规范(GB 50010—2010). 北京:中国建筑工业出版社,2010

［4］建筑结构荷载规范 (GB 50009—2012). 北京:中国建筑工业出版社,2012

［5］建筑抗震设计规范 (GB 50011—2010). 北京:中国建筑工业出版社,2010

［6］建筑桩基技术规范(JGJ 94—2014). 北京:中国建筑工业出版社,2014

［7］冷弯薄壁型钢钢结构技术规范(GB 50018—2002). 北京:中国计划出版社,2002

［8］高层建筑箱形与筏形基础技术规范(JGJ 6—2011). 北京:中国建筑工业出版社,2011

［9］建筑地基基础设计规范(50007—2011). 北京:中国建筑工业出版社,2011

［10］地下工程防水技术规范(GB 50108—2008). 北京:中国计划出版社,2008

［11］钢结构设计规范(GB 50017—2003). 北京:中国计划出版社,2003

［12］包世华. 新编高层建筑结构. 北京:中国水利水电出版社,2005

［13］龚思礼. 建筑抗震设计手册. 北京:中国建筑工业出版社,2003

［14］史庆轩,梁兴文. 高层建筑结构设计. 北京:科学出版社,2006

［15］彭伟. 高层建筑结构设计原理. 成都:西南交通大学出版社,2004

［16］包世华,张铜生. 高层建筑结构设计和计算. 北京:清华大学出版社,2007

［17］张相庭. 工程抗风设计计算手册. 北京:中国建筑工业出版社,1998

［18］张相庭. 结构风压和风振计算. 上海:同济大学出版社,1985

［19］张相庭. 高层建筑抗风抗震设计计算. 上海:同济大学出版社,1997

［20］沈蒲生. 高层建筑结构设计. 北京:中国建筑工业出版社,2006

［21］何广乾,陈祥福,徐至钧. 高层建筑设计与施工. 北京:科学出版社,1992

［22］刘大海,杨翠如,钟锡根. 高楼结构方案优选. 西安:陕西科学技术出版社,1992

［23］黄本才. 结构抗风分析原理及应用. 上海:同济大学出版社 2001

［24］方善镐. 多层与高层建筑结构. 南京:东南大学出版社,1998

［25］徐至钧,赵锡宏. 超高层建筑结构设计施工. 北京:机械工业出版社,2007

［26］李国胜. 多高层钢筋混凝土结构设计中疑难问题的处理及算例. 北京:中国建筑工业出版社,2004

［27］何广乾,陈祥福,徐至钧. 高层建筑设计与施工. 北京:科学出版社,1992

［28］黄本才. 结构抗风分析原理及应用. 上海:同济大学出版社,2001

［29］吕西林. 高层建筑结构(第二版). 武汉:武汉理工大学出版社,2003

［30］钱力航. 高层建筑箱形与筏形基础的设计与计算. 北京:中国建筑工业出版社,2003

［31］周坚. 高层建筑结构力学. 北京:机械工业出版社,2005

［32］聂建国,刘明,叶列平. 钢-混凝土组合结构. 北京:中国建筑工业出版社,2005

［33］聂建国. 钢-混凝土组合结构原理与实例. 北京:科学出版社,2009

［34］陈富生,邱国桦,范重. 高层建筑钢结构设计(第二版). 北京:中国建筑工业出版社,2004

［35］汪一骏,顾泰昌,周廷垣,等. 钢结构设计手册(下册 第三版). 北京:中国建筑工业出版社,2004

［36］马怀忠,王天贤. 钢-混凝土组合结构. 北京:中国建材工业出版社,2006

［37］赵熙元,柴昶,武人岱. 建筑钢结构设计手册(下). 北京:冶金工业出版社,1995

［38］舒赣平,王恒华,范圣刚. 轻型钢结构民用与工业建筑设计. 北京:中国电力出版社,2006

［39］宋曼华,柴昶,武人岱. 钢结构设计与计算. 北京:机械工业出版社,2001

［40］刘大海,杨翠如. 型钢(钢管)混凝土高楼计算与构造. 北京:科学出版社,2003

［41］郑廷银. 高层钢结构设计. 北京:机械工业出版社,2005

［42］陈汉忠,胡夏闽. 组合结构设计. 北京:中国建筑工业出版社,2000

［43］刘坚,周东华,王文达. 钢与混凝土组合结构设计原理. 北京:科学出版社,2005

［44］刘清,阿肯江·托乎提. 组合结构设计原理. 重庆:重庆大学出版社,2002

［45］曹双寅,舒赣平,冯健,等. 工程结构设计原理. 南京:东南大学出版社,2012

［46］邱洪兴. 建筑结构设计(第二版). 北京:高等教育出版社,2013

［47］中国地震动参数区划图(GB 18306—2015). 北京:中国标准出版社,2016